U0169129

SF_6气体绝缘金属封闭开关设备验收及运维关键点

王铁柱　主编

中国电力出版社
CHINA ELECTRIC POWER PRESS

SF_6 气体绝缘金属封闭开关设备验收及运维关键点

王铁柱　主编

中国电力出版社
CHINA ELECTRIC POWER PRESS

内 容 提 要

本书是中国南方电网公司“王铁柱技术能手工作室”多年来在电力系统变电运行领域知识和经验的集萃，对气体绝缘金属封闭开关设备（简称 GIS）的施工安装验收及运维全过程进行详细讲述。其中涉及土建施工、设备安装、二次回路等方面的综合知识，希望能帮助电力从业人员解决现实生产中如何有效把控主设备运维状态的困惑，建立 GIS 设备施工、运维等方面的知识体系，并能对实际工作起到直接指导和参考的作用。

本书中的工序验收以国家、行业标准为依据，同时参考地方供电企业的优秀管控经验，以施工顺序进行展开。书中选用了大量现场图片，具有通俗易懂、内容丰富、可操作性强的特点。本书共分 7 章，主要内容包括 GIS 设备概述、GIS 设备土建基础、GIS 及 HGIS 设备母线安装、GIS 设备现场安装、GIS 设备信号分析、GIS 设备运维注意事项和 GIS 设备常见异常及分析。

本书可供电力企业运行、检修、继电保护专业人员使用，也可供从事电力工程管理、施工、安装、监理、调试、质监专业人员，以及电力系统设计、规划、物流人员参考。

图书在版编目（CIP）数据

SF_6气体绝缘金属封闭开关设备验收及运维关键点 / 王铁柱主编．—北京：中国电力出版社，2021.11
ISBN 978-7-5198-6053-0

Ⅰ．①S⋯ Ⅱ．①王⋯ Ⅲ．①金属封闭开关–电气设备–设备管理 Ⅳ．①TM564

中国版本图书馆 CIP 数据核字（2021）第 196490 号

出版发行：中国电力出版社
地　　址：北京市东城区北京站西街 19 号（邮政编码 100005）
网　　址：http://www.cepp.sgcc.com.cn
责任编辑：马淑范（010-63412397）
责任校对：黄　蓓　李　楠
装帧设计：赵丽媛
责任印制：杨晓东

印　　刷：北京九天鸿程印刷有限责任公司
版　　次：2021 年 11 月第一版
印　　次：2021 年 11 月北京第一次印刷
开　　本：787 毫米×1092 毫米　16 开本
印　　张：24.75
字　　数：532 千字
定　　价：128.00 元

本书编委会

主　编　王铁柱

副主编　施理成　郭伟逢　龚演平

参　编　陈锦鹏　朱　凌　袁晓杰　高士森　陈泽灵　梁　健
卢先锋　黄泽荣　欧阳旭东　温爱辉　陈晓鹏　纪经涛
郭振锋　寨战争　袁惠伟　陈国雄　郑文新　蔡素雄
黄　志　张斌斌　张　扬　刘　水　曾旭斌　黄中利
欧非凡　钟伟强　刘春烽　黎舟洋　邹益力　陈志浩
潘俊龙　王文超　褚正超　张焕燊　王文慧　吴贻标
任玉宾　陈慧聪　翟俊聪　杨茂强　刘焕辉

前言

继《彩图详解变电站验收要点》一书出版后，我们收到了许多行业内专业人士的反馈建议和鼓励，这些宝贵的建议和真挚的鼓励为本书的编写指引了方向，同时也激发了我们编著本书的热情。

在本书编写过程中，我们希望能解决工程验收入门后但得不到全面、系统学习变电设备施工验收知识的问题，甚至希望本书可以作为“指南”，可以在现场按照书中的内容直接开展验收、运维工作。本书选择 SF_6 气体绝缘金属封闭开关设备（以下简称 GIS 设备）的土建基础、现场安装、运维的全过程作为切入点来展开论述。GIS 设备作为广泛应用于电力系统的主设备，其缺陷表象基本涵盖了电力设备的主要故障特征，如气体泄漏、局部放电、导体发热、传动机构卡涩等。而这些问题在安装、施工过程中都是可以有效控制的。读者可以通过对 GIS 设备安装、维护方法、运行要点的学习，举一反三，扩展到对电力系统其他设备的验收、维护工作中去，提高对设备安装及运维质量的把控水平，避免设备带“病”入网，避免设备投运后缺陷频发，运维人员疲于消缺的工作状态。

GIS 设备具有体积小、稳定性强、维护量小、施工周期短等优点而在电力系统中得到广泛应用。但是其封闭式结构却大大增加了发现及处理缺陷的难度。GIS 设备一旦发生故障，受现场实际条件限制，修复时间一般较常规设备长，如不能及时消除或隔离故障，可能造成大面积停电。GIS 设备稳定性强、维护量小等优点相当程度上是建立在前期规范施工和科学运维的基础上的，否则对该类设备的应用会有天差地别的使用感受。提高对 GIS 设备的验收质量，从源头开始管控，对设备土建基础施工、电气安装阶段施工质量关键点重点把控，实现 GIS 设备“零缺陷”投产，是确保 GIS 设备安全稳定运行的重要措施。掌握 GIS 设备的运维注意事项和常见异常，能及时发现并处理设备缺陷，是保障 GIS 设备安全稳定运行的另一项重要举措。

本书编者从事变电设备运维工作多年，深知 GIS 设备安装验收的关键点和运维重点，根据设备相关安装标准、验收规范及技术文件的要求，并结合丰富的现场实践经验，组织编写了本书。重点突出 GIS 设备土建基础施工、电气安装阶段的验收关键点以及设备投运后的运维注意事项、常见异常等方面的知识，结合现场分析讲述，图文并茂、通俗易懂、实用性强。书中按 GIS 设备概述、GIS 设备土建基础、GIS 及 HGIS 设备母线安装、GIS 设备现场安装、GIS 设备信号分析、GIS 设备运维注意事项和 GIS 设备常见异常及分析这几方面展开详细讲解。本书归纳了 GIS 设备在施工阶段验收的关键点、现场常规做法及验收过程中常见的典型问题，结合现场实际分析了典型的 GIS 设备二次信号回路，列举了系列的运维案例、异常案例，涉及的知识面广。读者在阅读本书时，可以根据本书介绍的知识，在验收工作和实际运维中重点关注。

本书由王铁柱主编，在编写的过程中，得到了广东电网有限责任公司生产技术部的大力支持，同时广东电网有限责任公司惠州供电局众多领导和变电运行人员也给予了积极地协助，在此表示衷心地感谢。

由于时间仓促，水平有限，书中难免存在不足之处，恳请广大读者和同仁批评指正，以使本书不断得到完善和补充。

编　者

2021 年 10 月

目 录

第1章

GIS 设备概述

1.1 GIS 设备基本知识及应用

GIS（gas-insulated metal-enclosed switchgear）即气体绝缘金属封闭开关设备，是将变电站中除变压器外的一次设备，包括断路器、隔离开关、接地开关、电压互感器（potential transformer，TV）、电流互感器（current transformer，TA）、避雷器、母线等，全部封闭在金属壳内，内部充以 SF_6 气体作为灭弧和绝缘介质。同敞开式高压设备相比，GIS 设备具有结构紧凑、占地面积小、不易受外界环境影响、运行可靠性高、检修周期长等优点。特别是近些年随着经济的快速发展和城镇化的影响，土地资源愈发紧张，使 GIS 设备在电网中得到越来越广泛的应用。

目前，国内外高压电气开关设备按其绝缘性能可分为三种类型：第一种是空气绝缘开关设备（air insulated switchgear），简称 AIS 设备，其母线完全暴露于空气中，断路器采用瓷柱式或罐式，以瓷套作为设备外壳及外绝缘；第二种就是 GIS 设备，如图 1－1 所示；

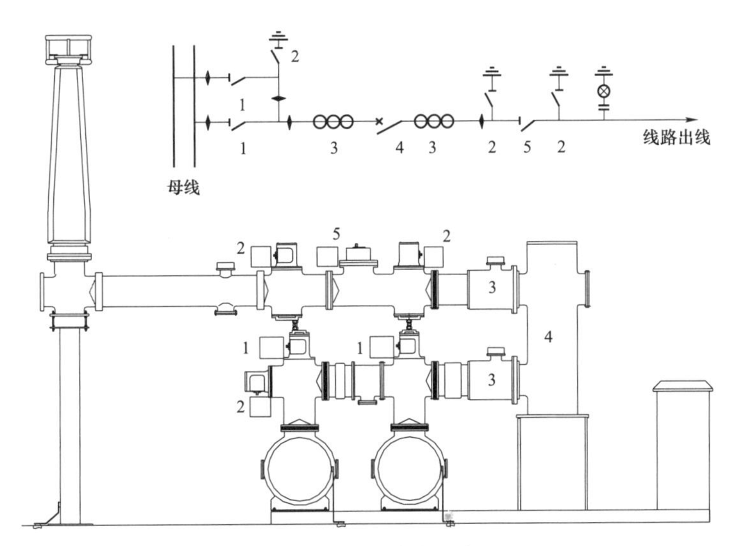

图 1－1　GIS 主接线及布置图

1—母线侧隔离开关；2—接地开关；3—电流互感器；4—断路器；5—线路侧隔离开关

第三种则是基于空气绝缘开关设备和气体绝缘金属封闭开关设备组合而成的复合电器（hybrid GIS），简称 HGIS 设备，其母线、电压互感器、避雷器等采用敞开式，而其他部分采用 GIS 布置形式，如图 1－2 所示，在超高压和特高压领域应用较多。

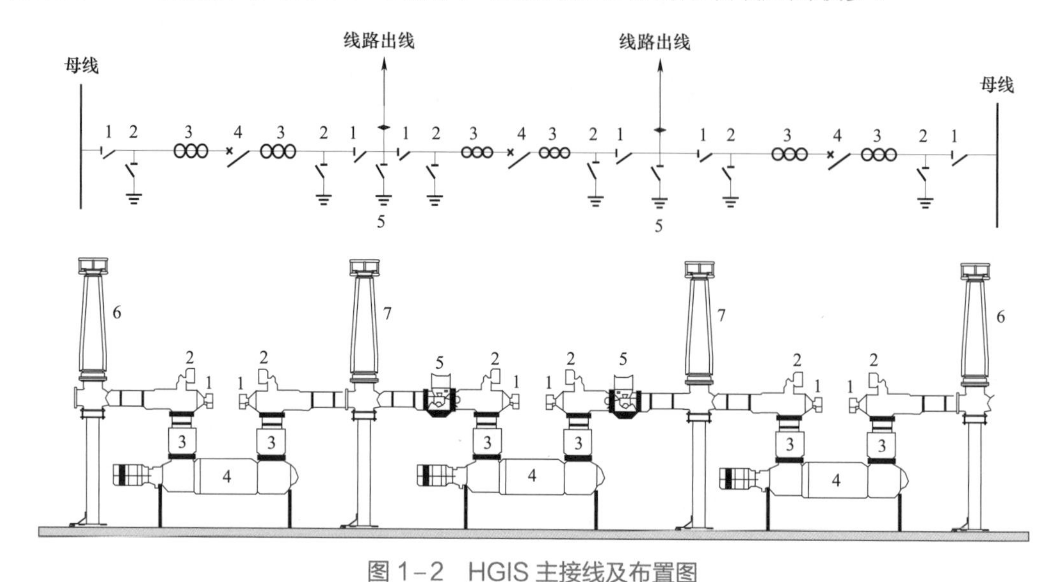

图 1－2　HGIS 主接线及布置图

1—隔离开关；2—断路器接地开关；3—电流互感器；4—断路器；5—线路接地开关；
6—母线套管；7—线路出线套管

1.2　GIS 设备的结构与组成

1.2.1　GIS 设备的分类

GIS 设备将断路器、隔离开关、接地开关、电压互感器、电流互感器、避雷器、母线等有机地组合成一个整体，图 1－3～图 1－6 展示了几个典型间隔的 GIS 设备整体结构。

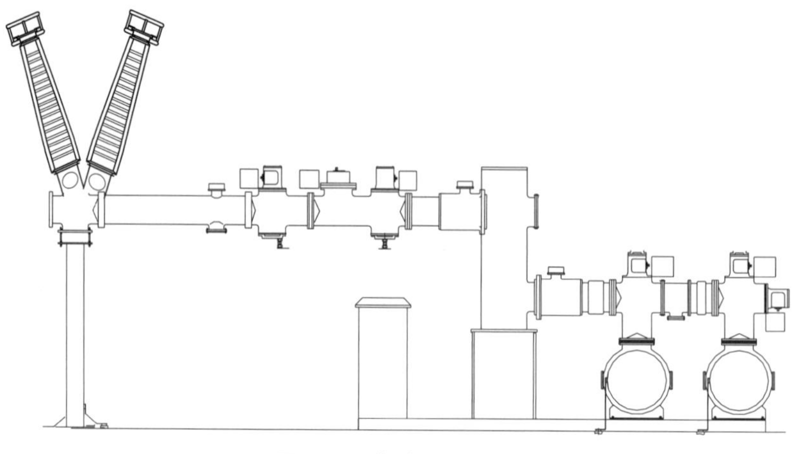

图 1－3　架空出线间隔

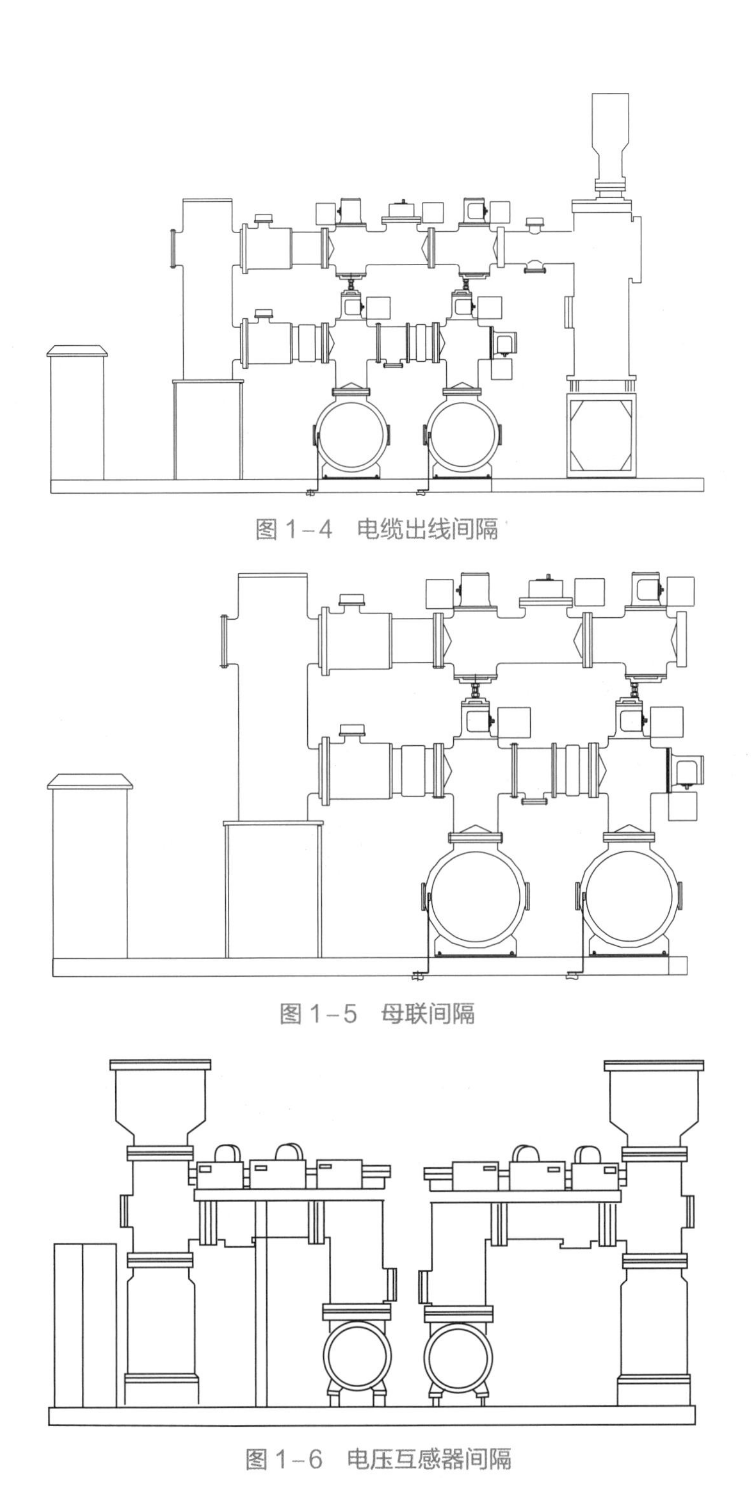

图 1-4 电缆出线间隔

图 1-5 母联间隔

图 1-6 电压互感器间隔

按安装位置来分，GIS 设备可分为户外式和户内式，这两种类型结构基本相同，户外式需增加一些防止气候条件影响的措施，户内式需建造专门的配电室进行布置。按主接线形式来分，GIS 设备可分为单母线接线、双母线接线、双母双分段接线、3/2 接线等多种接线形式。按结构形式来分，GIS 设备可分为三相分筒式和三相共筒式，共筒式的结构更为紧凑，能够节约材料；分筒式结构相间影响小，不会发生相间短路，制造也较为方便。常见 GIS 设备现场见图 1-7。

(a) 500kV 户内 GIS 设备

(b) 500kV 户外 HGIS 设备

(c) 220kV 户内 GIS 设备

(d) 220kV 户外 GIS 设备

(e) 110kV 户内 GIS 设备

图 1-7 常见 GIS 设备现场图

1.2.2 GIS 设备的组成元件

图 1-8 为双母线电缆出线间隔设备结构图。

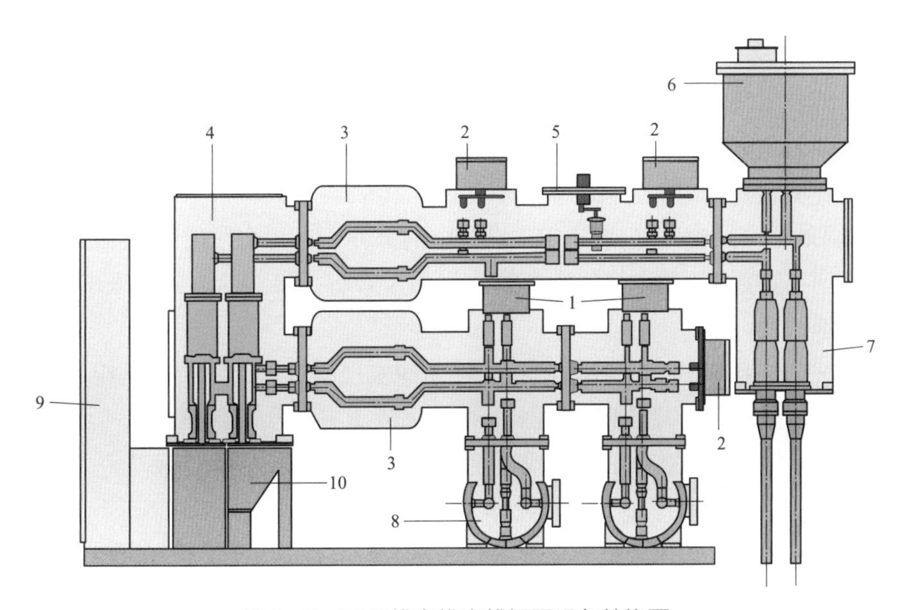

图 1–8　双母线电缆出线间隔设备结构图

1—母线侧隔离开关；2—接地开关；3—电流互感器；4—断路器；5—线路侧隔离开关；
6—电压互感器；7—电缆终端；8—母线；9—汇控柜；10—操动机构

1. 断路器

断路器是 GIS 设备的核心组成元件，由灭弧室及操动机构组成。灭弧室内充有一定压力的 SF_6 气体，开断过程中，通过热膨胀效应产生的热气体流入气缸内建立熄弧所需的压力，在喷口打开时形成吹弧气流并将电弧熄灭。操动机构有液压机构、弹簧机构、气动机构等。

2. 隔离开关和接地开关

隔离开关具有开、合小电流的能力；母线隔离开关具有开、合母线转移电流（即环流）的能力；接地开关分为在检修时起安全保护作用的维护接地开关和具有关合短路电流及开合感应电流能力的快速接地开关；隔离开关和接地开关上有可靠的分、合闸位置和便于巡视的指示装置。

3. 电流互感器

电流互感器通常采用穿心式结构，一次绕组为主回路导电杆，二次线圈缠绕在环形铁芯上。导电杆与二次绕组间有屏蔽筒，一次主绝缘为 SF_6 气体绝缘，二次线圈采用浸漆绝缘，二次线圈的引出线通过环氧浇注的密封端子板引出到端子箱，再和各类继电器、测量仪表连接。

4. 电压互感器

电压互感器是 GIS 设备中的电气测量和电气保护元件。通常一次绕组和二次绕组为同轴圆柱结构，一次绕组装有高压电极及中间电极，绕组两侧设有屏蔽板，使场强分布均匀。二次绕组接线端子由环氧树脂浇注而成的接线板经壳体引出，进入接二次接线盒。

5. 母线

母线是 GIS 设备中汇总和分配电能的重要组成元件，一般按其所处的位置可分为主母线和分支母线；按其结构形式可分为单相式和三相共筒式。

6. 电缆终端

电缆终端是把高压电缆连接到 GIS 设备中的部件，高压电缆通过电缆盒与 GIS 设备相连接，它包括连接法兰的电缆终端套管、壳体及带有插接头的间隔绝缘子等。

7. 汇控柜

汇控柜是 GIS 间隔内、外各设备和元件之间实现电气联络的中间枢纽，可实现对一次电气设备的控制、测量和监视等功能。汇控柜面板上有一次设备的模拟接线图，断路器、隔离开关和接地开关的位置指示灯和操作把手，防误闭锁装置等。

8. 气隔

为避免 GIS 设备某处故障后劣化的 SF_6 气体造成其他带电部位闪络等情况，同时方便检修，通过盆式绝缘子将整个气室划分为若干个独立的 SF_6 气室，每个独立的 SF_6 气室称为气隔单元。气隔单元在电路上相互联通，而在气路上则相互隔离。

1.3 GIS 设备的特点

1.3.1 GIS 设备的优点

1. 连接紧密、结构紧凑、占地面积少

从占地面积和安装空间来说，GIS 设备的占地面积约为相同电压等级下常规敞开式电气设备的 40%。并且这个比例随着电压等级的升高而不断减少，如 500kV GIS 设备与 500kV 敞开式设备的变电站相比较，其占地面积之比约为 1:3。占地面积大大缩减，有利于减少征地成本，提高土地使用率。

2. 可靠性高、维护量小

由于 GIS 设备的各组成元件封闭于金属壳内，因此能够克服外界潮湿、酸雨等不利气候条件的影响，特别适用于环境条件恶劣如严重污秽、多水雾地区。GIS 设备的布置结构和 SF_6 气体优异的绝缘灭弧特性使 GIS 设备具备很高的可靠性。GIS 设备的检修周期一般为 10～20 年，相比敞开式设备，极大地延长了检修周期，减少了检修维护工作量。

3. 配置灵活、安装周期短

GIS 设备采用模块化设计和制造，能够方便地组装和布置，可根据用户要求组合成单母线、双母线等多种接线方式。通常以间隔为单位在厂家预先安装，出厂前做好试验和组装调试后，将整个间隔运输至施工地点。现场只需少量的拼装和清洁工作，大大缩短了现场安装工作量和安装周期。

1.3.2　GIS 设备的缺点

1. 缺陷隐蔽性强

由于 GIS 设备的大多数组成元件都封闭于金属壳内，当其内部出现异常情况时，运维人员无法直观地分辨出异常的具体位置，只能借助于专业辅助手段，增加了现场故障判断的难度，不利于及早发现缺陷。

2. 停电检修困难

GIS 设备一些缺陷隐患的消除，需要整个间隔或整条母线停电后才能处理，容易牵一发而动全身，但是由于受供电可靠性和停电窗口的限制，一般不允许设备长时间、大范围停电。

3. 解体维护成本高

一般情况下，GIS 设备具有很高的可靠性，但结构紧凑的特点也使其一旦发生故障，往往会导致相邻设备异常，停电检修范围大，工期长，维护成本高。

1.4　HGIS 设备与 GIS 设备的区别

HGIS 设备的母线采用敞开式结构，而其余结构与 GIS 设备基本一致，综合了敞开式和 GIS 设备的优势。具体地说，与 GIS 设备相比，HGIS 设备有如下特点：

（1）投资成本低。在保证可靠性的条件下，HGIS 设备与 GIS 设备在土地占用方面相差不大，但敞开式空气绝缘母线的设计使 HGIS 设备节省了大量封闭充气母线的费用，也减少了 SF_6 气体使用量，可节约投资成本。

（2）现场安装和扩建施工方便。HGIS 设备的安装与 GIS 设备相比，省去了母线筒拼装、清洁、充气和试验的大量环节，提高了现场工作效率，缩短施工周期。扩建施工方面，为方便母线对接，GIS 设备一般采用前期同个厂家的产品，而 HGIS 设备在进行扩建时，没有同个厂家产品的限制，选择性较多。

目前，HGIS 设备在我国主要用于 500kV 及以上电压等级的变电站。随着我国高电压等级电网建设的不断加强和完善，对电网的可靠稳定运行要求也越来越高，HGIS 设备凭借良好的经济性和可靠性将获得更多的应用和发展。为方便后文的叙述，考虑到 GIS 设备和 HGIS 设备的相似性，本书之后将 GIS 设备和 HGIS 设备统称为 GIS 设备。

1.5　GIS 设备的发展

从 SF_6 气体的诞生到现在只有百余年历史，人们从不断地研究中逐渐发现这种气体的优异性能，并将其用于高压电气设备中取代变压器油和其他绝缘介质，可以说，SF_6 气体几乎是 GIS 设备的唯一绝缘和灭弧介质。GIS 设备的发展离不开 SF_6 气体在电力系统中的广泛应用。

20 世纪 40 年代，GIS 设备的研制工作始于西方发达国家。到 60 年代中期，世界上第一台 GIS 设备诞生，之后 GIS 设备迅速发展，可靠性逐渐提升。我国对 GIS 设备的研制工作起步较晚，开始于 60 年代末。当时长江流域规划办公室为解决规划中长江三峡等水力发电站的高压变电站的设计而提出的，并于 1966 年由国家立项，西安高压电器研究所、西安高压开关厂和长江流域规划办公室承担研制开发工作。于 1971 年研制出了第一台 110kV GIS 样机，断路器为单压、定开距双断口。1973 年由西安高压开关厂生产出我国首台 110kV GIS 设备，并在湖北丹江口水电站试运行。1980 年又研制成功我国第一台 220kV GIS 设备，并于 1982 年在江西南昌斗门变电站试运行。1979 年我国第一个 500kV 平武输变电工程的 500kV 和 220kV 高压断路器选用了法国 MG 公司生产的 FA 型 SF_6 断路器，同时采用技贸结合的方式，由平顶山高压开关厂引进其公司的制造技术，以此为开端，我国研制开发断路器和 GIS 的工作进入了一个高潮。

伴随着我国特高压电网的建设，高电压等级的 GIS 设备工程应用也得到快速发展，投运量也日益增多。我国通过引进 500kV GIS 设备的设计制造技术，经过消化吸收后，已掌握并且完全自主设计制造了 1000kV GIS 设备（包括核心部件灭弧室和操动机构）。在 2019 年 9 月试运行的由苏州至南通、单线长达 6km、横跨长江的世界首个特高压交流气体绝缘金属封闭输电线路（GIL）工程，标志着我国的 GIS 工程应用和研发都走在了世界前列。

目前，GIS 设备的生产制造商遍布全世界。经过几十年的不断发展，GIS 设备的产品质量和技术水平都取得了长足进步。随着 GIS 设备的不断完善，高电压、大容量和智能化的 GIS 设备将在未来电力系统发展中扮演更为重要的角色。

第2章

GIS 设备土建基础

2.1 概　　述

与常规敞开式变电站配电装置相比，GIS 设备的优点在于结构紧凑、占地面积小、可靠性高、配置灵活、安装方便、安全性强、环境适应能力强，维护工作量小。由于元件组合，缩短了设备间接线距离，节省了各设备的布置尺寸。相对于传统的配电装置，大大缩小了高压设备纵向布置尺寸，减少占地面积达 40%～60%。GIS 设备结构采用底座框架承托单个（单相）GIS 间隔的型式，底座框架通过焊接固定在水平预埋钢板基础上。基础底座由生产厂提供。底座为钢结构，GIS 设备的主要部件均承载在钢结构底座上。

GIS 设备安装基础常采用平板式筏板基础整体设计，如图 2－1 所示。其主要优点是：能大幅减少设备基础下地基土的附加应力、有效调整基础不均匀沉降；在施工时可直接开挖基坑到筏板底部，钢筋排布及混凝土浇筑方便，易于施工，也便于上部 GIS 设备的布置。

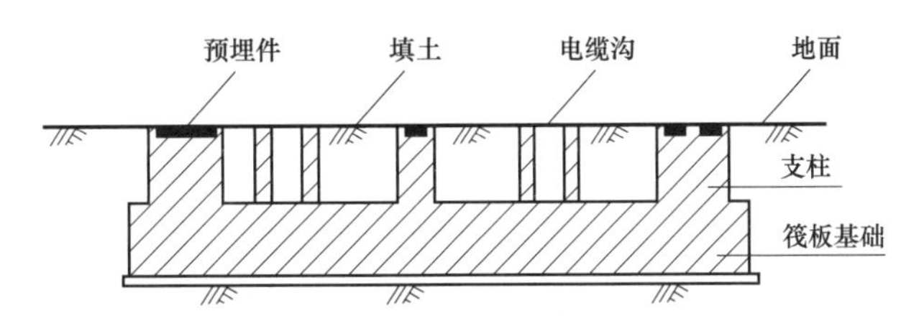

图 2－1　GIS 设备平板式筏板基础示意图

GIS 设备对土建基础沉降变形极为敏感，施工误差要求较常规工程高，为保证设备的顺利安装、正常运行及使用，在 GIS 设备基础的设计阶段，就需依据国家、行业、企业相关的规范、标准进行设计。在施工阶段应严格按设计图纸和相关规范、标准进行施工。同时，切实做好 GIS 设备基础施工过程把控和隐蔽工程验收，把好质量关。为此，本章以某新建变电站 GIS 设备基础为例，介绍 GIS 设备土建基础施工过程中的验收关键点。

2.2 定 位 放 线

项目开工后的第一次放线，应由规划部门、施工单位等专业测量人员，根据站区总平面进行定位，在施工现场测放至少 4 个定位桩，并埋设施工平面控制点标示，如图 2-2 所示。

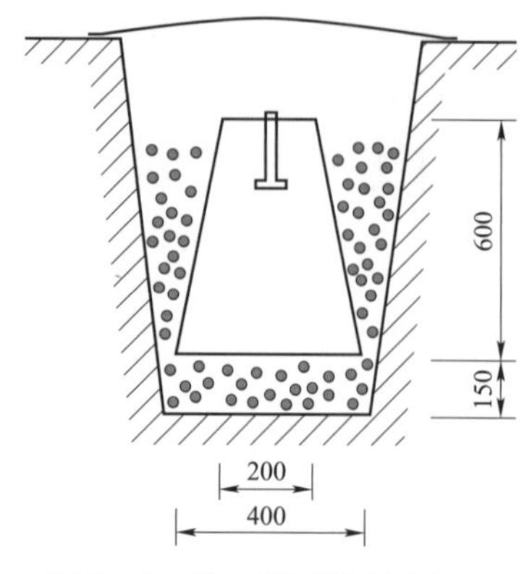

图 2-2 施工平面控制点标示

站区定位桩设定后，由施工单位专业测量人员、施工现场负责人及监理共同对 GIS 设备基础工程进行放线及测量复核，再测放出 GIS 设备基础的定位桩，形成定位桩轴线。

GIS 设备基础定位桩测放完成后，进行基础开挖前基坑放样。由施工现场的测量员及施工员按设计图纸、基坑坡度及施工作业面等要求，依据核准的定位桩轴线，测放开挖区域的白石灰线，如图 2-3 所示。开挖范围内的所有定位轴线桩和水准点都要引出施工作业区域外，并用大方木桩深打后钉上铁钉、标记红色倒三角搭设，形成基础施工轴线引测龙门桩，并加以保护，如图 2-4 所示。基础轴线定位桩在基础放线的同时，可引到周围的永久建筑物或固定物上，当轴线定位桩破坏时，用来补救。所有的定位桩、红线点一经核实后，应落实专人对其进行定期检查复核，以确保红线的准确性。

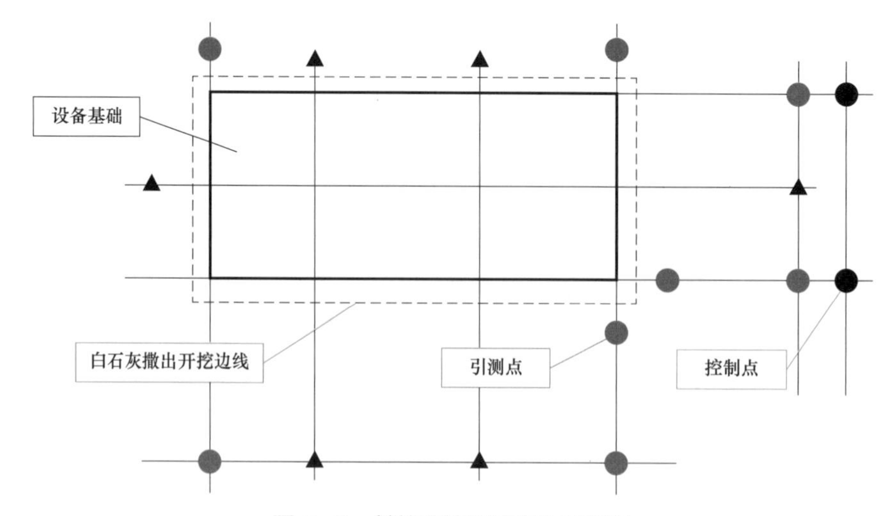

图 2-3 基坑开挖区域测放示意图

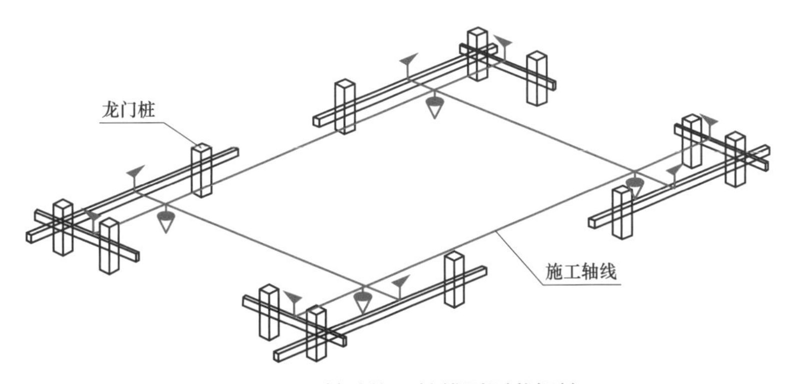

图 2-4　基础施工轴线引测龙门桩

2.3 基　坑　开　挖

基坑是在基础设计位置按基底标高和基础平面尺寸所开挖的土坑。GIS 设备基础为大面积筏板基础，常采用反铲挖掘机整体开挖土方，如图 2-5 所示。土方开挖应自上而下，分层和分段依次进行。在开挖过程中，应根据土质变化情况，以及土方开挖深度，确定坡度，并随时检查基坑壁和边坡状态，做好基坑的支撑准备，严禁直壁开挖。在土方开挖施工过程中，应随时进行中线、槽断面、高程的校核。

图 2-5　挖掘机开挖基坑

采用挖掘机开挖大型基坑时，应事先规划好挖掘机移动路径，提前铺设好挖掘机进退场斜坡。当沿挖方边缘移动时，挖掘机距离基坑边沿的距离一般不得小于基坑深度的 1/2。在坡顶四周离基坑边沿约 2m 位置设一道安全防护栏杆，栏杆涂刷红白相间的警示颜色，在安全防护栏上、交通要道挂警示标志，防止施工人员、施工车辆疏忽掉入基坑。开挖过程中，严禁在基坑边坡顶堆积弃土和停放汽车。土方装车时，转运车辆离基坑边沿的距离应大于 2m，以减少土方侧向压力，防止土层滑坡坍陷。

机械开挖施工应考虑对邻近建筑物、管线、地网等设施的影响，应采取必要的可靠保障措施。机械开挖应由深到浅，常在基底和边坡预留 300mm 厚的土层，由人工进行清底、修坡、找平，以保证基底标高和边坡坡度正确。同时，可避免超挖和破坏基底土层结构。基坑边角区域、机械无法开挖区域，应由人工及时配合局部清理，再用机械掏取运走。开挖到设计底板标高后，基坑底四周放宽约 500mm 作为施工作业面。

2.3.1 基坑排水

变电站多建于山区地带，土层结构松散，为半透水层，排泄条件好，自然地面下水位较深，且站址内基坑开挖深度不深，GIS 设备基础埋设远离地下水面，基坑水源主要由大气降雨及河流侧向径流补给，蒸发及侧向径流为其主要排泄方式。雨季开挖基坑时，工作面不宜过大，应逐段分期完成。基坑施工时，必须落实排水措施，在基坑面坡、基坑底部四周设置临时排水沟，防止地表水流入基坑，避免水长时间浸泡基坑。

GIS 设备基坑作业，常采用明沟、集水坑排水（如图 2－6 所示），以控制降低地下水位，消除雨水对基础施工影响。排水措施应持续到基础工程完毕回填土方后才能停止，确保在干燥条件下施工作业。

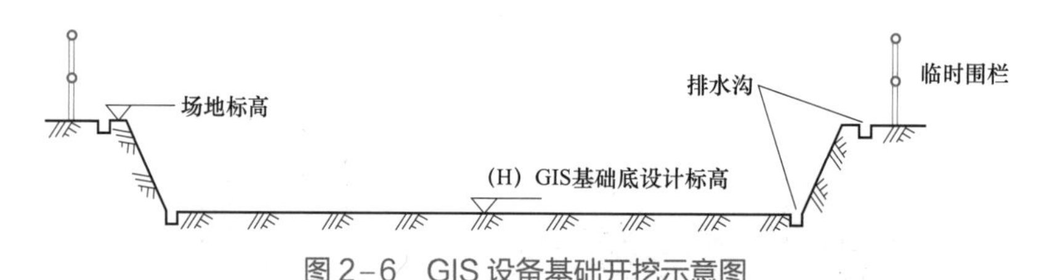

图 2－6 GIS 设备基础开挖示意图

常见做法如下：沿基坑边沿外围设置主排水沟，在基坑边坡底根挖设坑内排水沟。坑内排水沟宽约 300mm，深于基础垫层承台底以下约 100mm，夯实排水沟底土层后浇筑 100mm 厚 C15 素混凝土垫层。排水沟沟壁采用灰浆砖砌筑，上表面、内壁、底面用水泥砂浆抹面。排水沟侧壁顶较基础垫层承台土方略低。在基坑对角靠外侧设置集水坑，采用灰浆砖砌筑。排水沟沟底按 1%坡度向集水坑放坡，以保证排水沟排水通畅。当基坑边坡土层中有孔隙水渗出或下雨时，水沿排水沟流向集水坑，再由潜水泵将集水坑内积水抽至基坑外围排水沟排出。

施工期间，集水坑内水位超过排水沟水位，应立即启动潜水泵将坑内积水抽出，直至坑内水位低于排水沟沟底，方可停止抽水。下雨期间，由于边坡上雨水汇集流入集水坑内的水量较大，应不间断地进行抽水，保证井内水位始终低于排水沟水位，若排水不及时，应更换大功率抽水泵，防止浸泡基土。

2.3.2 基底处理

基坑开挖至设计标高后，应将基底面上的树根、石块等杂物清理干净，检验基底土层种类、粒径是否符合设计规定。如果基底土层不满足设计要求，则应联系设计单位确认，进行基底土层换填，换填土方应满足设计要求。

基底清理完毕后，应分层铺土、耙平填土。每层铺土的厚度应根据土质、密实度要求和机具性能确定。回填土方时要严格控制铺土厚度，每层铺土厚度不得超过 300mm，铺土厚度要均匀，碾压时要夯夯相接，不得漏夯。

回填土方应遵循由四周向中央推进作业。回填前应先确定好土方转运路线，并确定每条路线的服务范围，减少土方二次搬运。当回填土方量大、覆盖面广、设计标高一致时，可采用推土机分层摊平，再用振动压路机碾压。当采用碾压机械压实时，应控制行进速度，一般规定平碾不应超过 2km/h；振动碾不应超过 2km/h。

靠近构筑物、基础部位回填土方，应采用翻斗车倒运，人工分层摊平，且要对称同时进行，以减少对构筑物、基础的不均匀侧压力。构筑物、基础 500mm 范围内不得使用压路机等机械碾压，其他部位可用压路机压实。为避免压实不到位或机械碰触构筑物，宽度不足的部分应采用振动式打夯机分层夯实，如图 2－7 所示。

图 2－7　振动式打夯机作业

振动式打夯机分层夯实作业施工要点如下：

（1）打夯前应将回填土初步整平，打夯要按一定方向进行，一夯压半夯，夯夯相接，行行相连，两遍纵横交叉，分层夯打。行夯路线应由四边开始，再夯向中间。

（2）用柴油打夯机等小型机具夯实时，一般填土厚度不宜大于 250mm。

（3）基坑回填应在相对两侧或四周同时进行回填夯实。

（4）回填管沟时，应先在管子周围填土，人工夯实。应从管道两边同时进行，直至回填土距管顶 500mm 以上，在不损坏管道的情况下，方可采用机械回填夯实。

2.3.3　地基验槽

GB 50202—2018《建筑地基基础工程施工质量验收标准》规定：在基坑或基槽开挖至设计标高后，勘察、设计、监理、施工、建设等各方相关技术人员应共同参加地基验槽，检验地基是否符合要求。验槽的目的是为了探明基坑或基槽的土质情况等，据此判断异常地基基础是否需要进行局部处理、原钻探是否需补充、原基础设计是否需修正，同时是否应对自己所接收的资料和工程的外部环境进行再次确认等。验槽是地基基础工程施工前期重要的检查工序，是关系到整个建筑安全的关键，对每一个基坑或基槽，都必须进行验槽。

验槽时，现场应具备岩土工程勘察报告、轻型动力触探记录（可不进行轻型动力触探的情况除外）、地基基础设计文件、地基处理或深基础施工质量检测报告等。当设计文件对基坑坑底检验有专门要求时，应按设计文件要求进行。验槽应在基坑或基槽开挖至设计标高后进行，对留置保护土层时其厚度不应超过 100mm；槽底应为无扰动的原状土。验槽时要结合详勘和施工勘察结果进行。验槽完毕填写验槽记录或检验报告，对存在的问题或异常情况提出处理意见。

当遇到下列情况之一时，需进行专门的施工勘察。

（1）工程地质与水文地质条件复杂，详勘阶段出现难以查清的问题时。

（2）开挖基槽发现土质、地层结构与勘察资料不符时。

（3）施工中地基土受严重扰动，天然承载力减弱，需进一步查明其性状及工程性质时。

（4）开挖后发现需要增加地基处理或改变基础型式，已有勘察资料不能满足需求时。

（5）施工中出现新的岩土工程或工程地质问题，已有勘察资料不能充分判别新情况时。

1. 天然地基验槽

天然地基验槽应检验下列内容：

（1）根据勘察、设计文件核对基坑的位置、平面尺寸、坑底标高。

（2）根据勘察报告核对基坑底、坑边岩土体和地下水情况。

（3）检查空穴、古墓、古井、暗沟、防空掩体及地下埋设物的情况，并应查明其位置、深度和性状。

（4）检查基坑底土质的扰动情况以及扰动的范围和程度。

（5）检查基坑底土质受到冰冻、干裂、水冲刷或浸泡等扰动情况，并应查明影响范围和深度。

在进行直接观察时，可用袖珍式贯入仪或其他手段作为验槽辅助。天然地基验槽前应在基坑或基槽底普遍进行轻型动力触探检验（如图 2－8 所示），检验数据作为验槽依据。轻型动力触探宜采用机械自动化实施，检验完毕后，触探孔位处应灌砂填实。轻型动力触探应检查下列内容：

（1）地基持力层的强度和均匀性。

（2）浅埋软弱下卧层或浅埋突出硬层。

（3）浅埋的会影响地基承载力或基础稳定性的古井、墓穴和空洞等。

采用轻型动力触探进行基槽检验时，检验深度及间距应按表 2－1 执行。

表 2－1 轻型动力触探检验深度及间距 （m）

排列方式	基坑或基槽宽度	检验深度	检验间距
中心一排	＜0.8	1.2	一般为 1.0～1.5m，出现明显异常时，需加密至足够掌握异常边界
两排错开	0.8～2.0	1.5	
梅花型	＞2.0	2.1	

注 对于设置有抗拔桩或抗拔锚杆的天然地基，轻型动力触探布点间距可根据抗拔桩或抗拔锚杆的布置进行适当调整；在土层分布均匀部位可只在抗拔桩或抗拔锚杆间距中心布点，对土层不太均匀部位以掌握土层不均匀情况为目的，参照表 2－1 所示间距布点。

遇下列情况之一时，可不进行轻型动力触探：

（1）承压水头可能高于基坑底面标高，触探可造成冒水涌砂时。

（2）基础持力层为砾石层或卵石层，且基底以下砾石层或卵石层厚度大于 1m 时。

（3）基础持力层为均匀、密实砂层，且基底以下厚度大于 1.5m 时。

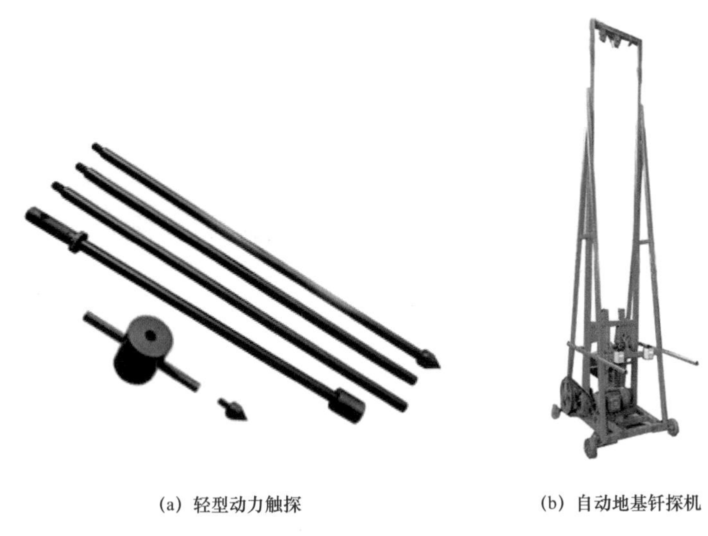

(a) 轻型动力触探　　(b) 自动地基钎探机

图 2-8　轻型动力触探与自动地基钎探机

2. 地基处理工程验槽

（1）设计文件有明确地基处理要求的，在地基处理完成、开挖至基底设计标高后进行验槽。

（2）对于换填地基、强夯地基，应现场检查处理后的地基均匀性、密实度等检测报告和承载力检测资料。

（3）对于增强体复合地基，应现场检查桩位、桩头、桩间土情况和复合地基施工质量检测报告。

（4）对于特殊土地基，应现场检查处理后地基的湿陷性、地震液化、冻土保温、膨胀土隔水、盐渍土改良等方面的处理效果检测资料。

（5）经过地基处理的地基承载力和沉降特性，应以处理后的检测报告为准。

3. 桩基工程验槽

（1）设计计算中考虑桩筏基础、低桩承台等桩间土共同作用时，应在开挖清理至设计标高后对桩间土进行检验。

（2）对人工挖孔桩，应在桩孔清理完毕后，对桩端持力层进行检验。对大直径挖孔桩，应逐孔检验孔底的岩土情况。

（3）在试桩或桩基施工过程中，应根据岩土工程勘察报告对出现的异常情况、桩端岩土层的起伏变化及桩周岩土层的分布进行判别。

遇到下列情况之一时，需进行专门的施工勘察。

（1）工程地质与水文地质条件复杂，详勘阶段出现难以查清的问题时。

（2）开挖基槽发现土质、地层结构与勘察资料不符时。

（3）施工中地基土受严重扰动，天然承载力减弱，需进一步查明其性状及工程性质时。

（4）开挖后发现需要增加地基处理或改变基础型式，已有勘察资料不能满足需求时。

（5）施工中出现新的岩土工程或工程地质问题，已有勘察资料不能充分判别新情况时。

2.3.4 地基承载力试验

地基在构筑物荷载作用下，地基土发生压缩变形，引起基础产生沉降，使上部结构倾斜，造成建筑物沉降；当构筑物的荷载过大，超过了基础下持力层土所能承受荷载的能力，地基产生滑动破坏。因此在设计构筑物基础时，必须考虑地基土的承载力，即地基土单位面积上所承受荷载的能力。确定地基承载力常采用平板载荷试验。平板载荷试验适用于检测浅部天然地基、处理地基和复合地基的承载力。在现场通过一定面积的刚性承压板向地基逐渐施加荷载，测定天然地基、单桩或复合地基的沉降荷载的变化，借以确定地基土的承载能力和变形特征的现场试验。

2.3.5 验收实例—基坑验槽

1. 基坑开挖

某变电站室内 GIS 配电装置楼基础埋深约 2.3m，基底处露土层主要为回填土层。应挖除全部回填土层后以粉质黏土作为基础持力层，超挖部分采用 C15 素混凝土垫层进行换填处理。室内 GIS 配电装置楼基础采用独立基础，并带有基础梁，如图 2-9 所示。

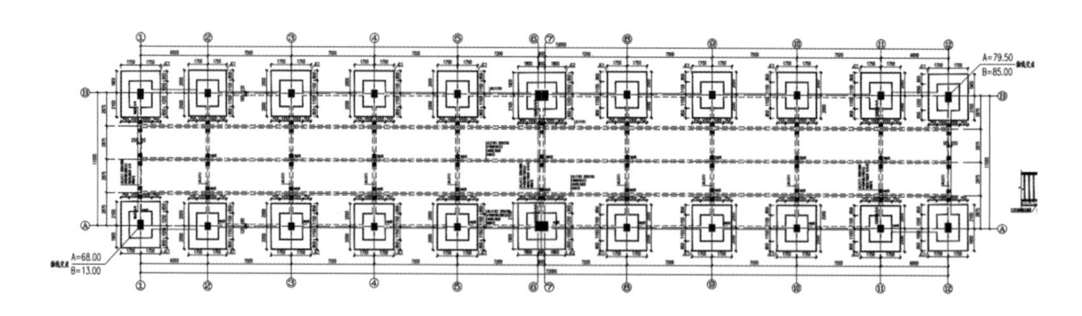

图 2-9 某变电站室内 GIS 室基础平面图

（1）验收关键点。

1）基坑开挖：基础开挖施工顺序宜先深后浅。基坑开挖时应注意边坡的稳定，不得影响临近基础。挖土应均衡分层进行，对流塑状土的基坑开挖，高度不应超过 0.5m。采用机械开挖时，开挖至距设计标高 300mm 后，应改为人工开挖，以确保基底土层不受扰动。若基底土层被扰动，则必须将已扰动的松土清除干净，按超挖情况处理，使用 C15 素混凝土进行换填。开挖至设计标高并经质检、施工监理、地质人员验槽。验槽合格后应及时浇筑基础垫层，避免泡水软化而造成承载力降低。

2）必须将原来的回填土挖除，超挖至原状土层，然后采用 C15 素混凝土换填至设计标高。

3）基坑验槽。

a. 基槽的开挖平面位置、尺寸、槽底深度与设计图纸相符，开挖深度符合设计要求。

b. 槽壁、槽底土质类型、均匀程度满足设计要求，不存在有关异常土质，基坑土质及地下水情况与勘察报告相符。

c. 基槽中无旧建筑物基础、古井、古墓、洞穴、地下掩埋物及人防工程等。

d. 基槽边坡外缘与附近建筑物的距离符合国家规定，基坑开挖对建筑物稳定无影响。

e. 钎探无异常点位。

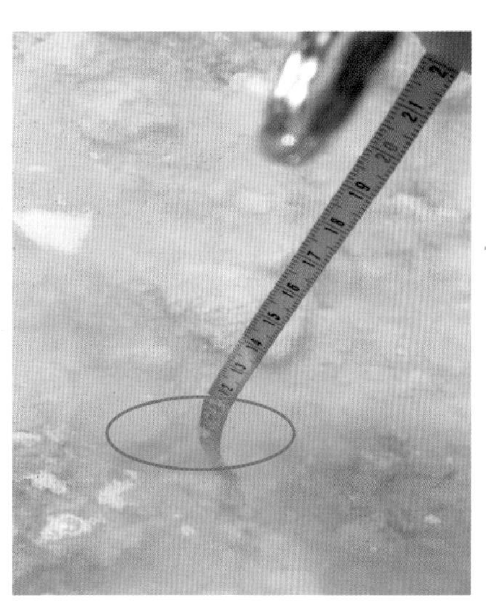

图 2－10　基坑泡水

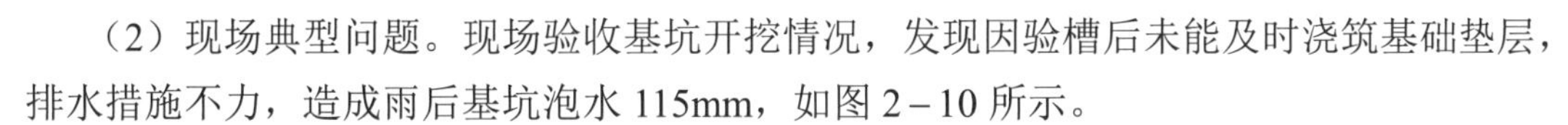

（2）现场典型问题。现场验收基坑开挖情况，发现因验槽后未能及时浇筑基础垫层，排水措施不力，造成雨后基坑泡水 115mm，如图 2－10 所示。

2. 平板载荷试验

某变电站室内 GIS 配电装置楼基础基底处露土层主要为回填土层。基坑开挖完成后，设计、监理、施工、建设等各方相关技术人员应共同参加平板载荷试验。

（1）试验地点。回填区随机抽取 2 个点，设为试验点 Y1、Y2。

（2）试验工具。承压板（1m × 1m 钢板）、荷重传感器、油压千斤顶、百分表、反力装置（强夯机）。

（3）仪器设备安装（如图 2－11 所示）。

1）安装承压板：承压板底面下用粗砂铺平，厚度不超过 20mm，放置 1m × 1m 正方形承压板。为增加承压板的刚度，另外增加两块方形承压板，中心在同一轴线上。

2）安装油压千斤顶：将千斤顶放置在承压板中心，固定并联于千斤顶油路的压力表，可根据千斤顶校准结果换算荷载。

3）安装百分表：将 4 根基准桩呈矩形打入土层，承压板在中心位置，检查基准桩稳定后，将两根基准梁的两端分别固定在基准桩上。最后将百分表对称安装在承压板的两个方向。百分表的读数准确度为 0.01mm，当承压板发生沉降，百分表最下端的测量杆会向下移动，通过齿轮传动系统带动外圈大指针、内圈小指针转动。内圈转动一圈 1mm，分一百个小格；外圈转动一圈 50mm，分五十格。记录前后读数，算出差值。

4）检查反力装置：选用强夯机作为反力装置，强夯机重达 40 多吨，满足试验最高荷载的要求。

图 2-11　平板载荷试验仪器设备安装现场

（4）试验步骤。

1）预压：正式试验前进行预压，预压载荷为最大试验荷载的 5%。

2）加载：采用分级加载，共分为八级，逐渐等量加载，第一级为 45kPa（4.5t 质量）、第二级为 90kPa（9.0t 质量）依次增加至第八级为 360kPa（36t 质量）。

3）卸载：每级卸载量取加载时分级荷载的两倍，逐级等量卸载。

4）记录数据：每级荷载施加后按第 5、15、30、45、60min 测读承压板的沉降量，以后每隔 30min 读一次；卸压时，每级荷载维护 30min，按第 5、15、30min 测读承压板沉降量，卸载至零时读一次，2h 再读一次。

5）相关技术要求：① 最大试验压力应不小于设计要求的地基承载力特征值的 2.0～2.5 倍。② 承压板沉降相对稳定标准：试验荷载小于特征值对应的荷载时，每小时内的承压板沉降量不超过 0.1mm；试验荷载大于特征值对应的荷载时，每小时内的承压板沉降量不超过 0.25mm。③ 当承压板沉降速率达到相对稳定标准时，再施加下一级荷载。

（5）检测数据分析与判定。将记录的沉降量绘制成荷载－沉降（$p-s$）曲线，如图 2-12 所示。

1）Y1 试验点。试验总加载量为 360kPa，累计沉降量 14.52mm，残余沉降量 10.60mm，沉降量较小，$p-s$ 曲线缓变，无明显陡降段，压板周围的土体无明显侧向挤出。

该点压板下应力主要影响深度范围内地基土承载力特征值 f_{ak}=180kPa。

2）Y2 试验点。试验总加载量为 360kPa，累计沉降量 7.50mm，残余沉降量 5.69mm，沉降量小，$p-s$ 曲线缓变，无明显陡降段，压板周围的土体无明显侧向挤出。

该点压板下应力主要影响深度范围内地基土承载力特征值 f_{ak}=180kPa。

综合分析，设计图纸要求该填方区部分承载力应达到 180kPa，现场试验最大试验压力为 360kPa，符合设计要求。

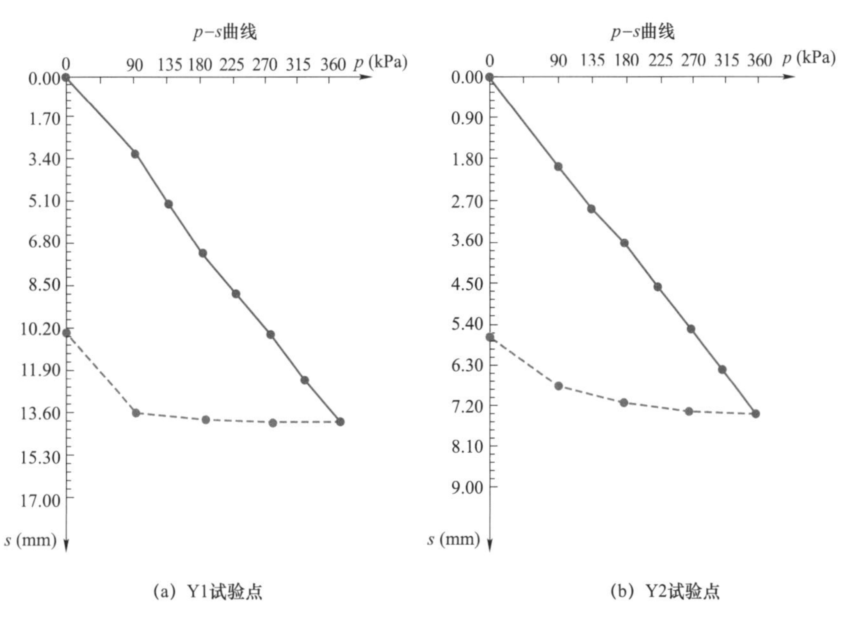

(a) Y1试验点　　(b) Y2试验点

图 2–12　平板载荷试验曲线

3. 基坑开挖验收作业卡

基坑开挖验收作业卡见表 2–2。

表 2–2　基坑开挖验收作业卡

工程项目			日期	
引用文件	设计图纸、GB 50026《工程测量规范》、GB 50202《建筑地基工程施工质量验收规范》、JGJ《建筑地基处理技术规范》			
序号	作业步骤		验收关键点	确认
1	定位放线	控制点测设	根据建（构）筑物的主轴线设置控制桩。主要建（构）筑物的控制点应不少于 4 个	
		平面控制点精度	用经纬仪确认平面控制点的准确性	
		高程控制点精度	用水准仪确认高程控制点的准确性	
2	基坑开挖	基底处理	应符合设计要求	
		地基验槽	应符合设计要求	
		尺寸	标高、长、宽应符合设计要求	
		平整度	应符合设计要求	
		边坡	应符合设计要求和现行相关标准的规定	
		排水沟	基坑内不积水，沟内排水畅通	
结论	签名确认：　　日期：　　年　　月　　日			

2.4 基 础 垫 层

基础垫层为素混凝土浇筑，不配置钢筋，是钢筋混凝土基础与地基土的中间层。垫层表面平整，方便施工放线，便于在上面绑扎钢筋，支基础模板。同时，还可通过调整垫层厚度进行找平，弥补土方开挖的误差，使底板受力在一个平面，也方便基础底面做防腐层。同时，使底筋和土壤隔离不受污染，起到保护基础的作用。

GB 50007—2011《建筑地基基础设计规范》中第 8.2 节中规定：扩展基础的垫层的厚度不宜小于 70mm，垫层混凝土强度等级不宜低于 C10。当设计图纸有要求时，应按设计图纸要求执行。

2.4.1 垫层模板安装

基坑验收合格后，常用洒白灰的方法进行垫层放样。垫层模板常采用 40mm × 100mm 长方木搭设，或者采用 40mm × 100mm 方木，背面钉 15mm 厚木胶合板模板，如图 2－13 所示。垫层模板应做好固定，防止混凝土浇筑时发生移位。混凝土浇筑前应在模板内侧标注垫层面标高，以便控制垫层的厚度。

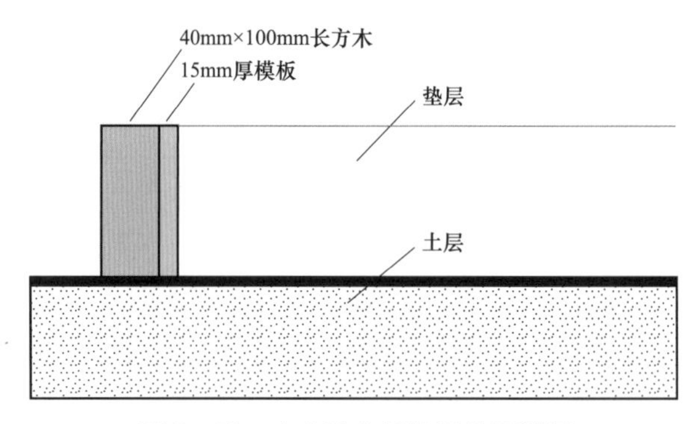

图 2－13 方木胶合板搭设垫层模板

2.4.2 垫层混凝土浇筑

1. 基层处理

当垫层下为基土时，应做好基底夯实。混凝土浇筑前应清除基土表面虚土、杂物。当垫层下为混凝土结构层时应将粘结在混凝土基层上的浮浆、松动混凝土、砂浆等剔除，清扫并冲洗干净。

2. 测设标高控制线

根据设计图纸要求，结合标高控制桩，测量出垫层标高，在模板上弹出标高控制线，大面积施工时应增测标高控制点，间距不大于 2m。

3. 浇筑混凝土

垫层混凝土施工时常采用溜槽法，由混凝土泵泵送或手推车运输，经溜槽将商品混凝土输送至浇筑部位。垫层混凝土浇筑前，先在基层上洒水湿润。如有条件可刷一层素水泥浆，随刷随铺混凝土。浇筑应从一端开始，由内向外退着操作，或由短边开始沿长边方向进行浇筑。垫层混凝土应一次浇筑到位，不可分层浇筑。

4. 振捣

混凝土浇筑后，应及时振捣。用铁锹摊铺混凝土，厚度略高于垫层面，一般采用平板式振捣器振捣。平板振捣器移动间距应保证振捣器的平板覆盖已振实部分的边缘。当垫层厚度超过 200mm 时，应采用插入式振捣器。每一振捣处应使混凝土表面呈现浮浆和不再沉落，不得漏振，保证混凝土密实，并按规定留置混凝土试块以检验其强度。

5. 找平

混凝土振捣密实后，应按照标高控制线（点）检查平整度，用拉平器找平，边角用木抹子搓平。

6. 养护

已浇筑完的混凝土垫层，应在浇筑 12min 内加以覆盖和洒水养护，如图 2－14 所示。一般养护不得少于 7 天。

图 2－14　混凝土垫层覆盖养护

2.4.3　垫层测放

1. 基础轴线测放

在基础垫层浇注好后，应根据设计图纸，结合基础施工轴线引测龙门桩或轴线控制桩，用经纬仪或用拉绳挂铅锤的方法，将基础轴线投测到垫层面上，并用墨线弹出基础中心线和基础边线，如图 2－15 所示，作为砌筑基础的依据。

图 2-15 基础中心线和基础边线

2. 钢筋排布线测放

基础中心线和基础边线测放好后，根据基础平面图、剖面图钢筋大样，在垫层面上用墨线弹出钢筋平面排布线，如图 2-16 所示，作为安装绑扎钢筋的依据。

图 2-16 钢筋平面排布线

2.4.4 基础垫层验收实例

某变电站室内 GIS 配电装置楼基础基坑开挖至设计标高后，经验槽合格后，应对坑底进行保护，需及时进行垫层施工，对基坑土层进行封闭处理，防止基坑泡水软化而造成承载力降低。

1. 验收关键点

（1）垫层尺寸：厚度 100mm，垫层长宽较基础四周边线宽出 100mm，如图 2-17 所示。

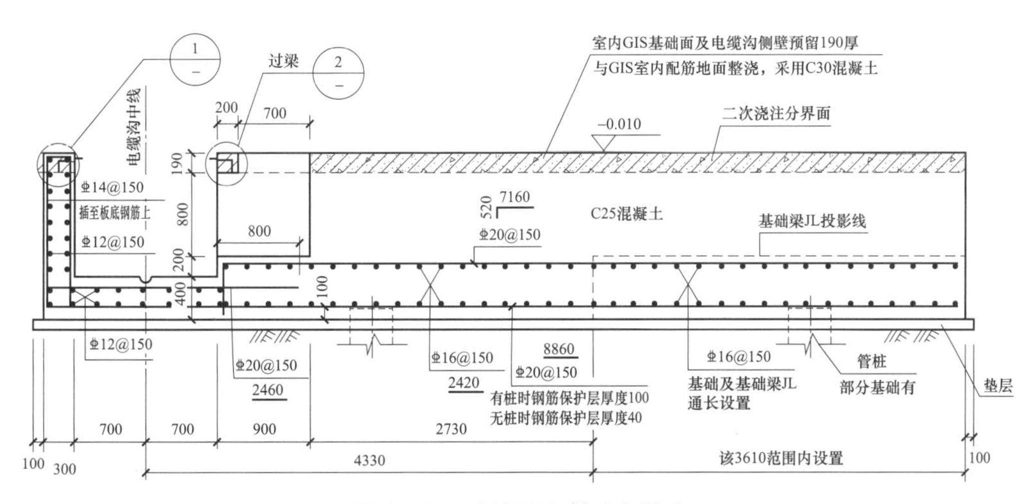

图 2－17　GIS 设备基础大样图

（2）基础垫层采用 C20 素混凝土浇筑，施工时必须一次浇捣，不得设施工缝。

（3）基础垫层应确保平整度满足要求，才能保证后期制作的基础更加稳定、牢固。

2. 现场典型问题

现场验收基础垫层出现缺角情况，如图 2－18 所示。

图 2－18　基础垫层缺角

3. 基础垫层验收作业卡

基础垫层验收作业卡见表 2－3。

表 2－3　　基础垫层验收作业卡

工程项目				日期	
引用文件	设计图纸、GB 50010《混凝土结构设计规范》、GB/T 14902《预搅拌混凝土》、GB 50164《混凝土质量控制标准》、GB 50204《混凝土结构工程施工质量验收规范》、JGJ 79《建筑地基处理技术规范》				
序号	作业步骤		作业内容		确认
1	垫层模板安装	模板及其支架	模板及其支架应具有足够的承载能力、刚度和稳定性，能可靠地承受浇筑混凝土的重力、侧压力及施工荷载		
		模板安装	1. 模板接缝不应漏浆，木模板应浇水湿润，但模板内不应有积水。 2. 模板与混凝土的接触面应清理干净并涂刷隔离剂。 3. 模板内的杂物应清理干净		

续表

序号	作业步骤		作业内容	确认
2	垫层混凝土浇筑	混凝土强度及试件取样	应符合设计要求和现行有关标准的规定	
		混凝土运输、浇筑及间歇	全部时间不应超过混凝土的初凝时间，同一施工段的混凝土应连续浇筑，并应在底层混凝土初凝前将上一层混凝土浇筑完毕	
		混凝土振捣	应符合设计要求和现行有关标准的规定	
		垫层找平	应符合设计要求	
		垫层养护	浇筑12h以内开始养护，一般养护不得少于7天。应符合设计要求和现行有关标准的规定	
		外观质量	不应有严重缺陷。对已经出现的严重缺陷，应由施工单位提出技术处理方案，并经监理、设计单位、建设单位认可后进行处理。对经处理的部位，应重新检查验收	
		尺寸偏差	不应有影响结构性能和使用功能的尺寸偏差。对超过尺寸允许偏差且影响结构性能和安装、使用功能的部位，应由施工单位提出技术处理方案，并经监理、设计单位、建设单位认可后进行处理。对经处理的部位，应重新检查验收	
3	垫层测放	基础轴线测放	应符合设计要求	
		钢筋排布线测放	应符合设计要求	
结论	签名确认：		日期： 年 月 日	

2.5 钢 筋 施 工

2.5.1 钢筋基础知识

钢筋混凝土用钢筋是指钢筋混凝土配筋用的直条或盘条状钢材，其外形分为光圆钢筋和变形钢筋两种。钢筋在混凝土中主要起承受拉应力的作用，在光圆钢末端弯钩和变形钢筋横肋的作用下，与混凝土形成较大的粘结力，能更好地承受外力的作用。

变电站常用钢筋混凝土用钢有热轧光圆钢筋、热轧带肋钢筋两种。

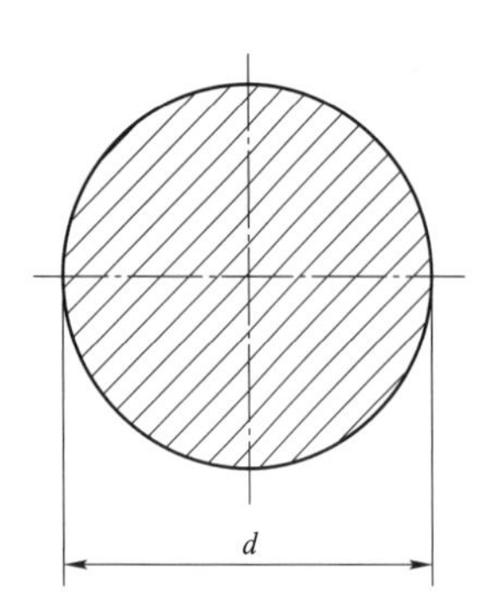

图 2－19 热轧光圆钢筋的截面形状

热轧光圆钢筋是经热轧成型，横截面通常为圆形，表面光滑的混凝土结构用钢材。其钢筋的截面形状如图 2－19 所示。光圆钢筋的屈服强度特征值为 300 级，其牌号由 HPB+屈服强度特征值构成，如 HPB300。HPB 为热轧光圆钢筋（Hot rolled Plain Bars）缩写。

热轧带肋钢筋是指经热轧成型，横截面通常为圆形，且表面带肋的混凝土结构用钢材。其钢筋的截面形状如图 2－20 所示。热轧带肋钢筋可再细分为普通热轧钢筋和细晶粒热轧钢筋。普通热轧钢筋是指按热轧状态交货的钢筋。细晶粒热轧钢筋是指在热轧过程中，通过控轧和控冷工艺形成的细晶粒钢筋。

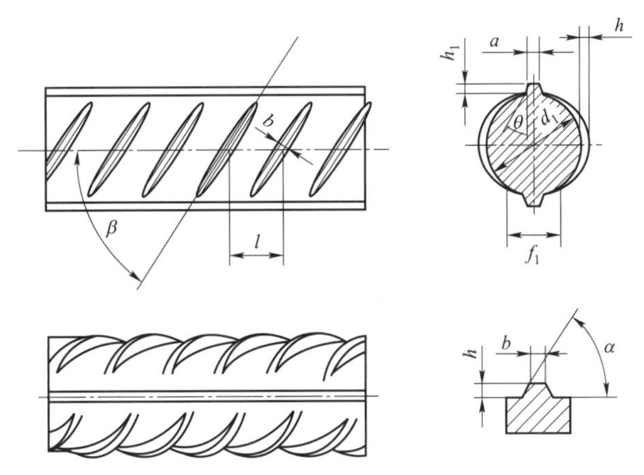

图 2－20　热轧带肋钢筋的截面形状

d_1—钢筋内径；α—横肋斜角；h—横肋高度；β—横肋与轴线夹角；h_1—纵肋高度；θ—纵肋斜角；a—纵肋顶宽；l—横肋间距；b—横肋顶宽；f_1—横肋末端间隙

普通热轧带肋钢筋按屈服强度特征值分为 400、500、600 级，其牌号由 HRB+屈服强度特征值构成，如 HRB400、HRB500、HRB600。HRB 为热轧带肋钢筋（Hot Rolled Ribbed Bars）缩写。细晶粒热轧钢筋的牌号由 HRB+屈服强度特征值构成，如 HRBF400、HRBF500。其中，HRBF 为细晶粒热轧带肋钢筋的英文缩写，F 为“细”的英文（Fine）首字母。

当用于地震高发区域时，牌号由 HRB+屈服强度特征值+E 构成，E 为“地震”的英文（Earthquake）首字母。如 HRB400E、HRB500E、HRBF400E、HRBF500E。

1. 钢筋表面标志

GB/T 1499.2—2018《钢筋混凝土用钢　第 2 部分：热轧带肋钢筋》规定钢筋的表面标志，应满足在钢筋表面轧上牌号标志、生产企业序号（生产企业序号指的是生产许可证号的后 3 位数字）和钢筋的公称直径毫米数字，还可轧上经注册的厂名和商标。标志应清晰明了，标志的尺寸由供方按钢筋直径大小做适当规定，与标志相交的横肋可以取消。除上述规定外，钢筋的包装、标志和质量证明书符合 GB/T 2101—2017《型钢验收、包装、标志及质量证明书的一般规定》的有关规定。

下面以广东韶关钢铁集团生产的钢筋表面标志为例进行说明钢筋表面标志的含义，如图 2－21 所示。

（1）第一个数字表示钢筋屈服强度特征值。其中，“3”表示牌号为 HRB335；“4”表示牌号 HRB400；“5”表示牌号 HRB500。

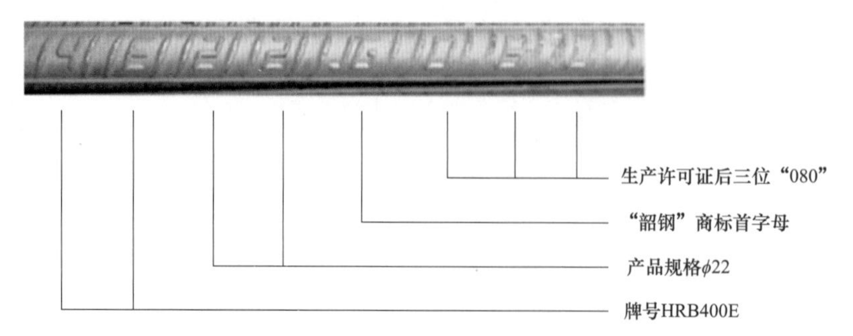

图 2-21 钢筋表面标志数字

（2）第一组字母表示钢筋制作方式。其中，“没有字母”表示普通热轧钢筋；“K”表示余热处理钢筋；“F”表示细晶粒热轧钢筋；“E”表示抗震钢筋；“W”表示可焊钢筋。

（3）中间组数字表示钢筋的公称直径，以毫米为单位，钢筋直径一般为 6～50mm。

（4）中间组字母符号表示厂家代号。如韶钢（SG）、邯钢（HGHD）、鞍钢（AZ）、首钢（S）

（5）最后一组数字符号表示厂家生产许可证号后三位数字。

图 2-21 所示钢筋表面标志：“4E22SG080”表示此钢筋为广东韶关钢铁集团生产的屈服强度特征值为 HRB400E 级，直径为 22mm 的抗震钢筋，生产许可证号后三位数字为“080”。

2. *材料要求*

进场钢筋的外观应平直、无损伤，表面不得有裂纹、油污、颗粒状或片状老锈。生产厂家、规格、型号、数量应与出厂合格证或试验报告中所标明的相符合，指标符合有关标准、规范。

GB/T 1499—2017、GB/T 1499.2—2018《钢筋混凝土用钢》规定钢筋检验方法如下：

（1）检查钢筋的标牌号及质量证明书。

（2）外观检查，每批钢筋中抽取 5%，检查其表面不得有裂纹、创伤和叠层，钢筋表面凸块不得超过横肋高度，缺陷的深度和高度不得大于所在部位的允许和偏差，钢筋每 1 米弯曲度不应大于 4mm。

（3）力学性能试验，钢筋应按批进行检查和验收，每批由同一牌号、同一炉罐号、同一规格的钢筋组成。每批质量通常不大于 60t。超过 60t 的部分，每增加 40t（或不足 40t 的余数），增加一个拉伸试验试样和一个弯曲试验试样。每批钢筋的检验项目、取样方法和试验方法应符合表 2-4 的规定。在截取试件时应去除钢筋两端 100～500mm，如果一项试验结果不符合要求，则从同一批中另取双倍数量的试样做各项试验。如仍有一个试样不合格，则该批钢筋为不合格，热轧钢筋在加工过程中发生脆断、焊接性能不良或机械性能显著不正常等现象，应进行化学成分分析和其他专项检验。

表2-4　　钢筋的检验项目、取样方法和试验方法

<table>
<tr><th>序号</th><th>检验项目</th><th>取样数量/个</th><th>取样方法</th><th>试验方法</th></tr>
<tr><td rowspan="2">1</td><td>化学成分*</td><td rowspan="2">1</td><td rowspan="2">GB/T 2006</td><td>第2章中规定的GB/T 233相关部分、GB/T 4336</td></tr>
<tr><td>（熔炼分析）</td><td>GB/T 20123、GB/T 20124、GB/T 20125</td></tr>
<tr><td>2</td><td>拉伸</td><td>2</td><td>不同根（盘）钢筋切取</td><td>GB/T 28900和8.2</td></tr>
<tr><td>3</td><td>弯曲</td><td>2</td><td>不同根（盘）钢筋切取</td><td>GB/T 28900和8.2</td></tr>
<tr><td>4</td><td>反向弯曲</td><td>1</td><td>任1根（盘）钢筋切取</td><td>GB/T 28900和8.2</td></tr>
<tr><td>5</td><td>尺寸</td><td>逐根（盘）</td><td></td><td>8.3</td></tr>
<tr><td>6</td><td>表面</td><td>逐根（盘）</td><td></td><td>目视</td></tr>
<tr><td>7</td><td>重量偏差</td><td colspan="3">8.4</td></tr>
<tr><td>8</td><td>金相组织</td><td>2</td><td>不同根（盘）钢筋切取</td><td>GB/T 13298和附录B</td></tr>
</table>

*对于化学成分的试验方法优先采用GB/T 4336—2016《碳系钢和中低合金钢　多元素含量的测定　火花放电原子发射光谱法（常规法）》，对化学分析结果有争议时，仲裁试验应按标准第2章中规定的GB/T 233—2000《金属材料　顶锻试验方法》相关部分进行

2.5.2　常见不合格钢筋

1. 地条钢

地条钢是指钢铁行业内部对小钢铁企业以市场上回收的废旧铁材、铁锅、钢轨、防护栏，甚至一些仅仅含有零星铁料杂物等的破铜烂铁为原料，用中频炉将废钢铁熔化，再倒入简单铸铁模具内冷却生产的钢及以其为原料轧制的钢材，其间不进行任何成分分析，也无温度等质量控制，用这种方法炼出的钢，90%以上属于不合格产品。因早期浇铸模具为地上挖槽而得“地条钢”之名。如使用地条钢主要为建筑用钢，将给建筑工程带来巨大安全隐患。

地条钢的危害　“地条钢”使用中频感应炉熔化破铜烂铁炼制，既不进行任何成分分析，又无温度等质量控制，无法掌握钢水成分，无法对钢水成分进行调整，不可能生产出合格的钢水，产品性能难以符合国家标准，产品质量不稳定。钢水熔化后倒入简单铸铁模具，不能采取有效的排渣、除杂工艺措施，将直接影响钢基体质量，降低钢材的使用性能。

“地条钢”常采用敞开地沟方式浇铸，普遍没有环保措施，根本达不到钢铁生产的要求。钢水在这种恶劣的生产环境下，即使是熔化较好的钢水，在如此的浇铸过程中也会受到二次污染而浇出较劣质的钢材。

“地条钢”成品外观跟普通钢没有显著区别，地条钢产品直径、抗拉强度等均难以符合国家标准，大部分产品存在脆断的情况，有的甚至用手一掰就会变形，从1m多高的地方掉下去能断成几截，质量存在严重隐患。如果用在建筑或者其他承载受力的关键部位，将会对人民生命财产带来重大威胁，而且严重扰乱公平竞争的市场秩序，因此相关部门一直在打击清理地条钢。

2. 瘦身钢筋

“瘦身钢筋”是指将正常钢筋人为拉长、拉细的钢筋。通常在盘圆、盘螺钢筋调直的过程中，使用卷扬机对钢筋进行冷拔。有专家指出，钢筋被拉长之后其原本的延伸性遭到削弱甚至破坏。一旦发生地震，被过度冷拉变脆的“瘦身钢筋”，受到巨大外力时极容易突破拉伸安全极限，会突然断裂，导致建筑物垮塌。“瘦身”钢筋除了造成结构抗震性能下降，还会使建筑的承重力大幅下降，楼层越高，危害越严重。

瘦身钢筋的危害 使用“瘦身”钢筋，其危害不仅在于减少了设计的钢筋量。因冷拔而“瘦身”的钢筋，其伸张力遭受破坏，被人为拉到了钢筋的“强化阶段”，即钢筋变“脆”了。“瘦身”钢筋的屈服强度和极限强度两者之间差距比原母材小，力学性能发生根本性变化，不符合国家强制性标准要求，钢筋脆性增加、配筋率及延展性降低，给工程结构安全和抗震性能埋下严重隐患。

我国的钢筋混凝土设计规范要求构件破坏时必须为柔性破坏，不得发生脆性破坏。建筑在受到地震等巨大外力作用时，伸张力强的钢筋会随建筑的变形被拉长，从而延长建筑物倒塌的时间，为建筑里的人争取更多的逃生时间。而瘦身钢筋因被过度冷拔变脆，受拉、受压均不能满足原设计能力，且构件设计的破坏形态也改变了，在受到地震等巨大外力时会突然断裂，使房屋迅速倒塌，减少了补救加固机会和逃生时间，对安全非常不利。

3. 非国标钢筋

国标钢筋是指按国家有关标准规定生产工艺的、混凝土用的，且其各项性能指标经检测达到国家标准合格要求的钢筋。国标钢筋的允许误差范围应符合 GB/T 1499.1—2017《钢筋混凝土用钢　第 1 部分：热轧光圆钢筋》和 GB/T 1499.2—2018《钢筋混凝土用钢　第 2 部分：热轧带肋钢筋》中相关规定。

国标钢筋和非国标钢筋的差别主要体现在规格的误差范围和抗拉伸强度上。国标钢筋误差较小，无毛刺，变形小、材料外观光洁，材料相对较软，易于加工。而非国标钢筋外观不是特别光洁，其材料含碳、锰等杂质较多，材料较硬、较脆，不便加工。另外，非国标钢筋的抗拉伸强度小，国标钢筋的各项指标都符合国家要求，强度要稍微大一些。

2.5.3　钢筋标注

混凝土结构设计图纸一般采用平面整体表示方法，简称平法。在混凝土结构设计图纸中标注结构构件的尺寸和钢筋等，按照平面整体表示方法制图规则，整体直接表达在各类构件的结构平面布置图上，再与标准构造详图相配合，即构成一套完整的结构设计图纸的方法。

（1）钢筋的标注包括钢筋的根数、钢筋的等级、钢筋的直径和相邻钢筋的中心间距，如图 2－22 所示。

标注钢筋的根数和直径

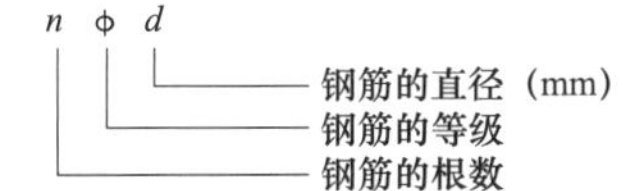

如：4Φ22表示4根直径为22mm的三级螺纹钢筋

标注钢筋的种类、直径和相邻钢筋的中心间距

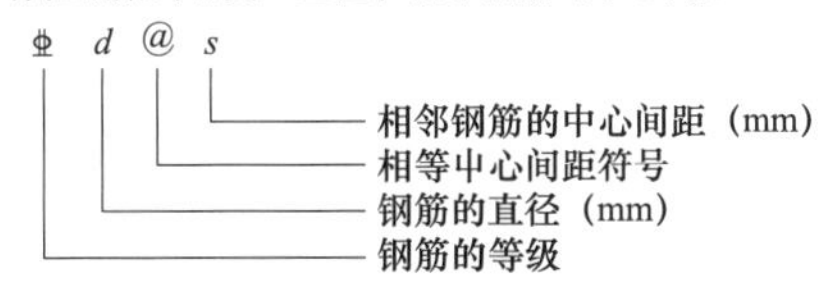

如：Φ22@100表示直径为22mm的三级螺纹钢筋中心间距100mm。

图 2－22　钢筋的标注

（2）箍筋的标注包括直径、等级、加密区、非加密区间距以及箍筋支数，如图 2－23 所示。

常见的箍筋标注如下：

ϕ10@100（2）表示：箍筋直径为ϕ10，间距为 100，双肢箍。

ϕ10@100/200（2）表示：箍筋直径为ϕ10，加密区间距 100，非加密区间距 200，全为双肢箍的箍筋。

ϕ10@100/200（4）表示箍筋直径为ϕ10，加密区间距 100，非加密区间距 200，全为四肢箍。

ϕ10@100（4）/150（2）表示箍筋为ϕ10，加密区间距 100，四肢箍，非加密区间距 150，双肢箍。

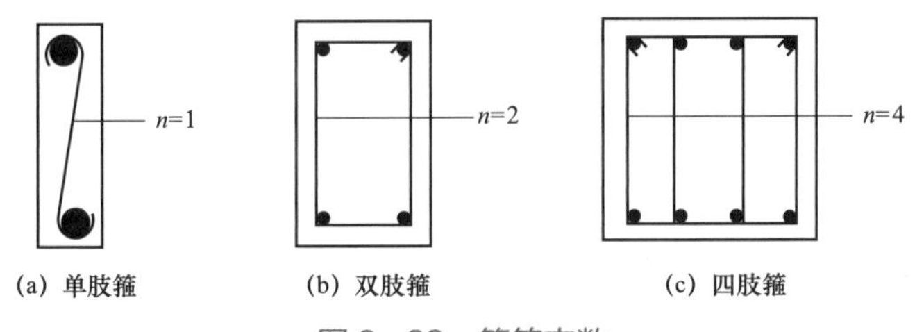

图 2－23　箍筋支数

2.5.4　钢筋除锈

GB 50204—2015《混凝土结构工程施工质量验收规范》规定：结构构件的钢筋应平直、无损伤，表面不得有裂纹、油污、颗粒状或片状老锈。但在实际施工过程中往往因工程暂停施工、钢筋长期存放于施工现场等原因，或存放防护措施不当，仍不能避免钢筋的氧化和锈蚀。

钢筋锈蚀后产生一种结构疏松的氧化物，它在钢筋与商品混凝土之间形成一层疏松隔离层，改变了钢筋与商品混凝土的接触表面，从而降低了钢筋与商品混凝土之间的粘结作用。另外，变形钢筋锈蚀后，钢筋横肋将逐渐退化。在钢筋锈蚀较严重的情况下，横肋在商品混凝土之间的机械咬合作用基本消失，致使钢筋与商品混凝土之间的粘结性能退化。

为确保构筑物寿命与质量以及严格规范施工，钢筋除锈工作至关重要。钢筋除锈是指把钢筋上的油渍、漆污和浮皮（俗称老锈）、铁锈等在使用前清除干净。钢筋除锈一般可通过以下几种方法完成：一是采用手工除锈；二是采用机械方法除锈；三是采用化学除锈。

（1）手工除锈法。手工除锈是指使用榔头、铲刀、刮刀、钢丝刷等工具，人工进行除锈。此方法劳动强度大，除锈效率低，作业环境恶劣，难以彻底除去氧化皮等污物，除锈效果不佳，难以达到规定的清洁度和粗糙度，现已逐步被机械方法和化学方法所替代。但在对局部缺陷的处理，常采用此方法；对于机械除锈难以达到的部位和作业困难区域，也多应用手工除锈。

（2）机械除锈法。机械除锈的工具和工艺较多，其中主要如下：

1）小型风动或电动除锈。主要以电或压缩空气为动力，装配适当的除锈装置，如角磨机、钢丝刷、风动敲锈锤、齿型旋转除锈器等，进行往复运动或旋转运动，适应多种场合的除锈要求。此方法属于半机械化除锈，工具轻巧、机动性大，能较好地去除铁锈、旧涂层等，效率较手工除锈大大提高，但同样不能彻底除去氧化皮，处理表面粗糙度较小，不能达到优质的表面处理效果，功效较喷丸除锈低。此方法可在任何部位使用。

2）喷丸除锈。主要通过颗粒的喷射、冲蚀作用，以达到表面清洁和适宜的粗糙度，设备包括敞开式喷丸除锈机、密闭式喷丸室、真空喷丸机等。敞开式喷丸机应用较为广泛，能较为彻底地清除金属表面所有的杂质，如氧化皮、锈蚀和旧漆膜，除锈效率高，机械程度高，除锈质量好。但由于磨料一般不能回收，清理现场麻烦，环境污染较重，近来逐渐被限制使用。

3）高压水磨料除锈。利用高压水流的冲击作用，加上磨料的磨削作用，破坏锈蚀和涂层对钢材的附着力。此方法大大提高除锈效率，除锈质量好，且无粉尘污染，不损伤钢板。但除锈后钢材易返锈，必须喷涂专门防锈涂料。

（3）化学除锈。化学除锈主要是利用酸与金属氧化物发生化学反应的原理，去除金属表面的铁锈，即酸洗除锈。钢筋除锈剂是由多种抑制剂、促进剂、酸类、表面活性剂复配而成，能在较短时间内，更安全、更有效地将锈蚀除去。无需加热，在常温下即可发挥最佳效果，不燃不爆。且对后续钢材进行焊接、电镀、喷漆及钢筋握裹力不会产生影响。钢筋除锈时，为保证除锈剂喷涂到位，应拆除模板后喷涂。钢筋除锈剂应使用原液除锈，不得兑水使用，严禁使用含盐酸的除锈液除锈。大面积施工前对除锈方法进行小面积试验性除锈，根据结果选择合适的除锈方法。

2.5.5 钢筋锚固

混凝土与钢筋的粘结，主要是依靠钢筋和包裹着钢筋的混凝土之间的粘结锚固作用，主要包括沿钢筋长度的粘结与钢筋端部的锚固两种方式。混凝土与钢筋之间的粘结锚固是两者形成整体、协调工作的基础，让钢筋和混凝土共同工作以承担各种应力。

1. 粘结力

受力钢筋与混凝土接触面会产生剪应力以抵抗钢筋与混凝土相对位移，这种剪应力称为粘结力。化学胶结力、摩阻力和机械咬合力构成粘结力。其中，光圆钢筋的相对粘结特性系数为 0.7，其粘结力主要体现为胶结力；带肋钢筋的相对粘结特性系数为 1.0，其粘结力主要体现为摩阻力。

2. 锚固

钢筋的锚固是指梁、板、柱等构件的受力钢筋以规定的长度、形式伸入支座或基础中，以增强其与混凝土之间的粘结作用，其目的是防止钢筋被拔出。钢筋锚固主要有弯钩、锚筋、锚板、锚头多种形式，如图 2－24 所示。其技术要求应符合表 2－5 的规定。

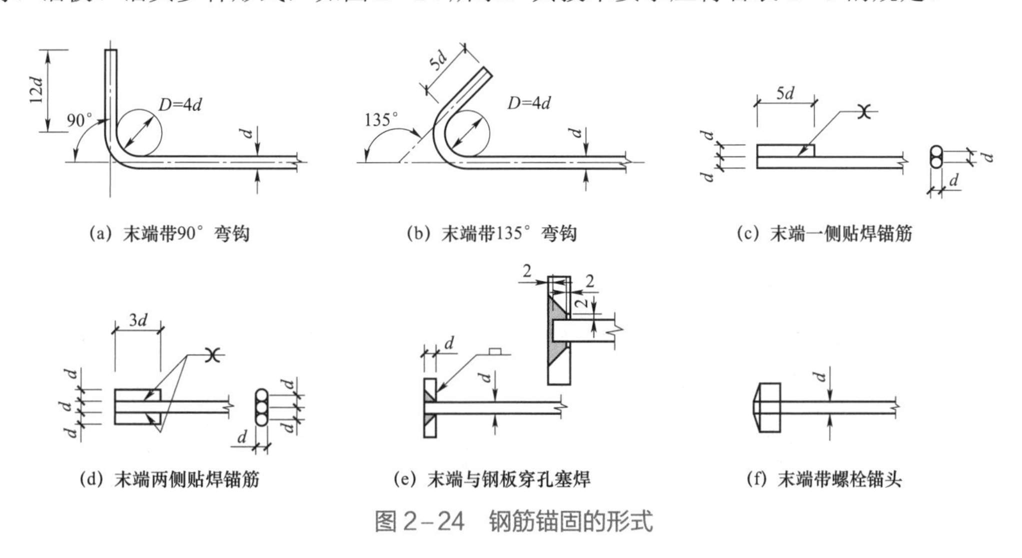

(a) 末端带90° 弯钩　(b) 末端带135° 弯钩　(c) 末端一侧贴焊锚筋

(d) 末端两侧贴焊锚筋　(e) 末端与钢板穿孔塞焊　(f) 末端带螺栓锚头

图 2－24　钢筋锚固的形式

表 2－5　　钢筋锚固的技术要求

锚固形式	技术要求
90°弯钩	末端 90°弯钩，弯钩内径 4d，弯后直段长度 12d
135°弯钩	末端 135°弯钩，弯钩内径 4d，弯后直段长度 5d
一侧贴焊锚筋	末端一侧贴焊长 5d 同直径钢筋
两侧贴焊锚筋	末端两侧贴焊长 3d 同直径钢筋
焊端锚板	末端与厚度 d 的锚板穿孔塞焊
螺栓锚头	末端旋入螺栓锚头

注　焊缝和螺纹长度应满足承载力要求；螺栓锚头和焊接锚板的承压面积不应小于锚固钢筋截面的 4 倍；螺栓锚头的规格应符合相关标准的要求；螺栓锚头和焊接锚板的钢筋净间距不宜小于 4d，否则应考虑群锚效应的不利影响；截面解剖的弯钩和一侧贴焊锚筋的布筋方向宜向截面内侧偏置。

3. 钢筋锚固长度

钢筋的锚固长度是指受力钢筋端部依靠其表面与混凝土的粘结作用或端部弯钩、锚头对混凝土的挤压作用达到设计所需应力的长度。基本锚固长度的确定与环境类别、混凝土强度、钢筋强度、混凝土保护层厚度抗震类别等有关。设计图纸有明确规定的，钢筋的锚固长度按设计图纸计算；当设计无具体要求时，则按 GB 50010—2010《混凝土结构设计规范》的规定计算。

2.5.6 钢筋连接

钢筋出厂时，为方便运输，每根长度多为 10～12m，小直径光圆钢筋、螺纹以成捆圆盘状运输。在现场施工时，有时成型钢筋总长超过原材料长度，或者利用被短料钢筋接长使用，就有驳接接头。钢筋的连接是指通过绑扎搭接、机械连接、焊接等方式实现钢筋之间内力传递的构造形式。

1. 绑扎搭接

绑扎搭接是指在钢筋搭接部位用铁丝进行绑扎，如图 2-25 所示。绑扎搭接操作方便，但搭接部位不结实，绑扎接头使用有一定的限制条件，为确保绑扎接头可靠，必须符合足够的搭接长度。

图 2-25 钢筋绑扎搭接

2. 机械连接

钢筋机械连接是指通过钢筋与连接件或其他介入材料的机械咬合作用或钢筋端面的承压作用，将一根钢筋中的力传递至另一根钢筋的连接方法，如图 2-26 所示。它是一项新型钢筋连接工艺，被称为继绑扎、电焊之后的“第三代钢筋接头”，具有接头强度高于钢筋母材、速度比电焊快 5 倍、无污染、节省钢材 20%等优点。

图 2-26 钢筋机械连接

市场上常用的钢筋机械连接接头有套筒挤压连接接头、锥螺纹连接接头、直螺纹连接接头三种。施工现场常用的钢筋机械连接接头为直螺纹连接接头，如图 2－26 所示。它是将待连接钢筋端部的纵肋和横肋用滚丝机切削剥掉一部分，再滚轧成普通直螺纹，然后用特制的直螺纹套筒连接起来，形成钢筋的连接。直螺纹连接接头质量稳定可靠，连接强度高，具有施工方便、速度快的特点。但由于钢筋粗细不一，公差较大，加工的螺纹精度差，存在虚假螺纹现象，给现场施工造成困难，使套筒与丝头配合松紧不一致，有个别接头出现拉脱现象，进而影响结构性能。因此在直螺纹连接接头加工、安装时应严格按 JGJ 107—2016《钢筋机械连接技术规程》把好质量关。

3. *焊接连接*

钢筋焊接是用电焊设备将钢筋沿轴向接长或交叉连接。焊接接头受力可靠，便于布置钢筋，并且可以减少钢筋加工工作量和节约钢筋。施工现场常用的钢筋焊接方法主要有电渣闪光对焊、压力焊和焊条电弧焊三种。

闪光对焊如图 2－27 所示，是指将两根钢筋以对接形式放在对焊机上，通过流经焊机低电压的强电流产生的电阻热使接触点金属熔化，并产生强烈闪光和飞溅，迅速施加顶端压力完成两钢筋连接的一种压焊方法。施焊时，应选用合适的工艺方法和焊接参数。钢筋闪光对焊具有效率高、材料省、施焊方便，宜优先使用。

电渣压力焊如图 2－28 所示，是将成竖向或斜向（倾斜度在 4:1 范围内）放置的两根钢筋，利用流经两钢筋间隙的焊接电流，在焊剂层下形成电弧和电渣，产生电弧热和电阻热，熔化钢筋，同时施加顶端压力而完成两钢筋连接的一种压焊方法。与电弧焊相比，它工效高、成本低，在高层建筑纵向钢筋连接中取得很好的效果。

图 2－27　闪光对焊

图 2－28　电渣压力焊

图 2-29　焊条电弧焊

焊条电弧焊是以焊条作为一极，钢筋为另一极，利用流经焊点的焊接电流产生高温电弧热，使焊条和电弧燃烧范围内的焊件熔化，凝固后形成焊缝接头的一种熔焊方法，如图 2-29 所示。钢筋焊条电弧焊具有设备轻巧、操作方便、焊接速度快、熔深大、变形小、清渣容易、适应性强等优点，其缺点是飞溅较大。

钢筋焊接质量与钢材的可焊性、焊接工艺有关。焊接接头质量除外观检查外，亦需抽样做拉伸试验。如对焊接质量有怀疑或发现异常情况，还可进行非破损射线检验或超声波探伤。要做到钢筋焊接接头拉伸试验合格，关键是提高焊接操作技术，做到规范操作。钢筋焊接时应尽量减小钢筋轴线偏移，使两根钢筋弯折角减至最低，最好完全成一条直线。还应力求减少焊接缺陷的产生，分析缺陷产生原因，采取相应防治措施。焊接接头的类型及质量应符合行业标准 JGJ 18—2012《钢筋焊接及验收规程》和 JGJ/T 27—2014《钢筋焊接试验标准》的规定。

4. 钢筋连接的原则

（1）纵向钢筋的连接。

1）混凝土结构中受力钢筋的连接接头宜设置在受力较小处，应避开结构受力较大的关键部位。在结构的重要构件和关键传力部位，纵向受力钢筋不宜设置连接接头。抗震设计时避开梁端、柱端箍筋加密范围，如必须在该区域连接，则应采用机械连接或焊接。

2）在同一根受力钢筋上宜少设接头。在同一跨度或同一层高度内的同一受力钢筋上宜少设连接接头，不宜设置 2 个或 2 个以上接头。

3）轴心受拉及小偏心受拉杆件的纵向受力钢筋不得采用绑扎搭接；其他构件中的钢筋采用绑扎搭接时，受拉钢筋直径不宜大于 25mm，受压钢筋直径不宜大于 28mm。

（2）绑扎搭接。同一构件中相邻纵向受力钢筋的绑扎搭接接头宜互相错开。钢筋绑扎搭接接头连接区段的长度为 1.3 倍搭接长度，凡搭接接头中点位于该连接区段长度内的搭接接头均属于同一连接区段，如图 2-30 所示。同一连接区段内纵向受力钢筋搭接接头面积百分率为该区段内有搭接接头的纵向受力钢筋与全部纵向受力钢筋截面面积的比值。当不同直径钢筋搭接时，需按较小钢筋直径计算搭接长度及接头面积百分率。

同一构件纵向受力钢筋直径不同时，按较大直径计算连接区段长度。位于同一连接区段内的受拉钢筋搭接接头面积百分率不宜大于 50%。并筋采用绑扎搭接连接时，应按每根单筋错开搭接的方式连接，接头百分率应按同一连接区段内所有的单根钢计算，并筋中钢筋的搭接长度应按单筋分别计算。

梁、柱类构件的纵向受力钢筋采用绑扎搭接时，在纵向受力钢筋搭接长度范围内应配置横向构造钢筋。

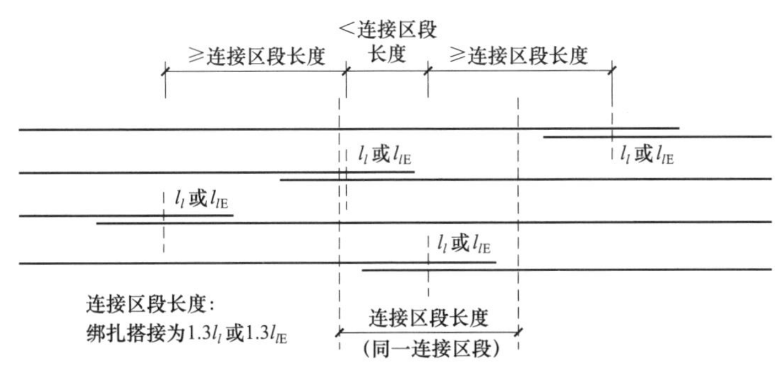

图2-30 同一连接区段内纵向受力钢筋绑扎搭接接头

（3）机械连接。纵向受力钢筋的机械连接接头宜相互错开。钢筋机械连接区段的长度为35*d*，*d*为相互连接的两根钢筋中较小直径。凡接头中点位于该连接区段长度内的机械连接接头均属于同一连接区段，如图2-31所示。

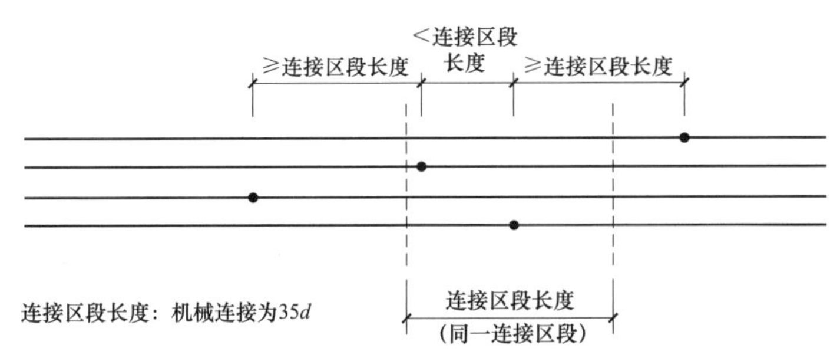

图2-31 同一连接区段内纵向受力钢筋机械连接接头

不同直径钢筋机械连接时，接头面积百分率按较小直径计算。同一构件纵向受力筋直径不同时，按较大直径计算连接区段长度。

位于同一连接区段内的纵向受拉钢筋接头面积百分率不宜大于50%。但对板、墙、柱及预制构件的拼接处，可根据实际情况放宽。纵向受压钢筋的接头百分率可不受限制。

（4）焊接连接。纵向受力钢筋的焊接接头应相互错开。钢筋焊接接头连接区段的长度为35*d*且不小于500mm，*d*为相互连接两根钢筋中较小直径。凡接头中点位于该连接区段长度内的焊接接头均属于同一连接区段，如图2-32所示。

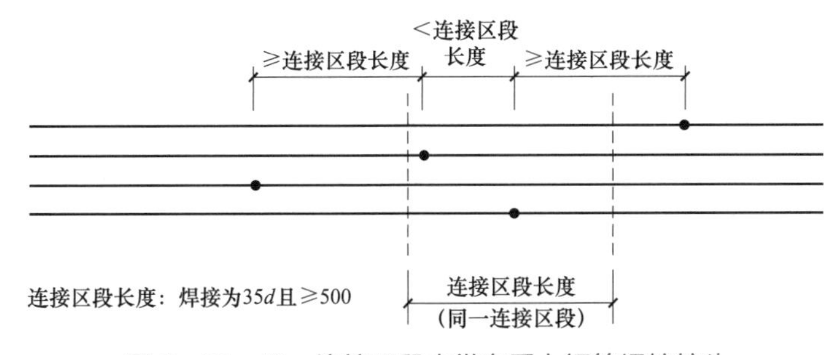

图2-32 同一连接区段内纵向受力钢筋焊接接头

不同直径钢筋焊接时，接头面积百分率按较小直径计算。同一构件纵向受力钢筋直径不同时，按较大直径计算连接区段长度。

位于同一连接区段内的纵向受拉钢筋接头面积百分率不宜大于 50%。但对预制构件的拼接处，可根据实际情况放宽。纵向受压钢筋的接头百分率可不受限制。

2.5.7 钢筋保护层

钢筋保护层也称为混凝土保护层，是指混凝土结构构件中，钢筋外边缘至构件表面范围用于保护钢筋的混凝土层。现场施工中常采用预制水泥块来设置，如图 2-33 所示。

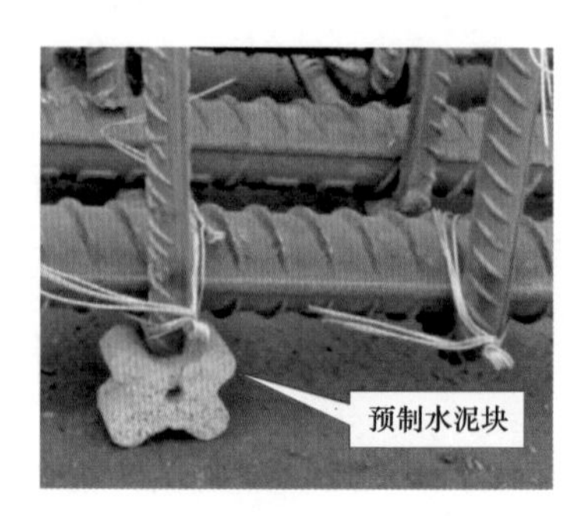

图 2-33 预制水泥块设置保护层

混凝土结构中，钢筋混凝土是由钢筋和混凝土两种材料组成的复合材料，具有良好的粘结锚固性能。但是，暴露在大气或者其他环境中，钢筋容易受蚀生锈，使得钢筋的有效截面减少，影响结构承载性能。因此，需要根据不同的使用环境规定混凝土保护层最小厚度，以保证构件的耐久性，在设计使用年限内不发生降低结构可靠度的钢筋锈蚀。对有防火要求的钢筋混凝土构件，混凝土保护层可以保证构件在火灾中按建筑物的耐火等级确定的耐火时限里，构件不会失去支持能力。

根据 16G101《混凝土结构施工钢筋排布规则与构造详图》，混凝土保护层的厚度由混凝土结构的环境类别（见表 2-6）、结构类型以及混凝土强度共同决定，如表 2-7 所示。

表 2-6 混凝土结构的环境类别

环境类别	条件
一	室内干燥环境； 无侵蚀性静水浸没环境
二 a	室内潮湿环境； 非严寒和非寒冷地区的露天环境； 非严寒和非寒冷地区与无侵蚀性的水或土直接接触的环境； 严寒和寒冷地区的冰冻线以下与无侵蚀性的水或土直接接触的环境
二 b	干湿交替环境； 水位频繁变动区环境； 严寒和寒冷地区的露天环境； 严寒和寒冷地区冰冻线以上与无侵蚀性的水或土直接接触的环境
三 a	严寒和寒冷地区冬季水位变动区环境； 受除冰盐影响环境； 海风环境
三 b	盐渍土环境； 受除冰盐作用环境； 海岸环境

注 1. 室内潮湿环境是指构件表面经常处于结露或湿润状态的环境。
2. 严寒和寒冷地区的划分应符合现行国家标准 GB 50176—2016《民用建筑热工设计规范》的有关规定。
3. 海岸环境和海风环境宜根据当地情况，考虑主导风向及结构所处迎风、背风部位因素的影响，由调查研究和工程经验确定。
4. 受除冰盐影响环境是指受到除冰盐盐雾影响的环境；受除冰盐作用环境是指被除冰盐溶液溅射的环境以及使用除冰盐地区的洗车房、停车楼等建筑。
5. 暴露的环境是指混凝土结构表面所处的环境。

表2-7 混凝土保护层的最小厚度（mm）

环境类别	板、墙		梁、柱		基础梁（顶面和侧面）		独立基础、条形基础、筏形基础（顶面和侧面）	
	≤C25	≥C30	≤C25	≥C30	≤C25	≥C30	≤C25	≥C30
一	20	15	25	20	25	20	–	–
二a	25	20	30	25	30	25	25	20
二b	30	25	40	35	40	35	30	25
三a	35	30	45	40	45	40	35	35
三b	45	40	55	50	55	50	45	40

注 1. 表中混凝土保护层厚度指最外层钢筋外边缘至混凝土表面的距离，适用于设计使用年限为50年的混凝土结构。
2. 构件中受力钢筋的混凝土保护层厚度不应小于钢筋的公称直径 d。
3. 一类环境中，设计使用年限为100年的结构最外层钢筋的保护层厚度不应小于表中数值的1.4倍；二、三类环境中，设计使用年限为100年的结构应采取专门的有效措施。
4. 钢筋混凝土基础宜设置混凝土垫层，基础底部的钢筋的混凝土保护层厚度应从垫层顶面算起，且不应小于40mm；无垫层时，不应小于70mm。
5. 桩基承台及承台梁：承台底面钢筋的混凝土保护层厚度，当有混凝土垫层时，不应小于50mm，无垫层时不应小于70mm；此外尚不应小于桩头嵌入承台内的长度。

2.5.8 钢筋制作运输与安装

1. 钢筋制作

（1）根据设计图纸，确定钢筋规格、型号、尺寸和形状，在钢筋加工车间进行钢筋的截断和弯折，进行翻样。圆钢筋制成的箍筋末端应设弯钩。钢筋的锚固，如弯钩和弯折，其弯弧内直径、弯折直线长度应符合规范要求。

（2）钢筋弯折前，对形状复杂的钢筋应先用粉笔在各弯曲点位置进行标记，先打样板，打样确认无误，再批量加工。

（3）钢筋加工成型后，应分类挂牌、加垫木抬高堆放。

2. 钢筋成品运输

（1）现场钢筋不宜积压、堆存，应做到“先用先运”。

（2）钢筋运输不得使钢筋变形，长度在6m以内的钢筋，可用货车直接运输。当长度超过6m时，应在平板车上加托架。

（3）在运输过程中，应做好保护措施，尽量避免损伤钢筋接头直螺纹丝牙。

（4）钢筋下车时，应按规格、型号，加垫木分类堆放整齐。

3. 钢筋安装

（1）钢筋安装前，应将基础垫层清理干净，按设计图纸要求的钢筋排布间距，一般让靠近模板的钢筋离模板边沿50mm，并弹上钢筋的位置墨线。

（2）根据墨线位置，放置基础钢筋。先铺设长向钢筋，再铺设短向钢筋，对底板钢筋网必须将全部钢筋交叉点扎牢。

（3）钢筋绑扎时，应注意相邻扎点的铁丝扣要成八字型，四周两行交叉钢筋应每点绑牢，中间部分可隔点绑扎，以免钢筋网歪斜变形。

（4）当基础底板钢筋为双层布设时，应先绑扎基础底面钢筋，布置钢筋马凳或撑脚，再安装绑扎面层钢筋。

（5）钢筋的位置及间距应符合设计规范要求，钢筋安装后应进行隐蔽验收。

4. 钢筋安装注意事项

（1）钢筋交叉点应绑扎结实。必要时，可用点焊焊牢。

（2）箍筋应与主筋垂直，除设计有特殊规定外。

（3）箍筋转角与钢筋的交接点均应绑扎牢，末端应向内弯曲。

（4）箍筋接头，在柱中应沿纵向交叉布置；在梁中应沿横向交叉布置。

（5）绑扎梁、柱、桩等钢筋骨架，宜在绑扎工作台上进行。

（6）抬运钢筋骨架时，应防止骨架变形；必要时可加斜筋加以撑固或增设吊点。

（7）钢筋入模前，应先在模板四周绑好垫块，以保证保护层厚度，垫块至少为 4 个/m^2，呈梅花型布置。

（8）已经绑扎好的钢筋上不得踩踏或在其上放置重物。

（9）浇筑混凝土前，应检查钢筋位置是否正确；振捣混凝土时，应避免碰动钢筋；浇完混凝土后，立即修正钢筋位置，防止钢筋位移。

2.5.9 钢筋验收实例

某变电站室内 GIS 配电装置楼基础采用独立基础，并带有基础梁。基础垫层施工完后，钢筋安装现场如图 2－34 所示。

图 2－34 某变电站室内 GIS 配电装置楼基础钢筋安装

1. 现场验收准备

现场验收前，要提前熟悉设计图纸，把握验收关键点，做好以下准备工作。

（1）工具准备：钢卷尺、游标卡尺、皮卷尺、相机。

（2）资料准备：设计图纸、相关规范、标准。

验收过程中及时记录发现的问题，拍照留底，及时上报发现问题，做好资料备份和整理，并督促相关负责人整改。

2. 钢筋进场验收

钢筋作为“双控”材料，进场时一定要按相关规定进行验收。

（1）验收关键点。

1）按规定抽取试件作力学性能检验，其质量必须符合有关标准规定。检查产品合格证、出厂检验报告和进场复验报告。每一捆钢筋均要有标牌，（有铁牌或硬纸牌）将标牌上的炉号与产品合格证、出场检验报告及生产日期相对照，如图2－35所示。

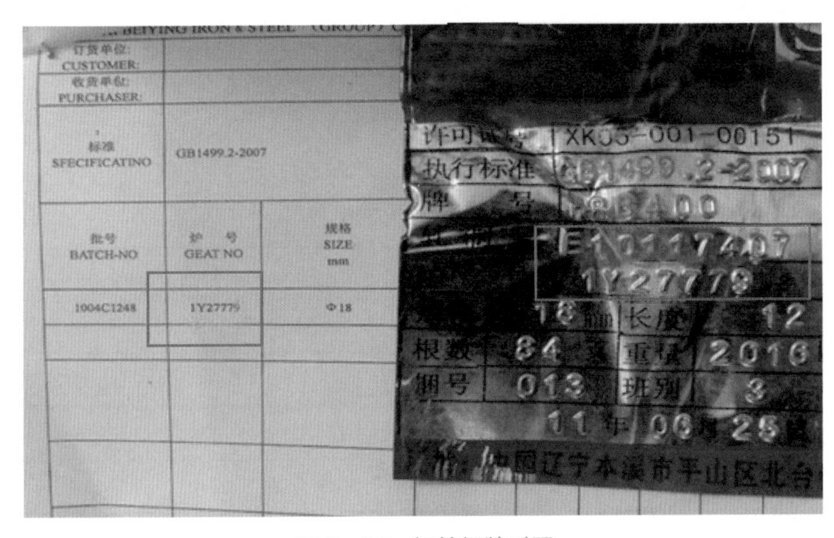

图2－35　钢筋标牌对照

2）钢筋表面标志。带肋钢筋出厂时，其上面轧制有各种数字和字母标识，标识了该钢筋的强度等级、生产厂家代号、钢筋直径等信息，如图2－36所示。HRB335、HRB400、HRB500牌号的钢筋分别以3、4、5表示，HPB235和HPB300的圆钢通常无轧制编号；厂名以汉语拼音的首字母表示；公称直径毫米数以阿拉伯数字表示；表面轧有“E”的钢筋是新规范规定的抗震钢筋。

图2－36　钢筋标识

如图2－36所示，两根钢筋上的标识含义如表2－8所示。

表2－8 钢筋标识含义

钢筋牌号	4ESGSG22	4ELY25
含义	4—表示HRB400，三级螺纹钢 E—表示抗震钢筋 SG—表示韶钢钢厂（厂名） 22—表示钢筋直径为22mm	4—表示HRB400，三级螺纹钢 E—表示抗震钢筋 LY—表示凌源钢厂（厂名） 25—表示钢筋直径为25mm

钢筋进场检验时应主要核对以上事项，如不满足要求，应不予进场，从而杜绝假冒钢筋进场用在工程上。其次，钢筋表面不得有裂纹、油污、颗粒状或片状老锈，钢筋应平直、无损伤。

3）核对出厂质保资料上的数量是否大于进场数量。

4）测量钢筋内径应满足表2－9的要求。

表2－9 钢筋内径测量允许偏差 单位：mm

公称直径	6	8	10	12	14	16	18
内径（d）	5.8	7.7	9.6	11.5	13.4	15.4	17.3
允许偏差	±0.3	±0.4					
公称直径	20	22	25	28	32	36	40
内径（d）	19.3	21.3	24.2	11.5	13.4	15.4	17.3
允许偏差	±0.5			±0.6			±0.7

注 Ⅰ级钢筋检测：+0.4mm椭圆度要求、不应有裤线，成捆的钢筋不应有多头。

（2）现场典型问题。钢筋材料进场，验收发现混搭少量其他生产厂家钢筋，与检验报告所列厂家不符。

3. 钢筋规格验收

（1）验收关键点。

1）独立基础的钢筋品种、强度、规格、数量等应符合设计图纸要求。

2）基础梁的钢筋品种、强度、规格、数量等应符合设计图纸要求。

3）箍筋的钢筋品种、强度、规格、数量等应符合设计图纸要求。

4）钢筋的连接方式、接头位置、接头数量、接头面积百分率等。

（2）现场常规做法。

1）基础梁钢筋数量的核查，如图2－37所示。

2）钢筋尺寸验收符合要求，如图2－38所示。

3）钢筋品种、强度、厂家、尺寸确认，如图2－39所示。

4）钢筋搭接接头长度检查，如图2－40所示。

图2-37 钢筋数量核查

图2-38 钢筋尺寸测量

图2-39 钢筋标识确认

图2-40 钢筋搭接接头长度检查

4. 钢筋安装位置核查

（1）验收关键点。

1）钢筋安装时，钢筋的间距和位置必须符合设计要求。

2）钢筋安装位置的偏差应符合表2-10的规定。

表2-10 钢筋安装位置的允许偏差和校验方法

项目			允许偏差（mm）	校验方法
绑扎钢筋网	长、宽		±10	钢尺检查
	网眼尺寸		±20	钢尺量连续三档，取最大值
绑扎钢筋骨架	长		±10	钢尺检查
	宽、高		±5	钢尺检查
受力钢筋	间距		±10	钢尺量两端、中间各一点，取最大值
	排距		±5	
	保护层厚度	基础	±10	钢尺检查
		柱、梁	±5	钢尺检查
		板、墙、壳	±3	钢尺检查
绑扎箍筋、横向钢筋间距			±20	钢尺量连续三档，取最大值
钢筋弯起点位置			20	钢尺检查
预埋件	中心线位置		5	钢尺检查
	水平高差		+3，0	钢尺和塞尺检查

（2）现场典型问题。

1）基础梁的钢筋位置摆放不直，一边贴近模板，不符合设计图纸要求，如图 2-41 所示。

图 2-41　基础梁位置不正

2）基础底板钢筋间距不足，不满足设计图纸要求，如图 2-42 所示。

图 2-42　基础底板钢筋间距不足

3）钢筋间距验收符合要求，如图 2-43 所示。

图 2-43　钢筋间距测量

5. 钢筋现场安装、绑扎核查

（1）验收关键点。

1）箍筋绑扎间距，应根据设计图纸要求确定，采用缠扣法绑扎；

2）钢筋绑扎时，钢筋相交点必须全部绑扎，相邻绑丝呈“八”字扣，保证钢筋不移位，钢筋搭接范围内，除交叉点外，应另加三道丝扣进行绑扎；

3）箍筋的接头（开口）应沿立筋交错布置绑扎，箍筋与纵筋要垂直，加密区长度及加密区内箍筋间距应符合设计图纸及施工规范；

4）双排钢筋之间应绑拉筋或支撑筋，其纵横间距不大于 600mm，靠近模板的钢筋外沿绑扎垫块；

5）板筋绑扎网眼尺寸偏差不得超过 10mm，双层网片钢筋间设置马凳筋，并与面筋、底筋绑扎牢固。马凳筋设置间距不大于 1m，且高度满足保护层要求。

（2）现场典型问题。

1）基础梁的腰筋与箍筋相交位置仅少部分绑扎了铁丝，导致部分腰筋未扎紧，混凝土浇筑时钢筋易走位，如图 2－44 所示。

图 2－44　基础梁的钢筋交叉处未满扎

2）马凳钢筋放置不规范，导致两层板筋间距不足，如图 2－45 所示。

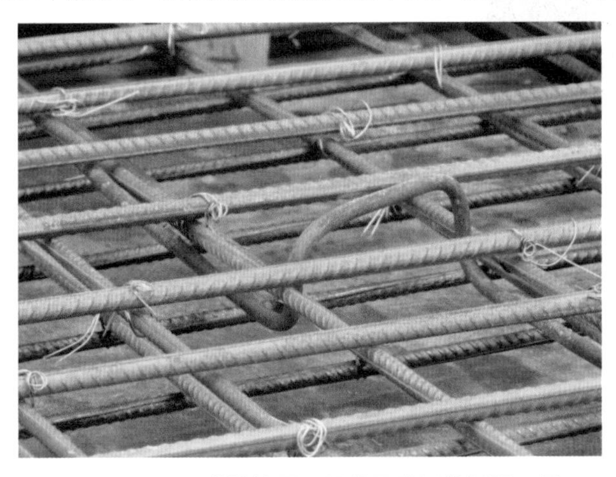

图 2－45　马凳筋放置不规范导致板筋间距不足

6. 钢筋的锚固长度核查

钢筋与混凝土的共同作用是靠它们之间的粘结实现的，因此，受力钢筋需采取必要的锚固措施。钢筋的锚固长度为此构件中的纵筋伸入彼构件内的长度，从彼构件的完整边线算起，钢筋抗震锚固长度，应满足表 2－11 钢筋抗震锚固长度要求。

（1）验收关键点。

表 2－11　　钢筋抗震锚固长度 L_{aE}

混凝土强度	C20			C25			C30			C35			C40		
抗震等级 钢筋种类	一二	三	四	一二	三	四	一二	三	四	一二	三	四	一二	三	四
HPB300（A）	46*d*	42*d*	40*d*	40*d*	36*d*	34*d*	35*d*	32*d*	31*d*	32*d*	29*d*	28*d*	29*d*	27*d*	26*d*
HRB335（B）	44*d*	40*d*	39*d*	38*d*	35*d*	33*d*	34*d*	31*d*	30*d*	31*d*	28*d*	27*d*	29*d*	26*d*	25*d*
HRB400（C）	53*d*	49*d*	46*d*	46*d*	42*d*	40*d*	53*d*	41*d*	37*d*	37*d*	34*d*	33*d*	34*d*	31*d*	30*d*

注　1. 非抗震结构的锚固长度为 L_a，取值为钢筋抗震结构的锚固长度 L_{aE}。

2. 当 HRB335（B）和 HRB400（C）级钢筋直径 d>25mm 时，锚固长度需乘以 1.1 的系数。

3. HPB300（A）钢筋末端要做 180° 弯钩，弯钩平直段长度不应小于 3*d*。

4. 任何情况下锚固长度不得小于 200mm。

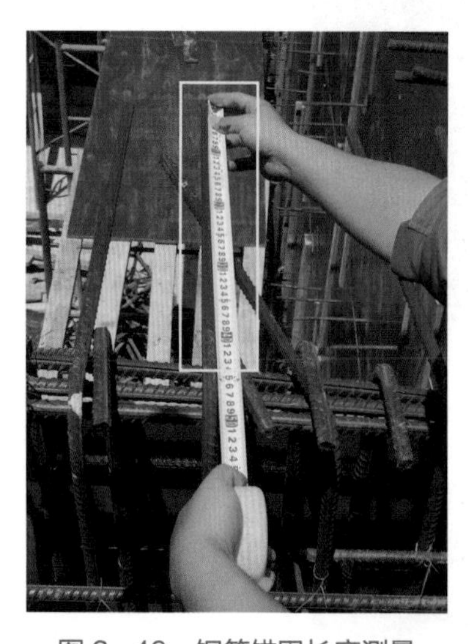

图 2－46　钢筋锚固长度测量

（2）现场典型问题。受力钢筋的锚固长度不足，不符合设计图纸要求，如图 2－46 所示。

7. 钢筋的弯钩、弯折核查

受力钢筋的形状和尺寸，对于保证钢筋与混凝土协同受力非常重要。在钢筋加工时应注意检查以下几个方面：

（1）受力钢筋的弯钩和弯折。

1）HPB300 级钢筋末端应作 180° 弯钩，其弯弧内直径不应小于钢筋直径的 2.5 倍，弯钩的弯后平直部分长度不应小于钢筋直径的 3 倍。

2）当设计要求钢筋末端需作 135° 弯钩时，HRB335 级、HRB400 级钢筋的弯弧内直径不应小于钢筋直径的 4 倍，弯钩的弯后平直部分长度不应小于钢筋直径的 5 倍。

3）钢筋作不大于 90° 的弯折时，弯折处的弯弧内直径不应小于钢筋直径的 5 倍。

（2）箍筋的弯钩和弯折。除焊接封闭式箍筋外，箍筋的末端应作弯钩，弯钩形式应符合设计要求，当设计无具体要求时，应符合下列规定：

1）箍筋弯钩的弯弧内直径应满足设计要求外。

2）箍筋弯钩的弯折角度对一般结构，不应小于 90°；对有抗震等级要求的结构，应为 135°。

3）对一般结构，箍筋弯折后平直部分的长度，不宜小于箍筋直径的 5 倍，对有抗震等级要求的结构，不应小于箍筋直径的 10 倍。

8. 现场典型问题

（1）基础梁钢筋绑扎中，大部分圆钢弯折角度仅 90°，如图 2－47 所示。

图 2－47　箍筋弯折角度检查

（2）双层板筋中的面层板筋多处搭接处弯钩朝上，且圆钢弯曲角度大部分≤90°，如图 2－48 所示。

图 2－48　面层板筋弯折不规范

9. 钢筋安装验收作业卡

钢筋安装验收作业卡见表 2－12。

表 2－12　钢筋安装验收作业卡

<table>
<tr><td colspan="3">工程项目</td><td></td><td>日期</td><td></td></tr>
<tr><td>引用文件</td><td colspan="5">设计图纸、GB 1499.1—2017《钢筋混凝土用钢　第 1 部分：热扎光圆钢盘》、GB 1499.2—2018《钢筋混凝土用钢 第 2 部分：热扎带肋钢筋》、GB 50010—2010《混凝土结构设计规范》、JGJ 18—2012《钢筋焊接及验收规程》、JGJ/T 27—2014《钢筋焊接接头试验方法标准》、JGJ 107《钢筋机械连接通用技术规程》</td></tr>
<tr><td>序号</td><td colspan="2">作业步骤</td><td colspan="2">作业内容</td><td>确认</td></tr>
<tr><td rowspan="5">1</td><td rowspan="5">钢筋加工</td><td>原材抽检</td><td colspan="2">钢筋进场时，应按 GB 1499—2017《钢筋混凝土热扎带肋钢筋》等规定抽取试件做力学性能试验，其质量必须符合有关标准的规定</td><td></td></tr>
<tr><td>钢筋锚固</td><td colspan="2">锚固形式、锚固长度应符合设计要求和现行有关标准的规定</td><td></td></tr>
<tr><td>箍筋弯钩</td><td colspan="2">箍筋内净尺寸、箍筋弯钩直径、直线段长度应符合设计要求和现行有关标准的规定</td><td></td></tr>
<tr><td>钢筋表面质量</td><td colspan="2">钢筋应平直、无损伤，表面不得有裂纹、油污、颗粒状或片状老锈</td><td></td></tr>
<tr><td>钢筋加工偏差</td><td colspan="2">钢筋尺寸、弯拆位置等应符合设计要求和现行有关标准的规定</td><td></td></tr>
</table>

续表

序号	作业步骤			作业内容	确认
2	钢筋连接	钢筋连接方式		应根据设计图纸要求选择合适的连接方式，并符合现行有关标准的规定	
		接头位置		宜设在受力较小处，相互错开。应符合设计要求和现行有关标准的规定	
		钢筋闪光对焊	焊工技能	焊工应持有焊工考试合格证，才能上岗操作	
			钢筋级别	应符合设计要求和现行有关标准的规定	
			焊剂	应根据设计图纸要求正确选择焊剂，符合现行有关标准的规定	
			焊前试焊	模拟施工条件试焊必须合格，符合设计要求和现行有关标准的规定	
			焊接接头机械性能	应符合 JGJ 18—2012《钢筋焊接及验收规程》的规定	
			接头外观质量	接头处表面不得有横向裂纹，与电极接触处钢筋表面不得有明显烧伤	
			接头钢筋轴线偏移	应符合设计要求和现行有关标准的规定	
		钢筋电渣压力焊	焊工技能	焊工应持有焊工考试合格证，才能上岗操作	
			钢筋级别	应符合设计要求和现行有关标准的规定	
			焊剂	应根据设计图纸要求正确选择焊剂，符合现行有关标准的规定	
			焊前试焊	模拟施工条件试焊必须合格，符合设计要求和现行有关标准的规定	
			焊接接头机械性能	应符合 JGJ 18—2012《钢筋焊接及验收规程》规定	
			接头外观质量	接头处表面不得有横向裂纹，与电极接触处钢筋表面不得有明显烧伤。焊包高度应符合设计要求和现行有关标准的规定	
			接头钢筋轴线偏移	应符合设计要求和现行有关标准的规定	
		钢筋电弧焊	焊工技能	焊工应持有焊工考试合格证，才能上岗操作	
			钢筋级别	应符合设计要求和现行有关标准的规定	
			焊条	应按设计图纸要求正确选择焊条，并符合现行有关标准的规定	
			焊前试焊	模拟施工条件试焊必须合格，符合设计要求和现行有关标准的规定	
			焊接接头机械性能	应符合 JGJ 18—2012《钢筋焊接及验收规程》的规定	
			焊接接头搭接长度	应符合设计要求和现行有关标准的规定	
			接头外观质量	接头处表面不得有横向裂纹，与电极接触处钢筋表面不得有明显烧伤	
			帮条沿接头中心纵向偏移	应符合设计要求和现行有关标准的规定	
			接头钢筋轴线偏移	应符合设计要求和现行有关标准的规定	
			接头外观质量	焊缝高度、宽度、长度、气孔和夹渣应符合设计要求和现行有关标准的规定	
		钢筋机械连接	操作工技能	必须经培训并考试合格，才能上岗操作	
			钢筋、连接材料	钢筋应有质量证明书；连接材料应有产品合格证，并符合设计要求和现行有关标准的规定	
			机械接头机械性能	对每一批接头，随机截取 3 个接头试件做抗拉强度试验，并符合设计要求和现行有关标准的规定	

续表

序号	作业步骤			作业内容	确认
2	钢筋连接	钢筋机械连接	螺纹	牙形饱满，无断牙、秃牙缺陷，表面光洁；丝头锥度与卡规或环规吻合	
			接头拧紧力矩	应符合设计要求和现行有关标准的规定	
			接头外观	钢筋与连接套的规格一致，接头丝扣符合设计要求和现行有关标准的规定	
		钢筋绑扎连接	操作工技能	必须经培训并考试合格，才能上岗操作	
			钢筋、绑扎铁线	钢筋应有质量证明书；绑扎铁线应有产品合格证，并符合设计要求和现行有关标准的规定	
			绑扎接头机械性能	应符合设计要求和现行有关标准的规定	
			绑扎接头搭接长度	应符合设计要求和现行有关标准的规定	
3	钢筋间距			钢筋间距、排距应符合设计要求和现行有关标准的规定	
4	钢筋网尺寸			网片长宽、对角线、网眼尺寸偏差应符合设计要求和现行有关标准的规定	
5	钢筋骨架			钢筋骨架长度、宽度、高度偏差、固定形式应符合设计要求和现行有关标准的规定	
6	箍筋配置			应符合设计要求和现行有关标准的规定	
7	保护层厚度			应符合设计要求和现行有关标准的规定	
结论	签名确认：　　　　　　　　　　　　　　日期：　　年　月　日				

2.6 模 板 施 工

2.6.1　模板相关知识

模板体系（简称为模板）是一种根据结构和构件形状要求制作的临时支护结构，包括面板、支架和连接件三大部分，如图 2–49 所示。其目的是使混凝土构件按规定的位置、尺寸成形。面板是直接接触新浇混凝土的承力板，使结构构件形成一定的形状并承受一定荷载的作用。支架是支撑面板用的楞梁、立柱、连接件、斜撑、剪刀撑和水平拉条等构件的总称，起保证结构构件的空间布置作用，同时也承受和传递各种荷载，并与连接件一起保证整个模板系统的整体性和稳定性。连接件是指面板与楞梁的连接、面板自身的拼接、支架结构自身的连接和其中两者相互间连接所用的零配件，保证整个模板系统的整体性和稳定性。

模板需承受其自重及作用在其上的钢筋、混凝土等荷载，应满足以下几点基本要求：

（1）应能保证结构和构件各部分形状、尺寸和相互位置的正确性，符合设计要求。

（2）应有足够的强度、刚度和稳定性，能可靠地承受钢筋、混凝土荷载、侧向压力及施工荷载，不发生不允许的变形。

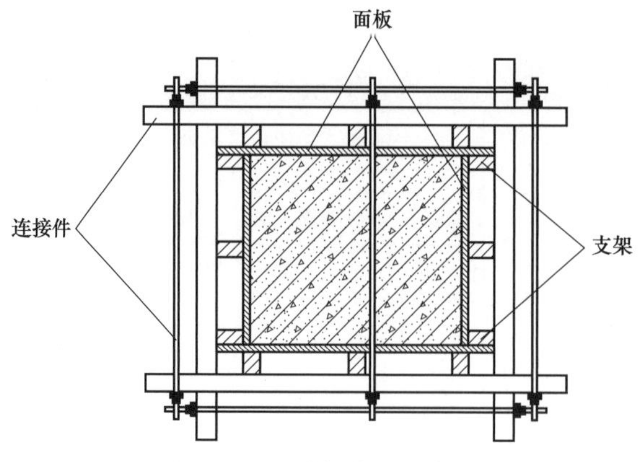

图 2-49 模板体系示意图

（3）模板及其支架在安装过程中，必须设置防倾覆的临时固定措施。

（4）模板安装后应便于钢筋的绑扎与安装，便于混凝土的浇筑及养护。

（5）应满足构造简单，装拆方便，能多次周转使用，以节约材料。

（6）模板安装应保证接缝严密，不漏浆。

2.6.2 模板安装

1. 模板设计

根据构筑物的结构型式、特点及现场施工条件，对模板进行设计，确定模板平面布置，纵横龙骨规格、数量、排列尺寸，柱箍选用的型式及间距，梁板支撑间距，模板组装形式，连接节点大样。

2. 测量放线

根据设计图纸要求，测放基础轴线、模板边线、水平控制标高。模板底口应做水泥砂浆找平，检查并校正。模板底部固定用的定位锚筋应事先预埋好。

3. 基础模板安装

（1）模板根据具体模数采用水平或竖向组合，用方钢或方木作立档、横档，长度按模板拼装长度确定。无台阶独立基础模板安装，则在基坑底垫层上弹出基础中线，根据弹出的模板线，在模板两侧立档牵杆 1.5m 左右设定一道，并用对拉螺栓或$\phi 8$ 对拉箍筋加固，立档上下每 1.2m 一道。

（2）对于有台阶独立基础模板的安装，则在测量放线后，先对第一阶模板组装，并对第一阶模板进行加固。常采用方木加斜撑的方法加固，斜撑间距由实际情况决定。在确认第一阶模板加固牢固后，进行第二台阶的模板放样，将中线、模板的边线放在第一台阶的模板顶，然后采用 100mm×100mm 的方木对第二台阶的模板进行悬吊处理。

（3）对于杯口基础，与独立基础不同的是增加中间杯芯模，杯口上大下小略有坡度，芯模安装前应钉成整体，横杠钉于两侧，中芯模完成后要全面校核中心线和标高。

（4）模板安装完成后应进行检查，校核模板的中心线、标高、断面尺寸。

（5）检查各扣件、螺栓是否紧固，模板拼缝是否严密，不应漏浆。在浇筑混凝土前应浇水湿润，但模板内不得有积水。浇筑混凝土前，模板内的杂物应清理干净。

4. 模板拆除

模板拆除时，混凝土强度应达到设计或相关规范的规定。模板拆除的时间，取决于混凝土的强度。构件侧面模板可在混凝土强度达到表面及棱角不会因拆除模板而受损坏时，即可以拆除。承重模板必须达到规定强度后方可拆除。模板拆除应遵循后支的先拆，先支的后拆；非承重部分先拆，承重部分后拆，并做到不损伤构件或模板。拆模时，严禁用大锤和撬棍硬砸硬撬。模板拆除应自上而下、分层拆除。拆除第一层时，用木槌或带橡皮垫的手锤向外侧轻击模板上口，使之松动，脱离混凝土。依次拆下一层模板时，要轻击模板边肋，切不可用撬棍从基角撬离。有台阶的基础，需先拆除第二台阶的模板。先拆除第二台阶的斜撑，然后拆除第二台阶的横档，再拆除第二台阶的模板。在清理完第二台阶的模板后，才开始拆除第一台阶的模板，拆除第一台阶的模板参照第二台阶的做法。当使用对拉螺栓时，应先拆除对拉螺栓等附件，再拆除斜拉杆或斜撑，用手锤轻击模板，使模板分离。拆下的模板应及时撬取钉子，就近分类堆放整齐。拆模时严禁直接从高处往下扔模板，以防止模板变形和损坏。

2.6.3　模板安装验收实例

1. 验收关键点

（1）校核构件位置、标高，测量构件长、宽、高尺寸是否与设计图纸尺寸相符。

（2）模板的接缝不应漏浆。

（3）混凝土浇筑前，模板内的杂物应清理干净。

（4）混凝土浇筑前，模板应浇水湿润，但模板内不应有积水。

（5）模板与混凝土的接触面应清理干净并涂刷隔离剂。

（6）按照设计图纸要求，检查钢筋保护层的厚度。

2. 现场典型问题

（1）模板底部留有缝隙，导致浇筑后水泥浆从底部流出，基础底部出现泥浆不足的缺陷，钢筋裸露，如图2－50所示。

(a) 漏浆

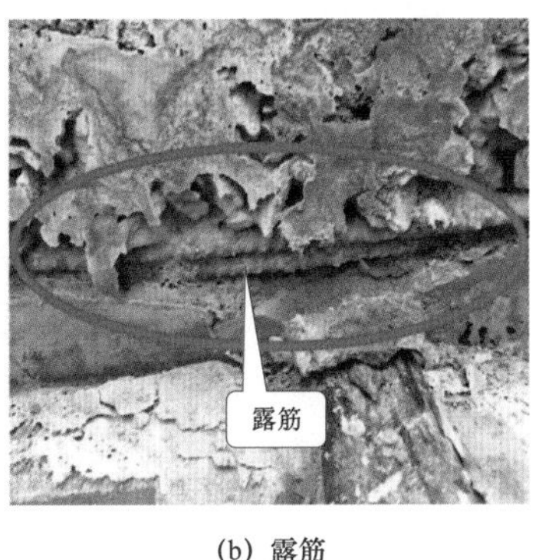

(b) 露筋

图2－50　模板漏浆、钢筋裸露

（2）钢筋紧贴模板，保护层不满足设计图纸要求，如图2－51所示。

图 2-51 钢筋保护层厚度不足

（3）基础梁现场测量尺寸为 328mm，与设计图纸尺寸 350mm 不符，如图 2-52 所示。

图 2-52 构件的尺寸不符合图纸要求

（4）模板存在多处较大孔洞，不进行处理将会漏浆，如图 2-53 所示。

图 2-53 模板存在破洞

2.6.4 模板拆除验收实例

1. 验收关键点

（1）侧模拆除时的混凝土强度应能保证其表面及棱角不受损伤。

（2）拆除的模板和支架宜分散堆放并及时清运。

2. 现场典型问题

因赶工期，混凝土尚未凝固充分，过早拆除模板，基础表面产生损伤，且未经确认许可就用水泥抹平，如图 2－54 所示。

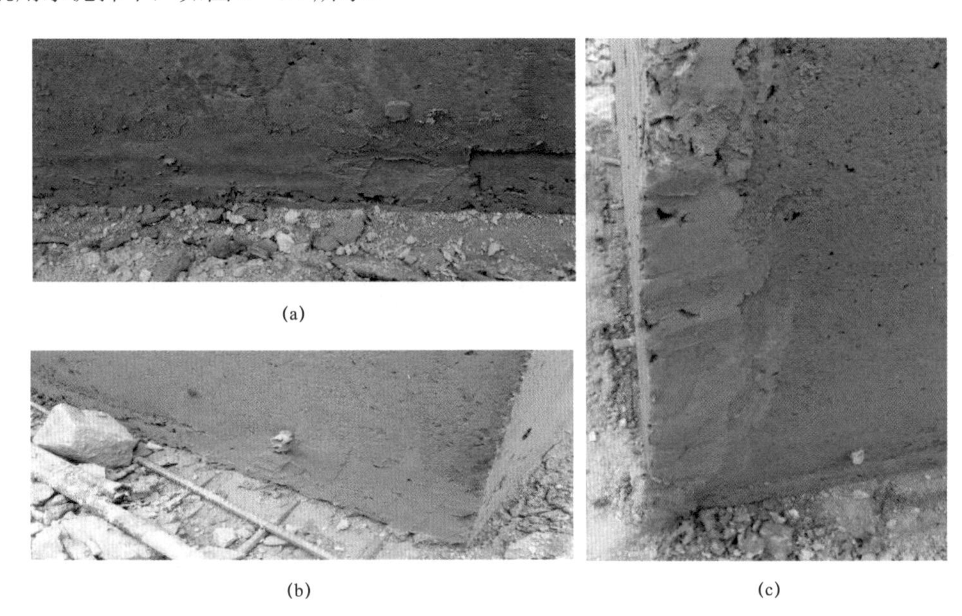

(a)

(b)

(c)

图 2－54　基础受损

3. 模板施工验收作业卡

模板施工验收作业卡见表 2－13。

表 2－13　　　　模板施工验收作业卡

<table>
<tr><td colspan="4">工程项目</td><td></td><td>日期</td><td></td></tr>
<tr><td>引用文件</td><td colspan="6">设计图纸、JGJ 74—2017《建筑工程大模板技术标准》、GB 50010—2010《混凝土结构设计规范》</td></tr>
<tr><td>序号</td><td colspan="3">作业步骤</td><td colspan="2">作业内容</td><td>确认</td></tr>
<tr><td rowspan="8">1</td><td rowspan="8">模板安装</td><td colspan="2">模板及其支架</td><td colspan="2">模板及其支架应具有足够的承载能力、刚度和稳定性，能可靠地承受浇筑混凝土的重力、侧压力及施工荷载</td><td></td></tr>
<tr><td colspan="2">模板安装</td><td colspan="2">1. 模板接缝不应漏浆，模板应浇水湿润，但模板内不应有积水。
2. 模板与混凝土的接触面应清理干净并涂刷隔离剂。
3. 模板内的杂物应清理干净。
4. 对清水混凝土工程，应使用能达到设计效果的模板</td><td></td></tr>
<tr><td colspan="2">轴线位移</td><td colspan="2">应符合设计要求和现行有关标准的规定</td><td></td></tr>
<tr><td colspan="2">外形尺寸偏差</td><td colspan="2">模板外形尺寸、标高、垂直等应符合设计要求和现行有关标准的规定</td><td></td></tr>
<tr><td colspan="2">相邻板面高差</td><td colspan="2">应符合设计要求和现行有关标准的规定</td><td></td></tr>
<tr><td rowspan="3">预埋件</td><td>中线位移</td><td colspan="2">应符合设计要求和现行有关标准的规定</td><td></td></tr>
<tr><td>标高偏差</td><td colspan="2">应符合设计要求和现行有关标准的规定</td><td></td></tr>
<tr><td>固定方式</td><td colspan="2">预埋件固定应牢固可靠</td><td></td></tr>
<tr><td>结论</td><td colspan="6">签名确认：　　　　　　　　　　　　日期：　　　年　　月　　日</td></tr>
</table>

2.7 预埋件安装

2.7.1 预埋件概念

预埋件是指在结构浇筑前预先安装或埋藏在隐蔽工程内的结构配件，用于砌筑上部结构搭接或外部工程设备基础的安装固定。

预埋件常由锚板和直锚筋或锚板和弯折锚筋组成。电力工程预埋件数量多，形式多样，常见有锚板预埋件、扁钢预埋件、角钢预埋件，以锚板式预埋件为主，如图2-55所示。因为预埋件定位的准确与否，直接影响后期的各种结构、各种设备的安装工作，对预埋的精确度要求极高。

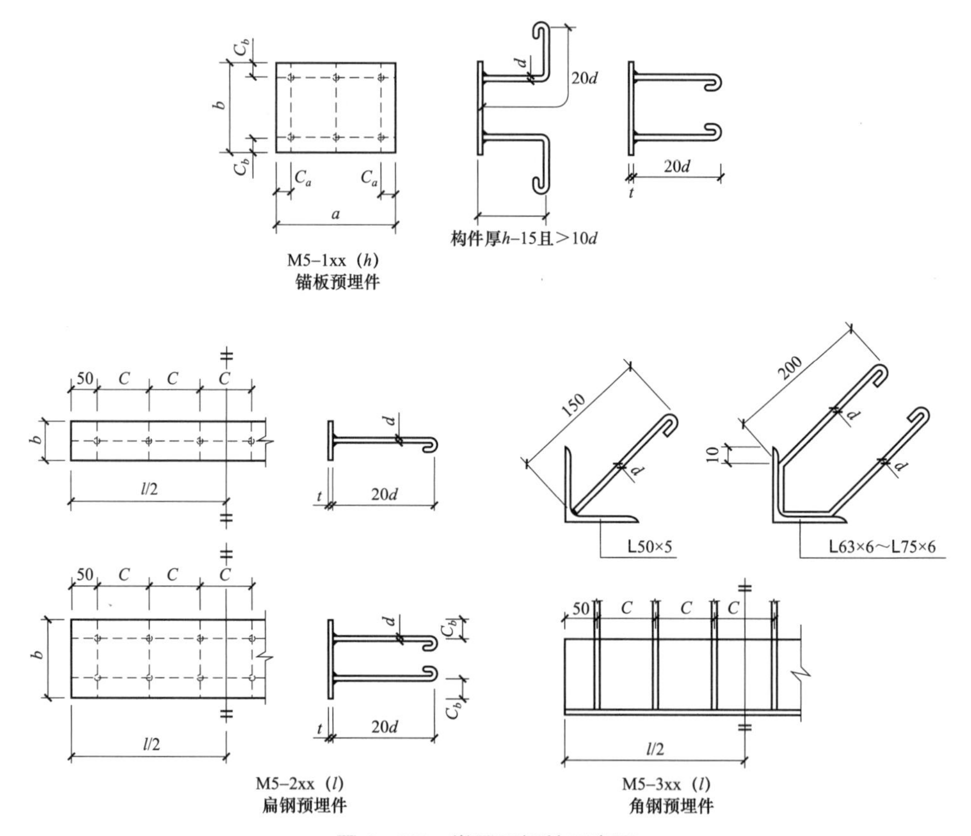

图2-55 常见预埋件示意图

各种预埋件锚板、锚筋的尺寸应满足16G362《钢筋混凝土结构预埋件》构造预埋件选用表的要求。

2.7.2 预埋件制作

预埋件制作过程主要包括号料、下料、加工成型、矫正、防腐处理、标识、分类堆积等，加工制作需根据设计图纸、工艺要求和设备参数等相关因素进行。预埋件加工制作应满足以下要求：

（1）加工制作过程中不得使用未经检验的材料，或是严重锈蚀的下脚料。

（2）避免物料运输、堆放不当产生物料变形。

（3）因埋件类型相同，但使用部位不同，因此要分类、编号进行堆放，按需取用。

（4）应使用电动机具的方法切割钢板、角钢、钢筋等钢材。人工气焊切割会造成钢材受热变形，且人工切割易产生预埋件边角不整齐、不平整，尺寸偏差较大等问题。

（5）预埋件焊接，应随时校验预埋件表面平整度。应保证预埋件表面不平整度不大于 2mm，否则出场前要进行校平。

（6）面积较大或与混凝土结构表面的比表面积较大的预埋件，应在钢板表面上开排气孔和下料口，以使预埋件与混凝土之间结合牢固。排气孔的数量应根据埋件面积大小而定，符合设计图纸要求。

2.7.3　预埋件受热变形控制措施

防止预埋件制作过程因施焊受热变形的常见控制措施如下。

（1）除特殊要求外，预埋件锚筋的连接一般采用焊接固定，钢板与锚筋的 T 型焊优先采用埋弧压力焊。

（2）焊接人员应持证上岗，在施焊前做焊前试件，焊件合格后才能批量施焊。

（3）焊接材料应满足相关规定要求。电弧焊使用的焊条、焊剂，应选用与主体金属强度相适应的型号。

（4）采用跳焊法焊接，即由两边向中心同时焊接，或从中心往两边施焊。焊接过程中要间歇焊接，严格控制母材温度的升高。杜绝一次性快速将焊缝焊好，应通过多次焊接来施焊。

（5）焊接常见的质量通病主要体现在焊缝搭接尺寸不符合要求、咬边、钢板焊穿、焊瘤等。当出现以上问题时，应及时调整电流强度、焊接时间、或更换焊接人员提升焊接水平。预埋件的焊缝型式、焊缝高度和焊缝宽度以及焊缝长度应满足设计图纸和相关规范要求。

2.7.4　预埋件测量定位

预埋件定位轴线和标高都要严格精准地按设计图纸要求进行测量和定位，定位中心线和标高应标示在稳固且明显的地方。

预埋件安装过程中，所有的定位轴线均由现场测量员进行测放，并由现场监理进行检查复核，确认无误符合设计要求后，方能进行下一道工序施工。所有预埋件安装完成后，应再次检查复核基础每一个预埋件的位置、数量及固定情况。

2.7.5　预埋件安装与固定

混凝土振捣过程容易造成预埋件产生位移，必要时应根据现场安装情况，制作预埋件定位架，即将预埋件安装固定在钢架上，特别是重要的、大型的预埋件安装必须制作定位架。定位架上应标明预埋件安装控制定位和控制标高。定位架可选用钢筋、角铁或槽钢焊接制作。定位架可依据预埋件安装位置和大小制作，并独立于结构钢筋网。

为准确控制预埋件面标高，定位架竖杆应稍高于控制面标高，然后把预埋件标高引测在竖杆上。预埋件就位调平后，可采用点焊的方式在竖杆或横杆上固定。定位架竖杆和斜撑可利用下层混凝土或模板作固定点。

2.7.6 预埋件复检与成品保护

预埋件安装的复检是保证预埋件安装质量的必要环节，在混凝土浇筑完成后，达到上人行走强度时，即开始预埋件表面的清理工作，并对预埋件的数量进行清点。同时，采用油漆和墨线对预埋件进行统一编号和中心点标识，然后使用仪器对预埋件中心坐标和标高进行测量，并记录在案。对于偏差超过要求的预埋件，编制专门的补救方案进行处理，确保上部结构的安装，并记录在案。

预埋件施工完成后，应对施工现场进行保护，严禁踩踏和碰撞，并做好型号标识以及成品保护。混凝土浇筑完成后，加强养护，防止混凝土在以后施工中出现干缩变形，避免引起预埋件内空鼓。

拆模应先拆周围模板，放松对拉螺栓等固定装置，轻击预埋件处模板，待松劲后拆除，以防止因混凝土强度过低而破坏预埋件与混凝土之间的握裹力，从而确保预埋件施工质量。

2.7.7 GIS 设备基础预埋件安装验收实例

某变电站室内 GIS 设备，钢筋混凝土基础施工完成后，进行设备基础槽钢的预埋（如图 2－56 所示）、设备基础槽钢接地，以及 GIS 设备室内接地网布设施工，如图 2－57 所示。

图 2－56 基础预埋件水平度及标高调整安装

图 2－57 基础预埋件接地线的焊接

1. 验收关键点

（1）预埋件的规格、数量、位置等，应符合设计图纸要求。应逐一测量槽钢预埋整体水平误差应控制在 3mm 的范围内，如图 2－58 所示。相邻基础预埋件的误差不大于 2mm。

浇筑混凝土前应用专业水平仪逐一校核间隔内预埋件水平误差、相邻间隔预埋件水平误差，如图 2－59 所示，应符合设计图纸要求。

图 2－58　预埋件整体水平度校核

图 2－59　相邻预埋件间距校核

（2）按设计图纸要求，室外 220kV 出线套管设备基础预埋件预留通气孔，预埋件开孔应为 5 处直径 40mm 的通气孔，如图 2－60 所示。

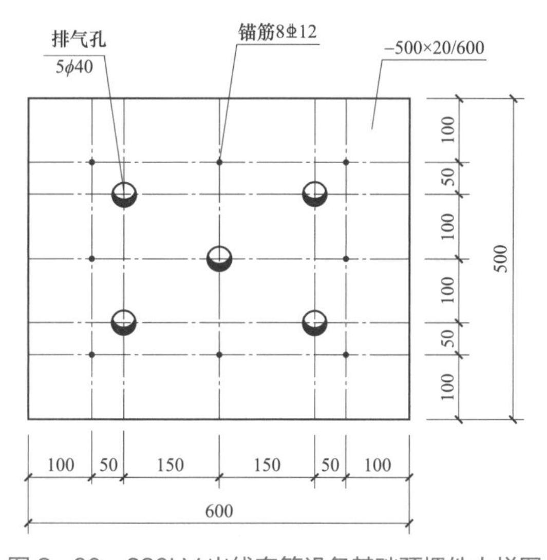

图 2－60　220kV 出线套管设备基础预埋件大样图

（3）设备基础预埋件钢筋的锚固形式应符合设计图纸要求。

（4）所有预埋件钢筋与预埋槽钢满焊，且需将焊渣清除干净并做好防腐措施。

2. 现场典型问题

（1）在某变电站 220kV GIS 设备预埋槽钢水平度测量时，发现 6 处预埋槽钢水平度不符合设计图纸要求。其中，220kV GIS 线路 A 间隔 2 处同一根槽钢两端偏差分别 6mm（如图 2－61 所示）和 4mm，与设计图纸要求预埋槽钢整体水平误差不大于 3mm 不符。基准点测量相对标高为 94mm。

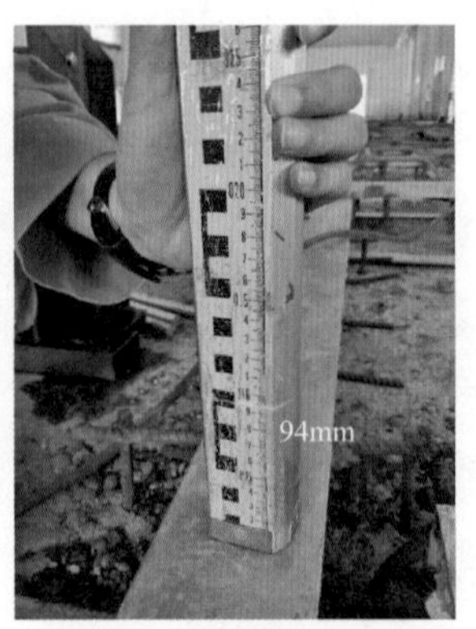

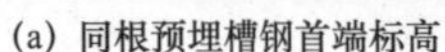

(a) 同根预埋槽钢首端标高　　(b) 同根预埋槽钢末端标高

图 2-61　220kV GIS 线路 A 间隔中同根槽钢两端水平度偏差

（2）220kV GIS 线路 B 间隔母线基础预埋槽钢与站内其余间隔母线基础预埋槽钢不在同轴线。经现场测量该间隔母线位置预埋槽钢与站内其余间隔母线预埋槽钢偏移 297mm，如图 2-62 所示，将导致设备无法安装。

图 2-62　220kV GIS 线路 B 间隔母线槽钢与相邻间隔偏差 297mm

（3）现场 220kV GIS 线路 C 间隔出线套管基础预埋件有 9 个排气孔，与设计图纸要求的 5 个排气孔不符，如图 2-63 所示。

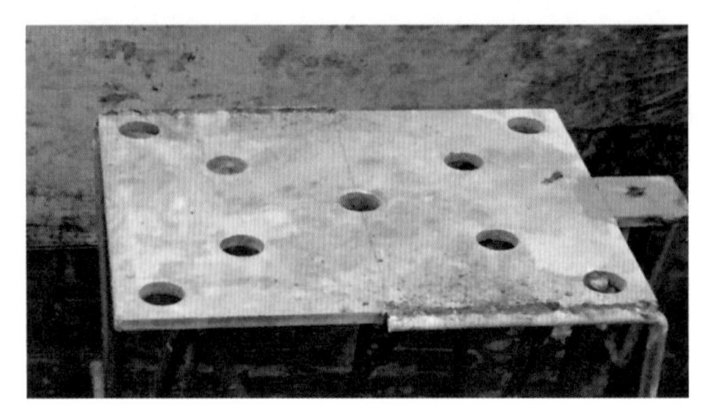

图 2-63　220kV GIS 设备出线套管基础预埋件

（4）220kV GIS设备基础预埋槽钢用固定的钢筋与槽钢焊接处焊渣未清理，且焊接部位涂刷酚醛银漆作防腐处理，不符合设计图纸要求，如图2－64所示。

（5）GIS设备基础预埋件与接地镀锌圆钢的焊缝高于预埋件上表面，如图2－65所示，影响设备安装，不符合设计图纸要求。

图2－64　基础预埋槽钢固定用的钢筋与槽钢焊接部位不规范

图2－65　预埋件与接地镀锌圆钢的焊缝高于预埋件上表面

3. 预埋件安装验收作业卡

预埋件安装验收作业卡见表2－14。

表2－14　预埋件安装验收作业卡

工程项目				日期
引用文件	设计图纸、JGJ 18—2012《钢筋焊接机验收规程》、JGJ/T 27—2017《钢筋焊接接头试验方法标准》、GB 50010—2010《混凝土结构设计规范》、GB 50303—2015《建筑电气工程施工质量验收规范》、DL/T 5210—2018《电力建设施工质量验收及评定规程》			
序号	作业步骤		作业内容	确认
1	预埋件制作	焊工技能	焊工应持有焊工考试合格证，才能上岗操作	
		预埋件钢材、型号	应符合设计要求和现行有关标准的规定	
		焊条、焊剂	应符合设计要求和现行有关标准的规定	
		焊前试焊	模拟施工条件试焊必须合格	
		焊接接头机械性能	应符合JGJ 18—2012、JGJ/T 27—2017规定	
		外观质量	应表面无焊痕、明显凹陷和损伤	
		预埋件尺寸偏差	应符合设计要求和现行有关标准的规定	
2	预埋件测量定位	中心位移	应符合设计要求和现行有关标准的规定	
		相邻预埋件高差	应符合设计要求和现行有关标准的规定	
		水平偏差	应符合设计要求和现行有关标准的规定	
		标高偏差	应符合设计要求和现行有关标准的规定	

续表

序号	作业步骤		作业内容	确认
3	预埋件安装与固定	安装与固定	预埋件安装固定应牢靠，应符合设计要求和现行有关标准的规定	
4	拆模后预埋件质量检验	中心位移	应符合设计要求和现行有关标准的规定	
		相邻预埋件高差	应符合设计要求和现行有关标准的规定	
		水平偏差	应符合设计要求和现行有关标准的规定	
		标高偏差	应符合设计要求和现行有关标准的规定	
结论	签名确认： 日期： 年 月 日			

2.8 混凝土浇筑施工

2.8.1 混凝土

混凝土指以水泥、水、砂子、碎石等原材按适当比例配合，必要时掺入化学外加剂和矿物掺合料，经过均匀搅拌、振捣成型、养护硬化形成的人造石材。在混凝土中，起骨架作用的是砂子、碎石，称为骨料；起包裹填充作用的是水泥与水形成的水泥浆，水泥浆包裹骨料并填充其空隙。在硬化前，水泥浆还起到润滑作用，使拌合物具有一定的流动性、粘聚性及保水性，便于施工。水泥浆硬化后，将水泥、水、砂子、碎石等原材胶结成一个坚实的整体，即混凝土，如图 2－66 所示。

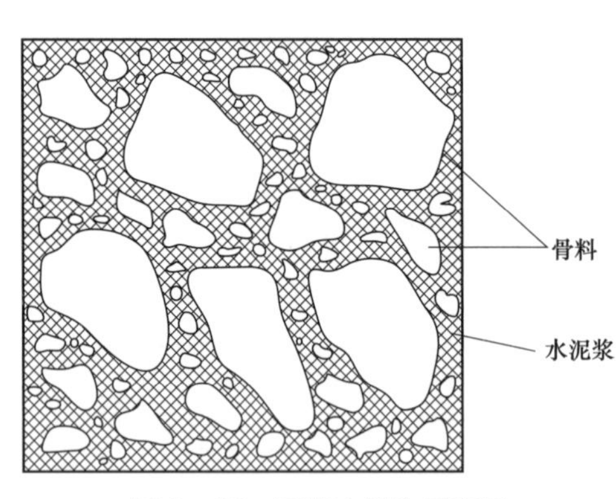

图 2－66 混凝土结构示意图

现场施工中，常用的混凝土有现搅拌混凝土和商品混凝土。现搅拌混凝土是指施工现场将砂子、石子、水泥等原材用搅拌机或工人进行搅拌而成的混凝土。商品混凝土，是指搅拌站预先拌好的质量合格的混凝土拌合物，并运到施工现场进行浇筑的混凝土。

商品混凝土也称预拌混凝土，是指搅拌站把原材料选择、配合比设计、外加剂、掺合料的选用、混凝土的拌制、输送等一系列生产过程集中，统一经营管理，以商品形式向施工单位供应相应规格的混凝土。

由于施工现场现搅拌的混凝土受施工人员技术水平、搅拌设备的限制，混凝土质量往往难以达到规范要求。商品混凝土是混凝土生产由粗放型生产向集约化大生产的转变，从原材料选择到产品生产过程都有严格的控制管理、计量准确、检验手段完备，实现了混凝土生产的专业化、商品化和社会化。商品混凝土使混凝土的质量得到充分保证。

2.8.2　商品混凝土的运输

混凝土在运输过程中，应保证不发生离析、分层和组成成分变化，满足施工对混凝土拌合物性能要求。

商品混凝土必须使用搅拌车运输。在运输过程中应保持罐体旋转，以每分钟 2～4 转的慢速进行搅动，以确保混凝土拌合物的和易性、均匀性，不会发生离析和失水现象。严禁在运送混凝土中途和卸料时向搅拌筒内任意加水，任意加水的混凝土严禁使用。

搅拌车从装料至卸料时的运输时间不宜大于 90min。运输前应充分考虑运输距离、交通或现场作业施工等因素，如需延长运送时间，则应采取相应的有效技术措施。当采用翻斗车运输时，运输时间不应大于 45min。在寒冷、或火热天气，应考虑采取缓凝措施，搅拌车做好保温或隔热措施。混凝土运到现场须在 30min 内开始卸料，否则会影响混凝土的坍落度和混凝土质量。

搅拌车卸料前应采用快档旋转，使混凝土搅拌物搅拌均匀，以利于泵送施工。搅拌车卸料困难或混凝土坍落度损失过大情况时有发生，较多情况是施工组织不力，不能及时浇筑混凝土而导致压车，这时可向罐内掺加适量减水剂并搅拌均匀以提高拌合物稠度，但应经过试验确定。

商品混凝土供料应保证施工现场的需要，确保混凝土浇筑的连续性。当采用泵送混凝土时，混凝土供料应能保证混凝土连续泵送，并应符合现行行业标准 JGJ/T 10—2011《泵送混凝土施工技术规程》的有关规定。

混凝土搅拌车每次运送前应先冲洗搅拌筒，在装料前应将搅拌罐内积水排尽。装料后严禁向搅拌罐内加水，防止影响混凝土水灰比。工作完毕后必须对筒内、外进行清洗，严禁将余料随地乱倒乱排。

混凝土搅拌车运输人员应随车携带由搅拌站出具的发料单。发料单应标明收料单位、地址、工程名称、发车时间、强度等级、数量等内容。浇筑现场应有专人验收，每到一车，都要检查料单内容，防止混凝土误送或超过初凝时间到达工地。

2.8.3　泵送混凝土

泵送混凝土施工工艺是目前最常采用的施工方法，是指用混凝土泵或泵车沿输送管运输和浇筑混凝土拌合物的作业方法。具有速度快、劳动力少的优点，尤其适合于大体积混凝土和高层建筑混凝土的运输和浇筑。

泵送混凝土时，混凝土泵的支腿必须伸出调平，支腿支撑应牢固。混凝土泵与输送管连通后，应进行全面检查，并做空载试运转。

混凝土泵启动后，先泵送适量清水湿润混凝土泵的料斗、活塞及输送管的内壁。泵送清水后，应清除泵内积水。在确认混凝土泵和输送管中无异物后，可选用水泥净浆、1:2 水泥砂浆或与混凝土内除粗骨料外的其他成分相同配合比的水泥砂浆，对混凝土泵和输送管内壁进行润滑。润滑用浆料泵出后应妥善回收，不得作为结构混凝土使用。

开始泵送时，混凝土泵应处于匀速缓慢运行并随时可反泵的状态。泵送速度应先慢后快，逐步加速。同时，应观察混凝土泵的压力和各系统的工作情况，待各系统运转正常后，方可以正常速度进行泵送。

当输送管堵塞时，应及时拆除管道，排除堵塞物。当混凝土泵出现压力升高且不稳定、油温升高、输送管明显振动等现象而泵送困难时，不得强行泵送，并应立即查明原因，采取措施排除故障。

2.8.4 混凝土浇筑与振捣的一般要求

（1）混凝土浇筑前，模板、钢筋、顶埋件及管线等应全部安装完毕，并经验收符合设计要求。

（2）供浇筑混凝土时人员走动用的架子及马道应在混凝土浇筑前搭设完毕，并经检查合格。

（3）模板内的异物、泥沙，钢筋上的油污、铁锈等杂物应在混凝土浇筑前清理干净，扫除口在清除杂物及积水后封闭。

（4）模板在混凝土浇筑前，应浇水使模板湿润，但模板内不得有积水。

（5）混凝土浇筑一般按先边角，后中部，先浇竖向结构后梁板的顺序进行，确保混凝土不出现施工缝。

（6）浇筑混凝土时应分段分层连续进行，浇筑层厚度应根据结构特点、钢筋疏密决定。

（7）混凝土自高处倾落自由落体高度，不应超过 2m，以防混凝土在下落过程中产生离析现象。

（8）插入式振捣器应快插慢拔。振捣插入点要均匀排列，逐步移动，依序进行，不得遗漏，做到均匀振捣。

（9）在振捣过程中，应避免振捣器碰撞钢筋、模板、预埋件等。

（10）混凝土浇筑应连续进行，如必须间歇，其间歇时间应尽量缩短，并应在先浇混凝土凝结之前，将后续混凝土浇筑完毕。

（11）混凝土浇筑时应观察模板、钢筋、预埋件等有无变形、移动情况。如发现问题应立即处理。

（12）混凝土抗压强度未达到 1.2MPa 前，不得在其上踩踏、安装模板或放置重物。

2.8.5 验收实例

1. 验收关键点

（1）商品混凝土进场时应对其品种、级别、出厂时间进行检查。

（2）混凝土运输、浇筑及间歇的全部时间不应超过混凝土的初凝时间。同一施工段的混凝土应连续浇筑，并应在底层混凝土初凝之前将上一层的混凝土浇筑完毕。

（3）基础采用 C30 混凝土，施工时必须一次浇捣，不得设施工缝。

（4）混凝土浇筑过程中，振捣棒不能接触预埋件，施工期间要安排人员进行仔细的检查。

（5）设备基础地面以上部分采用饰面清水混凝土施工工艺，不得抹灰装饰，且外露阳角需做 R=20 圆倒角。

2. 现场典型问题

（1）现场严格控制混凝土进场情况，如图 2－67 所示。

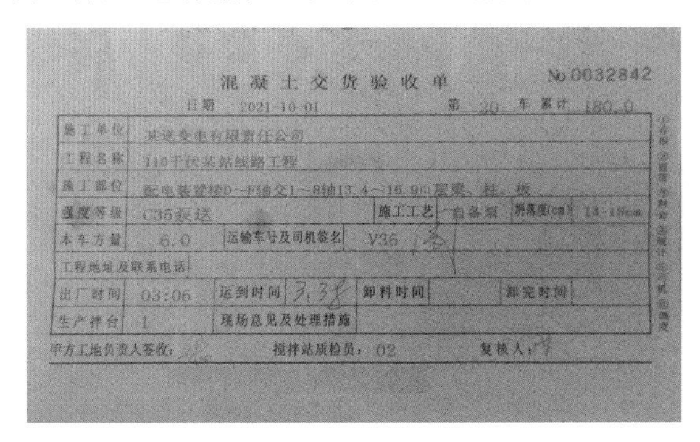

混凝土交货验收单　No.0032842

日期　2021-10-01　第 20 车 累计 180.0

施工单位	某送变电有限责任公司					
工程名称	110千伏某站线路工程					
施工部位	配电装置楼D～F轴交1～8轴13.4～16.9m层梁、柱、板					
强度等级	C35泵送		施工工艺	自备泵	坍落度(cm)	14-18cm
本车方量	6.0	运输车号及司机签名	V36			
工程地址及联系电话						
出厂时间	03:06	运到时间		卸料时间		卸完时间
生产拌台	1	现场意见及处理措施				

甲方工地负责人签收：　搅拌站质检员：02　复核人：

图 2－67　混凝土进场验收

（2）因振捣不够充分，导致拆模后基础出现蜂孔问题，如图 2－68 所示。

图 2－68　振捣不充分导致蜂孔

3. 混凝土浇筑施工验收作业卡

混凝土浇筑施工验收作业卡见表 2－15。

表 2－15　混凝土浇筑施工验收作业卡

工程项目			日期	
引用文件	设计图纸、GB/T 14902—2012《预拌混凝土》、GB 50010—2010《混凝土结构设计规范》、GB 50164—2011《混凝土质量控制标准》、GB 50204—2015《混凝土结构工程施工质量验收规范》			
序号	作业步骤		作业内容	确认
1	混凝土浇筑	混凝土强度及试件取样	应符合设计要求和现行有关标准的规定	
		混凝土运输、浇筑及间歇	全部时间不应超过混凝土的初凝时间，同一施工段的混凝土应连续浇筑，并应在底层混凝土初凝前将上一层混凝土浇筑完毕	
		混凝土振捣	振捣应快插慢拔，依序进行，不得遗漏。应符合设计要求和现行有关标准的规定	

续表

<table>
<tr><th>序号</th><th colspan="3">作业步骤</th><th>作业内容</th><th>确认</th></tr>
<tr><td rowspan="4">1</td><td rowspan="4">混凝土浇筑</td><td colspan="2">施工缝留置及处理</td><td>应符合设计要求和现行有关标准的规定</td><td></td></tr>
<tr><td colspan="2">后浇带留置</td><td>应符合设计要求和现行有关标准的规定</td><td></td></tr>
<tr><td colspan="2">找平</td><td>应符合设计要求和现行有关标准的规定</td><td></td></tr>
<tr><td colspan="2">养护</td><td>应在12h以内加以覆盖和浇水养护。混凝土浇水养护日期一般不少于7天，应符合设计要求和现行有关标准的规定</td><td></td></tr>
<tr><td rowspan="6">2</td><td rowspan="6">混凝土结构外观</td><td colspan="2">外观质量</td><td>不应有严重缺陷。对已经出现的严重缺陷，应由施工单位提出技术处理方案，并经监理、设计单位、建设单位认可后进行处理。对经处理的部位，应重新检查验收</td><td></td></tr>
<tr><td colspan="2">尺寸偏差</td><td>不应有影响结构性能和使用功能的尺寸偏差。轴线位移、标高偏差应符合设计要求和现行有关标准的规定。对超过尺寸允许偏差且影响结构性能、安装、使用功能的部位，应由施工单位提出技术处理方案，并经监理、设计单位、建设单位认可后进行处理。对经处理的部位，应重新检查验收</td><td></td></tr>
<tr><td colspan="2">外形尺寸偏差</td><td>外形尺寸、表面平整度等应符合设计要求和现行有关标准的规定</td><td></td></tr>
<tr><td colspan="2">相邻板面高差</td><td>应符合设计要求和现行有关标准的规定</td><td></td></tr>
<tr><td rowspan="2">预埋件</td><td>中心位移</td><td>应符合设计要求和现行有关标准的规定</td><td></td></tr>
<tr><td>标高偏差</td><td>应符合设计要求和现行有关标准的规定</td><td></td></tr>
<tr><td>备注</td><td colspan="5">签名确认：　　　　　　　　　　　　日期：　　年　　月　　日</td></tr>
</table>

2.9 基础养护

混凝土浇注完成后，在水泥的水化作用下经过一段时间凝结成型硬化。水泥的水化作用与混凝土温度、湿度有着直接联系，特别是在混凝土的早期养护阶段。如果不对混凝土采取养护措施，混凝土在自然环境中的水分就会蒸发过快，水分流失过快，无法满足水化作用的需求，混凝土的表面会产生裂缝或者形成毛细网，使得混凝土的承载性能和抗渗性能下降。

GB 50164—2011《混凝土质量控制标准》指出：浇筑后的混凝土养护是混凝土施工中的一个重要环节，养护的好坏直接影响到混凝土的强度与质量。因此，施工单位在施工前，应根据所采用的原材料以及混凝土性能要求，提出切实可行的养护方案，并应随时检查其执行情况。

2.9.1 混凝土的养护方法

混凝土浇筑完毕后，应在12h以内开始养护。混凝土浇水养护日期一般不少于 7 天，掺用缓凝型外加剂或有抗渗要求的混凝土不得少于14天。混凝土养护一般常采用洒水、塑料薄膜覆盖进行养护，如图 2－69 所示。当采用洒水养护时，每日应多次浇水，保持混凝土处于足够的润湿状态。当采用塑料薄膜覆盖养护时，薄膜四周应压实，确保薄膜内有凝结水。大面积构件可采用蓄水的方式养护，储水池一类构筑物可待混凝土达到一定强度后，拆除内模板后注水养护

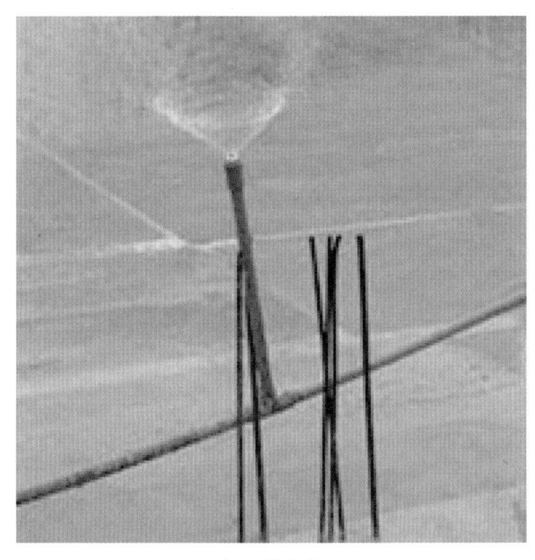

(a) 洒水养护　　(b) 覆盖养护

图 2－69　混凝土洒水养护、塑料薄膜覆盖养护

2.9.2　基础养护验收实例

1. 验收关键点

（1）应在浇筑完毕后的 12h 以内对混凝土加以覆盖并保湿养护。

（2）混凝土浇水养护的时间：对采用硅酸盐水泥、普通硅酸盐水泥或矿渣硅酸盐水泥拌制的混凝土，不得少于 7 天。掺用缓凝型外加剂或有抗渗要求的混凝土不得少于 14 天。

（3）采用洒水养护时，浇水次数应能保持混凝土处于湿润状态。

（4）采用塑料薄膜覆盖养护时，混凝土构件敞露的全部表面均应覆盖严密，并应保持薄膜内有凝结水。

（5）混凝土抗压强度未达到 1.2MPa 前，不得在其上踩踏或安装模板及堆放重物。

（6）基坑覆土要求：① 基础浇注完成后，要待混凝土强度达 70%后方可回填，不得使用大块岩石、淤泥、耕植土、冻土、膨胀土等作为回填料。② 采用黏性土分层回填应夯实，分层厚度不大于 300mm，压实系数 $\lambda_c \geq 0.94$，基坑回填应两边同时进行，不得单面回填。

2. 现场典型问题

基础浇筑完毕后，现场采用彩条布覆土养护。彩条布纤维间隙大，水分蒸发流失过快，基础养护效果差，如图 2－70 所示。

图 2-70　基础养护

第3章

GIS 及 HGIS 设备母线安装

GIS 设备与 HGIS 设备最大的不同之处在于它们母线的不同。GIS 设备的母线封闭在 SF_6 气体绝缘金属壳体内，通过母线过渡筒将各个 GIS 设备间隔单元组装在一起。而 HGIS 设备则采用敞开式母线，通过钢芯铝绞线将各个 HGIS 设备间隔单元连接在一起。本章主要讲解 GIS 设备与 HGIS 设备的母线安装。

3.1 GIS 设备母线拼装

考虑到 GIS 设备母线拼装与 GIS 设备间隔单元拼装的大部分工艺相同，如设备保管、法兰对接、气体处理等，故该部分相同工艺内容放到本书第四章中与 GIS 设备的拼装一起展开详细地阐述。本节重点介绍 GIS 设备母线的拼装流程，仅对基础轴线定位、GIS 设备间隔单元就位、GIS 设备母线拼装等内容进行阐述。

3.1.1 基础轴线定位

一、轴线定位与允许偏差

1. 验收关键点及标准

（1）验收关键点。按照设计图纸要求，确认 GIS 设备基础及其预埋件的允许偏差满足表 3－1 要求。

表 3－1　　GIS 设备基础及预埋件的允许偏差（mm）

项目	基础标高允许偏差			预埋件允许偏差				轴线	
	基础标高	同相	相间	相邻埋件	全部埋件	高于基础表面	中心线	与其他设备 x、y	y 轴线
三相共一基础	≤2	—	—	—	—	—	—	—	—
每相独立基础时	—	≤2	≤2	—	—	—	—	—	—
相邻间隔基础	≤5	—	—	—	—	—	—	—	—
同组间	—	—	—	—	—	—	≤1	—	—
预埋件表面标高	—	—	—	≤2	—	≤1～10	—	—	—
预埋螺栓	—	—	—	—	—	—	≤2	—	—

续表

项目	基础标高允许偏差			预埋件允许偏差				轴线	
	基础标高	同相	相间	相邻埋件	全部埋件、	高于基础表面	中心线	与其他设备 x、y	y 轴线
室内安装时									
断路器各组中相	—	—	—	—	—	—	—	≤5	—
220kV 以下室内外设备基础	≤5	—	—	—	—	—	—	—	—
220kV 及以上室内外设备基础	≤10	—	—	—	—	—	—	—	—
室、内外设备基础	—	—	—	—	—	—	—	—	≤5

（2）验收标准。

1）GB 50149—2016《电气装置安装工程　母线装置施工及验收规范》规定：气体绝缘金属封闭母线安装前应核对母线固定基础、支架、孔洞等的位置及尺寸，安装环境应符合产品技术文件的要求，并应采取防尘措施。

标准解读：本条主要对母线安装前的先决条件进行落实，包括现场条件、安装工具和材料。母线安装时，现场的湿度和清洁度一定要满足产品安装技术文件的要求。

2）GB 50147—2016《电气装置安装工程　高压电器施工及验收规范》规定：GIS 设备基础混凝土强度应达到设备安装要求，预埋件接地应良好，符合设计要求。GIS 设备基础及预埋件的允许偏差，除应符合产品技术文件要求外，还应符合表 3－1 的规定。

标准解读：GIS 的安装分为室内、室外安装，还有三相共一个基础、单相一个基础安装等多种形式，而且基础上采用预埋件或预埋螺栓的方式，对于预埋件或预埋螺栓的检查尤为重要，每个 GIS 设备制造厂根据安装的不同形式对于基础或者埋件、预埋螺栓有专门的要求。如某公司 750kV GIS 产品要求“所埋设的 H 型钢架的标高偏差不大于 2mm。”

同时，GIS 制造厂一般随产品均配置钢支架作为 GIS 设备的底座，制造厂对钢支架的正确安装也有严格要求，现场应严格执行。

2. 现场常规做法

（1）现场根据设计图纸要求，土建专业人员确认制作安装好的预埋件尺寸、轴线、标高等误差满足设计要求后再浇筑混凝土。对于户内 GIS 设备，一般在拼装前应完成土建交付安装，同时还需做好自流平地板。

（2）在拼装前，电气安装专业人员用测量工具确认 GIS 设备待安装间隔单元基础及预埋件尺寸、轴线、标高等是否满足设计图纸或规范要求。

（3）电气安装专业人员用测量工具确认相邻间隔 GIS 设备基础及预埋件尺寸、轴线、标高等是否满足设计图纸或规范要求。

3. 常见隐患分析

（1）预埋件、预埋螺栓等安装的尺寸、轴线、标高等与设计图纸不符，误差值超出设计图纸或规范要求，将增加 GIS 设备的安装难度，甚至可能会导致 GIS 设备无法正常安装。

（2）预埋件标高，特别是相邻预埋件标高偏差不满足设计图纸或规范要求，可能导致 GIS 设备各法兰连接面受力不均匀，设备投入运行后，在应力作用下容易增加设备漏气风险。

（3）预埋件标高低于混凝土基础表面，设备安装后混凝土基础面成为受力面，一旦混凝土基础表面风化，将会出现局部不规则沉降，给设备的安全运行带来较大的隐患。

4. 现场典型问题

某变电站 110kV 出线间隔 GIS 设备基础线路侧预埋槽钢水平位置与设计图纸要求不符，轴线偏差值远超过规范允许的范围。GIS 设备安装就位后，其底座支架悬空于混凝土地面，无任何物件支撑，如图 3－1 所示。

(a) 预埋槽钢轴线偏移整体图

(b) 底座支架悬空

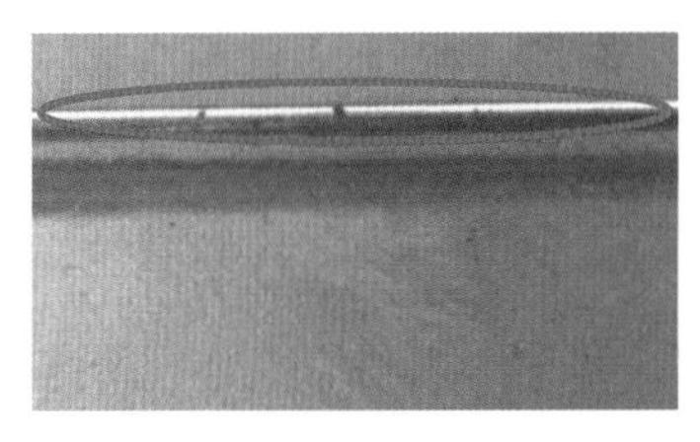

(c) 悬空缝隙

图 3－1　某变电站 110kV 出线间隔 GIS 设备基础线路侧预埋槽钢轴线偏移

二、基础轴线定位划线

1. 验收关键点

确认 GIS 设备母线、分支母线、断路器等置于地面上的元件和控制柜的轴线与设计图纸要求一致。

2. 现场常规做法

（1）按照设计图纸在基础表面测放首间隔（即首个安装间隔，通常为中间间隔）母线轴线。

（2）在与母线轴线垂直的方向测放首间隔中心轴线。

（3）以首间隔母线轴线为基准，依次测放其他相邻间隔的中心轴线。

3. 常见隐患分析

安装前在基础平面上准确测放轴线，为依次安装的设备就位提供定位参考。每个 GIS 设备母线间隔就位准确，才能确保 GIS 设备母线轴线不发生偏移。否则上一个间隔所产生的误差将累积到下一个间隔中，如误差累积到一定数值，可能会导致 GIS 设备无法正常对接拼装。

3.1.2　GIS 设备就位

一、GIS 设备就位前准备

1. 验收关键点及标准

（1）验收关键点。

1）场地需保持清洁，不得有杂物，现场安装环境需满足相关要求。

2）安装前确定设备安装顺序及设备转运路线图。

（2）验收标准。GB 50147—2016《电气装置安装工程　高压电器施工及验收规范》规定：GIS 元件的安装应在制造厂技术人员指导下按产品技术文件要求进行，应按制造厂的编号和规定程序进行装配，不得混装。

2. 现场常规做法

（1）户外安装时，应对安装区域进行围蔽，指定人员、设备、机具进出路线等，并按照相关规范对安装环境要求落实相关控制措施。户内 GIS 设备安装时，门窗孔洞应提前封闭，还需注意露台等容易忽视的地方是否完善好防尘措施。

（2）设置设备临时存放区，存放待安装设备。

（3）场地、路面平整，不平或留空处应敷设承重钢板，二次电缆沟及汇控柜出线孔需用电缆沟盖板或承重钢板遮盖。

（4）确保设备转移路线畅通。

（5）按设备安装顺序依次开箱检查待安装配件，并根据生产厂家相关技术文件、图纸、清册进行全面检查。

（6）安装前对母线筒筒体进行全面检查。

3. 常见隐患分析

安装顺序混乱，容易造成错误安装，且安装误差难于把控。

4. 现场典型问题

某变电站 110kV GIS 设备母线筒筒体外壁存在多处划痕、磕碰等缺陷，如图 3-2 所示。划痕较轻时，不影响设备运行，应及时联系厂家提供原厂油漆进行修复。对于凹陷缺陷，需协调设计单位、监理单位、施工单位、设备厂家、建设单位相关技术人员现场共同评估鉴定是否满足装配要求，如不满足装配要求，需协调厂家更换缺陷母线筒。

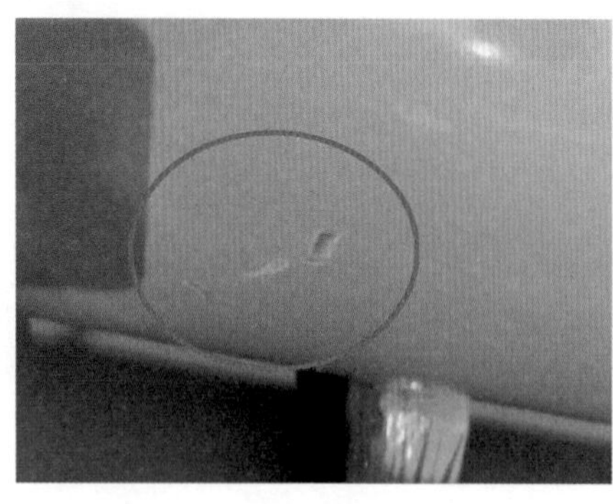

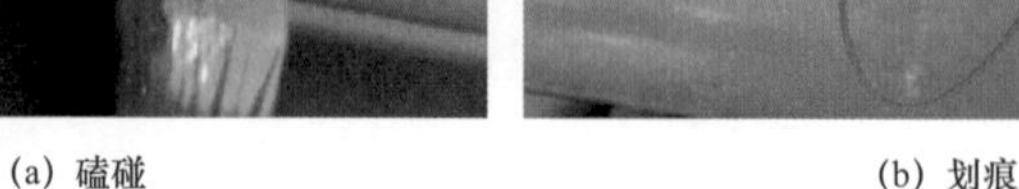

(a) 磕碰　　(b) 划痕

图 3-2　某变电站 110kV GIS 设备母线筒筒体外壁缺陷

二、GIS 设备就位

1. 验收关键点及标准

（1）验收关键点。

1）安装前应确认吊装器具满足设备厂家及相关规范要求。

2）设备就位后的轴线与基础平面上测放的轴线偏差不超过 1mm 或厂家技术文件、相关标准的要求。

3）设备底座支架与预埋件之间应紧密贴合，不存在倾斜悬空现象。

（2）验收标准。标准及其解读参考本章第 3.1.1 节、第 3.1.2 节及第 4.4 节中相关的验收标准，在此不再赘述。

2. 现场常规做法

（1）GIS 设备安装，一般以中间间隔作为首间隔，以首间隔作为基准分别向两侧依次安装。

（2）设备转运应选用满足设备厂家技术要求的转运器具和吊装器具，并按规定吊点吊装，防止损伤设备。吊装作业时，应使用合成纤维吊带或带有护套的钢丝绳吊装，以免破坏设备漆面。

（3）使用吊车或行车无法实现对 GIS 设备的精确就位，在待安装设备转运至待安装间隔轴线附近后，一般先在设备底座下垫入涂抹了润滑脂的圆形钢条，然后再采用专业工具进行精准就位。对位完毕后，使用千斤顶顶起设备，再抽出圆形钢条。

（4）设备就位后，应再次确认间隔母线轴线与基础面上测放的轴线重合，误差不超过 1mm 或厂家技术文件、相关标准要求。

（5）用塞尺检查设备底座支架与预埋件之间是否紧密贴合，是否存在悬空现象，必要时可采用厂家提供的不锈钢垫片垫平，但应满足设备厂家技术文件及相关标准的要求。

（6）完成设备就位后，应及时将设备底座支架与基础预埋件点焊固定。

（7）按照图纸要求核对设备就位准确后，依次按照安装顺序将其他间隔单元设备就位安装。

3. 现场典型问题

（1）某变电站 110kV GIS 母线拼装过程中发现其中第一节母线过渡筒轴线偏移母线基础轴线 4mm，如图 3－3（a）所示，第二节母线过渡筒轴线偏移母线基础轴线 7mm，如图 3－3（b）所示，不满足规范要求，需拆卸重新拼装。

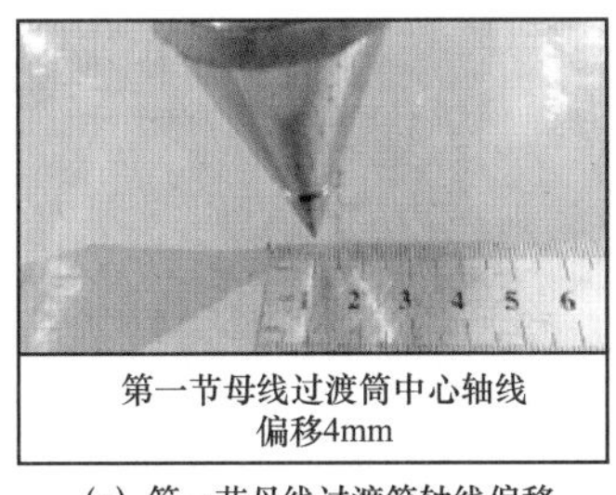

（a）第一节母线过渡筒轴线偏移

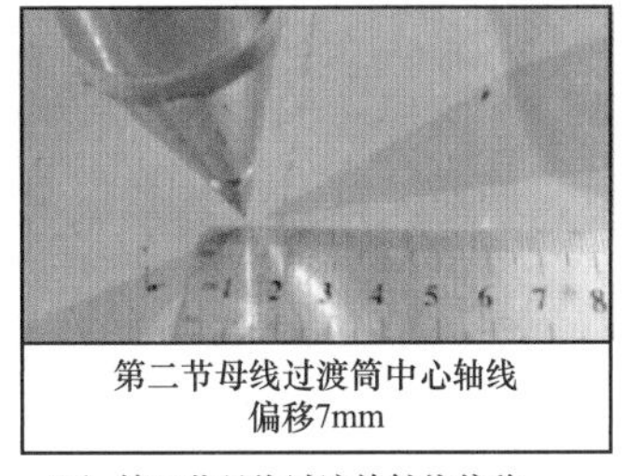

（b）第二节母线过渡筒轴线偏移

图 3－3　某变电站 110kV GIS 设备母线筒轴线偏移

（2）某变电站 110kV GIS 母线拼装过程中发现电压互感器间隔就位后设备底座支架未完全坐落至基础预埋件上，如图 3－4 所示。核对预埋件设计图纸，发现第 4 根预埋槽钢中心轴线偏移设计位置约 110mm，该间隔底座支架端部无可靠支撑，处于悬空状态，悬空长度约 280mm。此缺陷需设计单位、监理单位、施工单位、设备厂家、建设单位相关技术人员现场评估，制定专项整改方案。

(a) 设备底座支架端部悬空

(b) 悬空长度测量

图 3-4　某变电站 110kV GIS 设备底座支架端部悬空

3.1.3　母线筒拼装

一、母线筒及附件开盖检查

1. 验收关键点

（1）拆卸母线筒防护封板前应先检查未拆卸的母线筒内有微正压的干燥氮气或 SF_6 气体。待筒体内气体完全释放后，方可拆卸母线筒防护封板。

（2）检查母线筒内部无受潮，筒体内壁无异物、划痕、毛刺、凹陷等情况。检查过渡筒外壳漆面完好，无损伤、划伤、变形、裂纹、锈蚀等缺陷。如果母线筒内刷有绝缘漆，则检查绝缘漆漆面完好无损伤，漆面平整，无划痕、毛刺、凹陷等情况。

（3）检查绝缘子表面不得有裂纹。如出现气孔、杂质、收缩痕迹、划痕、磕碰等缺陷，应经厂家技术人员现场确认符合产品技术标准的要求方可继续安装，否则应返厂处理。

（4）拆除母线筒防护封板时，注意避免损伤母线筒法兰面。搬运、放置母线导体应防止磕碰、损伤。

2. 现场常规做法

（1）带压力表运输的母线筒，拆卸防护封板前，应先检查压力表指针指示微正压力值。如母线筒未带压力表运输，拆卸防护封板前，先用压力表检查母线筒内有微正压的气体。

（2）拆卸防护封板前，应通过逆止阀释放气体，待筒内气体完全释放，压力为零后再进行拆卸。

（3）用手电筒仔细检查母线筒内部有无受潮，筒体内壁是否存在异物、划痕、毛刺、凹陷等情况。如果母线筒内刷有绝缘漆，绝缘漆漆面是否存在漆面不平整、划痕、毛刺、凹陷等情况。

（4）用手电筒仔细检查母线盆式气通绝缘子、盆式气隔绝缘子及其标识（绿色为气通，红色为气隔）与设计图纸一致。检查母线筒内盆式绝缘子、支撑绝缘子表面光滑，是否存在裂纹、划痕、磨损、脏污、气孔、杂质、收缩痕迹、磕碰等缺陷。

（5）母线筒、绝缘子检查后，立即用防尘罩将母线筒筒口、法兰面进行临时密封。

3. 常见隐患分析

（1）母线筒在运输、储存过程中一般会保持充有微正压的干燥气体，拆卸前检查气体压力，可判断母线筒内部在运输、储存过程中是否存在因密封不严而受潮的情况。拆卸防护封板前必须将筒内气体释放，否则带气压拆卸易造成设备损伤或人员受伤。

（2）运输过程中，难免会受到刮碰。因此需对所有待安装的母线筒、母线绝缘子、母线导体进行全面检查，确保待安装设备完好。

（3）为减少母线筒内部的暴露，母线筒封板拆卸后及清洁检查完毕后，均需采用防尘罩对其进行临时密封，防止粉尘、飞虫等异物进入母线筒内部。

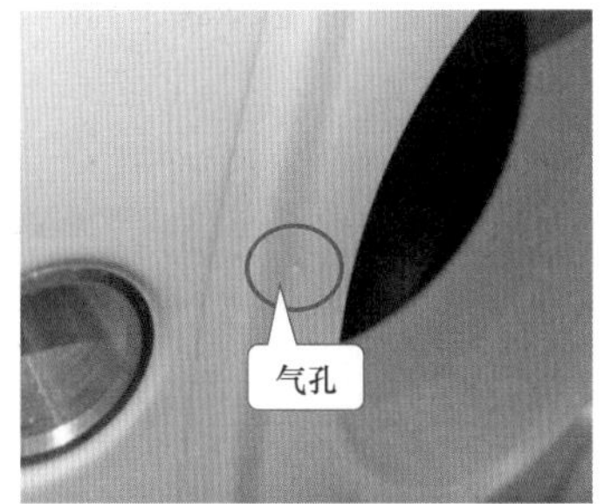

图 3－5　某变电站 110kV GIS 设备母线筒盆式绝缘子气孔缺陷

4. 现场典型问题

（1）某变电站 110kV GIS 设备母线筒盆式绝缘子存在气孔缺陷，如图 3－5 所示。

（2）某变电站 220kV GIS 设备盆式绝缘子表面有 3 圈黑印，如图 3－6 所示。

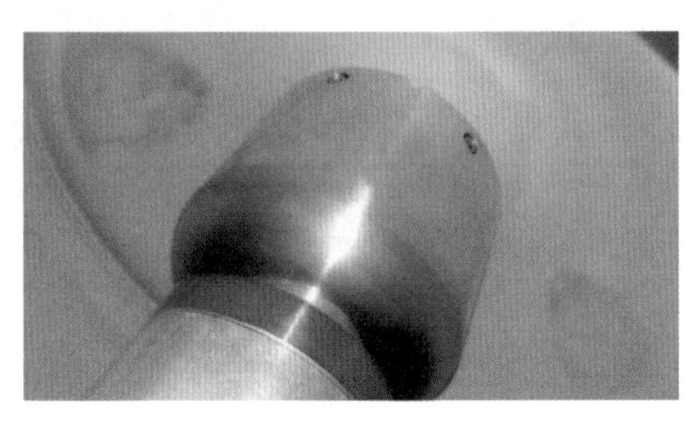

(a) 2 圈黑印

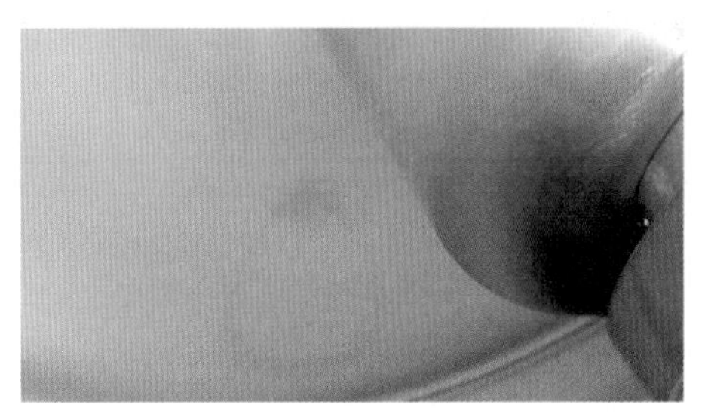

(b) 1 圈黑印

图 3－6　某变电站 220kV GIS 设备盆式绝缘子脏污缺陷

（3）某变电站 110kV GIS 设备母线筒内壁存在多处磕碰痕迹，如图 3－7 所示。

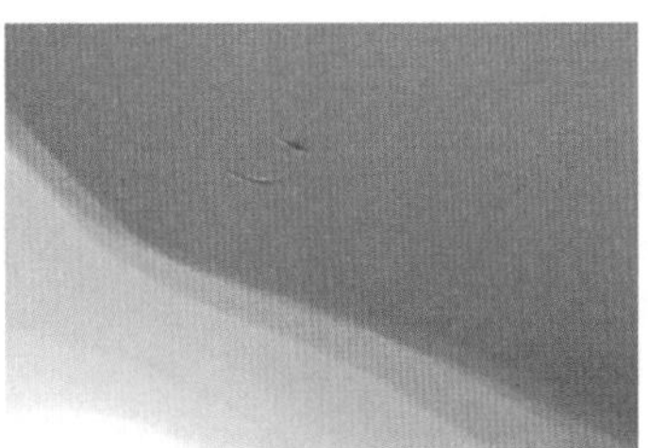

图 3－7　某变电站 110kV GIS 设备母线筒内壁绝缘漆多处磕碰缺陷

（4）某变电站 220kV GIS 设备母线筒内壁绝缘漆漆面不平整，用手触摸有毛刺感，如图 3－8 所示。

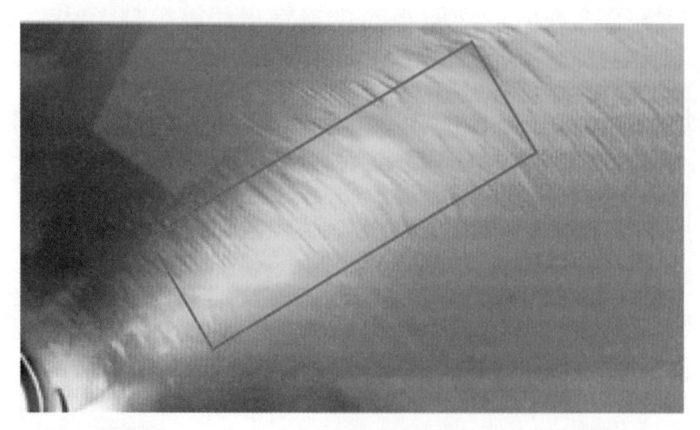

图 3-8　某变电站 220kV GIS 设备母线筒内壁绝缘漆漆面不平整缺陷

（5）某变电站 220kV GIS 设备母线筒内壁绝缘漆存在 3 处气泡，如图 3-9 所示。

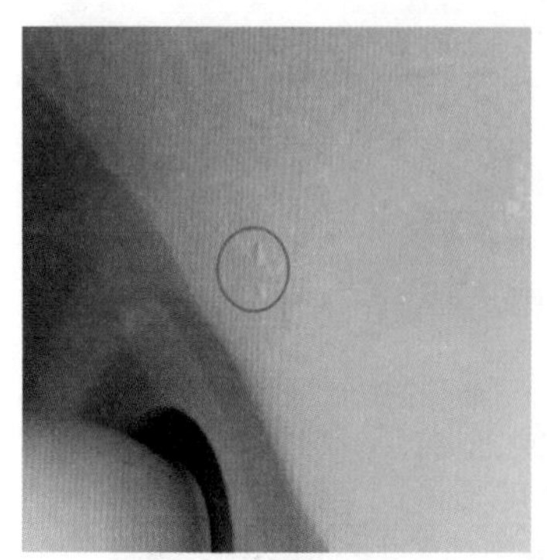
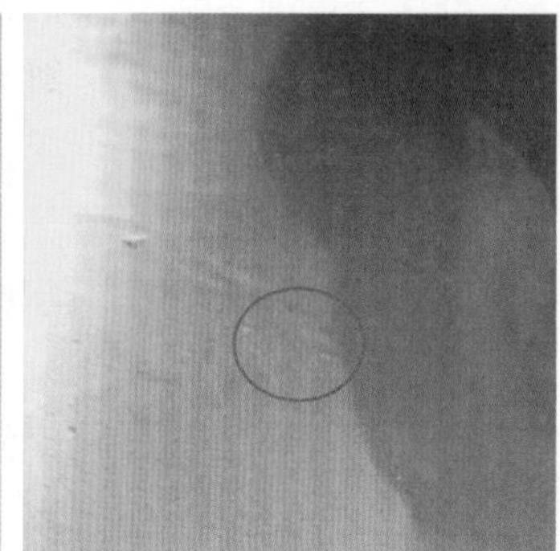
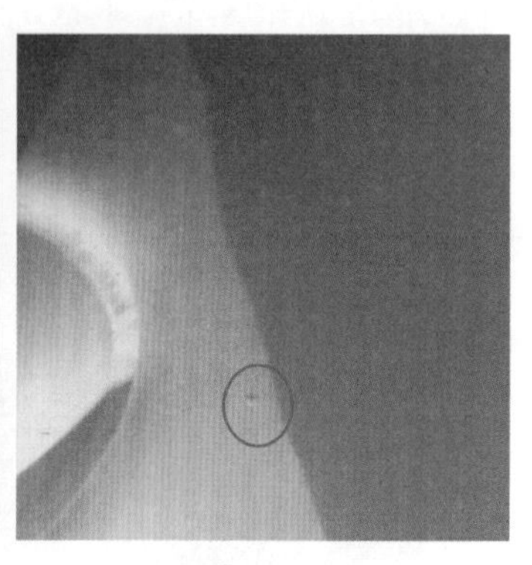

图 3-9　某变电站 220kV GIS 设备母线筒内壁绝缘漆气泡缺陷

二、母线筒导体及触头检查

1. 验收关键点及标准

（1）验收关键点。

1）检查母线导体包装完整无破损。核对导体编号、型号及尺寸与待安装单元匹配。检查导体表面应光洁平滑，无磕碰痕迹，无气泡、划痕、毛刺、凹凸等缺陷；检查导体触头镀银层应完好，无气泡、破损、脱落、划痕、毛刺、凹凸等缺陷；镀银层厚度应符合设备厂家及相关规范的要求。

2）检查母线导体触头座无金属粉末、杂物、油污、划痕、毛刺、凹凸等缺陷。检查触头座内表带弹簧镀银层应均匀，无氧化、气泡、划痕、毛刺、凹凸等缺陷。表带弹簧应与触头座相匹配，无变形、损伤等缺陷。

3）检查母线导体安装专用工装与母线安装相匹配。检查工装的柔性、弹性包裹应完好，表面无异物。

（2）验收标准。

GB 50147—2016《电气装置安装工程　高压电器施工及验收规范》规定：检查导电部件镀银层应良好、表面光滑、无脱落。

标准解读：运行设备发生过由于导电部件镀银层脱落造成的事故，因此，有必要对导电部件镀银层进行检查。

2. 现场常规做法

（1）核对母线导体编号、型号及尺寸与待安装单元匹配，与设计图纸相符。使用手电筒仔细检查导体表面光洁平滑，是否存在磕碰痕迹、气泡、划痕、毛刺、凹凸等缺陷，并用手掌轻轻触摸导体一圈，再次确认。如母线导体有明显损伤，则应更换该母线导体。

（2）检查母线导体触头镀银层应完好，镀银层是否存在气泡、破损、脱落、划痕、毛刺、凹凸等缺陷；用专业仪器测量导体触头镀银层厚度应满足设备厂家及相关规范的要求。

（3）如母线导体触头接触的导流部位表面存在轻微氧化现象，须将氧化层轻轻擦拭至光滑，并检查镀银层不受损后方可继续安装。如检查该处镀银层已受损或氧化层无法现场处理，则须更换该导体。

（4）用手电筒仔细检查并用手掌轻轻触摸，检查母线导体触头座、触头无金属粉末、杂质、油污、划痕、毛刺、凹凸等缺陷。如检查该处镀银层已受损或氧化层无法现场处理，则须更换该导体。

（5）用手电筒仔细检查并用手指轻轻触摸，检查触头座内表带弹簧的镀银层是否均匀，是否存在氧化、气泡、划痕、毛刺、凹凸等缺陷。检查表带弹簧应与触头座相匹配，是否存在变形、损伤等缺陷。如表带弹簧已受损或氧化层无法现场处理，则须更换该表带弹簧。

（6）检查母线导体安装专用工装的柔性、弹性包裹完好，表面无异物。放入母线筒内查看是否与母线导体安装匹配。如厂家未配置专用工装，可现场根据母线安装相关尺寸制作母线导体安装支撑板，并采用柔性、弹性材料包裹。

（7）母线导体拼接前需进行多次清洁，共分为检查阶段清洁、安装前清洁、安装后清洁，清洁时需使用蘸有无水酒精的无毛纸，同时注意检查有无工具、异物遗留在母线筒内。

3. 常见隐患分析

（1）导体连接部位的镀银层不光滑，若存在气泡、划痕、起皱、毛刺、凹凸等缺陷，容易造成连接部位接触不良，回路电阻变大，引起导体发热。

（2）运行中导体的镀银层脱落，金属屑在电磁场作用下会在母线筒内聚集，达到一定量时，会导致导体对筒壁放电，引起设备故障。

（3）导体非连接部位若存在凹陷、毛刺、划痕等缺陷，易引发尖端放电。

4. 现场典型问题

（1）某变电站安装前检查 110kV GIS 设备 147 根母线导体，其中 84 根母线导体的镀银层接触面处存在不同程度的缺陷，缺陷率达 57.14%，如图 3-10 所示。

（2）某变电站检查 220kV GIS 设备母线导体共 54 根，其中 17 根导体镀银层接触面存在不同程度的缺陷，缺陷率 31.48%，如图 3-11 所示。

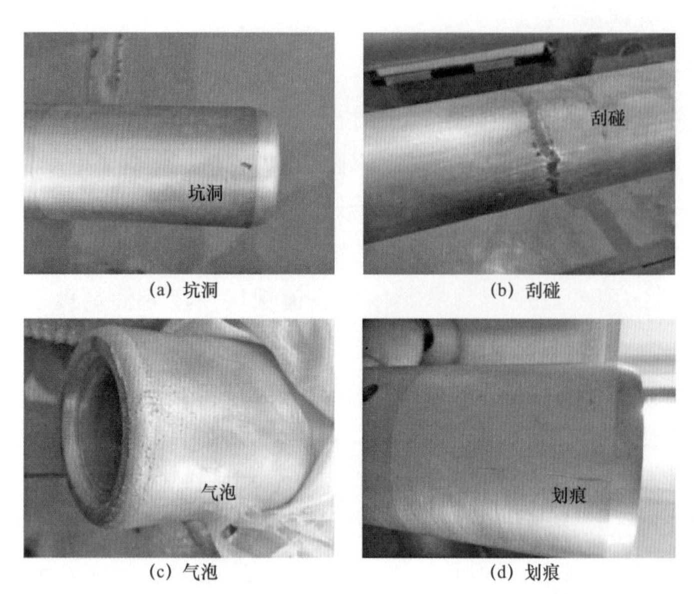

(a) 坑洞　(b) 刮碰

(c) 气泡　(d) 划痕

图 3－10　某变电站 110kV GIS 设备导体镀银层接触面缺陷

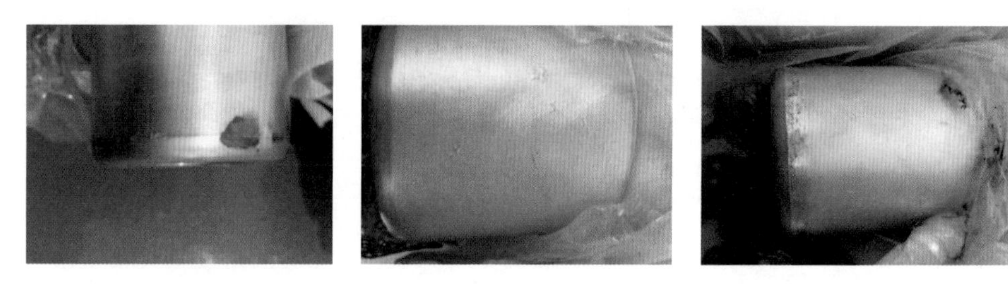

图 3－11　某变电站 220kV GIS 设备母线导体镀银层接触面缺陷

（3）某变电站检查 220kV GIS 设备母线触头座底共 54 个，其中 7 个导体触头座内表面存在不同程度的氧化缺陷，缺陷率达 12.96%，如图 3－12 所示。

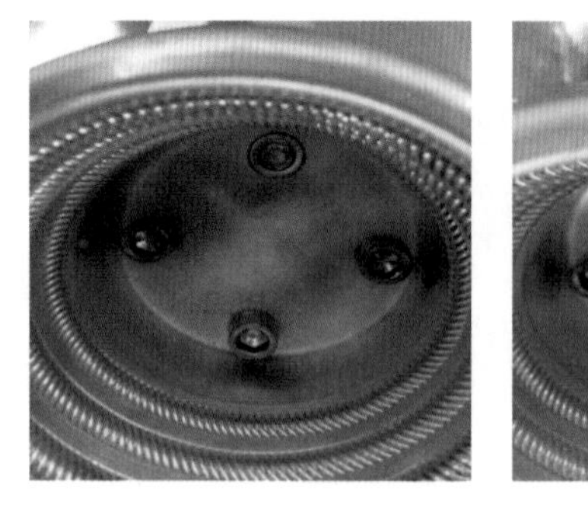

图 3－12　某变电站 220kV GIS 设备母线触头座底部内表面氧化缺陷

（4）某变电站检查 220kV GIS 设备母线导体内壁有粉尘或金属碎屑，如图 3－13 所示。

图3-13　某变电站220kV GIS设备母线导体内壁有粉尘或金属碎屑

（5）某变电站220kV GIS设备母线导体内部脏污，如图3-14所示。

图3-14　某变电站220kV GIS设备母线导体内部脏污

三、法兰面清洁

1. 验收关键点

（1）法兰面完好，表面无沾污、划痕等缺陷。

（2）检查O形密封圈洁净光滑，表面完好无任何裂纹、划痕。

2. 现场常规做法

（1）母线筒开盖后应立即开展检查、清洁作业。

（2）用手电筒对法兰面进行细致检查，如法兰面有轻微划痕，可先用百洁布将划痕处打磨光滑后，再使用无毛纸与无水酒精将整个法兰面清洁干净。

（3）O形密封圈检查方法：检查外包装密封完好，拆封后检查O形密封圈表面洁净光滑，将密封圈局部依次对折，检查密封圈是否有裂痕、划痕。

（4）用蘸有无水酒精的无毛纸将准备好的O形密封圈清洁干净，并在密封圈上均匀涂抹一层硅脂。将涂有硅脂的密封圈装入法兰的密封槽内。

（5）在拼装前，法兰开口处用防尘罩覆盖，防止粉尘进入。

（6）拼装过程中，当对接的法兰面相距约1m时，停止移动，在法兰密封槽外沿四周上均匀涂抹一层密封脂后再开展拼接。注意密封脂不能接触到O形密封圈，涂抹时应预留充足的间距。

3. 常见隐患分析

（1）为减少元件露空时间，打开法兰临时封板后，应及时对法兰面、密封槽进行检查、清洁。清洁完毕后，用防尘罩进行临时密封。

（2）如果法兰面、密封槽存在毛刺、划痕等缺陷，安装后可能会导致母线筒气室漏气，影响安装质量。因此，在安装前必须仔细检查，在不存在贯穿密封槽的划痕的情况下，经现场处理，检查确认其表面平整光滑后方可继续拼装；如存在贯穿密封槽的划痕，应会同厂家技术人员、施工单位及监理单位共同鉴定并拟定整改措施，必要时更换处理。

（3）已使用过的 O 形密封圈，受压后失去原有的弹性，一般不允许再次使用，必须更换。密封圈存在划伤、裂纹以及粗细不均匀现象时，无法保证其密封效果，必须更换。否则可能会造成母线筒法兰对接面密封不严，导致漏气。

（4）用蘸有无水酒精的无毛纸包住 O 形密封圈一角，沿一个方向擦拭一圈以上，可达到全面、无死角地清洁密封圈的效果。如密封圈清洁不全面，易影响其密封效果。

（5）法兰面密封槽附近及其内侧不得涂抹密封胶，以避免密封胶溢进母线筒内。

四、母线连接

1. 验收关键点及标准

（1）验收关键点。

1）检查母线导体的规格以及其与各部件间的距离等尺寸，应与厂家装配图纸要求的尺寸相符。

2）螺栓的紧固顺序及力矩符合厂家技术文件及相关规范的规定。

3）测试母线回路电阻满足厂家技术文件及相关规范的要求。

（2）验收标准。

GB 50147—2016《电气装置安装工程 高压电器施工及验收规范》规定：

1）连接插件的触头中心应对准插口，不得卡阻，插入深度应符合产品技术文件要求；接触电阻应符合产品技术文件要求，不宜超过产品技术文件规定值的 1.1 倍。

2）检查各单元母线的长度应符合产品技术文件要求。

标准解读：为了减小导体接触面的接触电阻，避免接头发热，在各元件安装时，应检查导电回路的各接触面，不符合要求时，应与制造厂联系，采取必要措施。

实际发生过由于制造厂提供的单元母线的长度超差，在安装以后造成母线和支柱绝缘子变形而引发事故，因此，现场应进行测量。

2. 现场常规做法

（1）母线筒带导体拼装时，使用厂家提供的专用工装件将母线导体固定好。

（2）在母线拼接过程中，利用两根导向螺杆穿入两母线筒的对接法兰直径方向相对的两螺栓孔，确保法兰对位准确，对接顺利，避免出现卡阻或走位现象。

（3）母线导体插入母线筒触头座尺寸测量，以图 3－15 为例。

1）测量导体端部距离母线筒法兰面端部尺寸（L_1）；

2）测量触头座端部距离母线筒法兰面端部尺寸（L_2）；

3）L_1、L_2 即为导体的插入尺寸。

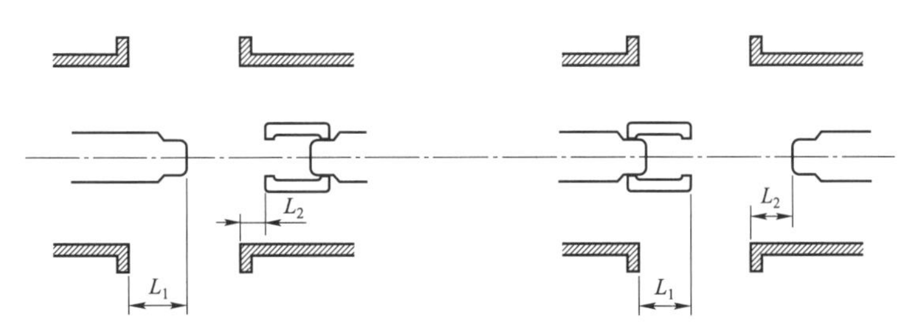

图 3－15　直线管路导体测量

（4）使用水平尺检查所拼接法兰及对接母线筒的水平度，如不水平需及时调整。

（5）测量母线轴线与基础上的定位轴线一致，偏差在允许范围内。

（6）按厂家作业指导书要求，按对角、顺时针方向依次预紧拼接法兰面的紧固螺栓后，再使用力矩扳手对角紧固螺栓，并做好划线标识。

（7）母线拼接完成后，必须测试母线的回路电阻，检查回路电阻是否满足厂家技术文件及相关规范的要求，检查母线三相回路的电阻值是否平衡。

3. 常见隐患分析

（1）未采取对角方式紧固螺栓或未使用力矩扳手紧固螺栓，易导致母线筒各螺栓受力不均，可能会造成法兰面密封不严。

（2）未及时开展母线导体回路电阻测试工作，若多间隔拼装完毕才发现母线回路电阻不合格，则难以查找故障点，延误工期。

4. 现场典型问题

某变电站 110kV GIS 母线拼装过程中发现，母线回路电阻测试不合格（A 相 35μΩ、B 相 33μΩ、C 相 53μΩ，厂家技术文件要求三相回路电阻不平衡不超过 10%），厂家将拼装间隔移出后，将 C 相导体拆下测得单根导体电阻为 32μΩ，如图 3－16 所示，正常单根此类型导体电阻约为 10μΩ。C 相导体存在质量问题，后经更换该导体后，母线回路电阻测试结果合格。

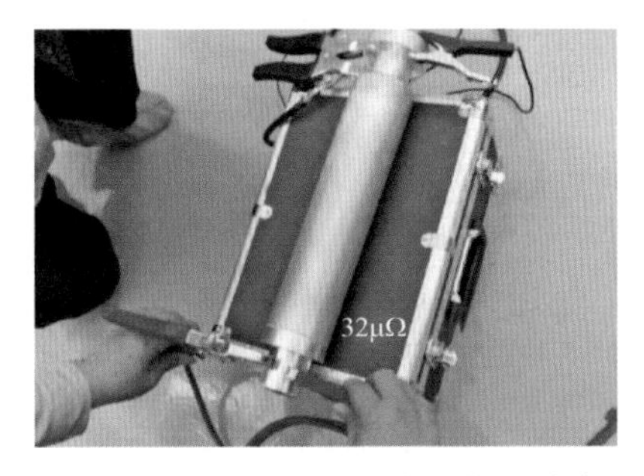

图 3－16　某变电站 110kV GIS 设备母线回路电阻测试不合格

5. GIS设备母线拼装验收作业卡

GIS设备母线拼装验收作业卡见表3-2。

表3-2 GIS设备母线拼装验收作业卡

间隔				
引用文件	GB 50149—2016《电气装置安装工程 母线装置施工及验收规范》、GB 50147—2010《电气装置安装工程 高压电器施工及验收规范》《××施工单位现场安装施工方案》			
序号	验收项目		验收关键点	确认
1	作业环境		环境相对湿度小于80%	
			空气洁净度检查：0.5μm≤35200000，1μm≤8320000，5μm≤293000	
2	基础轴线定位	基础轴线定位	按照基础平面布置图要求确认设备基础及预埋件的允许偏差满足相关规定要求	
		基础轴线定位划线	检查母线、分支母线、断路器等置于地面上的元件和控制柜的轴线划线与设计图纸要求一致	
3	GIS设备就位	GIS设备就位前准备	场地要保持干净不得有杂物。户内GIS设备安装时，尤其要注意露台等容易忽视的地方	
			路面平整，不平或悬空处应敷设承重钢板，二次电缆沟及汇控柜出线孔需用承重钢板遮盖	
			确保设备转运路线畅通	
			按设备安装顺序开箱，并对其外观进行全面检查	
		GIS设备就位	安装前检查吊装器具满足要求，吊装器具不得损伤设备表面	
			设备就位顺序与安装顺序一致	
			设备的轴线与基础平面上划好的轴线误差不超过1mm	
			设备底座支架与预埋件之间不存在悬空现象	
			设备就位后，应立即将设备底座支架与基础预埋件进行焊接（点焊），防止位移	
4	母线筒拼装	母线筒开盖检查	拆解防护封板前应先检查母线筒内部应有微正压气体	
			检查母线筒内部有无受潮、进水，绝缘子表面有无划痕、磨损、脏污、破裂，筒体内壁是否存在油漆脱落、划痕等现象。检查连接母线的绝缘子类型（是否通气），与图纸对照	
			法兰面防护罩或临时运输防护封板拆卸后应立即采取临时密封措施	
		尺寸测量	在GIS设备对接前必须对外壳、导体以及各部件进行直径、长度、导体相间及对外壳距离等尺寸测量，判定与厂家装配图纸要求的尺寸是否相符，误差是否满足厂家技术文件要求	
		母线筒导体及触头检查	母线导体触头座无金属粉末、杂物、油污、划痕、毛刺、凹凸等缺陷。触头座内表带弹簧镀银层应均匀，无氧化、气泡、划痕、毛刺、凹凸等缺陷。表带弹簧应与触头座相匹配，无变形、损伤等缺陷	
			在拼装前用大功率吸尘器清除触头座、表带弹簧中的异物、粉尘。用蘸有无水酒精的无毛纸将导体及触头座、表带弹簧表面擦拭干净	
		法兰面清洁	用蘸有无水酒精的无毛纸清洁法兰面及密封槽，如法兰面有轻微划痕可用百洁布先将划痕打磨掉后再擦拭干净。擦拭后再用大功率吸尘器清除法兰面及密封槽中的异物、粉尘	
			在安装O形密封圈前需检查密封圈是否洁净、完好	
		母线连接	母线筒带母线导体进行拼装时，需用厂家专用工装件支撑固定母线	
			检查母线导体插入时是否有卡阻现象	
			确认螺栓紧固顺序及力矩符合设备厂家技术文件及相关规范要求	
			检查母线轴线符合设备厂家技术文件及相关规范要求	
			检查母线筒水平度符合设备厂家技术文件及相关规范要求	
			检查母线回路电阻符合设备厂家技术文件及相关规范要求	
结论			签名： 日期：	

3.2 HGIS设备敞开式管型母线焊接及拼装

本节主要以某变电站500kV HGIS设备管型母线为例，对HGIS设备敞开式管型母线进行介绍，管型母线设计图纸要求如表3-3所示，补强衬管参数如表3-4所示。

表3-3　某变电站500kV HGIS管型母线设计图纸要求

序号	名称	型号及规范
1	稀土铝合金管型母线	LDRE-ϕ250/230
2	稀土铝合金管型母线	LDRE-ϕ229/210

表3-4　补强衬管参数表

安装区域	补强衬管尺寸（mm）	补强衬管长度（mm）
500kV HGIS管型母线	ϕ229/210	640

3.2.1 管型母线到货验收

一、尺寸及材质检查

1. 验收关键点及标准

（1）验收关键点。检查管型母线的材质、尺寸等应满足设计图纸及技术协议的要求。

（2）验收标准。GB 50149—2016《电气装置安装工程 母线装置施工及验收规范》规定：

1）采用的设备和器材均应符合国家现行有关标准的规定，并应有合格证件。设备应有铭牌。

2）设备和器材到达现场后应及时检查，并应符合下列规定：① 包装及密封应良好；② 开箱检查清点，规格应符合设计要求，附件、备件应齐全；③ 产品的技术文件应齐全。

标准解读：

a. 凡不符合国家现行有关标准、没有合格证件的设备及器材，质量无保证，均不得在工程中使用；要特别注意一些粗制滥造的次劣产品，虽有合格证件，但实质上是不合格产品，故应加强质量验收。国家现行有关标准包括国家标准及行业标准。

b. 事先做好检验工作，为顺利施工提供条件。首先检查包装及密封应良好。对有防潮要求的包装应及时检查，发现问题，及时采取措施，以防受潮。

2. 现场常规做法

现场测量管型母线及补强衬管的长度、直径及壁厚与设计图纸要求一致，检查管型母线合格证，其型号及材质与设计图纸要求一致，如图3-17所示。

(a) 现场验收

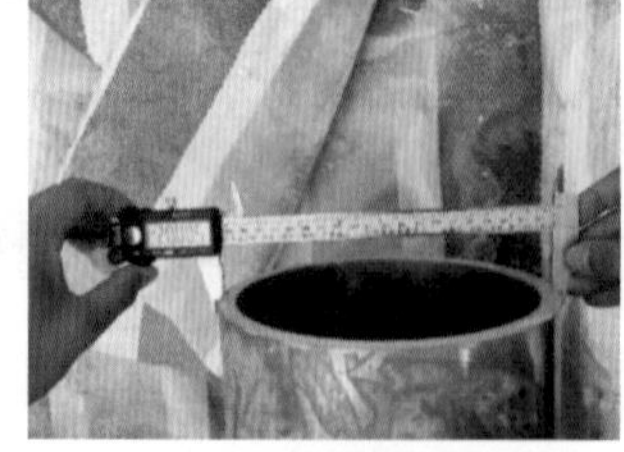

(b) 尺寸测量

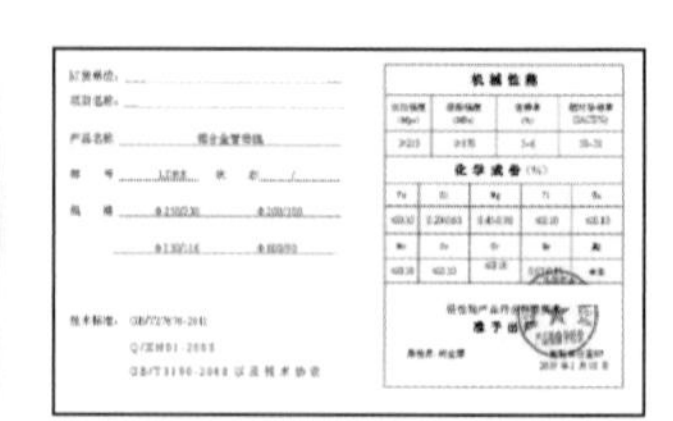

(c) 合格证

图 3-17　某变电站 500kV HGIS 设备管型母线材料验收

3. 常见隐患分析

母线附件、备件不齐全，则会影响设备安装进度，易造成工期延误。

二、外观检查

1. 验收关键点及标准

（1）验收关键点。管型母线表面光洁平整，不应有裂纹、折皱、夹杂物、变形和扭曲，且无内部损伤。

（2）验收标准。GB 50149—2016《电气装置安装工程 母线装置施工及验收规范》规定：母线表面应光洁平整，不应有裂纹、折皱、夹杂物及变形和扭曲现象。

标准解读：本条规定了母线表面质量检查标准。

2. 现场常规做法

现场采用目视、手触摸的方式逐一检查。

3. 常见隐患分析

对管型母线外观损伤进行排查，可降低母线运行后对空气尖端放电的概率。若母线存在裂纹、变形等重大缺陷，应禁止使用。

4. 现场典型问题

某变电站 500kV HGIS 管型母线表面存在多处划痕、毛刺、磨损等缺陷，表面不光洁、不平整，如图 3-18 所示。

(a) 以手触摸

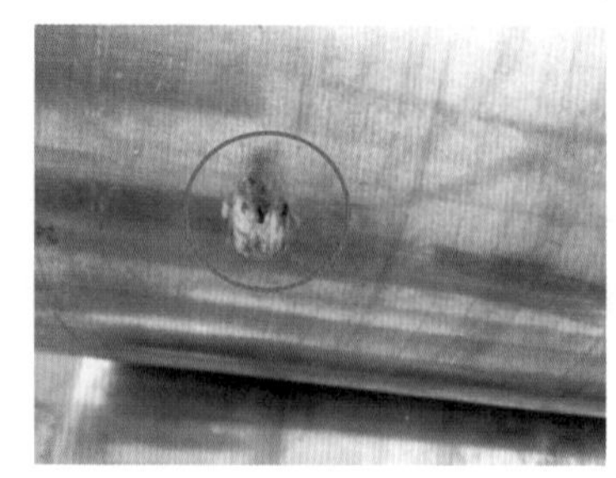

(b) 凹陷

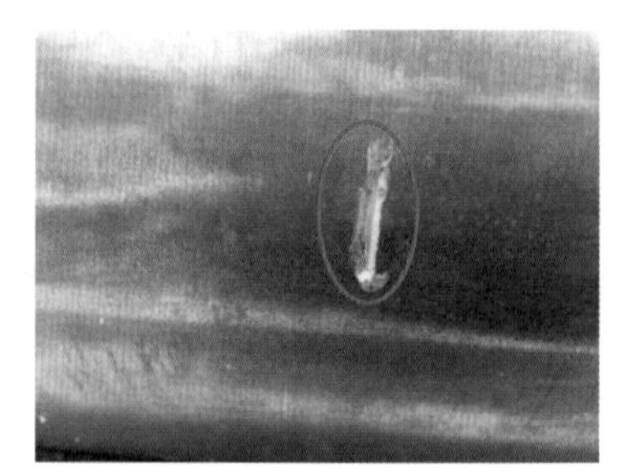

(c) 划痕

图 3-18　某变电站 500kV HGIS 管型母线外观验收

3.2.2　管型母线焊接

一、焊接机具

1. 验收关键点及标准

（1）验收关键点。

1）管型母线应采用氩弧焊，焊丝、钨极直径、喷嘴内径、焊接电流、氩气流量、焊接层数等焊接工艺参数应符合表3－5要求。

2）氩气：纯度不低于99.99%。

（2）验收标准。

1）DL/T 754—2013《母线焊接技术规程》规定：

a. 焊接材料应根据所焊母材的化学成分、力学性能、使用工况条件和焊接工艺试验的结果选用。

b. 焊接材料的选择应符合下列规定：① 熔敷金属的化学成分应与母材相当；② 电阻率不低于母材；③ 焊接工艺性能良好；④ 耐腐蚀性能不应低于母材相应要求。

c. 焊接用氩气纯度不得低于99.99%，并应符合GB/T 4842—2017《氩》的规定。

d. TIG焊接时，应采用交流、非接触法引弧，焊接工艺参数参见表3－5。

表3－5　铝母线TIG焊接工艺参数表

焊件厚度（mm）	焊丝直径（mm）	钨极直径（mm）	焊接电流（A）	氩气流量（L/min）	喷嘴内径（mm）	焊接层数
5～6	4	4	180～240	10～20	10～12	1～2
7～8	4	4～5	240～280	10～20	12～14	2
9～12	5	5～6	280～340	10～20	14～16	2～3
12～20	6	6	340～380	10～20	16～18	3～4

2）GB 50149—2016《电气装置安装工程 母线装置施工及验收规范》规定：

铝及铝合金材质的管型母线、槽型母线、金属封闭母线及重型母线应采用氩弧焊。

标准解读：本条规定槽型、管型、封闭、重型母线都应用氩弧焊。因为手工钨极氩弧焊可以进行全方位焊接，在施焊时，氩气将空气与焊件隔开，因此，焊缝不容易产生氧化膜和气孔；氩弧焊加热时间短，热影响区较小，母线退火不严重，焊接后母材强度降低不多，焊缝产生裂纹的可能性较气焊和碳弧焊小。目前，国内已生产出钨铈电极，彻底消除了钨钍电极放射性对焊接人员的危害。

气焊和碳弧焊在施焊时，空气和焊件接触，极易产生氧化膜，且焊接加温时间长，引起母线退火、变形或起皱；焊缝易产生气孔、夹渣和裂纹等缺陷，使焊缝直流电阻增加；此外，在母线长期运行中，由于盐雾、水分的侵蚀，引起电解和电化腐蚀，使母线接头的电阻进一步增加，导致在通过额定负载电流时，接头温升将超过设计允许值，因此，这几种母线焊接规定采用氩弧焊。

2. 现场常规做法

（1）铝合金材质管型母线焊接工艺一般可采用 TIG 焊或 MIG 焊，现场采用 TIG 焊接工艺，交流、非接触法引弧。

（2）现场根据管型母线材质及壁厚（10mm），检查焊丝材质为 SAL5356 型铝镁合金，直径为 5mm；喷嘴内径为 16mm；钨极直径为 5mm，如图 3－19（a）所示；焊接电流 330A；氩气流量 16L/min；焊接层数为 2 层，如图 3－19（b）所示。

(a) 钨极直径测量　　(b) 2 层焊接

图 3－19　焊接机具验收

3. 常见隐患分析

（1）氩气：如氩气纯度达不到要求，气体中的杂质会与熔池中的焊件、焊丝在高温中发生反应，容易导致焊缝处掺和其他杂质，可能会产生气孔等缺陷，使得焊接工艺达不到要求。

（2）焊丝：如焊丝直径与标准不匹配，焊接时对送料速度的精确度要求高。

（3）钨极直径：如钨极直径选择不当，将造成电弧不稳、钨极烧损和焊缝夹钨等现象。

（4）喷嘴内径：喷嘴内径选择过大，焊接时会浪费氩气。喷嘴内径选择过小，喷出的氩气对熔池保护不足，容易产生焊接缺陷及烧损喷嘴。

4. 现场典型问题

现场焊接未根据管型母线壁厚选用焊丝直径、喷嘴内径等焊接工艺参数。

二、现场焊接

某变电站 500kV HGIS 设备管型母线采用对接型方式，如图 3－20 所示，坡口采用 Y 形式，如图 3－21 所示，其中，补强焊孔孔径为ϕ16mm，数量为 4 个/母线。

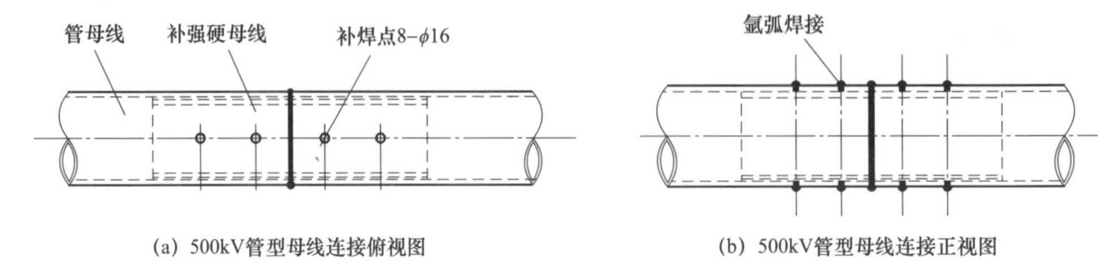

(a) 500kV管型母线连接俯视图　　(b) 500kV管型母线连接正视图

图 3－20　某变电站 500kV HGIS 设备管型母线连接安装图

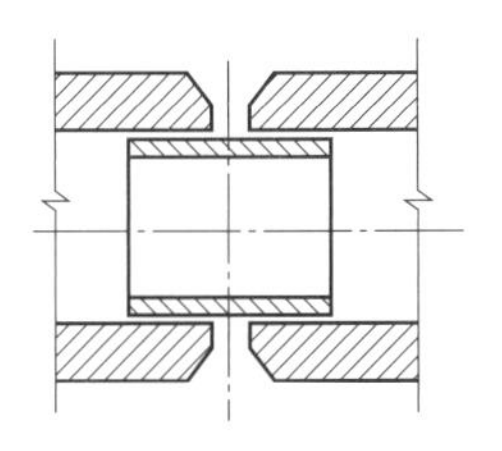

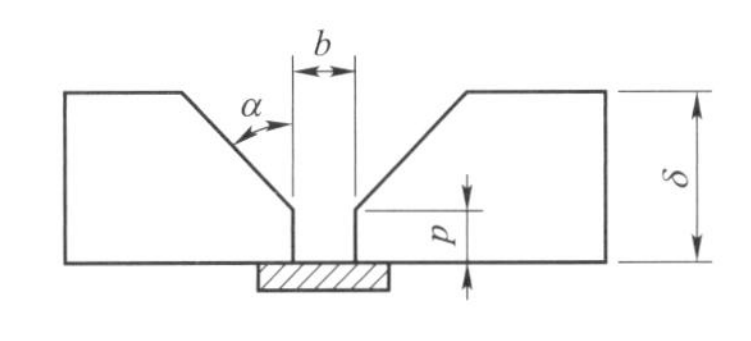

图 3-21 焊接坡口尺寸示意图

1. 步骤一：管型母线接头类型确定

（1）验收关键点及标准。

1）验收关键点。

a. 检查补强焊孔孔径、数量满足设计图纸要求，补强焊孔应对称直线排列于管型母线焊口两侧，补强焊孔轴线应与管型母线轴线重合。

b. 补强衬管不应开孔。

2）验收标准

GB 50149—2016《电气装置安装工程 母线装置施工及验收规范》规定：

a. 管型、棒型母线不得采用内螺纹接头或锡焊连接。

b. 与管型母线连接金具配套使用的衬管应符合设计和产品技术文件要求。

标准解读：一般设计采用管型及棒型母线的，载流量都比较大，内螺纹管连接其接触面处的有效接触面积无法控制，满足不了电气连接的要求，锡焊的熔点太低，采用锡焊的接头当通过大电流时会因温度升高而将锡焊熔化，连接不可靠，故不得采用。

图 3-22 补强焊孔验收

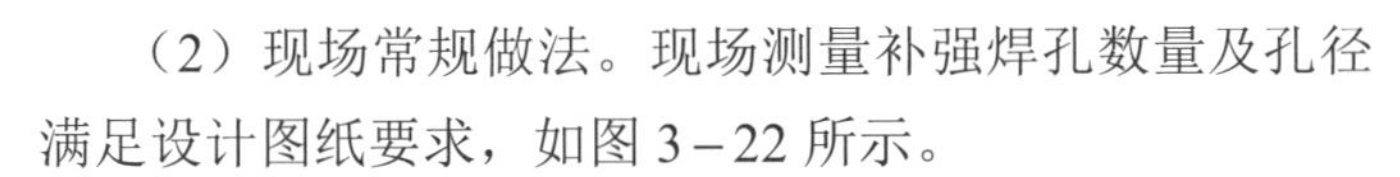

（2）现场常规做法。现场测量补强焊孔数量及孔径满足设计图纸要求，如图 3-22 所示。

（3）常见隐患分析。若补强衬管外径较小，补强衬管与管型母线的缝隙加大，将增加管型母线焊接处的受力，容易引起焊缝开裂。

2. 步骤二：焊接坡口准备

（1）验收关键点及标准。

1）验收关键点。

a. 补强衬管与管型母线的缝隙不大于 0.5mm。

b. 检查焊接坡口接头结构尺寸应满足表 3-6 要求。

表 3-6　　坡口基本形式及尺寸

接头类型	坡口形式	图形	焊件厚度 δ(mm)	接头结构尺寸			适用范围
				α(°)	b(mm)	p(mm)	
对接型	Y		>5	25~30	6~8 5~6	1~2	板件或管件

2）验收标准。

GB 50149—2016《电气装置安装工程 母线装置施工及验收规范》规定：

a. 铝及铝合金硬母线对焊时，焊口尺寸应符合表 3-6 规定。

b. 管型母线补强衬管的纵向轴线应位于焊口中央，衬管与管母线的间隙应小于 0.5mm，见图 3-21。

标准解读：至于衬管的长短，应根据母线的管径、厚度及跨度和受力情况由设计决定。

（2）现场常规做法。现场若无专业检测设备开展检测工作，可使用游标卡尺、塞尺等工具结合理论值计算等方法对焊接坡口接头的坡度α、钝边间距 b、钝边高度 p 以及补强衬管与管型母线的缝隙等数据进行验收，如图 3-23 所示。

(a) 焊接坡口测量

(b) Y 型坡口

图 3-23　焊接坡口验收

（3）现场典型问题。现场在焊接前未对坡口进行钝边处理，其高度 $p<1$mm，如图 3-24 所示。

图 3-24　钝边验收

3. 步骤三：焊接前清理

（1）验收关键点及标准。

1）验收关键点。

a. 清理范围：将坡口两侧表面各 30～50mm 及补强焊孔附近处清刷干净，其表面不得有氧化膜、水分、油污、锈迹及其他杂质。

b. 坡口加工面应无毛刺和飞边。

2）验收标准。

a. GB 50149—2016《电气装置安装工程 母线装置施工及验收规范》规定：焊接前应将母线坡口两侧表面各 30～50mm 范围内清刷干净，不得有氧化膜、水分和油污；坡口加工面应无毛刺和飞边。

b. DL/T 754—2013《母线焊接技术规程》规定：可采用机械或化学方法清理。对各种污物的清理应符合下列要求：① 除油污：用汽油或丙酮等有机溶剂清除表面的油污。② 除氧化膜：可用机械方法处理，宜采用钢丝刷；也可用化学方法清理，其具体步骤为5%～10%NaOH 水溶液（约 70℃），浸泡 30～60s，然后用清水冲洗，并随即用 15% HNO_3 水溶液（常温）浸泡 2min，用清水冲洗干净，并做干燥处理。③ 清理后的焊件应立即进行焊接。

标准解读：为保证焊缝的焊接质量，应用钢丝刷清刷坡口两侧焊件表面，使焊口清洁；坡口加工最好使用坡口机以减少毛刺、飞边，且能保证坡口均匀。

（2）现场常规做法。焊接前，一般采用抛光机具将管型母线焊缝及补强孔附近进行抛光处理并清洁，检查其表面无异物等杂质，如图 3－25 所示。

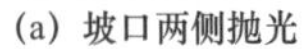
（a）坡口两侧抛光

（b）补强孔抛光

图 3－25　坡口抛光处理

4. 步骤四：现场焊接

（1）验收关键点及标准。

1）验收关键点。

a. 焊接顺序：补强衬管的纵向轴线应位于焊口中央，先焊接补强焊点，再焊接管型母线坡口。

b. 每道焊缝应连续施焊，焊缝未完全冷却前，管型母线不得移动或受力。

2）验收标准。GB 50149—2016《电气装置安装工程 母线装置施工及验收规范》规定：每道焊缝应连续施焊；焊缝未完全冷却前，母线不得移动或受力。

标准解读：为避免焊缝产生气孔、夹渣和裂纹，焊接时不得停焊，应一次焊完。焊完之后在焊缝未冷却前，若移动焊接将会使焊接处产生变形或裂纹。

（2）现场常规做法。现场一般先在每个补强焊孔焊接 1 层，通过专用工装旋转管型母线第 2 层焊接补强焊孔，待补强焊点冷却后，旋转管型母线 2 层焊接坡口。

（3）常见隐患分析。若现场未按焊接顺序进行焊接，将使得管型母线坡口焊接处先受力，容易引起焊缝变形或开裂。

三、焊接验收

1. 验收关键点及标准

（1）验收关键点。

1）检查焊缝外形：焊缝余高 2～4mm，焊缝两侧增宽 2～4mm，每侧增宽 1～2mm。

2）检查焊缝表面不存在裂纹、未熔合、密集气孔、烧穿等缺陷情况。

3）检查焊件变形弯折偏移不应大于 0.2%，错口值（中心偏移）不应大于 0.5mm。

（2）验收标准。DL/T 754—2013《母线焊接技术规程》规定：

1）焊缝外形尺寸和焊缝表面质量应分别符合表 3－7 和表 3－8 的规定。

表 3－7　焊缝外形尺寸允许范围　单位：mm

<table>
<tr><th rowspan="2">接头类型</th><th colspan="2">焊缝余高</th><th colspan="2">焊缝表面高低差</th><th colspan="2">焊缝宽度（比坡口宽度）</th><th colspan="3">焊脚尺寸</th></tr>
<tr><th>平焊</th><th>其他位置</th><th>平焊</th><th>其他位置</th><th>两侧增宽</th><th>每侧增宽</th><th>K</th><th>K_1</th><th>尺寸差</th></tr>
<tr><td>对接接头</td><td>2～4</td><td>2～4</td><td>≤2</td><td>≤2</td><td>2～4</td><td>1～2</td><td>—</td><td>—</td><td>—</td></tr>
<tr><td>搭接接头</td><td>—</td><td>—</td><td>≤2</td><td>≤2</td><td>—</td><td>—</td><td>δ+（1～3）</td><td>δ</td><td>≤2</td></tr>
</table>

注　δ为材料厚度。当两侧材料厚度不同时，δ为较薄材料厚度。

表 3－8　焊缝表面缺陷允许范围

<table>
<tr><th colspan="3">缺陷名称</th><th>允许范围</th></tr>
<tr><td colspan="3">裂纹、未熔合、密集气孔、烧穿</td><td>不允许</td></tr>
<tr><td rowspan="3">未焊透</td><td rowspan="2">单面焊缝</td><td>带衬垫焊缝</td><td>不允许</td></tr>
<tr><td>不带衬垫焊缝</td><td>深度不大于焊件厚度的 5%且不大于 1mm，总长度不大于焊缝长度的 20%</td></tr>
<tr><td colspan="2">双面焊缝</td><td>不允许</td></tr>
<tr><td colspan="3">咬边</td><td>深度不大于焊件厚度的 10%且不大于 1mm，长度不大于焊缝长度的 20%</td></tr>
<tr><td rowspan="3">根部凸出及凹坑</td><td colspan="2">不带衬垫单面焊缝</td><td>根部凸出不大于 4mm，凹坑不大于 2mm</td></tr>
<tr><td rowspan="2">带衬垫</td><td>可拆衬垫单面焊缝</td><td>根部凸出不大于 3mm，凹坑不大于 2mm</td></tr>
<tr><td>不可拆衬垫单面焊缝</td><td>衬垫的背面不允许有焊缝凸出及焊穿凹坑</td></tr>
</table>

2）焊件变形弯折偏移不应大于 0.2%，错口值（中心偏移）不应大于 0.5mm（≤0.15δ，且不得大于 3.0mm）。

3）焊接完毕的接头，经自检合格后，应在焊缝附近按规定打上焊工钢印代号或做出永久性标记。

标准解读：规定母线对口焊接时的弯折偏移和中心偏移的允许值，是为了保证焊缝的接触面积和保证母线的平直美观。

2. 现场常规做法

现场若无专业检测设备开展检测，可采用游标卡尺测量、目测等方法对焊缝余高、焊缝两侧增宽、每侧增宽、焊件变形弯折偏移值及错口值（中心偏移）等数据进行验收，如图 3－26、图 3－27 所示。

（a）焊缝余高验收

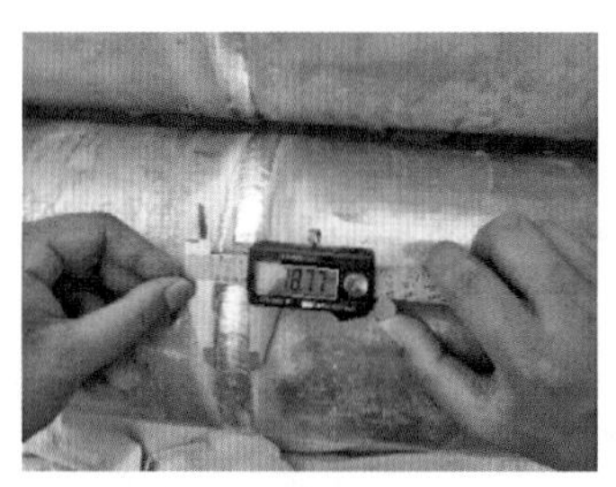

（b）焊缝两侧增宽验收

（c）焊缝质量验收

图 3－26　焊缝验收

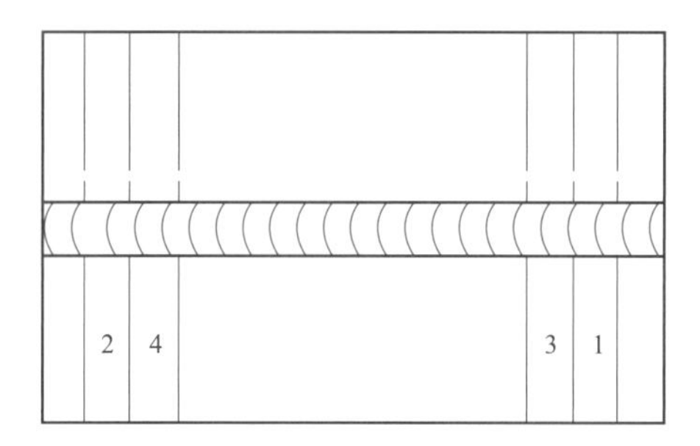

图 3－27　焊缝示意图

3. 现场典型问题

在焊缝附近未见焊工钢印代号或永久性印记，如图 3－28 所示。

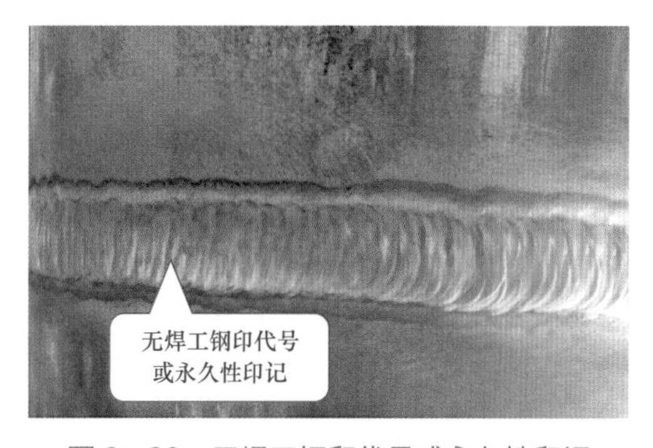

图 3－28　无焊工钢印代号或永久性印记

3.2.3 管型母线金具装配

一、阻尼线放线

1. 验收关键点

（1）阻尼线尺寸须与设计图纸相符。

（2）阻尼线端部切口处须有防止线体散股的措施，并加装保护套以免刮伤管型母线内壁。

（3）放线长度需留适当的余量，以方便安装管型母线金具。

2. 现场常规做法

现场一般在阻尼线端部切口处采用钢丝绑扎紧固的方式防止线体散股，在其端部切口处加装塑料保护套，以免刮伤管型母线内壁，如图 3－29 所示。

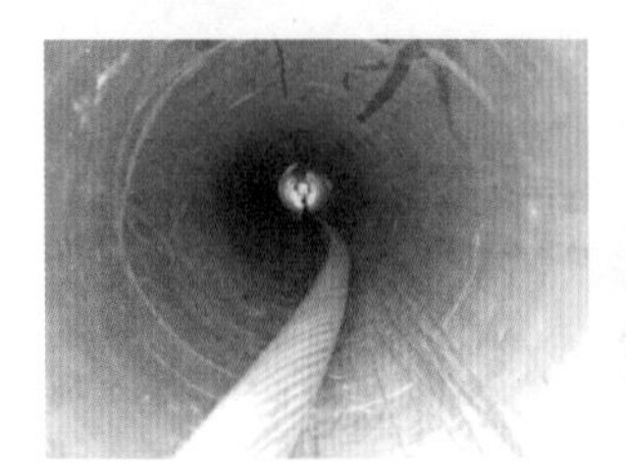

(a) 阻尼线

(b) 线体散股保护

(c) 端部切口保护套

图 3－29 阻尼线放线验收

3. 常见隐患分析

（1）若阻尼线尺寸与设计不符，将导致阻尼效果达不到设计要求。

（2）阻尼线一般采用钢芯铝绞线，加工时如不采取紧固措施，易产生散股现象。

（3）安装阻尼线时，如端部未采取保护措施，易刮伤母线内壁。

（4）配套的阻尼端盖和均压球的固定夹件宽度约为 5cm，因此预留的阻尼线不应过长，否则将导致阻尼线在狭长的管型母线内无法安装。

二、阻尼线安装

1. 验收关键点及标准

（1）验收关键点。

1）按设计图纸要求在管型母线的均压球及封端盖处固定阻尼线。

2）检查均压球、封端盖及管型母线安装孔表面应光滑。

（2）验收标准。GB 50149—2016《电气装置安装工程 母线装置施工及验收规范》规定：母线终端应安装防电晕装置，其表面应光滑、无毛刺或凹凸不平。

标准解读：为了减少电晕损耗和对弱电信号的干扰，管型母线的表面应光滑平整，终端应有防电晕装置。

2. 现场常规做法

（1）管型母线安装孔一般根据均压球及封端盖的安装孔尺寸、数量、位置在现场制作。

先根据均压球及封端盖的安装孔尺寸选取钻头钻孔，再根据沉头螺丝尺寸选取钻头在安装孔上打坡口，如图 3－30 所示。

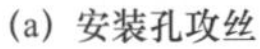

(a) 安装孔攻丝

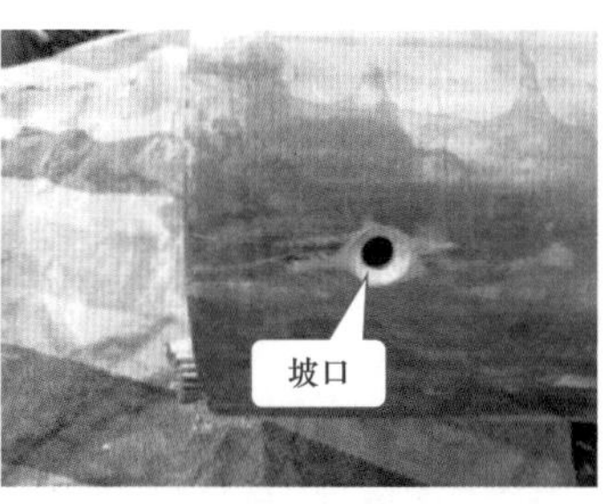

(b) 安装孔打坡口

图 3－30　安装孔制作

（2）根据设计要求，阻尼线的固定方式一般在管型母线两端固定，也可在一端固定。某变电站 500kV HGIS 设备管型母线设计要求，其阻尼线为两端固定，即固定在均压球及封端盖固定夹件上。由于某变电站 500kV HGIS 设备管型母线较长，将其分成三段，中间段管型母线两端均安装封端盖，外侧两段母线，外侧一端安装均压球，靠中间侧一端安装封端盖。对于外侧两段母线，考虑到均压球体积较大，可先将阻尼线固定在均压球固定夹件上，安装均压球，再将阻尼线固定在封端盖固定夹件上，安装封端盖。安装完毕，检查沉头螺钉与管型母线表面平齐，如图 3－31 所示。

(a) 封端盖验收

(b) 阻尼线固定

(c) 沉头螺钉验收

图 3－31　阻尼线安装验收

3. 常见隐患分析

（1）管型母线的安装孔一般在现场加工，如定位不准确易导致封端盖及均压球无法安装。

（2）若管型母线的安装孔表面粗糙，易造成尖端放电。

4. 现场典型问题

管型母线的安装孔未打坡口，导致沉头螺钉安装后凸出管型母线表面，设备投运后，易造成尖端放电，且阻尼端盖及均压球安装的紧固性无法保证，如图 3－32 所示。

图 3－32　安装孔未打坡口

3.2.4 管型母线吊装

1. 验收关键点

（1）管型母线及均压球滴水孔应向下。

（2）螺栓紧固力矩应符合产品技术文件要求。

（3）管型母线的固定金具应无棱角、毛刺等缺陷。

2. 现场常规做法

管型母线吊装前一般需进行预拱处理，以保证管型母线的安装平直度。管型母线吊装完毕，应检查管型母线的安装平直度满足要求，如图 3－33 所示。

图 3－33 某变电站 500kV 管型母线吊装整体效果图

3. 常见隐患分析

（1）若管型母线及均压球滴水孔未朝下，长期露天运行，雨水进入管型母线无法及时排出，如雨水偏酸性，严重时可能会腐蚀焊缝，给管型母线的运行带来安全隐患。

（2）若管型母线的固定金具存在棱角、毛刺等缺陷，容易造成金具尖端放电。

4. 500kV HGIS 设备敞开式管型母线焊接及拼装验收作业卡

500kV HGIS 设备敞开式管型母线焊接及拼装验收作业卡见表 3－9。

表 3－9 500kV HGIS 设备敞开式管型母线焊接及拼装验收作业卡

间隔			
引用文件	GB 50149—2016《电气装置安装工程 母线装置施工及验收规范》、DL/T 754—2013《母线焊接技术规程》《××施工单位现场安装施工方案》《500kV ××输变电工程项目 LDRE 质保书》		
序号	验收项目	验收关键点	确认
1	施工人员	检查施工人员资质	
	工器具检查	焊机：满足 TIG 焊接工艺	
		氩气：纯度不低于 99.99%	
		焊丝：应选用铝镁合金焊丝，焊丝直径应选用 5mm	
		钨极：直径应选用 5～6mm	
		喷嘴：内径应选用 14～16mm	

续表

<table>
<tr><th>序号</th><th>验收项目</th><th colspan="2">验收关键点</th><th>确认</th></tr>
<tr><td rowspan="2">2</td><td rowspan="2">管型母线检查</td><td colspan="2">尺寸及材质检查：出厂合格证，材质（铝镁合金）、尺寸应满足设计图纸及技术协议的要求</td><td></td></tr>
<tr><td colspan="2">外观检查：表面光洁平整，不应有裂纹、折皱、夹杂物、变形和扭曲，且无内部损伤</td><td></td></tr>
<tr><td rowspan="10">3</td><td rowspan="10">管型母线焊接</td><td rowspan="2">管型母线接头类型</td><td>补强衬管尺寸与设计图纸一致，且不需开孔</td><td></td></tr>
<tr><td>补强焊孔孔径ϕ8mm，数量 4 个/母线（共 8 个），补强焊孔应对称直线排列于管型母线焊口两侧，补强焊孔轴线应与管型母线轴线重合</td><td></td></tr>
<tr><td rowspan="2">焊接坡口准备</td><td>补强衬管与管型母线的缝隙不大于 0.5mm</td><td></td></tr>
<tr><td><table>
<tr><td rowspan="2">坡口形式</td><td rowspan="2">图形</td><td rowspan="2">焊件厚度δ（mm）</td><td colspan="3">接头结构尺寸</td></tr>
<tr><td>α（°）</td><td>b（mm）</td><td>p（mm）</td></tr>
<tr><td>Y</td><td></td><td>＞5</td><td>25～30</td><td>6～8
5～6</td><td>1～2</td></tr>
</table></td><td></td></tr>
<tr><td rowspan="2">焊接前清理</td><td>将坡口两侧、补强焊孔表面各 30～50mm 处清刷干净，其表面不得有氧化膜、水分、油污及其他杂质</td><td></td></tr>
<tr><td>坡口加工面应无毛刺和飞边</td><td></td></tr>
<tr><td rowspan="4">现场焊接</td><td>焊接顺序：补强衬管的纵向轴线应位于焊口中央，先焊接补强焊点，再焊接管型母线坡口</td><td></td></tr>
<tr><td>应采用 2～3 层焊接</td><td></td></tr>
<tr><td>应采用交流、非接触法引弧，焊接电流 280～340A，氩气流量 10～20L/min</td><td></td></tr>
<tr><td>每道焊缝应连续施焊，焊缝未完全冷却前，母线不得移动或受力</td><td></td></tr>
<tr><td rowspan="6">4</td><td rowspan="6">管型母线金具装配</td><td rowspan="3">阻尼线放线</td><td>阻尼线尺寸须与设计图纸相符</td><td></td></tr>
<tr><td>端部切口处须有防止线体散股的措施，并加装保护套以免刮伤管型母线内壁</td><td></td></tr>
<tr><td>放线长度需留适当余量，以便安装管型母线金具</td><td></td></tr>
<tr><td rowspan="3">阻尼线安装</td><td>安装孔需现场制作，每根管型母线每端各 2 个</td><td></td></tr>
<tr><td>本站均压球、封端盖均需固定阻尼线</td><td></td></tr>
<tr><td>均压球、封端盖表面光滑，防止尖端放电</td><td></td></tr>
<tr><td rowspan="3">5</td><td rowspan="3">管型母线吊装</td><td colspan="2">管型母线及均压球滴水孔应向下</td><td></td></tr>
<tr><td colspan="2">螺栓紧固力矩符合产品技术文件要求</td><td></td></tr>
<tr><td colspan="2">管型母线的固定金具应无棱角、毛刺等缺陷</td><td></td></tr>
<tr><td>结论</td><td colspan="4">签名： 日期：</td></tr>
</table>

第4章

GIS 设备现场安装

4.1 GIS 设备到货验收及现场存放

GIS 设备断路器组合单元一般先在设备厂家车间进行组装。为方便运输，通常将 GIS 设备分成若干个运输单元，如断路器组合单元、过渡筒、伸缩节、套管等，在现场安装过程中只需对各单元进行现场拼装即可。为了保证 GIS 设备在运输过程中不对设备造成损害，需要采取“防撞、防水、防潮、防风、防尘”等保护措施。设备到达现场后，应对其本体及组件、套管、SF_6气体以及备品备件、专用工器具等进行到货检查，并按产品技术文件及相关规范的要求进行现场存放，以确保到货设备的质量以及现场安装工作的顺利开展。

4.1.1 GIS 设备本体到货验收及现场存放

1. 验收关键点及标准

（1）验收关键点。

1）GIS 设备本体到货验收。

a. 到达现场后应检查冲击记录仪数据正常，最大冲击加速度不超过 3*g*（*g* 为重力加速度）。

b. 到达现场后应检查断路器组合单元各气室满足微正压（一般为 0.02～0.05MPa）的运输要求。

2）GIS 断路器组合单元现场存放。

a. 按原包装存放在符合土建交安条件的设备基础上或者坚固的地面上，采取抬高措施，避免和地面直接接触。

b. GIS 设备本体各气室保持微正压存放，并按产品技术文件要求定期检查压力值并做好记录（产品无明确要求时，至少应每周检查一次），有异常时及时反馈制造厂并采取措施。

（2）验收标准。

GB 50147—2010《电气装置安装工程 高压电器施工及验收规范》规定：

1）GIS 在运输和装卸过程中不得倒置、倾翻、碰撞和受到剧烈的振动。

2）GIS 运到现场后的检查应符合下列规定：① 包装应无残损；② 所有元件、附件、备件及专用工器具应齐全，符合订货合同约定，且无损伤变形及锈蚀；③ 瓷件及绝缘件应无裂纹及破损；④ 充有干燥气体的运输单元或部件，其压力值应符合产品技术文件要求；⑤ 按产品技术文件要求应安装冲击记录仪的元件，其冲击加速度应不大于满足产品技术文件的要求，且冲击记录应随安装技术文件一并归档；⑥ 制造厂所带支架应无变形、损伤、锈蚀和锌层脱落；制造厂提供的地脚螺栓应满足设计及产品技术文件要求，地脚螺栓底部应加锚固；⑦ 出厂证件及技术资料应齐全，且符合设备订货合同的约定。

3）GIS 运到现场后的保管应符合产品技术文件要求，且应符合下列规定：① GIS 按原包装置于平整、无积水、无腐蚀性气体的场所，对有防雨要求的设备应采取相应的防雨措施。② 对于有防潮要求的附件、备件、专用工器具及设备专用材料应置于干燥的室内，特别是组装用 O 形圈、吸附剂等。③ 充有干燥气体的运输单元，应按产品技术文件要求定期检查压力值，并做好记录，有异常情况时，应按产品技术文件要求及时采取措施。④ 套管应水平放置。⑤ 所有运输用临时防护罩在安装前应保持完好，不得取下。⑥ 对于非充气元件的保管应结合安装进度、保管时间、环境做好防护措施。

标准解读：

a. 按照国家现行标准 GB 7674—2020《72.5kV 及以上气体绝缘金属封闭开关设备》、GB/T 11022—2020《高压开关设备和控制设备标准的共用技术要求》的要求："按照制造厂给出的说明书对开关设备和控制设备进行运输、存储和安装以及在使用中的运行和维护，是十分重要的。因此，制造厂应提供开关设备和控制设备的运输、储存、安装、运行和维修说明书。运输和存储说明书应在交货前的适当时间提供，而安装、运行和维修说明书最迟应在交货时提供。"

b. 设备到达现场后，应及时进行验收检查，发现问题及时处理。

c. 为避免潮气侵入 SF_6 断路器的灭弧室或罐体，应特别注意充有 SF_6 等气体的部件的气压是否符合要求。

d. 在运输和保管过程中充有的干燥气体是指 SF_6 气体、干燥空气或氮气几种情况，干燥气体的露点应在 −40℃以下。例如，某公司 750kV GIS 产品运输中充有氮气压力为 0.02～0.05MPa。

e. 由于某些 750kV GIS 产品元件内部结构的原因，产品技术文件可能对某些 GIS 元件（如断路器和避雷器单元）装运有特殊要求，需装设冲击记录仪，以便记录 GIS 元件内部结构受到冲击情况，通常对于断路器单元其冲击加速度应小于 3*g*。

f. 设备运到现场的保管，通常采用原包装保管，在底部有受潮或进水的可能时，可采用底部垫木等抬高措施。

g. 现场尤其要注意定期检查有关部件的预充气气体的压力值，并作好记录。如低于允许值时，应立即补充气体；泄漏严重时，应及时通知制造厂协商处理。

h. 由于套管较长，为避免受损，应水平存放保管。

i. 非充气元件如机构箱、汇控箱等应结合保管环境、保管时间的长短做好防雨、防潮措施，防止由于存放时间较长、防护措施不当引起受潮事件的发生。控制箱、机构箱的保管时间超过出厂规定时，按规定采取如给驱潮器接临时电源等防潮措施。

2. 现场常规做法

（1）现场就到货设备逐一核对发货清单，到货设备与发货清单一致，运输车辆车牌号、司机驾驶证与发货车辆信息相符，产品包装箱标示的箭头方向与车辆前进方向一致。检查GIS设备本体包装完整，外壳无碰撞、凹陷、刮伤、掉漆、生锈等缺陷，整体外观良好，如图4-1所示。

图4-1 某变电站500kV HGIS设备本体到货验收

（2）在有条件的情况下，GIS设备最好户内存放。若GIS设备需户外存放时，如设备基础已完成，可将其初步就位存放在设备基础上，如图4-2所示；如设备基础未完成，需在地面存放时，应在GIS设备与地面之间加装垫块，且垫块支撑厚度≥150mm，以避免和地面直接接触。检查场地无积水及腐蚀性气体、保持通风，且防止淋雨、浸水措施齐备。

图4-2 某变电站500kV HGIS设备本体现场存放

（3）GIS本体必须由建设单位组织运行、物流、监理、施工、制造厂等单位共同在场见证，才能开箱。对冲击记录仪现场拆封检查并记录，数据正常，且最大冲击加速度不超过3g，如图4-3所示。

GIS设备运输全记录报表

测试单位：　　　　制表：　　　　审核：

报告生成日期：2019/3/511:04:45

仪器编号：17040071	采集间隔：30s	起点：××公司	终点：发运计划
		货品：GIS	编号：发货清单
起始时间：19–02–27 17:24:57	历经时长	运输工具：汽车	承运单位：发货清单
结束时间：19–03–03 11:27:43	90h2min	运输人员：发货清单	承运人员：发货清单

运输过程全记录报表柱状图

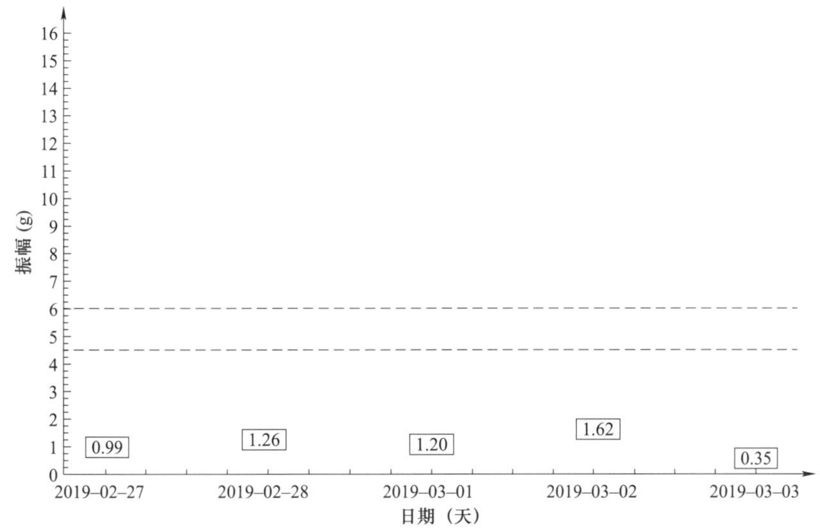

振幅（g）

0.99　1.26　1.20　1.62　0.35

2019–02–27　2019–02–28　2019–03–01　2019–03–02　2019–03–03

日期（天）

本次运输历时90h2min，超限0天	超限率：0.00%
记录仪量程：16g	X 方向超限0次，最大值为1.62g，超限平均值为0.00g
符合标准：300g	Y 方向超限0次，最大值为0.86g，超限平均值为0.00g
轻度超限：3.00g	Z 方向超限0次，最大值为1.26g，超限平均值为000g
中度超限：4.50g	最高温度：_____℃最高湿度：_____%
重度超限：6.00g	最低温度：_____℃最低湿度：_____% 平均温度：_____℃平均湿度：_____%
摘要	

图 4–3　验收冲击记录仪数据

（4）检查 GIS 设备本体运输的防雨、防潮措施完好，现场存放时应采用塑料薄膜进行再次包裹，以增强防雨、防潮效果。若隔离开关、接地开关等机构箱采用航空插接头进行电缆连接，其插接头处应设置防雨罩，且临时密封盖两侧卡扣紧扣，密封严实，无渗水迹象，如图 4–4 所示。

图 4-4　防水密封措施检查

(5) 检查各气室 SF_6 压力表计数值正常，均保持微正压。设备就地存放过程中，一般每周还需对其 SF_6 压力表计进行抄录、比对一次，如图 4-5 所示。

3. 常见隐患分析

(1) 到货产品信息与招标合同要求不一致，导致到货后现场无法安装，延长安装工期。

(2) 设备在运输过程中设备倾斜角度过大，易引起设备结构变形及损坏。

(3) 设备运输过程中，由于路途遥远，难免出现颠簸，造成设备在运输和装卸过程中剧烈振动、冲撞或严重颠簸等异常情况。因此，每个运输单元都应安装冲击记录仪，设备到达现场后应对其进行验收，一般要求冲击加速度不超过 $3g$。

(4) 整个运输过程设备都处于露天状态，长途跋涉，天气条件恶劣，且南北气候差异大、昼夜温差大，容易凝露。雨水、潮气容易造成 GIS 设备外露金属部件氧化锈蚀，潮气容易侵入 GIS 设备内部。

(5) GIS 设备各气室在出厂前未充有干燥微正压 SF_6 气体、氮气，因南北温差大、昼夜温差大，GIS 设备气室将形成负压，致使潮气侵入设备内部。

(6) 潮气对 GIS 设备的危害：潮气侵入设备 GIS 内部，容易造成内部导体、金属部件氧化腐蚀，绝缘件受潮气侵蚀。即使后期抽真空处理，SF_6 气体含水量试验合格的情况下，也很难保证气室内的潮气彻底排出。设备在运行过程中，SF_6 气体在电弧或高温作用下将分解氟硫化物，氟硫化物与水分反应后会生成腐蚀性很强的氢氟酸、硫酸和其他毒性很强的化学物质，对断路器的绝缘材料以及金属部件造成腐蚀，影响设备的安全运行。如发生泄漏或开盖检修时，将危及运行及检修人员的安全。

(7) 将 GIS 设备直接存放在地面，底部未采取抬高措施，如遇雨水天气，场地积水、飞溅的泥沙、地表潮气等将会侵蚀设备，对设备造成污染。

(8) 设备就地存放过程中，应定期检查设备各气室压力值，避免因气室漏气而产生受潮隐患。

4. 现场典型问题

(1) 某变电站到货的 110kV GIS 设备 SF_6 压力表计压力值出现负压，如图 4-6 所示。

图 4-5 设备气室压力表计验收、抄录

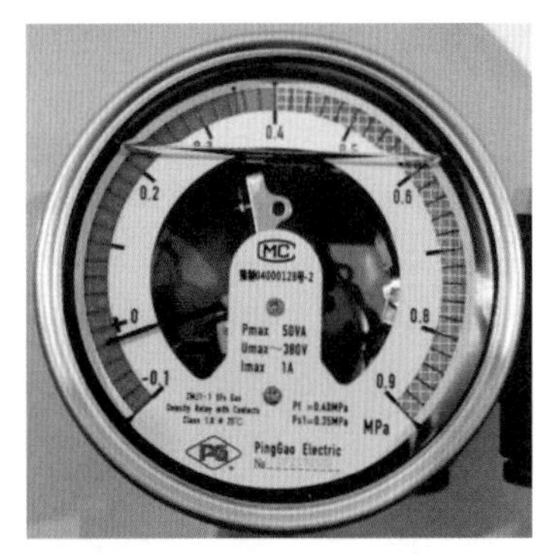

图 4-6 某变电站到货 110kV GIS 设备 SF_6 压力表计负压

（2）某变电站到货 220kV GIS 设备在现场存放过程中未落实防雨、防水、防潮等措施，导致 220kV GIS 设备遭受雨水侵蚀，出现设备锈蚀、发霉、直流接地等问题，如图 4-7 所示。

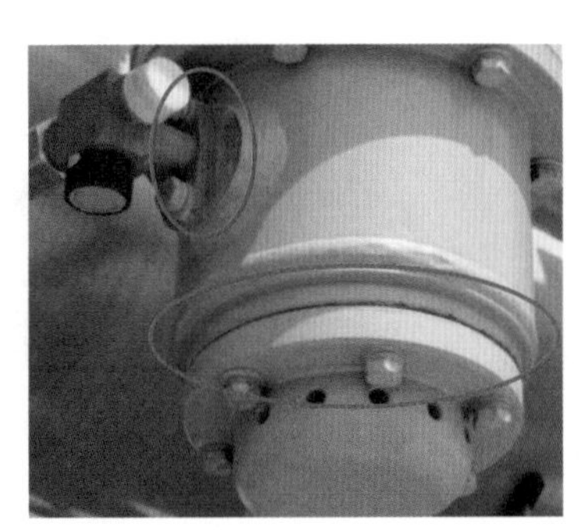

图 4-7 某变电站 220kV GIS 设备锈蚀

4.1.2 套管到货验收及现场存放

1. 验收关键点及标准

（1）验收关键点。

1）套管到货验收。

a. 开箱前检查包装完整，开箱后检查套管瓷瓶完好，外观无异常。

b. 检查随套管运输的冲击记录仪数据正常。

c. 检查套管保持微正压 SF_6 或氮气运输。

2）套管现场存放。

a. 检查场地应平整、坚实，现场存放时需对套管采取抬高措施。

b. 套管应分别水平放置，不许叠放。

c. 保持微正压存放，且临时运输封板密封完好。

（2）验收标准。标准及其解读参考本章第 4.1.1 节中的验收标准，在此不再赘述。

2. 现场常规做法

（1）现场就到货套管逐一核对发货清单，套管型号、出厂编号与发货清单一致，检查运输车辆车牌号、司机驾驶证与发货车辆信息相符，套管包装箱标示的箭头方向与车辆前进方向一致。

（2）套管一般采用框架木箱运输，如图 4－8 所示，套管支撑稳固，采用专用工具在木箱上方一侧从两边往中间撬开木板，撬起木板时用力均匀，拆卸木板时应时刻注意木板上的铁钉，防止刮伤套管。开箱后仔细检查套管瓷瓶完好，外观无异常。套管导流接触面平整光洁完好，无磕碰、气泡、划痕、毛刺、凹凸等缺陷。

（3）制造厂整车运输时一般只配置一个冲击记录仪，其余运输单元采用简易冲击记录仪，如图 4－9 所示，现场检查简易冲击记录仪无红色标志，即简易冲击记录仪未动作。

图 4－8　套管木架包装

图 4－9　套管简易冲击记录仪

（4）到货套管采用运输封板进行临时密封，封板与法兰面之间垫有密封胶圈，防水密封性能完好。

（5）现场打开运输封板上的逆止阀盖子，顶住顶针，检查逆止阀放气正常，表明内部微正压气体未发生泄漏，如图 4－10 所示。

图 4－10　套管内部微正压气体验收

（6）现场检查套管存放场地平整、坚实，符合存放要求。现场测量套管包装箱底部垫木，厚度达 230mm，如图 4－11 所示，满足抬高存放要求，且套管水平放置，不存在叠放现象。

图 4－11　测量套管垫木高度

（7）套管在户外存放应用塑料薄膜覆盖，做好防雨措施。若存放时间大于 3 个月时，需每月检查包装，若存放时间大于 12 个月时，需定时更换包装箱。

（8）现场应设置防撞措施，防止交叉作业损坏套管。

3. 常见隐患分析

（1）若现场野蛮开箱，易造成套管损坏。

（2）在套管现场长期存放过程中，若采用叠放方式，套管不慎滑落，易导致套管损坏。

（3）现场若未采取有效存放保护措施，易导致交叉作业时增加套管损坏的风险。

4. 现场典型问题

某变电站 500kV HGIS 设备套管存放地点附近存在地网施工、排水沟施工、电缆沟施工等多处交叉作业，且未对套管采取任何防护隔离措施，对套管的安全造成较大的威胁，如图 4－12 所示。

(a) 地网施工

(b) 排水沟施工

图 4－12　套管存放处交叉作业

4.1.3 SF_6气体到货验收及现场存放

1. 验收关键点及标准

（1）验收关键点。检查 SF_6 气体应有出厂检验报告和合格证明文件，气瓶的安全帽、防震圈应齐全，安全帽应拧紧。搬运时应轻装轻卸，严禁抛掷溜放。气瓶应存放在防晒、防潮和通风良好的场所，不得与其他气瓶混放，不得靠近热源和油污的地方，严禁水分和油污粘在阀门上。现场应进行抽样分析，抽样比例和技术条件如表 4－1、表 4－2 所示。

表 4－1　SF_6气体的技术条件

指标项目	指标
SF_6的质量分数（%）≥	99.9
空气的质量分数（%）≤	0.04
CF_4的质量分数（%）≤	0.04
水的质量分数（%）≤	0.000 5
水的露点（℃）　≤	－49.7
酸度的质量分数（%）≤	0.000 02
可水解氟化物（%）≤	0.000 1
矿物油的质量分数（%）≤	0.000 4
毒性	生物试验无毒

表 4－2　新 SF_6气体抽样比例

每批气瓶数	选取的最少气瓶数
1	1
2～40	2
41～70	3
71 以上	4

（2）验收标准。

1）GB 50147—2010《电气装置安装工程 高压电器施工及验收规范》规定：SF_6气瓶的搬运和保管，应符合下列要求：① SF_6气瓶的安全帽、防震圈应齐全，安全帽应拧紧；搬运时应轻装轻卸，严禁抛掷溜放。② 气瓶应存放在防晒、防潮和通风良好的场所；不得靠近热源和油污的地方，严禁水分和油污粘在阀门上。③ SF_6 气瓶与其他气瓶不得混放。

2）GB/T 8905—2012《六氟化硫电气设备中气体管理和检测导则》规定：六氟化硫制造厂应提供出厂产品的化学分析报告。报告中要包括 8 项指标：四氟化碳（CF_4）、空气（Air）、水（H_2O）、酸度、可水解氟化物、矿物油、纯度（SF_6）和生物试验无毒合格证。出厂报告应与每一批气瓶对应。

标准解读： SF_6 气体是无色、无味、无毒、不燃烧也不助燃的非金属化合物，在常温（20℃）、常压（直至 2.1MPa）下呈气态。SF_6 气体是惰性气体，是已知的质量最重的气体之一，密度约为空气的 5 倍，在通风不良的情况下可能造成窒息事故。因此，运输、储存、验收检验的场所必须通风良好。在管理过程中，应经常检查气瓶的密封以防泄漏，还应注意防晒和防潮。严禁气瓶阀门上粘有油污或水分。

SF_6 气体临界温度为 45.64℃，所以盛装 SF_6 气体的气瓶不得高于 45℃下运输、储存和使用，以防止气瓶爆炸。

2. 现场常规做法

现场 SF_6 气瓶一般存放在通风良好、干燥、不暴晒的区域。检查气瓶阀门无水分与油污、安全帽拧紧、气瓶防震圈齐全，SF_6 气体抽样试验报告如图 4－13 所示，满足产品技术条件要求。

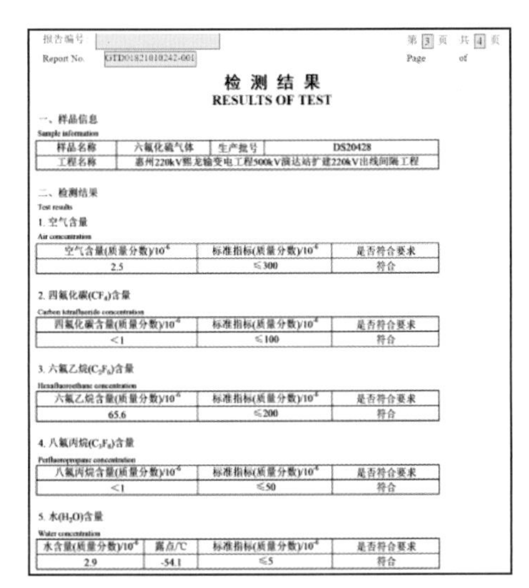

报告编号：
Report No.　GTD01821010242-001
第 3 页　共 4 页
Page　of

检 测 结 果
RESULTS OF TEST

一、样品信息
Sample information

样品名称	六氟化硫气体	生产批号	DS20428
工程名称	惠州220kV熙龙输变电工程500kV演达站扩建220kV出线间隔工程		

二、检测结果
Test results

1. 空气含量
Air concentration

空气含量(质量分数)/10^{-6}	标准指标(质量分数)/10^{-6}	是否符合要求
2.5	≤300	符合

2. 四氟化碳(CF_4)含量
Carbon tetrafluoride concentration

四氟化碳含量(质量分数)/10^{-6}	标准指标(质量分数)/10^{-6}	是否符合要求
<1	≤100	符合

3. 六氟乙烷(C_2F_6)含量
Hexafluoroethane concentration

六氟乙烷含量(质量分数)/10^{-6}	标准指标(质量分数)/10^{-6}	是否符合要求
65.6	≤200	符合

4. 八氟丙烷(C_3F_8)含量
Perfluoropropane concentration

八氟丙烷含量(质量分数)/10^{-6}	标准指标(质量分数)/10^{-6}	是否符合要求
<1	≤50	符合

5. 水(H_2O)含量
Water concentration

水含量(质量分数)/10^{-6}	露点/℃	标准指标(质量分数)/10^{-6}	是否符合要求
2.9	-54.1	≤5	符合

报告编号：
Report No.　GTD01821010242-001
第 4 页　共 4 页
Page　of

检 测 结 果
RESULTS OF TEST

7. 可水解氟化合物(以HF计)含量
Hydrolyzable compound concentration

可水解氟化合物含量(质量分数)/10^{-6}	标准指标(质量分数)/10^{-6}	是否符合要求
<0.2	≤1	符合

8. 矿物油含量
Mineral oil concentration

矿物油含量(质量分数)/10^{-6}	标准指标(质量分数)/10^{-6}	是否符合要求
<0.6	≤4	符合

9. 六氟化硫纯度
Sulfur hexafluoride purity

六氟化硫纯度(质量分数)/%	标准指标(质量分数)/%	是否符合要求
>99.99	≥99.9	符合

10. 毒性试验
Toxicity test

毒性	标准指标	是否符合要求
生物试验无毒	生物试验无毒	符合

注：检测结果中带有"<"表示未检出，以该项目的方法检出限给出。

(以下空白)

图 4－13　SF_6 气体抽样试验报告

3. 常见隐患分析

（1）若气瓶阀门长期粘附水分，容易造成气瓶阀门氧化锈蚀，同时存在水分入侵气瓶的风险。

（2）油污不仅会堵塞气瓶的阀门，若油污不慎进入气室，在电弧或高温环境下会与 SF_6 分解物发生化学反应，影响其绝缘性能，为后续设备运行埋下安全隐患。

（3）气瓶的阀门大都采用铜合金制成，比较脆弱，由于它的结构比瓶体细小，既是瓶体的脆弱点，又是瓶体的突出点，最易受到外来的冲击和机械损伤。在搬运、贮存、使用过程中，若气瓶不慎跌倒、坠落、滚动或受到其他硬物的撞击，易出现气瓶阀门接头与瓶颈连接处齐根断裂的情况。安全帽拧紧，可以减少气瓶阀门受到机械损伤的可能，同时增加气瓶的安全性，也可减少粉尘或油脂类物质对气瓶阀门的污染和侵入。

（4）气瓶的防震圈缺失或损坏，气瓶受到冲击时其防震动效果无法保证，降低了气瓶的安全性。

4. 现场典型问题

SF_6 气瓶直接放置在露天的泥地上，阳光暴晒、雨水冲刷、夜间凝露，增加了气瓶受污染的风险，如图 4－14 所示。

图 4-14 SF_6气瓶存放

4.1.4 备品备件到货验收及现场存放

1. 验收关键点及标准

（1）验收关键点。

1）备品备件到货验收。

a. 检查备品备件数量、型号等与发货清单一致。

b. 检查所有备品备件无损伤变形、锈蚀。

c. 检查所有绝缘件无裂纹及破损。

2）备品备件现场存放。

a. O 形圈、吸附剂需户内干燥保存。

b. 金属零部件需在清洁的户内干燥保存，并具有齐备的防腐措施。

c. 绝缘件需存放在有吸附剂、无粉尘、无油污的密封容器中。

d. 各类油脂存放需具有齐备的防尘、防水、防晒措施，不同油脂应分区存放。

（2）验收标准。标准及其解读参考本章第 4.1.1 节中的验收标准，在此不再赘述。

2. 现场常规做法

（1）现场检查备品备件包装完整，包装箱按箭头朝上摆放，运输车辆与发货车辆相符，备品备件数量、型号等与发货清单一致，满足安装需求。

（2）检查箱内导体、导体垫木、O 形圈、吸附剂、航空插头端子螺栓及垫片等备品备件包装完好，无渗水情况。

（3）检查所有备品备件无损伤变形、锈蚀。

（4）检查所有绝缘件无裂纹及破损。

（5）现场检查 O 形圈用塑料袋密封保存；吸附剂保存于专用桶内；金属零部件包装完好；绝缘件密封完好，包装内放有吸附剂，户内无粉尘、无油污；各类油脂均采用配套的容器且密封完好。

（6）O 形圈、吸附剂、金属零部件、绝缘件、各类油脂等，进行分区存放于户内，防尘、防水措施齐备。

3. 常见隐患分析

（1）箱内备品备件防水密封不良可能会造成以下不利影响：① 对 O 形圈等备品备件造成腐蚀；② 污染 SF_6 气体；③ 锈蚀金属器具；④ 影响密封胶、吸附剂的性能；⑤ 绝缘件受潮，可能导致 GIS 设备内部局部放电、绝缘击穿；⑥ 受潮的导体，电阻率增加，运行时可能导致导体过热。

（2）粉尘污染油脂后，无法清理，只能废弃，因此，需落实好防尘措施。

（3）水会污染油脂，甚至会与部分油脂发生化学反应，因此需落实好防水措施。

（4）不同油脂会交叉污染，存放时应注意不同油脂应分区存放。

4. 相关作业卡

设备到货验收作业卡见表 4－3。

表 4－3 设备到货验收作业卡

<table>
<tr><td>间隔</td><td colspan="4"></td></tr>
<tr><td>引用文件</td><td colspan="4">GB 50147—2010《电气装置安装工程 高压电器施工及验收规范》、GB/T 8905—2012《六氟化硫电气设备中气体管理和检测导则》《××厂家现场安装作业指导书》《××施工单位现场安装施工方案》</td></tr>
<tr><th>序号</th><th>验收项目</th><th colspan="2">验收关键点</th><th>确认</th></tr>
<tr><td rowspan="8">1</td><td rowspan="8">设备本体及组件</td><td colspan="2">与发货清单一致</td><td></td></tr>
<tr><td colspan="2">包装完整</td><td></td></tr>
<tr><td colspan="2">外观完好</td><td></td></tr>
<tr><td colspan="2">冲击记录仪数据正常</td><td></td></tr>
<tr><td colspan="2">运输车辆与发货车辆相符</td><td></td></tr>
<tr><td colspan="2">运输方向与产品标示一致</td><td></td></tr>
<tr><td colspan="2">防水密封完好</td><td></td></tr>
<tr><td colspan="2">气室保持微正压状态</td><td></td></tr>
<tr><td rowspan="9">2</td><td rowspan="9">套管</td><td colspan="2">与发货清单一致</td><td></td></tr>
<tr><td colspan="2">包装完整</td><td></td></tr>
<tr><td colspan="2">瓷瓶完好</td><td></td></tr>
<tr><td colspan="2">外观无异常</td><td></td></tr>
<tr><td colspan="2">冲击记录仪数据正常</td><td></td></tr>
<tr><td colspan="2">运输车辆与发货车辆相符</td><td></td></tr>
<tr><td colspan="2">运输方向与产品标示一致</td><td></td></tr>
<tr><td colspan="2">防水密封完好</td><td></td></tr>
<tr><td colspan="2">气室保持微正压状态</td><td></td></tr>
<tr><td>3</td><td>SF_6 气体（瓶）</td><td colspan="2">出厂检验报告和合格证明文件齐备</td><td></td></tr>
<tr><td rowspan="2">4</td><td rowspan="2">备品备件</td><td rowspan="2">开箱前检查</td><td>包装完整</td><td></td></tr>
<tr><td>运输车辆与发货车辆相符</td><td></td></tr>
</table>

续表

序号	验收项目	验收关键点		确认
4	备品备件	开箱检查	与发货清单一致	
			防水密封完好	
			所有元件无损伤变形、腐蚀	
			所有附件无损伤变形、腐蚀	
			所有备件无损伤变形、腐蚀	
			所有工器具无损伤变形、腐蚀	
			所有绝缘件无裂纹及破损	
			所有支架无变形、损伤、腐蚀	
结论		签名：	日期：	

设备现场存放验收作业卡见表 4-4。

表 4-4　　设备现场存放验收作业卡

间隔				
引用文件	根据需要引用 GB 50147—2010《电气装置安装工程 高压电器施工及验收规范》、GB/T 8905—2012《六氟化硫电气设备中气体管理和检测导则》《××厂家现场安装作业指导书》《××施工单位现场安装施工方案》等			
序号	验收项目	验收关键点		确认
1	设备本体及组件	按原包装保存		
		户内存放，或存放在符合土建交安条件的设备基础上		
		场地无腐蚀性气体		
		场地无积水		
		抬高措施满足要求		
		防雨、防水措施齐备	用薄膜包裹	
			设置防雨罩	
		保持通风		
		气室保持微正压状态		
		临时运输封板密封完好		
		存放时间超过 30 日，机构箱应采取驱潮措施		
2	套管	场地平整、坚实		
		水平、分开放置，不允许叠放		
		气室保持微正压状态		
		临时运输封板密封完好		
		抬高措施满足要求		
		存放时间	超过 3 个月时，每月检查包装	
			超过 12 个月时，需更换包装箱	

续表

序号	验收项目	验收关键点		确认
3	SF_6气体	防晒、防雨措施齐备		
		场地通风良好		
		周围无热源		
		周围无油污		
		周围无其他气瓶混放		
		阀门上无水分与油污		
		安全帽拧紧		
		防震圈齐全		
4	备品备件	O 形圈	包装完好，户内干燥保存	
		吸附剂	包装完好，户内干燥保存	
		金属零部件	包装完好，户内清洁	
			包装完好，户内干燥保存	
			防腐措施齐备	
		绝缘件	包装完好，户内干燥保存	
			密封容器有吸附剂	
			容器无粉尘	
			容器无油污	
		各类油脂	包装完好，户内干燥保存	
			防尘、防水措施齐备	
			不同油脂分区存放	
结论		签名：	日期：	

4.2　GIS 设备安装前准备工作

4.2.1　人力资源准备

1. 人力资源要求

现场安装复杂，需要多方的共同合作，人力资源的素质决定着设备的安装质量，因此，对人力资源条件提出以下要求：

（1）人员组织：安装、调试、技术、安全、质量及制造厂现场指导人员。

（2）安装单位应组织管理人员、技术人员、施工人员及制造厂人员到位并熟悉现场及设备情况。

（3）相关人员上岗前，制造厂应就设备的安装特点向安装单位进行产品安装交底；安装单位应对作业人员进行专业培训及安全技术交底。

（4）安装单位应向业主单位及制造厂提供安装人员组织结构名单。

（5）特殊工种作业人员应持证上岗，具备相应作业技能。

（6）整个安装过程必须在GIS设备制造厂安装人员的指导下进行。厂家指导人员的数量设置应按照现场安装作业面数量决定。原则上每个施工作业面不少于1名厂家指导人员，同时除起重工等专业人员以外，应有不少于4名安装单位人员配合进行安装施工作业。

（7）设备气体处理、试验验收等工作必须在GIS设备制造厂试验调试人员的现场指导下进行。

2. 常见隐患

（1）未组织相关人员进行专业培训、安全技术交底及提前熟悉待安装设备导致现场施工作业效率低下及无法保证安装质量。

（2）特殊工种作业人员未取得相应资质，无法保障起重吊装作业等特殊工种作业人员的人身安全及安装质量。

3. 现场典型问题

（1）现场某些管理人员不熟悉现场，现场管理紊乱。

（2）现场某些施工人员不熟悉设备及施工方法，导致野蛮施工。

4.2.2 技术准备

1. 验收关键点及标准

（1）验收关键点。检查设计图纸、厂家资料、技术交底、施工方案等技术文件齐全。

（2）验收标准。GB 50147—2010《电气装置安装工程 高压电器施工及验收规范》规定：

1）高压电器安装应按已批准的设计图纸和产品技术文件进行施工。

2）设备和器材的运输、保管，应符合本规范和产品技术文件。

3）施工前应编制施工方案。所编制的施工方案应符合国家现行标准的规定及产品技术文件的要求。

标准解读：

a. 按设计及产品技术文件进行施工是现场施工的基本要求。

b. 由于高压电器设备的特殊性，运输和保管按产品技术文件（制造厂）的要求进行是必要的。

c. 高压电器设备安装前应编制施工方案是基本要求，尤其是对于500kV和750kV电压等级高压电器设备的安装，如750kV GIS中的断路器部分达30～40t，施工难度大，应根据现场具体条件，施工前必须制定包括安全技术措施的施工方案，安全技术措施在会审通过后才能进行。

d. 按照国家现行标准 GB 7674—2020《72.5kV 及以上气体绝缘金属封闭开关设备》、GB/T 11022—2020《高压开关设备和控制设备标准的共用技术要求》的要求："按照制造厂给出的说明书对开关设备和控制设备进行运输、存储和安装以及在使用中的运行和维护，是十分重要的。因此，制造厂应提供开关设备和控制设备的运输、储存、安装、运行和维修说明书。运输和存储说明书应在交货前的适当时间提供，而安装、运行和维修说明书最迟应在交货时提供"。

2. 现场常规做法

一般在设备安装前一周要求安装单位收集好上述技术材料，并及时组织相关人员对其进行熟悉。

3. 常见隐患分析

安装前未组织相关人员收集和掌握相关的技术文件，现场施工人员不熟悉设备和安装流程，导致现场施工人员不能正确安装设备及安装效率低下。同时，验收人员无法按照相关图纸和规定开展验收工作。

4. 设备安装前人力资源条件及技术准备验收作业卡

设备安装前人力资源条件及技术准备验收作业卡见表 4－5。

表 4－5　　设备安装前人力资源条件及技术准备验收作业卡

工程				
引用文件	GB 50147—2010《电气装置安装工程 高压电器施工及验收规范》《××厂家现场安装作业指导书》、《××施工单位现场安装施工方案》			
序号	验收项目	验收关键点		确认
1	人力资源配置	管理人员	安全员、质检员、技术员、材料员、机械管理员、资料员	
		专业施工人员	司机（起重机）、司索指挥、高处作业、高压、电工作业、焊接与热切割作业、液压	
		指导人员	设备厂家安装指导人员、试验调试指导人员	
2	人力资源要求	安装单位组织管理人员、技术人员、施工人员及制造厂人员到位并熟悉现场及设备情况		
		相关人员上岗前，制造厂应就设备的安装特点向安装单位进行产品安装交底，安装单位应对作业人员进行专业培训及安全技术交底		
		安装单位应向业主单位及制造厂提供安装人员组织结构名单		
		特殊工种作业人员应持证上岗，具备相应作业技能		
		制造厂安装指导人员到达现场，原则上每个施工作业面不少于 1 名		
		除起重工等专业人员以外，安装单位配置不少于 4 名人员配合安装施工作业		
		设备安装调试之前，制造厂试验调试指导人员现场配合进行设备气体处理、试验验收等工作		
3	技术准备	设计图纸、厂家资料、施工措施、技术交底、施工方案等技术文件齐全		
结论	签名：	日期：		

4.2.3 机具设备准备

一、大型机械、机具

现场安装需用到的吊车或行车等大型机械、机具准备齐全，具体参考表 4-6，机具由安装单位提供，现场应检查是否满足安装需求。

1. 验收关键点

（1）检查大型机械、机具准备齐全，满足安装需求。

（2）检查吊车或行车最大吊重满足安装要求，吊钩与吊车匹配。

（3）检查脚手架牢固可靠，最大承重满足安装要求，爬梯完好，护栏完好。

（4）检查真空抽气机极限真空度满足抽真空要求。

（5）检查导体检查平台牢固可靠，高度、尺寸及最大承重满足导体检查作业需求。

2. 现场常规做法

按表 4-6 逐一检查大型机械、机具是否准备齐全，满足安装需求。

3. 常见隐患分析

厂家技术文件及相关规范对 GIS 设备的开盖时间有严格要求，若现场提供的大型机械、机具不齐全或不满足安装要求，可能会延长设备露空时间及施工周期，增加设备受污染的几率。

4. 设备安装前大型机械、机具验收作业卡

设备安装前大型机械、机具验收作业卡见表 4-6。

表 4-6　　　　设备安装前大型机械、机具验收作业卡

<table>
<tr><td>间隔</td><td colspan="4"></td></tr>
<tr><td>引用文件</td><td colspan="4">GB 50147—2010《电气装置安装工程 高压电器施工及验收规范》《××厂家现场安装作业指导书》《××施工单位现场安装施工方案》……</td></tr>
<tr><th>序号</th><th>验收项目</th><th colspan="2">验收关键点</th><th>确认</th></tr>
<tr><td rowspan="14">1</td><td rowspan="14">大型机械、机具配置</td><td rowspan="4">吊车或行车</td><td>最大吊重满足安装要求</td><td></td></tr>
<tr><td>吊钩与吊车、行车匹配</td><td></td></tr>
<tr><td>起重机液压油的油位正常</td><td></td></tr>
<tr><td>吊车支腿伸缩正常，枕木牢固</td><td></td></tr>
<tr><td rowspan="2">脚手架</td><td>牢固可靠，最大承重满足安装要求</td><td></td></tr>
<tr><td>爬梯完好，护栏完好</td><td></td></tr>
<tr><td>真空抽气机</td><td>极限真空度满足抽真空要求</td><td></td></tr>
<tr><td rowspan="2">导体检查平台</td><td>牢固可靠，最大承重满足导体检查作业需求</td><td></td></tr>
<tr><td>高度、尺寸满足导体检查作业需求</td><td></td></tr>
<tr><td rowspan="2">工具箱</td><td>分类分层摆放</td><td></td></tr>
<tr><td>工器具满足现场施工要求</td><td></td></tr>
<tr><td>移动式空调机</td><td>满足现场使用需求</td><td></td></tr>
</table>

续表

序号	验收项目	验收关键点	确认
2	大型机械、机具要求	由安装单位提供满足现场安装需要的大型机械和机具	
结论	签名：	日期：	

二、试验、检测仪器

现场安装需用到的SF_6气体检漏仪、微量水分测量仪等多种试验、检测仪器准备齐全，具体参考表 4-7，仪器由安装单位提供，现场应检查是否满足试验、检测要求，相关设备、仪器是否在试验合格有效期内。

1. 验收关键点

（1）检查试验、检测仪器齐全，并经过检定且在有效期内，满足试验、检测要求。

（2）现场尽可能通过其他手段确认仪器的正确性，如SF_6气体检漏仪可通过减压阀释放SF_6气瓶内少量的SF_6气体进行验证，粉尘仪可通过检测人为扬尘的结果来对比验证。

2. 现场常规做法

按表 4-7 逐一检查试验、检测仪器是否准备齐全，满足试验、检测要求。

3. 常见隐患分析

若相关设备、仪器不在试验合格有效期内，则无法保证其试验、检测结果的正确性。

4. 现场典型问题

（1）某变电站 500kV HGIS 设备安装时，施工单位提供的SF_6检漏仪探针堵塞，在开展检漏工作时，所测结果均为无泄漏，影响验收人员的判断。

（2）粉尘仪设置不正确，在设置采样时间所抽取的空气体积未达到要求，与告警数据表不对应，影响验收人员对环境洁净度的判断。

5. 设备安装前试验、检测仪器准备验收作业卡

设备安装前试验、检测仪器准备验收作业卡见表 4-7。

表 4-7　　设备安装前试验、检测仪器准备验收作业卡

间隔				
引用文件	GB 50147—2010《电气装置安装工程 高压电器施工及验收规范》《××厂家现场安装作业指导书》《××施工单位现场安装施工方案》			
序号	验收项目	验收关键点		确认
1	现场勘测仪器	气体测量	SF_6气体检漏仪（定性）	
			SF_6气体检漏仪（定量）	
			SF_6气体水分测试仪	
			含氧量测定仪	

续表

序号	验收项目	验收关键点		确认
1	现场勘测仪器	其他测量	粉尘仪	
			直读式真空计（禁止使用液体式真空计）	
2	试验仪器	特性试验	开关机械特性测试仪	
			电压特性测试仪	
			电流特性测试仪	
			直流电阻测试仪	
		耐压试验	二次控制回路耐压仪器（须具有资质的操作人员）	
			耐压试验装置（须具有资质的操作人员）	
		精度试验	密度继电器校验仪	
3	测量仪器	定量测量	绝缘电阻表	
			数字万用表	
			行程传感器	
4	试验、检测仪器要求	安装单位提供满足试验、检测要求的相关设备和仪器，并经过检定且在有效期内		
结论		签名：	日期：	

三、常用工器具准备

现场安装需用到的力矩扳手、水平仪等常用工器具准备齐全，具体参考表 4－8，工器具若无特殊标明“GIS 厂家提供”，则应由安装单位提供，现场应检查是否满足安装要求，且安全工器具必须在试验有效期内。

1. 验收关键点

（1）安全工器具必须在试验有效期内。

（2）需校准的工器具，如力矩扳手，必须满足检测要求。

（3）进入气室使用的工器具使用前必须清洁。

2. 现场常规做法

（1）按表 4－8 逐一检查常用工器具是否准备齐全，满足安装要求。

（2）一般在安装前 3 天准备好所有工器具，并检查安装所需的工器具是否齐全。

（3）现场分类摆放、取用方便，为减少设备露空时间，所需工器具必须在设备开盖前放至开盖处附近。

3. 常见隐患分析

（1）厂家技术文件及相关规范对 GIS 设备的开盖时间有严格要求，若现场提供的常用工器具不齐全或不满足安装要求，可能会延长设备露空时间及施工周期，增加设备受污染的几率。

（2）需校准的工器具若不满足检测要求或未经过检测，将影响设备安装质量。

4. 现场典型问题

某变电站 220KV GIS 安装时，使用的力矩扳手未经校准，安装紧固的螺栓不满足力矩要求，增加了气室漏气隐患。

5. 设备安装前常用工器具准备验收作业卡

表 4-8 设备安装前常用工器具准备验收作业卡

间隔			
引用文件	GB 50147—2010《电气装置安装工程 高压电器施工及验收规范》《××厂家现场安装作业指导书》《××施工单位现场安装施工方案》		
序号	验收项目	验收关键点	确认
1	紧固类	GIS 厂家提供：力矩扳手（需校准）、套筒扳头、内六角套筒扳头、加长杆	
		内六角扳手、双头扳手（开口宽度）、活口扳手、梅花扳手、电动扳手	
2	测量类	钢尺、钢卷尺、游标卡尺、水平尺、水平仪、经纬仪、线锤、温湿度计、万用表、划线墨斗	
3	钳锉类	撬棍、锉刀、钳工锤、老虎钳、钢丝钳	
4	吊装类	千斤顶、手拉葫芦、锁扣、集装箱捆绑带、液压叉车、合成纤维吊带、钢丝绳、套管吊具	
5	配线类	GIS 厂家提供：配线工具	
6	焊接类	电钻（配钻头一套）、电焊机、电焊面罩、电焊钳、焊割两用炬、氧气	
7	气体处理类	气体减压阀、充气软管	
8	安全工器具类	安全带、安全灯、安全帽、防毒面罩、橡皮手套	
9	其他工器具类	梯子、大功率吸尘器、手电筒、对灯、电源盘、反光镜、热风枪、手动注胶枪	
10	常用工器具要求	由安装单位提供满足现场安装需要的常用工器具	
		一般在安装前 3 天准备好所有工器具，检查安装所需的工器具齐全	
		现场分类摆放，取用方便，为减少设备露空时间，所需工器具必须在设备开盖前放至开盖处附近	
		安全工器具必须在试验有效期内	
		需校准的工器具，如力矩扳手，必须满足检测要求	
		进入气室使用的工器具使用前必须清洁	
		设备若无特殊标明“GIS 厂家提供”则应由安装单位提供	
结论	签名：	日期：	

四、制造厂专用工器具准备

现场安装需用到的导体小车、导向杆等专用工器具准备齐全，具体参考表 4-9，专用工器具由制造厂提供，现场应检查是否满足安装要求。

1. 验收关键点及标准

（1）验收关键点。

1）专用工器具必须在使用期限内。

2）开工前专人检查清点数量齐全。

3）检查专用工器具无损坏。

4）开工后设专人回收专用工器具，定置存放。

5）损坏的专用工器具由使用单位统一回收，专人负责处理。

（2）验收标准。GB 50147—2010《电气装置安装工程 高压电器施工及验收规范》规定：GIS运到现场后应检查所有元件、附件、备件及专用工器具应齐全，符合订货合同约定，且无损伤变形及锈蚀。

2. 现场常规做法

现场安装所需制造厂专用工器具一般会随GIS设备运输到站，现场根据到货清单清点确认无误后保存在户内。

3. 常见隐患分析

导体小车、导向杆等是GIS设备安装所必备的专用工器具，若缺少上述专用工器具，将增加GIS设备的安装难度，使得开盖设备的露空时间及施工周期延长。

4. 现场典型问题

某变电站500kV HGIS设备安装时，现场缺少导体小车，使得导体的搬运、安装难度加大，延长了开盖设备的露空时间。此外，通过人工搬运导体，施工人员身上的汗液难免会粘附到导体上，而对于较长的导体来说，一旦进入母线筒后，难以清洁，为设备的运行埋下安全隐患。

5. 设备安装前专用工器具验收作业卡

表4-9　设备安装前专用工器具验收作业卡

间隔				
引用文件	GB 50147—2010《电气装置安装工程 高压电器施工及验收规范》《××厂家现场安装作业指导书》《××施工单位现场安装施工方案》			
序号	验收项目	验收关键点		确认
1	移动专用工具	运输小车	连接紧固、滑轮顺畅	
			小车上方配有垫木	
		导体小车	滑轮顺畅	
			部件连接牢固	
2	起吊专用吊具	套管吊具	吊装强度满足要求	
			吊具无破损	
3	法兰对接专用工具	导向套	无破损，表面无毛刺	
			大小与螺栓孔匹配	
		对中螺母	无破损，表面无毛刺	
			大小与螺栓孔匹配	

续表

序号	验收项目	验收关键点		确认
3	法兰对接专用工具	导向杆	表面洁净，无破损、毛刺	
			大小与导向套匹配	
		导体支撑板	支撑强度满足要求	
			软垫无破损	
			长度对应母线筒直径大小	
4	单元对接专用工具	链条葫芦	强度满足要求	
			满足功能要求	
5	配管专用工具	钎焊工装	工装器具完整，无破损	
			满足功能要求	
6	充气专用工具	充气接头	充气接头无破损	
			型号大小符合要求	
			满足功能要求	
		SF_6气体过滤器	满足功能要求	
			管道无破损	
7	专用工器具要求	专用工器具必须在使用期限内		
		开工前专人检查清点数量是否齐全		
		检查专用工器具有无损坏		
		开工后设专人回收专用工器具，定置存放		
		损坏的专用工器具由使用单位统一回收，专人负责处理		
结论	签名：		日期：	

五、安装调试材料准备

现场安装需用到的无水酒精、密封脂等材料准备齐全，具体参考表4-10，该材料的提供方一般会在合同中约定或在设计图纸中明确，现场应检查是否满足安装要求。

1. 验收关键点及标准

（1）验收关键点。

1）检查安装调试材料准备齐全，满足安装需求。

2）检查所有材料必须在其使用有效期限内。

（2）验收标准。GB 50147—2010《电气装置安装工程 高压电器施工及验收规范》规定：GIS元件装配前，应检查：组装用的螺栓、密封垫、清洁剂、润滑脂、密封脂和擦拭材料，应符合产品技术要求。

2. 现场常规做法

现场安装所需制造厂专用安装调试材料一般会随GIS设备运输到站，其他安装调试材料由施工方提供，现场根据到货清单清点确认无误后保存在户内。

3. 常见隐患分析

(1) 安装调试材料不齐全或不符合产品技术要求，将影响设备安装质量或效率。

(2) 现场若未对该部分材料的生产厂家、合格证及生产日期等进行验收，导致伪劣产品进入现场，影响设备的安装质量。

4. 现场典型问题

某变电站 110kV GIS 设备安装时，所使用的密封脂过期，导致设备投运后法兰面密封不严，造成气室漏气。

5. 设备安装调试材料准备验收作业卡

设备安装调试材料准备验收作业卡见表 4－10。

表 4－10　　设备安装调试材料准备验收作业卡

间隔				
引用文件	GB 50147—2010《电气装置安装工程 高压电器施工及验收规范》《××厂家现场安装作业指导书》《××施工单位现场安装施工方案》			
序号	验收项目	验收关键点		确认
1	有机材料	无水酒精	纯度 99.7%，用于清洁	
		密封脂	用于法兰对接面，与各种 O 形圈配合	
		导电膏	适用于接地端子、导体接触面	
		密封胶	用于盆式绝缘子的法兰对接面及螺栓密封处	
		吸附剂	用于更换旧吸附剂	
2	清洁打磨	百洁布	用于金属件打磨，清理毛刺、污渍、氧化层等	
		白色无毛纸	适用于 O 形圈、筒内壁、导体、法兰对接面清理	
		真丝布	用于清洁盆式绝缘子及导体镀银层	
		抹布	用于清洁设备外壳	
		砂纸	用于打磨导体的非镀银层	
		毛刷	用于取用润滑脂等，注意不允许脱毛	
3	防雨防尘	塑料薄膜	用于 GIS 设备防雨、防尘	
		防尘罩		
		绑扎用塑料袋		
4	清洁区人员防护	医用手套	现场工作人员用，用于清洁区及拼装现场	
		头套		
		一次性鞋套		
		防尘服		
5	其他	记号笔	用于螺栓划线	
		透明胶带	用于防尘薄膜封装等	
6	安装调试材料要求	所有材料必须在其使用有效期限内		
结论	签名：		日期：	

4.3　GIS设备安装环境控制措施

4.3.1　安装环境总体要求

1. 验收关键点及标准

（1）验收关键点。GIS设备的SF_6气体对局部粉尘和水分污染极为敏感，因此，在安装时，需要特别注意外界环境状况。

1）环境温湿度：所有涉及SF_6气室的拼装作业应满足环境相对湿度小于80%，温度低于40℃。

2）空气洁净度：安装现场环境要求空气洁净度应达到或优于9级，对照表4－11，即0.5μm≤35 200 000，1μm≤8 320 000，5μm≤293 000。使用粉尘仪时注意仪器单位换算，表4－11中数据单位为“个/m³”，而大部分仪器使用的单位为“个/l”。

3）安装时间：GIS设备安装宜在白天进行，不宜在夜晚安装。

4）土建要求：安装场地的土建工程宜全部完成。

表4－11　　空气洁净度等级表

空气洁净度（N）	大于或等于表中粒径的最大浓度限值（个/m³）					
	0.1μm	0.2μm	0.3μm	0.5μm	1μm	5μm
1	10	2				
2	100	24	10	4		
3	1000	237	102	35	8	
4	10 000	2370	1020	352	83	
5	100 000	23 700	10 200	3520	832	29
6	1 000 000	237 000	102 000	35 200	8320	293
7				352 000	83 200	2930
8				3 520 000	832 000	29 300
9				35 200 000	8 320 000	293 000

注　国际通用说法为1～9级，但通俗说法常以0.1μm悬浮粒子数为标准而称为十级、百级等。

（2）验收标准。

GB 50147—2010《电气装置安装工程 高压电器施工及验收规范》规定：

1）安装场地应符合下列规定：① 室内安装的GIS：GIS室的土建工程宜全部完成，室内应清洁，通风良好，门窗、孔洞应封堵完成；室内所安装的起重设备应经专业部门检查验收合格。② 室外安装的GIS：不应有扬尘及产生扬尘的环境，否则应采取防尘措施；起重机停靠的地基应坚固。③ 产品和设计所要求的均压接地网施工应完成。

2）GIS元件的安装应在制造厂技术人员指导下按产品技术文件要求进行，并应符合下列要求：① 装配工作应在无风沙、无雨雪、空气相对湿度小于80%的条件下进行，并应采取防尘、防潮措施。② 产品技术文件要求搭建防尘室时，所搭建的防尘室应符合产品技术文件要求。

标准解读：

a. 安装场地（环境）的检查是确保安装质量、施工安全的重要内容。由于 SF_6 气体是已知的质量最重的气体之一，在通风条件不良的情况下可能造成窒息事故，因此，应检查GIS室内通风良好。

检查室外工地附近是否有沙尘、泥土等及产生沙土、泥土的裸露地面，如有，应采取喷水等防尘措施；检查场地及其地基的承载力应满足所选择起重机的作业要求。

b. 某制造厂750kV GIS产品要求所采取的防尘、防潮措施为搭建防尘室。防尘室尺寸应满足 GIS 设备最大不解体单元体积或设备技术文件要求，其内部应配备测尘装置、除湿装置、空气调节器、干湿度计等装置，地面铺设防尘垫，防尘室应能移动，防尘室内应保持微正压，测量粉尘度满足产品技术文件要求。

2. 常见隐患分析

（1）空气相对湿度较高对安装的不利影响，主要是空气中水分含量太高，水分对GIS设备的不利影响可具体参考本章4.1.1中的常见隐患分析。另一方面，湿度较高时，气室容易受潮，空气中的粉尘也容易附着在设备内部。

（2）温度的限制主要考虑以下几个方面：① 对法兰对接面密封性的影响。O形圈在温度较高或较低的情况下安装，经历季节变换后，由于热胀冷缩的作用，对O形圈的密封稳定性是一大考验。② 对 SF_6 气体的影响。SF_6 气体临界温度为45.64℃，如果环境温度过高，存储在气瓶内的液态 SF_6 将成为一个严重的安全隐患，具体参考本章4.1.3中的验收标准。③ 施工人员出汗增加，汗液中含有污渍，特别是毛孔分泌的盐质，会氧化腐蚀设备。汗液附着在导体导流部位，设备运行时可能引起导体发热。另一方面，汗液附着在绝缘件上，绝缘件遭受污染，降低其表面的闪络电压，容易引发绝缘击穿事故。

（3）空气洁净度的影响。金属碎屑、粉尘等杂质进入设备内部，在电磁场作用下会在母线筒内聚集，达到一定量时，会导致导体对筒壁放电，引起设备故障。

（4）时间的限制主要出于对飞虫的考虑。GIS设备气室开盖时，尤其是垂直方向的气室，如套管，应确保无蚊子、飞蛾等飞虫的进入。因此，应在白天进行法兰对接面拼装，在蚊虫较多的傍晚、夜间，应停止拼装作业。

4.3.2 户外安装分区域四防措施要求

根据拼装要求，户外安装可设置如下区域：① 设备准备区，主要用于设备安装前，待拼装的套管、过渡筒等设备进行开箱检查和表面清洁，避免设备表面附着的粉尘进入设备清洁区或导体清洁区；② 设备清洁区，主要用于套管等体积较大的设备开盖，并对其法兰面及其设备开盖四周进行清洁以及其内部导体的拼装；③ 导体清洁区，主要用于导体、母线筒、伸缩节等体积较小部件的清洁以及其内部导体的初步固定；④ 对接区，主要用于断路器单元、母线筒、伸缩节以及套管间的相互对接。如图 4－15 所示，为某变电站 500kV 户外 HGIS 设备拼装作业区设置示意图。

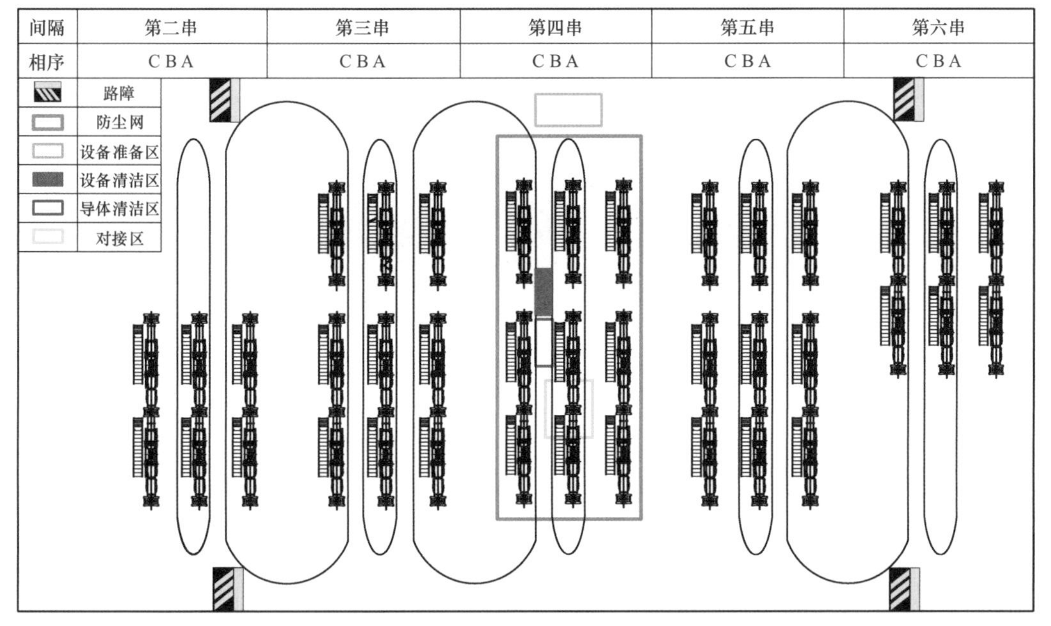

图 4－15　某变电站 500kV 户外 HGIS 设备拼装作业区示意图

为了保障安装环境的湿度和空气洁净度满足要求，现场需按区域严格执行“防雨、防尘、防风、防潮”等四防措施。

一、拼装作业区四周

1. 验收关键点及标准

（1）验收关键点。

1）附近不应进行打磨、切割、焊接、钻孔、粉刷、搅拌等扬尘的作业。

2）开工前，拼装地点邻近间隔外设置路障，禁止工程用车进入拼装作业区域附近道路。

3）拼装作业区四周应落实防尘措施。开工前，地面采取洒水等抑制扬尘措施，以减少扬尘，并再次测量空气湿度，满足要求方可开展拼装作业。

（2）验收标准。标准及其解读参考本章 4.3.1 中的验收标准，在此不再赘述。

2. 现场常规做法

（1）一般需在开工前一天与施工方协调落实停止扬尘作业，并按 GIS 设备拼装作业区示意图设置路障，严禁无关人员、车辆通行，开工前及时检查落实情况。

（2）施工现场一般在与拼装作业区相邻的两个间隔内设置防尘网，如图 4－16 所示。开工前，施工方提前一小时安排作业人员落实洒水等抑制扬尘措施，并再次测量空气湿度，满足要求方可开展拼装作业。收工前，检查场地供水情况，保障第二天洒水措施落实到位，以免延误工程进度。对于工期紧张的施工，现场应储备足够的施工用水。

图 4－16　防尘网设置充分

3. 常见隐患分析

若拼装作业区四周未落实“防雨、防尘、防风、防潮”等四防措施，水气在安装时进入设备内部，吸附或侵蚀绝缘件，将大大降低其表面的闪络电压，可能造成导体对筒壁放电事故。粉尘等杂质进入设备内部，在电磁场作用下会在母线筒内聚集，达到一定量时，会导致导体对筒壁放电，引起设备故障。

4. 现场典型问题

（1）某变电站 500kV HGIS 设备安装地点四周存在土方堆填、地网焊接、消防焊接等扬尘作业，如图 4－17 所示。

(a) 土方堆填

(b) 地网焊接

(c) 消防焊接

图 4－17　拼装作业区四周发尘量较大的作业

（2）开工前，部分施工方未设置路障，车辆进出，产生扬尘。

（3）部分施工方为节约时间，疏忽洒水抑尘措施，或偶尔出现施工用水停水的情况，使得洒水抑尘措施无法落实。

二、设备准备区

1. 验收关键点及标准

（1）验收关键点。

1）设备准备区应选择靠近拼装地点的平地，并落实防尘措施。

2）对设备进行开箱检查，并对其表面进行全面清洁。

（2）验收标准。

标准及其解读参考本章 4.3.1 中的验收标准，在此不再赘述。

2. 现场常规做法

（1）现场检查设备准备区设置合理，就近设置设备清洁区。施工现场一般采用铺设防尘网和洒水的方式抑制扬尘。

（2）现场检查设备表面清洁及时，设备开箱后的包装箱等杂物及时清除。

3. 常见隐患分析

（1）设备放在凹凸不平的地面上，易造成设备倒塌、损坏。

（2）地面未铺设防尘网，不能有效抑制设备准备区的扬尘，易造成粉尘进入设备内部。

（3）安装前未认真检查、确认待安装设备无缺陷，造成设备带缺陷安装。

（4）设备长期户外存放，包装箱表面附着大量粉尘、泥沙，设备进入设备清洁区前未在设备准备区全面清洁其表面，造成设备表面的粉尘进入设备清洁区。

三、设备清洁区

1. 验收关键点及标准

（1）验收关键点。

1）设备清洁区应选择靠近拼装地点的平地，并落实防尘措施。

2）气室开盖前，应对设备开盖处四周进行彻底清洁。

3）现场应配置防尘罩，设备清洁完毕后，应采用防尘罩临时密封其法兰面，避免粉尘进入。

（2）验收标准。GB 50147—2010《电气装置安装工程 高压电器施工及验收规范》规定：产品技术文件允许露空安装的单元，装配过程中应严格控制每一单元的露空时间，工作间歇应采取防尘、防潮措施。

其余的标准及其解读参考本章 4.3.1 中的验收标准，在此不再赘述。

2. 现场常规做法

（1）现场检查设备清洁区场地选择合理，防尘措施落实到位。设备清洁区一般在地面先铺设防尘网后再铺设胶垫，并时刻保持地面清洁，如图 4－18 所示。

（2）气室开盖前，通常使用白布蘸无水酒精对设备开盖处四周进行全面清洁。现场检查待拼装设备开盖后，法兰面在拼装前应采用防尘罩临时密封，如图 4－19 所示。

（3）现场应搭设防雨棚、配置塑料薄膜作为防雨应急措施。

3. 常见隐患分析

（1）设备清洁区若未严格按照要求采取防尘网、胶垫等双层防尘措施，对粉尘的抑制效果不足，易造成粉尘进入设备内部。

（2）设备清洁区若未对设备开盖处四周进行彻底清洁，设备对接时容易将粉尘等杂质带入设备内部。

图 4－18 防尘胶垫设置合理

图 4－19 法兰面临时密封

（3）开盖设备未采用防尘罩临时封装其法兰面，若设备长时间暴露在空气中，易造成气室污染。

4. 现场典型问题

（1）现场未注意混凝土地面和泥地、草地等衔接处的坑洼，存在设备在搬运过程中侧翻造成设备损坏的风险。

（2）气室开盖前，部分施工人员疏忽，未对开盖处四周进行彻底清洁。

四、导体清洁区

1. 验收关键点及标准

（1）验收关键点。

1）导体清洁区宜设置防尘室，检查防尘室四周及顶棚无漏雨隐患。

2）防尘室入口处应设置风淋间，配置一次性鞋套。

3）防尘室地面应落实防尘措施，并时刻保持地面清洁。

4）防尘室内应设置空调等防潮措施。

（2）验收标准。标准及其解读参考本章 4.3.1 中的验收标准，在此不再赘述。

2. 现场常规做法

（1）户外 GIS 安装时，防尘室设置以移动板房为佳，也可采用简易可移动防尘室，如图 4－20 所示，但应仔细检查满足“四防”要求。防尘室入口处设置风淋间，并设置禁止吸烟及非工作人员不得入内告示牌。室内地面一般先铺设防尘网后再铺设防尘胶垫，配置空调、吸尘器，并时刻保持地面清洁。

（2）导体检查平台一般先铺设皮革后再铺设气泡软薄膜，如图 4－21 所示，并时刻保持桌面及工器具清洁，尤其是在拆封导体包装前。

3. 常见隐患分析

（1）未搭建有效的防尘室或防尘室未配备除尘、除湿、降温等设施以及粉尘仪，造成防尘室内粉尘无法得到有效控制。

（2）防尘室入口处未设置风淋间和使用一次性鞋套，造成拼装过程中施工人员衣物及鞋子上的粉尘进入导体清洁区。

图4－20 简易可移动防尘室

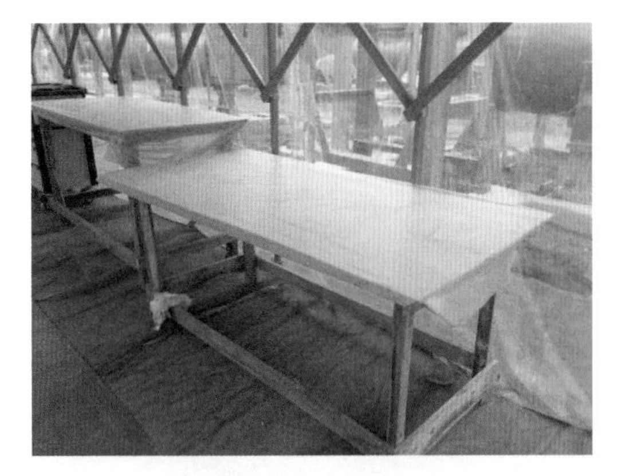

图4－21 导体检查平台

（3）防尘室内的导体检查平台上未铺设材质较软的材料，清洁过程中容易造成导体受损。

（4）清洁导体前未清洁吸尘器刷头，容易造成刷头的粉尘及其他杂质转移至导体上。

4. 现场典型问题

（1）部分施工人员未按要求穿戴一次性鞋套进入防尘室。

（2）移动空调附近存在冷凝水，影响防尘室内作业环境。

（3）拼装过程中忽略检查平台的清洁，使得导体遭受粉尘污染。

五、对接区

1. 验收关键点及标准

（1）验收关键点。

1）对接区必须搭建活动防尘棚，落实防风、防雨应急措施。

2）吊装需要临时开放或移开防尘棚前，开盖的GIS设备法兰对接面应使用防尘罩进行临时密封。

（2）验收标准。标准及其解读参考本章4.3.1中第三点的验收标准，在此不再赘述。

2. 现场常规做法

现场检查防尘棚设置合理，一般采用彩条布搭建防尘棚，如图4－22所示，同时配备塑料薄膜作为防雨应急措施。临时开放或移开防尘棚前，均按要求对开盖的GIS设备法兰对接面使用防尘罩进行临时密封。

图4－22 活动防尘棚

3. 常见隐患分析

安装现场若未设置防雨应急措施，对雨水频繁地区，容易导致开盖设备遭受雨淋。

4. 户外设备安装环境控制措施及确认验收作业卡

户外设备安装环境控制措施及确认验收作业卡见表4－12。

表4－12　　户外设备安装环境控制措施及确认验收作业卡

间隔					
引用文件	GB 50147—2010《电气装置安装工程 高压电器施工及验收规范》《××厂家现场安装作业指导书》《××施工单位现场安装施工方案》				
序号	验收区域	验收关键点	时　分	时　分	时　分
1	拼装作业区四周	附近无打磨、切割、焊接、钻孔、粉刷、搅拌等扬尘作业			
		开工前，拼装地点相邻间隔设置路障，禁止工程用车进入作业区域			
		拼装作业区四周防尘措施落实到位			
		开工前，地面采取洒水抑尘措施，以减少扬尘			
		收工前，检查场地供水情况			
2	设备准备区	地面平整且防尘措施落实到位			
		全面清洁设备表面，清除杂物			
3	设备清洁区	现场相对湿度不大于80%			
		空气洁净度检查：0.5μm≤35 200 000，1μm≤8 320 000，5μm≤293 000			
		地面平整，防尘措施落实到位，并时刻保持地面清洁			
		气室开盖前，对开盖处四周进行彻底清洁			
		每日开工前，应检查施工用电，确保吸尘器工作正常			
		设备清洁完毕后，应采用防尘罩临时密封其法兰面，避免粉尘进入			
		防雨应急措施落实到位			
4	导体清洁区	现场相对湿度不大于80%			
		空气洁净度检查：0.5μm≤35 200 000，1μm≤8 320 000，5μm≤293 000			
		设置防尘室，检查四周及顶棚无漏雨隐患			
		防尘室入口处设置风淋间，配置一次性鞋套			
		防尘室内防尘措施落实到位，并时刻保持地面清洁			
		防尘室内设置空调等防潮措施			
		桌面铺设皮革或薄膜桌布，并时刻保持桌面及工器具清洁，尤其是在拆封导体包装前			
		防尘室内设置吸尘器			
		每日开工前，应检查施工用电，确保吸尘器、空调等用电设备正常工作			

续表

序号	验收区域	验收关键点	时　分	时　分	时　分
5	对接区	现场相对湿度不大于 80%			
		空气洁净度检查：0.5μm ≤ 35 200 000，1μm ≤ 8 320 000，5μm≤293 000			
		搭建活动防尘棚，落实防风、防雨应急措施			
		吊装需要临时开放或移开防尘棚前，对开盖设备法兰对接面使用防尘罩临时密封			
结论	签名：		日期：		

4.3.3　户内安装分区域四防措施要求

一、安装区域划分

1. 验收关键点及标准

（1）验收关键点。

1）根据厂家安装作业指导书要求，GIS 设备室室内区域划分：① 设备临时放置区；② 工器具、辅消材料放置区；③ 设备清洁区；④ 安装（对接）作业区。

2）区域划分要求：保证施工作业区应有足够的吊装、转运空间以满足安装要求，待安装设备、工器具、辅消材料必须摆放整齐有序。

（2）验收标准。标准及其解读参考本章 4.3.1 中的验收标准，在此不再赘述。

2. 现场常规做法

（1）设备到货时，一般在室内距安装（对接）作业区附近划分一块区域作为设备临时放置区，将待安装设备统一存放。安装前，应对设备临时放置区存放的设备进行全面的清洁。

（2）配置工作台、工具箱，准备好安装所需的工器具、辅消材料等，方便取用。

（3）选择安装（对接）作业区附近区域作为设备清洁区，设备对接前将待安装设备吊运至该区域进行清洁。

3. 常见隐患分析

（1）设备长时间户内存放，表面附着大量灰尘、异物。若不划分区域处理，任其随意存放，在清洁时，其粉尘会交叉污染其他区域。

（2）现场若未合理地划分区域，易造成安装顺序混乱，开盖设备的露空时间过长，安装效率降低。

二、控制措施

1. 验收关键点及标准

（1）验收关键点。

1）设备基础、预埋件、电缆沟槽等设施土建作业已完工，施工作业区附近无粉尘产生，并落实防尘、防潮措施。

2）每天必须定期清扫作业区内的异物，保持作业区的洁净度，作业区内应设置专用的垃圾回收容器。

3）设备清洁完毕后，应采用防尘罩临时密封其法兰面，避免粉尘进入。

（2）验收标准。标准及其解读参考本章 4.3.1 中的验收标准，在此不再赘述。

2. 现场常规做法

（1）现场检查土建作业已完工，室内地面一般要求完成自流平地基，并在安装作业区周边 5m 范围内铺设清洁塑料薄膜或彩条布。

（2）安装前，一般先对室内静置 3 天，保证室内的粉尘沉降后，再每天使用湿拖把进行清洁，吸尘器除尘。必要时采取其他粉尘控制措施。

（3）现场检查门窗、孔洞内外侧附近区域均进行彻底清洁后封闭，仅保留一处出入口，出入口设置风淋间，并设置禁止吸烟及非工作人员不得入内告示牌。进入安装现场必须戴一次性帽子、鞋套，避免衣物及鞋子上的粉尘进入。

（4）安装前，对设备、行车、工器具等进行全面的清洁。

（5）清洁平台铺设皮革或薄膜桌布等材质较软的材料，并时刻保持桌面及工器具清洁，尤其是在拆封导体包装前。

（6）做好天花的清洁，尤其是行车移动范围内的粉尘，以及行车、吊钩、吊绳、轨道及飘台上面的粉尘及铁锈粉末等。

（7）每天定期清扫作业区内的异物，保持作业区的洁净度，作业区内应设置专用的垃圾回收容器。

（8）开盖设备检查、清洁完毕后，应采用防尘罩临时密封其法兰面，避免粉尘进入。

3. 常见隐患分析

（1）若室内未配备粉尘仪及除尘、除湿、降温设施，会造成室内粉尘无法得到有效监测及控制，在作业区相对湿度大于 80%的情况下安装设备，易导致水汽进入设备内部。

（2）安装设备时，作业区内若正在进行产生粉尘及金属微粒的工作，导致灭弧室及其他部件安装时空气洁净度不满足要求。

（3）在 GIS 室及其楼体、天面、墙体等引起扬尘的土建未完工时，进行 GIS 设备电气安装，容易造成粉尘进入设备内部。

（4）在布置室内安装环境前，未将室内的粉尘排出或静置一段时间，造成粉尘积聚在室内无法排出，其空气洁净度无法保证。

4. 现场典型问题

某变电站户内 110kV GIS 设备安装过程中，未对设备表面进行全面清洁，导致设备表面存在大量粉尘，如图 4－23 所示。

图 4－23　某变电站户内 110kV GIS 设备对接面四周粉尘

5. 户内设备安装环境控制措施及确认验收作业卡

户内设备安装环境控制措施及确认验收作业卡见表 4－13。

表 4－13　　户内设备安装环境控制措施及确认验收作业卡

间隔					
引用文件	GB 50147—2010《电气装置安装工程 高压电器施工及验收规范》《××厂家现场安装作业指导书》《××施工单位现场安装施工方案》				
序号	验收区域	验收关键点	时　分	时　分	时　分
1	设备临时放置区	待安装设备统一存放			
		安装前对临时放置区的设备进行全面的清洁			
2	工位器具、辅消材料放置区	配置工作台、工具箱，准备好安装所需的工器具、辅消材料等，方便取用			
		全面清洁设备表面			
3	设备清洁区	气室开盖前，应对开盖处四周进行彻底清洁			
		设备清洁完毕后，应采用防尘罩临时密封其法兰面，避免粉尘进入			
		清洁平台应铺设皮革或薄膜桌布等材质较软的材料，并时刻保持桌面及工器具清洁，尤其是在拆封导体包装前			
4	安装（对接）作业区	设备对接附近地面防尘措施落实到位			
		全面清洁设备表面，尤其设备开盖处周围区域			
5	整体控制	现场湿度不大于 80%			
		空气洁净度检查：0.5μm≤35 200 000，1μm≤8 320 000，5μm≤293 000			
		设备基础、预埋件、电缆沟槽等设施完工，施工作业区附近无粉尘产生			
		GIS 室入口处设置风淋间，并设置禁止吸烟及非工作人员不得入内告示牌。进入安装现场必须戴一次性帽子、鞋套，避免衣物及鞋子上的粉尘进入			
		室内门窗、孔洞进行封闭，室内防潮、防尘措施落实到位			

续表

序号	验收区域	验收关键点	时 分	时 分	时 分
5	整体控制	做好天花的清洁，尤其是行车移动范围内的粉尘，以及行车、吊钩、吊绳、轨道及飘台上面的粉尘以及铁锈粉末等			
		每天必须定期清扫作业区内的异物，保持作业区的洁净度，作业区内应设置专用的垃圾回收容器			
		每日开工前，应检查施工用电，确保吸尘器正常工作			
结论		签名：	日期：		

4.3.4 环境控制实时检测

1. 验收关键点及标准

（1）验收关键点。

1）各个区域均应配备温湿度计和粉尘仪，并实时对安装环境进行监测，同时，应注意不同厂家粉尘仪的正确使用方法，避免使用不当导致检测数据有误。

2）粉尘仪应在安装区域附近测量，测量后将检测口封闭，以免影响下次测量精度。

3）上述所有控制措施均应在开工前落实，在拼装过程中时刻注意。

4）在表 4－12 或表 4－13 的实时检查表中记录时间及环境数据，当指标不合格时，如图 4－24 所示，应立即停止开盖作业并采取相应控制措施。

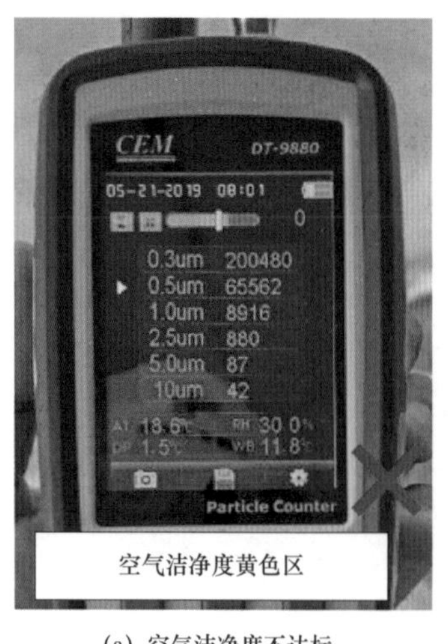

(a) 空气洁净度不达标

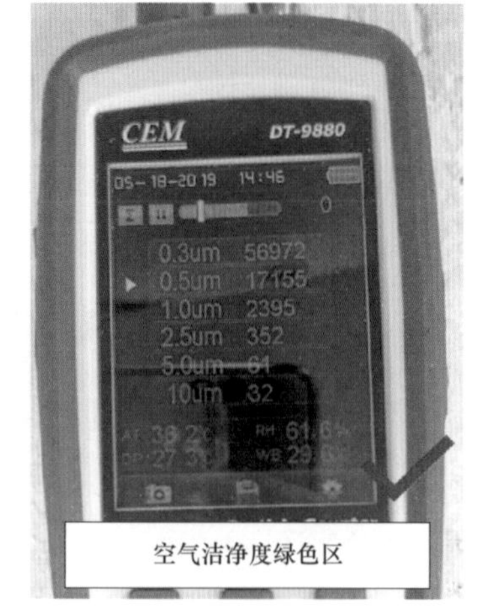

(b) 空气洁净度达标

图 4－24 安装环境粉尘仪监测

（2）验收标准。标准及其解读参考本章 4.3.1 中第三点的验收标准，在此不再赘述。

2. 常见隐患分析

（1）GIS 设备安装现场未配备温湿度计和粉尘仪，在环境洁净度、温湿度不达标的情况下拼装设备。

（2）粉尘仪精度不够或使用方法不当，不能正确监测现场安装环境。

3. 现场典型问题

详见本章 4.2.3 中所述现场典型问题。

4.4　GIS 设备吊装转运

4.4.1　工器具检查

1. 验收关键点及标准

（1）验收关键点。

1）吊车（户外安装）、行车（户内安装）等起重机应具备慢起慢落功能，最大起吊重量、额定载荷表及起升高度曲线应满足作业要求。起重设备应经专业部门检验合格。

2）吊带极限工作负荷应满足作业要求，且外观良好，无断层、贯穿性裂口、严重变形或严重磨损。

3）对于户外 GIS 设备安装，吊装转运设备摆放场地须平整，吊车工作承压地面必须坚实、无明显坑洼。

（2）验收标准。GB 50147—2010《电气装置安装工程 高压电器施工及验收规范》规定如下。

1）安装场地应符合下列规定：① 室内所安装的起重设备应经专业部门检查验收合格。② 室外安装起重机停靠的地基应坚固。

2）应按产品技术文件要求选用吊装器具及吊点。

标准解读：安装场地（环境）的检查是确保安装质量、施工安全的重要内容。

2. 现场常规做法

（1）现场检查吊车或行车具备慢起慢落功能，最大起吊质量、额定载荷表及起升高度曲线应满足作业要求，如图 4－25（a）、（b），图 4－26 所示。

（2）现场检查吊带极限工作负荷满足作业要求，且外观良好，无断层、贯穿性裂口、严重变形或严重磨损，如图 4－25（c）所示。

（3）现场作业一般配备主司索 1 人，副司索 1 人。

（a）吊车铭牌

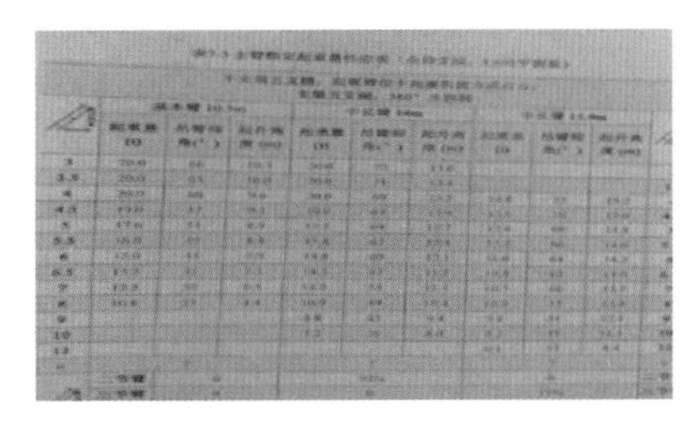

（b）额定载荷表及起升高度曲线

（c）吊带最大荷载

图 4－25　吊车检查

图 4-26 行车检查

3. 常见隐患分析

(1) 吊带极限工作负荷应按最大质量吊装单元为准，一般为断路器组合单元。若吊绳存在断层、贯穿性裂口、严重变形或严重磨损等缺陷时，在吊装设备过程中可能引发人员或设备砸伤的施工安全问题。

(2) 吊车、行车操作员的视野存在盲区，且现场设备较多，若未配备司索配合起重机操作员吊装转运设备，容易引起设备误碰伤事件。

4. 现场典型问题

部分室内所安装的起重设备未及时交由专业部门检查验收。

4.4.2 吊装区域选择及警戒线设置

1. 验收关键点

(1) 根据 GIS 设备吊装转运范围，选用吊车时应确认吊车摆放区域选择，选用行车时应确认行车的行程极限。

(2) 吊装转运过程中应防止撞伤人员及设备。对于户外 GIS 设备吊装转运选用吊车时，应在吊臂作业半径范围内设置警戒线。对于户内 GIS 设备吊装转运选用行车时，应在行车作业范围内设置警戒线。

2. 现场常规做法

(1) 对于户外 GIS 设备吊装转运，须会同施工方提前现场勘察，一般根据设备的不同，选择的吊车摆放位置相应变动。以 500kV 某变电站 HGIS 设备吊装为例，吊车摆放位置大致选择在 500kV 区域环形道路与相间道路上，具体位置参考如图 4-27 中所示。

(2) 对于室内 GIS 设备吊装转运，须会同施工方提前勘察行车的行程极限，确认吊装转运范围内行车是否都能到达，尤其是需穿墙的分支母线筒，其吊装转运对行车的行程要求较高。

3. 常见隐患分析

(1) 吊臂作业半径范围、行车作业范围内未设置警戒线，易造成吊臂、行车在运动过程中撞坏其他设备。

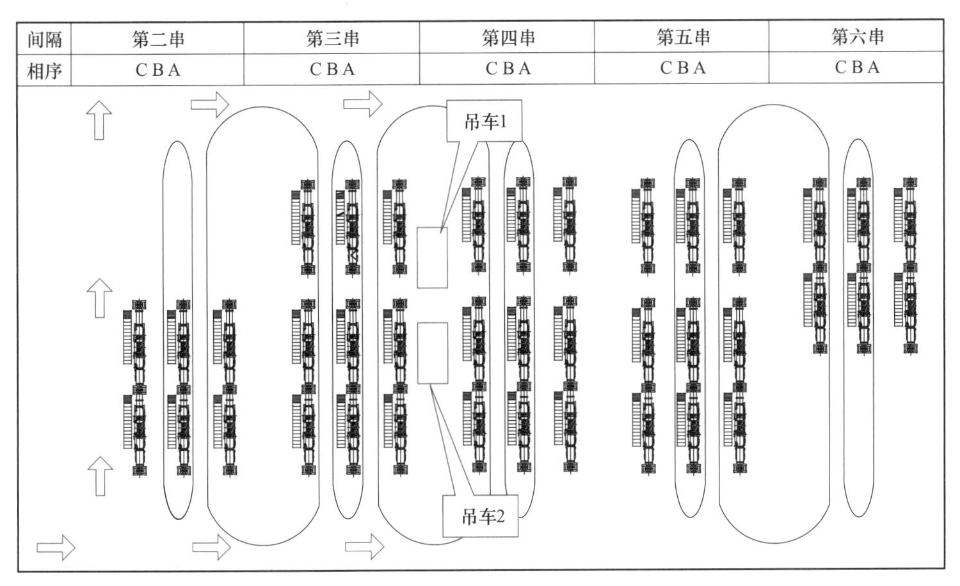

图 4－27　吊车摆放区域选择示意图

（2）对于需穿墙的分支母线筒，若行车的行程极限无法满足设备吊装要求，又未提前勘察制定相应的解决方案，将导致设备无法安装。

4.4.3　设备吊装转运

1. 验收关键点及标准

（1）验收关键点。

1）设备起吊应进行试吊，吊起 10cm 后，应检查吊绳吊点牢固，吊物平衡，检查无异常后方可继续起吊。

2）转运设备应选择合适的吊装防滑绳结或 U 型卸扣，保证两侧吊带长度一致，起吊稳固，吊起后转运设备呈水平姿态。

3）起吊转运过程应平稳缓慢。

4）在吊装转运卸货时，必须缓慢落下，避免碰伤设备、人员。

5）转运体积大、质量大的设备不可叠堆放置，尤其是套管，必须平铺摆放。

（2）验收标准。JB 8716—2019《汽车起重机和轮胎起重机　安全规程》规定：用支腿起重作业前，必须按说明书的要求牢固可靠地打好支腿。

2. 现场常规做法

（1）采用吊车进行户外吊装转运设备时，应根据场地实际情况落实防塌陷措施。一般先在地面上安放足够强度的钢板，再在钢板上垫放枕木。

（2）吊车打腿作业符合规定顺序，一般先伸左前、右前、左后、右后四个支腿，最后伸第五支腿。打腿作业结束后，应检查支腿牢固、所有车轮离开地面、水平仪水准泡应居中，如图 4－28 所示。

(a) 吊车车轮、支腿检查

(b) 吊车水平仪水准泡检查

图 4－28 吊车打腿检查

（3）所有吊装转运设备起吊前均应进行试吊，起升作业平稳缓慢，转运设备无滑动、掉落。

3. 常见隐患分析

（1）若吊车不打腿，其轮胎将直接成为受力点，轮胎承受力不足，可能引发爆胎，吊车倾覆，造成设备损坏、人员伤害。

（2）若吊车第五支腿未按要求伸出，其稳定性无法保证，易引发施工安全事件。

（3）起吊重物时，人员停留在吊装作业范围内，容易造成意外事故。

（4）打腿前未了解地面的承压能力及合理选择垫板的材料、面积，易造成作业时支腿沉陷。

（5）若所有车轮未离开地面或不在同一水平面上，即出现三支点现象，易造成吊车在作业过程中出现倾覆。

（6）起吊转运设备时过急过快，无法保证吊车在作业过程中的稳定性，易引发吊运设备损伤事件。

（7）在转运设备卸货过程中，为了降低转运设备损坏的风险，一般要求转运体积大、质量大的设备不允许叠放。

4. 设备吊装转运验收作业卡

设备吊装转运验收作业卡见表 4－14。

表 4－14　　设备吊装转运验收作业卡

间隔			
引用文件	GB 50147—2010《电气装置安装工程 高压电器施工及验收规范》、JB 8716—2019《汽车起重机和轮胎起重机 安全规程》《××厂家现场安装作业指导书》《××施工单位现场安装施工方案》		
序号	验收项目	验收关键点	确认
1	工器具检查	作业前应对工器具进行检查，外观完整、清洁，严禁使用腐蚀、变形、松动、有故障、破损、卡涩等不合格工器具	
		起重设备应具备慢起慢落功能，最大起吊质量满足作业要求，具备特种设备使用登记证及特种设备定期检验安全合格证	

续表

序号	验收项目	验收关键点	确认
1	工器具检查	吊带极限工作负荷满足作业要求，且外观良好，无断层、贯穿性裂口、严重变形或严重磨损	
2	人员准备	起重设备操作员 1 人，司索 1～2 人（需持证上岗）	
3	现场环境检查	户外场地须平整，工作承压地面必须坚实、无明显坑洼	
4	摆放区域选择	根据 GIS 设备吊装转运范围，选用吊车时应确认吊车摆放区域选择，选用行车时应确认行车的行程极限	
5	警戒线设置	在吊车作业区域（吊臂作业半径范围内）或行车作业范围内设置警戒线	
6	设备吊装转运	每次吊起货物的数量为一件，起吊全过程严禁任何人员站在吊装移动线路内和吊装物品下	
		吊车打腿作业符合规定顺序，一般先伸左前、右前、左后、右后四个支腿，最后伸第五支腿。打腿作业结束后，应检查支腿牢固、所有车轮离开地面、水平仪水准泡应居中	
		转运设备应选择合适的吊装防滑绳结或 U 型卸扣，保证两侧吊带长度一致，绑扎稳固，吊起后转运设备呈水平姿态	
		起吊前，应发出告警示意开始起吊	
		起吊 10cm 后，暂停起吊，检查吊绳吊点是否牢固，吊物是否平衡，无异常后方可继续起吊	
		根据司索指令缓慢平稳吊装转运设备	
		转运设备应平铺摆放，不可叠放	
		检查转运设备摆放稳固后，拆卸吊具	
结论	签名：	日期：	

4.5 GIS 过渡筒开盖检查及清洁

4.5.1 工器具及安装环境检查

1. 验收关键点及标准

（1）验收关键点。

1）检查密封脂等材料在保质期有效范围内。

2）检查清洁类材料包装完好，内部洁净。

3）检查工器具使用正常、外观整洁。

4）现场环境温湿度、空气洁净度及其控制措施应满足本章 4.3 节要求。

（2）验收标准。GB 50147—2010《电气装置安装工程 高压电器施工及验收规范》规定：GIS 元件装配前，应检查组装用的螺栓、密封垫、清洁剂、润滑脂、密封脂和擦拭材料符合产品技术要求。

2. 现场常规做法

现场一般要求施工方在安装前三天准备设备拼装常用工器具，并对其合格证、校验标签、外观等进行检查，并配置专用工器具收纳箱，工器具分层、分类、编号定置摆放，如图 4－29 所示。通常工器具在使用前应用蘸无水酒精的无毛纸擦拭干净。表 4－15 列举了某变电站 500kV HGIS 设备过渡筒开盖检查及清洁所需的工器具。

表 4－15　某变电站 500kV HGIS 设备过渡筒开盖检查及清洁工器具清单

序号	类别	工器具
1	清洁材料类	密封脂、百洁布、无水酒精、无毛纸、防尘罩、手套、白绸布
2	安装专用工器具	运输小车、枕木
3	常用工器具	温湿度计、吸尘器、强光手电

图 4－29　工器具收纳箱

3. 常见隐患分析

（1）工器具不齐全或不符合产品技术要求，将影响设备安装质量及效率。

（2）使用不在保质期内的密封脂，变质的密封脂不能起到制造厂要求的密封性能，容易造成设备漏气，给设备的正常运行埋下安全隐患。

（3）缺少百洁布，使得对金属法兰面的细微毛刺、划痕等缺陷的打磨抛光作业难度增加，法兰面对接后难于保证其密封性，容易导致设备漏气。

（4）无水酒精纯度不足，无法保证其挥发速度，容易将水汽带入设备内部。

（5）使用不合格无毛纸或易掉纤维的布，将无法对法兰对接面、密封槽、O 形圈等进行彻底清洁，影响设备的安装质量，残留在设备内部的纸屑、布料纤维等可能在运行过程中产生局部放电，引发绝缘击穿事件。

（6）过渡筒开盖清洁完毕后，未采用防尘罩对其进行临时密封，导致粉尘进入过渡筒内部。

（7）清洁气室内部时，作业人员未戴手套，造成皮屑、汗水等残留在气室内部，可能引起局部放电或绝缘击穿事件。

（8）运输小车缺少枕木的配合，过渡筒在搬运过程中容易发生滚动损伤，且过渡筒外壳表面油漆易产生损伤。

4.5.2　过渡筒开盖检查

一、开盖前检查

1. 验收关键点及标准

（1）验收关键点。

1）检查过渡筒带气运输、存放并正确释放气体：① 检查未开盖的过渡筒内有微正压的干燥氮气或 SF_6 气体。② 检查筒体内气体完全释放，方可打开运输封板。

2）检查过渡筒外壳漆面完好，无损伤、变形、裂纹、锈蚀等缺陷。

3）清洁过渡筒外壳水迹、油污、粉尘，再用吸尘器吸除粉尘、碎屑。

4）拆除过渡筒运输封板时，注意避免损伤过渡筒法兰面。

（2）验收标准。GB 50147—2010《电气装置安装工程 高压电器施工及验收规范》规定：GIS元件装配前，应检查：① GIS元件的所有部件应完整无损；② 各分隔气室气体压力值和含水量应符合产品技术文件要求。

2. 现场常规做法

（1）过渡筒一般带微正压干燥氮气运输，按下运输封板的逆止阀顶针，如图4-30所示，检查有气体排出，则判断气室内仍有满足规定要求的微正压气体。

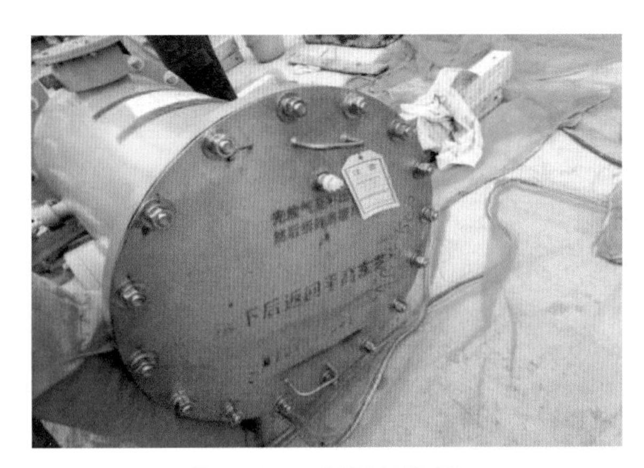

图4-30　运输封板气孔

（2）现场逐一检查过渡筒外壳外表无明显缺陷后，对过渡筒外壳进行全面清洁。

（3）拆除过渡筒运输封板时，现场一般按照对角松开螺栓，保留水平方向的两颗螺栓暂不松动，全面清洁过渡筒外壳。松开剩下的两颗螺栓时，小心打开运输封板，以避免损伤过渡筒法兰面。

3. 常见隐患分析

（1）拼装前未用干净的白布将过渡筒外壳表面擦拭干净，过渡筒外表面附着的粉尘、泥沙带入清洁区，污染清洁区作业环境，甚至在随后的拼装过程中进入设备内部，埋下安全隐患。

（2）检查过渡筒时未将筒内气体释放至零压，带气压拆卸运输封板，容易造成设备、人员损伤。

（3）过渡筒检查过程中发现伤及过渡筒内部，可能会影响设备运行的缺陷时，未及时汇报，造成设备带缺陷投运。

4. 现场典型问题

母线筒外壳存在凹痕、变形、划痕、掉漆等缺陷，如图4-31所示。对于凹陷、变形等缺陷，应结合筒壁厚度、凹痕深度等参数，仔细确认过渡筒内部是否受到损坏，方可继续安装。对于划痕、掉漆等轻微缺陷，安装后应及时对其进行补漆。

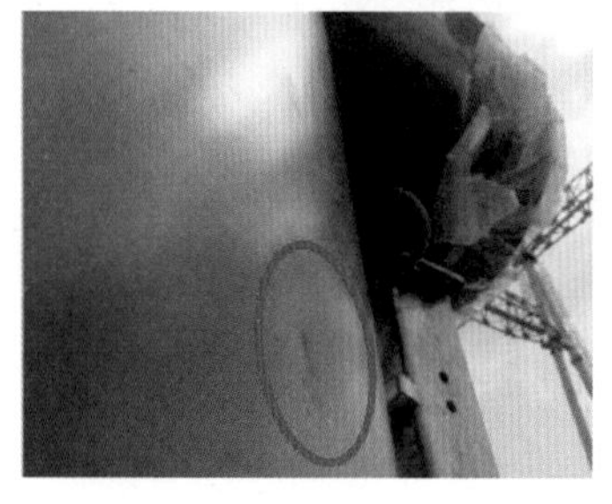
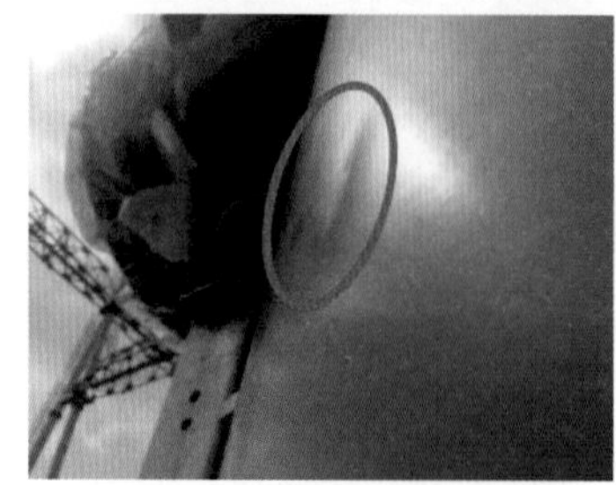
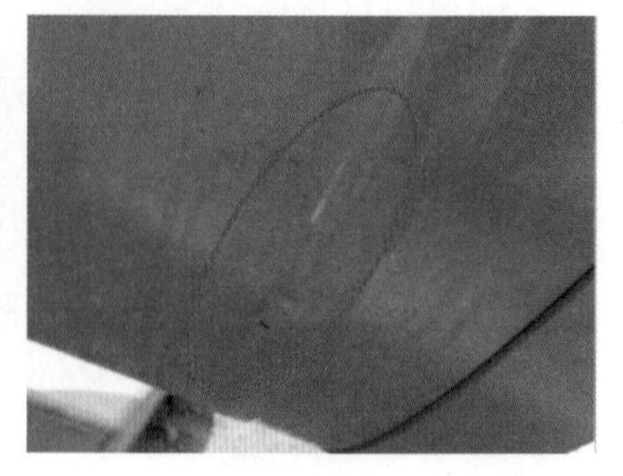

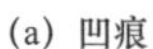
(a) 凹痕　(b) 变形　(c) 划痕

图 4–31　过渡筒外观缺陷

二、进入清洁区

1. 验收关键点及标准

（1）验收关键点。

1）过渡筒拆卸运输封板后，应及时采用防尘罩对法兰对接面进行临时密封。

2）采用制造厂提供的专用运输小车进行转运，进入清洁区前将过渡筒旋转调整至安装方向后方可进入导体清洁区。

（2）验收标准。GB 50147—2010《电气装置安装工程 高压电器施工及验收规范》规定：产品技术文件要求所有单元的开盖、内检、连接工作均应在防尘室内进行，装配过程中应严格控制每一个单元的露空时间。

标准解读：严格控制设备的露空时间，过渡筒拆卸运输封板后，应及时采用防尘罩对法兰对接面进行临时密封。

2. 现场常规做法

现场若无专用运输小车，可采用起重设备将过渡筒转运至清洁区外，并将其放置在有枕木的运输小车上，旋转调整至安装方向后推入导体清洁区，如图 4–32 所示。

(a) 过渡筒就位　(b) 运输小车及枕木　(c) 调整方向

图 4–32　进入清洁区前清洁

3. 常见隐患分析

（1）进入设备清洁区前，未将过渡筒旋转调整至安装方向，进入清洁区清洁完毕后，需再次对其进行调整，降低设备的安装效率，增加设备开盖的露空时间。

（2）采用制造厂专用的运输小车转运过渡筒时，若未采取固定、防护措施，易造成筒体外壳损伤。

三、开盖检查

1. 验收关键点及标准

（1）验收关键点。

1）法兰面：表面光滑，无凸起、毛刺、磕碰、划伤等缺陷。

2）密封槽：表面光滑，无凸起、毛刺、磕碰、划伤等缺陷。

3）O 形圈：表面光滑，无凸起、划伤、裂纹、粗细不均匀等缺陷。

4）过渡筒内壁：内部无残留异物，油漆面完整，无脱落、毛刺、凸起、凹坑、划痕等缺陷。

（2）验收标准。GB 50147—2010《电气装置安装工程 高压电器施工及验收规范》规定：GIS 元件装配前，应检查：母线和母线筒内壁应平整无毛刺。

GIS 元件的安装应在制造厂技术人员指导下按产品技术文件要求进行，并应符合下列要求：① 检查制造厂已装配好的母线、母线筒内壁及其他附件表面应平整无毛刺，涂漆的漆层应完好；② 密封槽面应清洁、无划伤痕迹；已用过的密封垫（圈）不得重复使用；新密封垫应无损伤。

2. 现场常规做法

对于法兰面、密封槽、O 形圈，现场一般通过目视法检查。发现缺陷时用手摸试，判断缺陷的严重程度。对于过渡筒内壁，还应使用强光手电配合检查。

3. 常见隐患分析

（1）若法兰面、密封槽存在毛刺、划痕等缺陷，安装后可能导致过渡筒法兰对接面密封不良而漏气，影响安装质量。

（2）已用过的密封圈，受压后失去原有的弹性，必须更换，否则将增加过渡筒法兰对接面漏气的隐患。

（3）过渡筒内壁存在异物、毛刺、凸起等缺陷时易引起尖端放电。

4. 现场典型问题

（1）某变电站 500kV HGIS 设备部分过渡筒密封槽存在划痕、毛刺等缺陷，如图 4－33 所示。

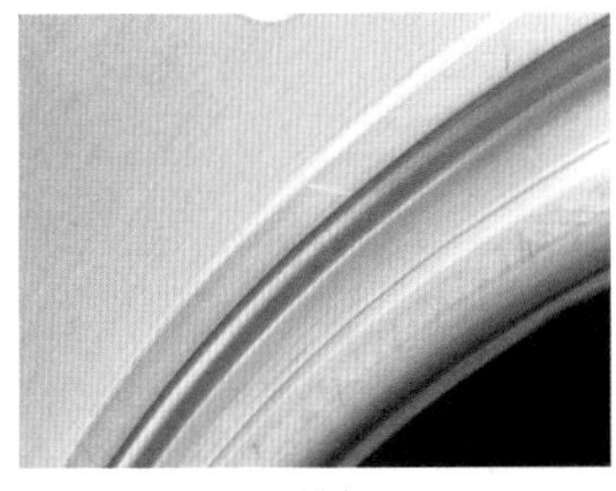

(a) 划痕

(b) 毛刺

图 4－33 密封槽缺陷情况

（2）某变电站110kV GIS设备过渡筒内壁存在划痕，如图4－34所示，现场经厂家技术人员确定，划痕长度及深度不影响设备的正常运行。

图4－34　某变电站110kV GIS设备过渡筒内壁划痕缺陷

4.5.3　过渡筒清洁

一、法兰面清洁

1. 验收关键点

（1）将过渡筒法兰面上不影响安装的毛刺、划痕等轻微缺陷处理平整。

（2）用无毛纸蘸无水酒精将整个过渡筒法兰面擦拭干净。

（3）擦拭干净后用手摸试法兰面一圈，确认无凹凸、划痕等缺陷后，再用无毛纸蘸无水酒精将整个过渡筒法兰面擦拭一遍。

2. 现场常规做法

现场一般采用百洁布将法兰面的毛刺、划痕等缺陷打磨平整，然后用蘸无水酒精的无毛纸将整个法兰面擦拭干净，确认无缺陷后，再擦拭一遍，如图4－35所示。

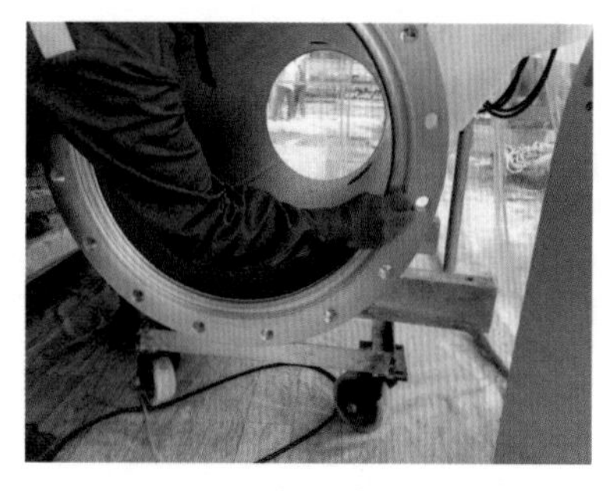

(a) 百洁布打磨

(b) 无水酒精擦拭

图4－35　法兰面清洁

3. 常见隐患分析

（1）打开法兰临时封板后，若未采用无毛纸蘸无水酒精将法兰面擦拭干净，容易造成设备漏气及粉尘等异物进入设备内部。

（2）设备打磨过后，若未认真检查确认其法兰面无凹凸、划痕等缺陷，增加过渡筒气室漏气隐患。

二、螺栓孔清洁

1. 验收关键点

（1）用蘸无水酒精的无毛纸将所有螺栓孔擦拭干净。

（2）用吸尘器吸除螺栓孔内的粉尘及金属碎屑等杂物，再用蘸无水酒精的无毛纸将所有螺栓孔擦拭一遍，如图4－36所示。

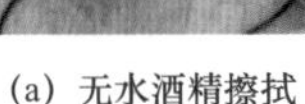

(a) 无水酒精擦拭　　(b) 吸除金属碎屑

图 4－36　螺栓孔清洁

2. 常见隐患分析

过渡筒采用临时运输封板密封，螺栓拆装的过程中容易产生金属碎屑，若在安装前未将所有螺栓孔擦拭干净，将导致螺栓孔内的粉尘、金属碎屑等杂物进入过渡筒内。

三、密封槽清洁

1. 验收关键点及标准

（1）验收关键点。

1）用百洁布将密封槽的毛刺、划痕、凹凸等轻微缺陷打磨至表面完全光滑。

2）打磨过后应用手绕密封槽摸试一圈，确认无凹凸、划痕等缺陷。

3）用蘸无水酒精的无毛纸将整个密封槽擦拭干净，擦拭方向始终沿同一个方向，顺时针或逆时针均可，如图 4－37 所示。

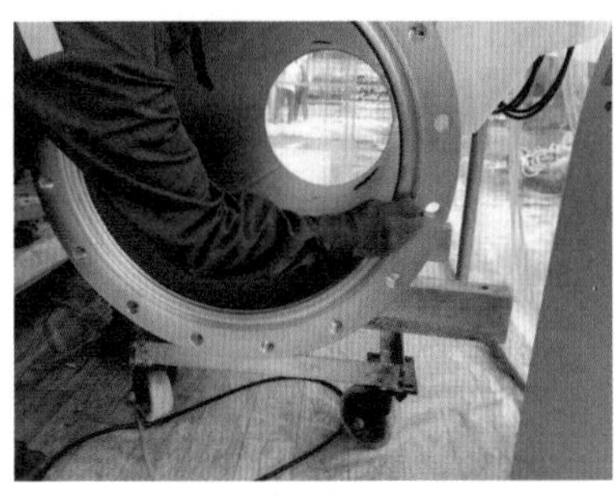

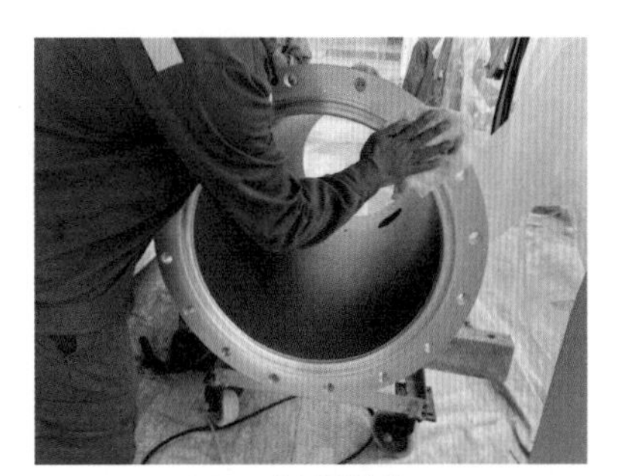

(a) 百洁布打磨　　(b) 无水酒精擦拭

图 4－37　密封槽清洁

（2）验收标准。标准及其解读参考本章 4.3.1 中的验收标准，在此不再赘述。

2. 常见隐患分析

（1）打开法兰临时封板后，若未采用无毛纸蘸无水酒精将其密封槽擦拭干净，容易造成设备漏气或粉尘等异物进入设备内部。

（2）密封槽内若存在贯穿密封槽的划痕，易造成设备漏气。

四、O 形圈安装

1. 验收关键点及标准

（1）验收关键点。

1）检查O形圈规格、材质、密封槽槽深满足设计图纸要求。

2）检查O形圈表面应光滑，无划伤、裂纹、粗细不均匀等缺陷。

3）检查O形圈应全面清洁，表面无脏污、异物。

4）O形圈清洁后应架空晾干，直至O形圈表面的无水酒精挥发完毕。

5）O形圈装配前应均匀涂抹一层硅脂以防止其老化。

6）O形圈安装应用力均匀。

7）拼装过程中当对接的法兰面相距约1m时停止移动，在密封槽外沿四周均匀涂抹一层密封脂后再进行拼接。注意密封脂不能接触到O形圈，涂抹时应预留充足的间距。

(2）验收标准。标准及其解读参考本章4.5.2中的验收标准，在此不再赘述。

2. 现场常规做法

(1）现场常见的O形圈清洁方法如图4－38所示，将蘸无水酒精的无毛纸对折，包住密封圈一角，拉向箭头方向，清洁O形圈，并确认无异常。

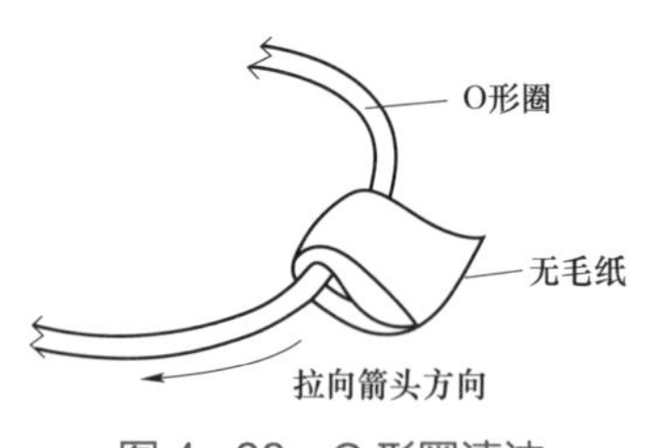

图4－38　O形圈清洁

(2）现场一般使用拇指均匀用力使O形圈平缓进入密封槽，严禁使用金属等材质较硬的工具进行按压或用力拉扯O形圈，安装过程中不应有局部受力不均的情况出现。

3. 常见隐患分析

(1）O形圈使用后，失去出厂时的弹性，无法保证其密封效果，因此，用于运输临时密封使用过的O形圈，拆开后都应重新更换，否则将增加法兰对接面漏气的隐患。

(2）O形圈存在划伤、裂纹以及粗细不均匀等缺陷时，难以保证其密封效果，容易造成法兰对接面漏气。

(3）O形圈装入密封槽后，密封槽内侧外沿若有密封脂残留，其与SF_6分解物氢氟酸相遇产生新的杂质，将使得气室的耐压水平降低及材料受到腐蚀。

(4）O形圈安装时用力不均匀，可能会导致对接面密封不良。

五、过渡筒内壁清洁

1. 验收关键点及标准

(1）验收关键点。

1）使用强光手电筒配合吸尘器由下至上全面吸除筒壁的粉尘、金属碎屑等异物。

2）用蘸无水酒精的无毛纸全面擦拭筒壁。

3）用防尘罩进行临时密封，等待安装，如图4－39所示。

(2）验收标准。标准及其解读参考本章4.3.1中的验收标准，在此不再赘述。

2. 常见隐患分析

(1）若过渡筒内存在异物而未及时清洁，可能导致气室绝缘性能降低，引起局部放电。

(2）若过渡筒内壁存在凹凸、划痕等缺陷，其绝缘漆的绝缘性能降低。此外，粉尘、颗粒容易在凹陷聚集，达到一定量时，会导致导体对筒壁放电，引起设备故障。

(a) 吸除杂质

(b) 擦拭过渡筒内壁

图 4－39　过渡筒内壁清洁

3. 过渡筒开盖检查及清洁验收作业卡

过渡筒开盖检查及清洁验收作业卡如表 4－16 所示。

表 4－16　　过渡筒开盖检查及清洁验收作业卡

间隔	
引用文件	GB 50147—2010《电气装置安装工程 高压电器施工及验收规范》《××厂家现场安装作业指导书》《××施工单位现场安装施工方案》

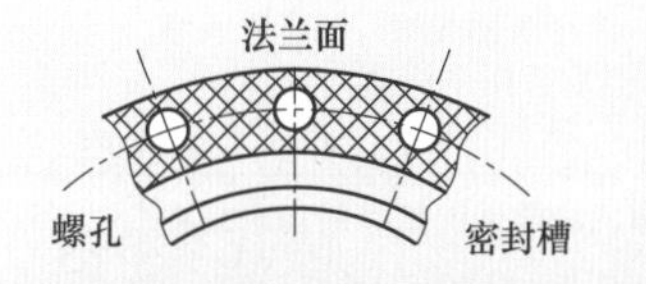

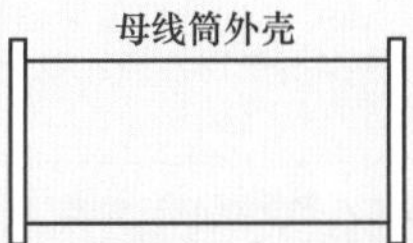

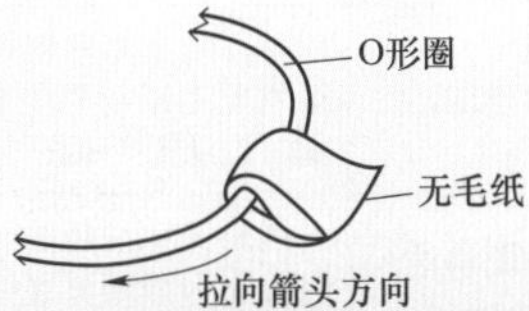

母线筒体内壁

序号	验收项目	验收关键点			确认
1	工器具	清洁材料	无毛纸、真丝布、百洁布、无水酒精、防尘罩		
		常用工器具	吸尘器、强光手电筒		
2	作业环境	环境相对湿度小于 80%			
		空气洁净度检查：0.5μm≤35 200 000，1μm≤8 320 000，5μm≤293 000			
		进入清洁区工作前，应更换工作服，穿一次性鞋套			
3	过渡筒开盖检查	筒体外壳检查	母线筒外壳	无损伤、变形、裂纹、锈蚀等缺陷	
				漆面完好，无油污、划伤等缺陷	
		筒体内壁检查	母线筒体内壁	无残留异物	
				油漆面完整、无脱落	
				油漆面无毛刺、凸起、凹坑、划痕等缺陷	
		法兰面检查	法兰面 螺孔	法兰表面光滑，无凸起、磕碰等缺陷	
		密封槽检查	密封槽	密封槽表面光滑，无毛刺、磕碰、划伤等缺陷	

续表

序号	验收项目	验收关键点			确认
3	过渡筒开盖检查	O 形圈检查	O形圈 无毛纸 拉向箭头方向	表面应光滑，无划伤、裂纹、粗细不均匀等缺陷，如有，必须更换	
4	过渡筒清洁	进入导体清洁区前			
		筒体外壳清洁	全面清洁过渡筒外壳表面		
			采用制造厂提供的专用运输小车进行转运，进入清洁区前将过渡筒旋转调整至安装方向后方可进入导体清洁区		
		法兰面清洁	拆卸运输封板，然后用蘸无水酒精的无毛纸清洁法兰面及螺栓孔内的水迹及污迹，用吸尘器吸除法兰面及螺栓孔内的粉尘及碎屑，及时采用防尘罩对法兰面进行临时密封		
		进入导体清洁区			
		法兰面清洁	用百洁布将法兰面的毛刺、划痕等打磨平整，然后用蘸无水酒精的无毛纸将整个法兰面擦拭干净		
			用蘸无水酒精的无毛纸依次将所有螺栓孔擦拭干净		
		密封槽清洁	用百洁布将密封槽的毛刺、划痕等轻微缺陷打磨至表面光滑，用蘸无水酒精的无毛纸将整个密封槽擦拭干净注意：打磨过后应用手绕密封槽摸试一圈，确认无毛刺、划痕		
		O 形圈清洁	用蘸无水酒精的无毛纸完整擦拭 O 形圈一圈。注意：擦拭过后的密封圈应等无水酒精挥发干净后，再进行安装		
		筒体内壁清洁	使用强光手电筒配合，用吸尘器由下至上全面吸除筒壁的粉尘、金属碎屑等异物		
			用蘸无水酒精的无毛纸全面擦拭筒壁		
结论		签名：		日期：	

4.6 GIS 设备导体检查、清洁及就位

4.6.1 工器具及安装环境检查

1. 验收关键点

（1）根据本章 4.2.3 及安装要求选用工器具，并进行验收。

（2）安装导体应使用制造厂提供的导体安装专用工装或现场制作的支撑枕木，并检查其表面应无异物。导体安装专用工装及支撑枕木应采用柔性、弹性材料包裹。

（3）现场环境温湿度、空气洁净度及其控制措施应满足本章 4.3 节要求。

2. 现场常规做法

对于较长的导体，在安装过程中，一般采用导体安装专用工装作为临时支撑。如制造厂未提供导体安装工装，可采用软胶、软泡沫等柔性、弹性材料包裹的枕木作为临时支撑，

如图 4－40 所示，支撑枕木应确保一端插入触头座的导体平稳、不倾斜。临时支撑工具使用前应整体使用蘸无水酒精的无毛纸擦拭干净，如图 4－41 所示。

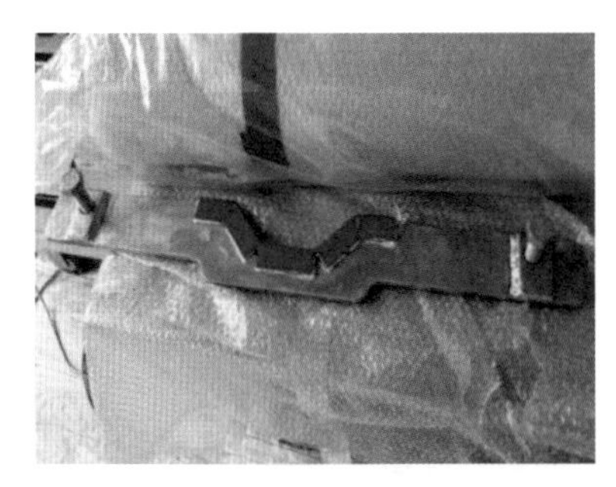

(a) 导体安装专用工装

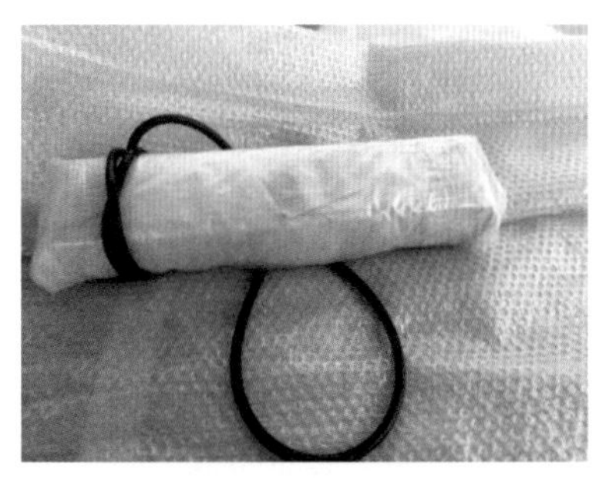

(b) 支撑枕木

图 4－40　某制造厂 500kV HGIS 设备导体安装专用工器具

(a) 导体安装专用工装清洁

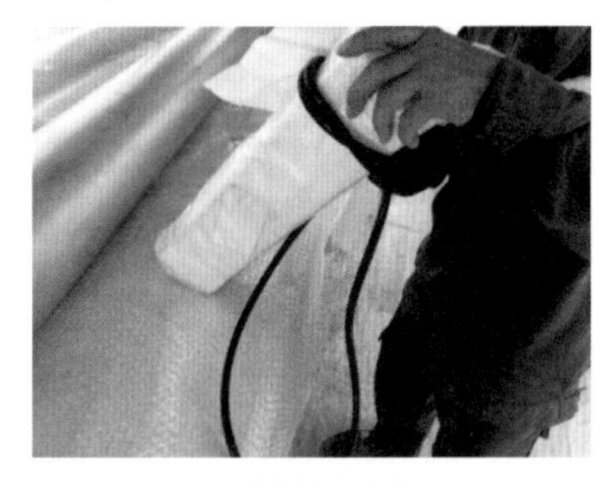

(b) 支撑枕木清洁

图 4－41　导体专用工器具清洁

3. 常见隐患分析

（1）未采用软胶、软泡沫等柔性、弹性材料包裹支撑枕木，容易造成木屑等异物掉入筒内，且材质较硬的枕木易刮伤筒壁及导体。

（2）导体安装专用工装未采用塑料等柔性、弹性材料包裹，易造成导体损伤。

（3）导体安装专用工装或支撑枕木若表面存在杂质，与导体及筒壁接触后，会污染导体及筒壁。

4. 现场典型问题

现场所使用的支撑枕木经软胶、软泡沫包裹后采用透明胶进行封口，在与筒壁长期摩擦的情况下，其封口位置容易破损，使透明胶上的黏性物质粘附在筒内壁，影响内壁的绝缘性能。

4.6.2 导体检查

一、导体核对

1. 验收关键点及标准

（1）验收关键点。

1）核对导体编号、型号及尺寸与待安装单元匹配。

2）检查导体包装完整无破损，搬运至导体清洁区过程中应防止磕碰。

（2）验收标准。GB 50147—2010《电气装置安装工程 高压电器施工及验收规范》规定：检查各单元母线的长度应符合产品技术文件要求。

标准解读：由于制造厂提供的单元母线的长度超差，在安装以后造成母线和支柱绝缘子变形而引发事故，因此，现场应进行导体测量。

2. 现场常规做法

导体检查现场常规做法可具体参考本章3.1.3中相关内容。

二、外观检查

1. 验收关键点及标准

（1）验收关键点。

1）检查导体表面应光洁平滑，无磕碰痕迹、气泡、划痕、毛刺、凹凸等缺陷。

2）检查导体触头镀银层应完好，无气泡、破损、脱落、划痕、毛刺、凹凸等缺陷。

3）检查导体镀银层厚度应符合设备厂家及相关规范的要求。

（2）验收标准。GB 50147—2010《电气装置安装工程 高压电器施工及验收规范》规定：检查导电部件镀银层应良好、表面光滑、无脱落。

标准解读：运行设备发生过由于导电部件镀银层脱落造成的事故，因此，有必要对导电部件镀银层进行检查。

2. 现场常规做法

（1）现场用手摸试，仔细检查导体触头镀银层应完好，无气泡、破损、脱落、划痕、毛刺、凹凸等缺陷。用专业仪器测量导体触头镀银层厚度，应满足设备厂家及相关规范的要求。

（2）如导体触头接触的导流部位表面存在轻微氧化现象，须将氧化层轻轻擦拭至光滑，且检查镀银层不受损后方可继续安装。如检查该处镀银层已受损或氧化层无法现场处理，则须更换该导体。

（3）导体拼接前需进行多次清洁，共分为检查阶段清洁、安装前清洁、安装后清洁，清洁时需使用蘸有无水酒精的无毛纸，同时注意检查无工器具、异物等遗留在母线筒内。

3. 常见隐患分析

（1）导体连接部位的镀银层不光滑，若存在气泡、划痕、起皱、毛刺、凹凸等缺陷时，容易造成连接部位接触不良，回路电阻变大，运行过程中引起导体发热。

（2）运行中导体的镀银层脱落，金属碎屑在电磁场的作用下会在母线筒内聚集，达到一定量时，会导致导体对筒壁放电，引起设备故障。

（3）导体非连接部位存在毛刺、划痕等缺陷时，容易引发尖端放电。

4. 现场典型问题

某变电站 500kV HGIS 设备部分导体镀银层及非镀银层均存在不同程度的凹痕、划痕、凸起等缺陷，如图 4－42、图 4－43 所示，现场经厂家技术人员判断，部分缺陷较为严重，应返厂处理。

(a) 凹痕

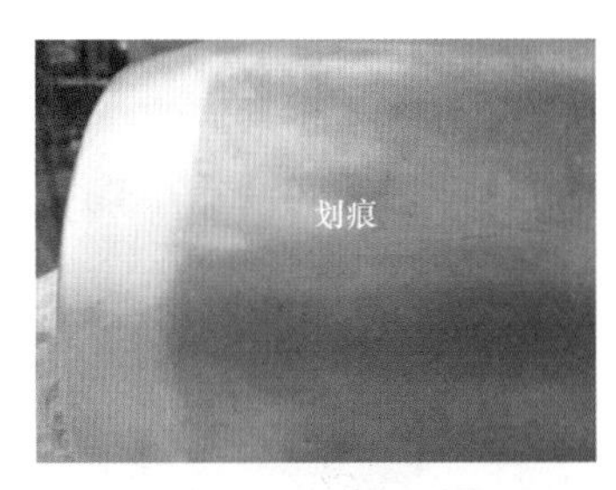

(b) 划痕

(c) 凸起

图 4－42　某变电站 500kV HGIS 设备导体镀银层（触头）存在缺陷情况

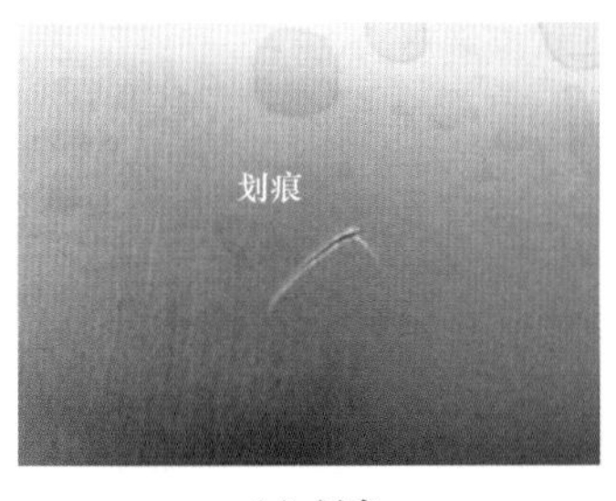

(a) 划痕

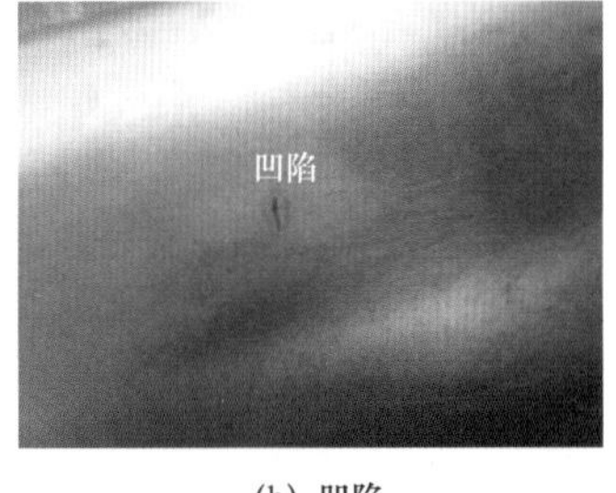

(b) 凹陷

图 4－43　某变电站 500kV HGIS 设备导体非镀银层存在缺陷情况

4.6.3　导体清洁

一、镀银层清洁

1. 验收关键点及标准

（1）验收关键点。

1）用手摸试整个导体镀银层，检查其表面应光滑。

2）然后用蘸无水酒精的无毛纸擦拭干净，如图 4－44 所示。

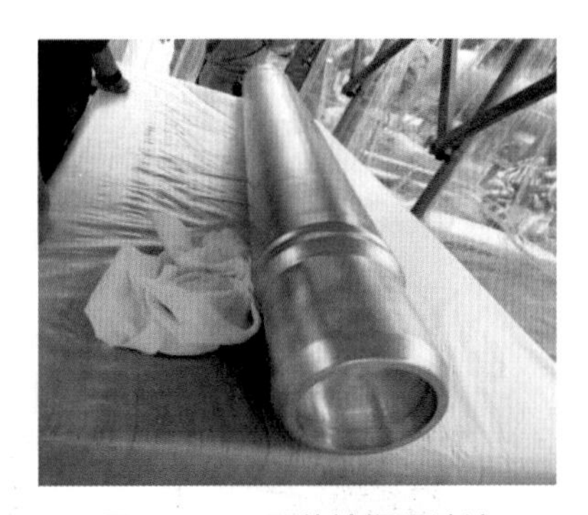

图 4－44　导体镀银层清洁

（2）验收标准。标准及其解读参考本章 4.6.2 中的验收标准，在此不再赘述。

2. 常见隐患分析

由于百洁布较为粗糙，使用其清洁导体镀银层，容易损伤镀银层。因此，不建议使用百洁布打磨导体镀银层缺陷。

二、非镀银层清洁

1. 验收关键点及标准

（1）验收关键点。

1）先用手摸试整个非镀银层，检查其表面应光滑，如图 4－45（a）所示。

2）用砂纸或百洁布磨平毛刺、氧化层、划痕及凹陷等缺陷，如图 4－45（b）所示。

3）用蘸过无水酒精的无毛纸将导体整体擦拭干净，如图 4－45（c）所示。

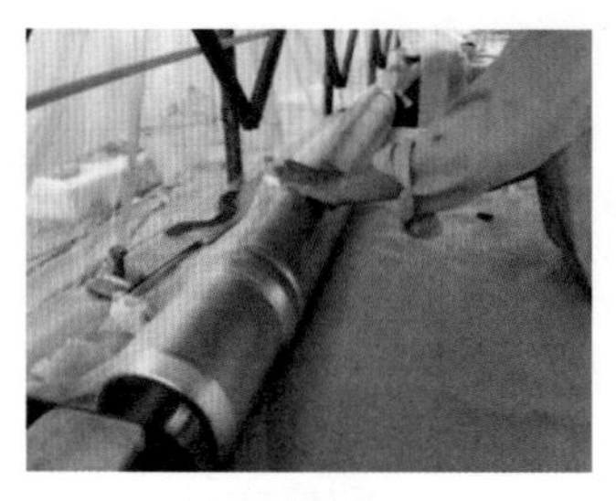

(a) 整体摸试

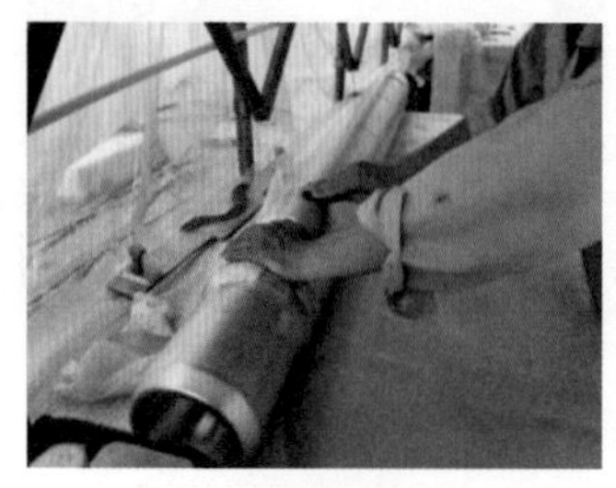

(b) 打磨缺陷

(c) 整体擦拭

图 4－45　导体非镀银层清洁

（2）验收标准。标准及其解读参考本章 4.6.2 中的验收标准，在此不再赘述。

2. 常见隐患分析

导体非镀银层存在凹陷、毛刺、划痕等缺陷时，容易引发尖端放电。

4.6.4　导体就位

1. 验收关键点及标准

（1）验收关键点。

1）将支撑枕木放置在筒体内部中间，然后将导体安装专用工装安装在筒口一端的指定位置，如图 4－46（a）所示。

2）将导体一端放在支撑枕木上，缓慢推动导体至筒口。

3）接近筒口时，将导体抬出，放置在导体安装专用工装上。

4）将导体的另一端抬起，放置在导体安装专用工装后，放平导体，如图 4－46（b）所示。

5）用防尘罩包裹筒体两端筒口。

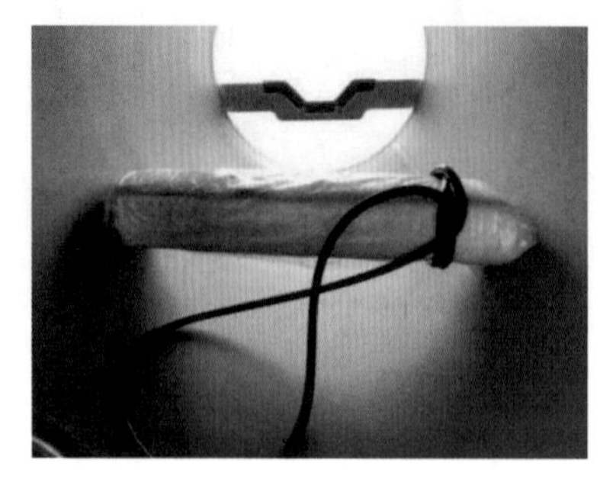

(a) 放置支撑枕木、导体安装专用工装

(b) 导体放置在导体安装专用工装上

图 4－46　导体就位

（2）验收标准。GB 50147—2010《电气装置安装工程 高压电器施工及验收规范》规定：产品技术文件允许露空安装的单元，装配过程中应严格控制每一单元的露空时间，工作间歇应采取防尘、防潮措施。

2. 常见隐患分析

导体就位后，未立即使用防尘罩进行临时密封，增加了开盖设备内部的露空时间，易导致粉尘等异物进入设备内部。

导体检查及清洁作业验收作业卡如表 4－17 所示。

表 4－17　　导体检查及清洁作业验收作业卡

<table>
<tr><td>间隔</td><td colspan="5"></td></tr>
<tr><td>引用文件</td><td colspan="5">GB 50147—2010《电气装置安装工程 高压电器施工及验收规范》《××厂家现场安装作业指导书》《××施工单位现场安装施工方案》</td></tr>
<tr><td colspan="6">完整导体示意图</td></tr>
<tr><th>序号</th><th>验收项目</th><th colspan="3">验收关键点</th><th>确认</th></tr>
<tr><td rowspan="9">1</td><td rowspan="5">工器具检查</td><td>清洁材料</td><td colspan="2">无水酒精、细砂纸或百洁布、无毛纸</td><td></td></tr>
<tr><td>安装材料</td><td colspan="2">导电膏（保质期有效）</td><td></td></tr>
<tr><td>常用工器具</td><td colspan="2">防尘罩（洁净干燥）、防尘服（洁净干燥）、吸尘器（刷头洁净）</td><td></td></tr>
<tr><td rowspan="2">专用工器具</td><td colspan="2">支撑枕木，采用软胶、软泡沫包裹</td><td></td></tr>
<tr><td colspan="2">导体支撑板，支撑部分采软胶包裹</td><td></td></tr>
<tr><td rowspan="4">作业环境</td><td colspan="3">环境相对湿度小于 80%</td><td></td></tr>
<tr><td colspan="3">空气洁净度检查：0.5μm≤35 200 000、1μm≤8 320 000、5μm≤293 000</td><td></td></tr>
<tr><td colspan="3">进入清洁区工作前，应更换工作服，穿一次性鞋套</td><td></td></tr>
<tr><td colspan="3">导体检查平台整洁、无异物，一般先铺设皮革后再铺设气泡软薄膜</td><td></td></tr>
<tr><td rowspan="4">2</td><td rowspan="4">导体检查</td><td colspan="3">核对导体编号（　）</td><td></td></tr>
<tr><td rowspan="2">镀银层检查</td><td colspan="2">触头镀银层应完好，无破损、脱落等缺陷，厚度应符合设备厂家及相关规范的要求</td><td></td></tr>
<tr><td colspan="2">表面应光洁平滑，无气泡、划痕、毛刺、凹凸等缺陷</td><td></td></tr>
<tr><td>非镀银层检查</td><td colspan="2">表面应光洁平滑，无凹陷、毛刺、划痕、氧化等缺陷</td><td></td></tr>
<tr><td rowspan="3">3</td><td rowspan="3">导体清洁</td><td rowspan="3">镀银层清洁</td><td rowspan="3">镀银层</td><td>用蘸有无水酒精的无毛纸擦拭干净</td><td></td></tr>
<tr><td>对接前涂上由厂家配置的导电膏</td><td></td></tr>
<tr><td>注意：镀银层不建议使用百洁布打磨</td><td></td></tr>
</table>

续表

序号	验收项目	验收关键点		确认
3	导体清洁	非镀银层清洁	用砂纸或百洁布磨平毛刺、氧化层等缺陷	
			用蘸有无水酒精的无毛纸彻底清洁	
4	导体就位		将支撑枕木放置在母线筒中间。注意：支撑枕木使用前应用蘸无水酒精的无毛纸擦拭清洁	
			然后在过渡筒或伸缩节的一端装设好导体安装专用工装。注意：① 导体安装专用工装应安装在筒体的中间位置；② 使用前应用蘸无水酒精的无毛纸擦拭清洁整个支撑板	
			将导体一端放在支撑枕木上，缓慢推动导体至另一侧筒口，接近筒口时将导体抬出，放置在导体安装专用工装上。注意：触头应完全露出筒口	
			将导体的另一端抬起，固定另一端的导体安装专用工装，再将导体放置在支撑板中，最后将支撑枕木从筒体内取出	
			用防尘罩将筒体两侧筒口临时密封，等待安装	
结论		签名：	日期：	

4.7 GIS设备盆式绝缘子检查及清洁

4.7.1 工器具及安装环境检查

（1）根据本章4.2.3内容及安装要求选用工器具，并进行验收。

（2）现场环境温湿度、空气洁净度及其控制措施应满足本章4.3节相关要求。

4.7.2 盆式绝缘子检查及清洁

一、盆式绝缘子检查

1. 验收关键点及标准

（1）验收关键点。

1）检查绝缘子表面不得有裂纹。

2）检查导体触头座无金属粉末、杂质、油污、划痕、毛刺、凹凸等缺陷。检查触头座内表带弹簧应与触头座相匹配，镀银层应均匀，无变形、损伤、氧化、气泡、划痕、毛刺、凹凸等缺陷。

（2）验收标准。

1）GB 50147—2010《电气装置安装工程 高压电器施工及验收规范》规定：检查盆

式绝缘子应完好，表面应清洁。

2）NB/T 42105—2016《高压交流气体绝缘金属封闭开关设备用盆式绝缘子》规定：

a. 如图 4－47 所示，依据表 4－18 依次对盆式绝缘子 A～F 面进行仔细检查，深度在 0.2mm 及以下的缺陷称为收缩痕迹，深度在 0.2mm 以上的缺陷称为气孔。

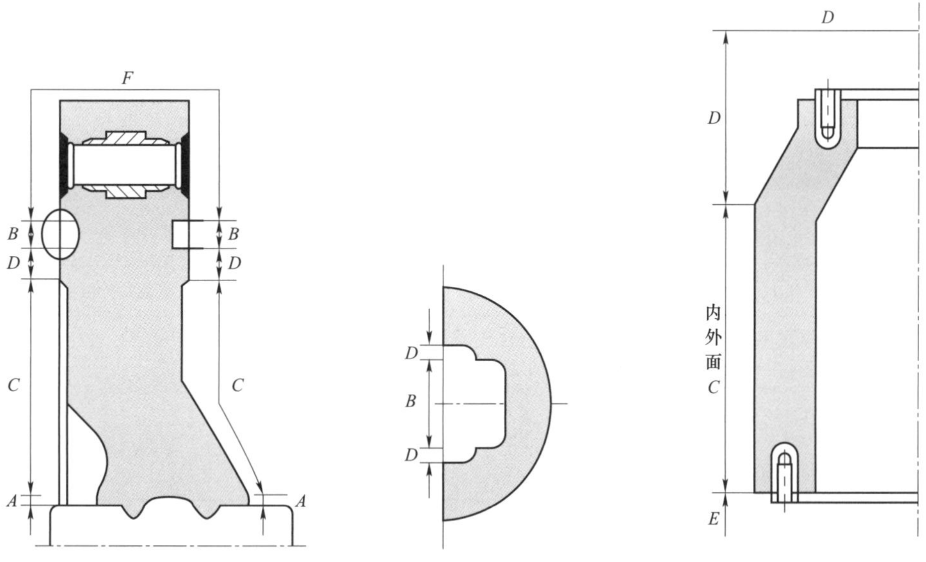

图 4－47　盆式绝缘子检查分区示意图

表 4－18　　绝缘件表面缺陷的检查

检查区	检查要求	适用部位
A	允许有 ϕ0.5mm 及以下的气孔，气孔间距大于 40mm，数量不超过 2 个	电极附件，高场强区域
B	密封槽内外面单侧允许有 ϕ0.5mm 及以下气孔、间距大于 40mm 以上，数量不多于 5 个，底面不允许有气孔	气体密封槽
C	允许有 ϕ1mm 及以下气孔数量在 40mm×40mm 范围内不多于 2 个，单面总量不超过 6 个	承受高电压部位
D	允许有 ϕ2mm 及以下气孔、深 1mm 以内，数量在 40mm×40mm 范围内不多于 2 个，要用同材质浇注料补平	屏蔽罩内部，合理屏蔽区内
E	允许有 ϕ2mm 以下、深 1mm 以下不连通气孔，要用同材质浇注料补平，总数量不多于 3 个	O 形圈沟槽内外侧上部，过渡台阶内
F	允许有 ϕ3mm 及以下气孔，深 2mm 以内，要用同材质浇注料补平	绝缘子外缘，法兰面、绝缘法兰外缘，与安装法兰对应部位等不承受高电压的绝缘件外表面

注　1. 检查区划分依据适用部位注解，也适用于新设计的同类零部件。

2. 绝缘子表面缺陷超过本表规定，缺陷的修补按供需双方的技术协议进行。

（1）磕碰痕迹：单个不允许超过 0.3mm 深、5mm 长；累计不超过 10mm 长。

（2）划伤：有效密封面不应有划伤。其他部位划伤应按如下规定。

1）相对等电位方向要求划伤痕迹不允许超过 0.2mm 深，累计不允许超过 30mm 长；

2）相对高低电位方向，要求划伤痕迹不允许超过 0.2mm 深，累计不允许超过 20mm 长；

3）划伤超出以上要求 2 倍以内，可以依据缩孔或收缩痕迹处理要求进行修整，达到肉眼不可见的划伤，划伤超出以上要求 2 倍的不应使用。

b. 绝缘子中不应有导电性杂质存在，依据表 4－19 对混入的非导电性杂质进行检查。

表 4－19　　混入杂质的检查

检查区	检查要求	适用部位
A	允许存在不大于ϕ0.5mm 的非导电性杂质，数量在 40mm×40mm 范围内不超过 3 个	电极附件，高场强区域
B	允许存在ϕ1mm 以下的非导电性杂质，但一个密封面不多于 3 个	气体密封面（底面和外侧面）
C	允许存在不大于ϕ0.5mm 的非导电性杂质，数量在 40mm×40mm 范围内不超过 3 个，单面数量不超过 6 个	承受高电压部位
D	允许存在不大于ϕ1mm 的非导电性杂质，但在 40mm×40mm 范围内：不大于ϕ0.5mm 的非导电性杂质不超过 3 个，不大于ϕ1mm 的非导电性杂质不超过 1 个	屏蔽罩内部，合理屏蔽区内
E	允许存在ϕ1mm 以下的非导电性杂质	O 形圈沟槽内外侧上部，过渡台阶内
F	允许存在ϕ1mm 以下的非导电性杂质	绝缘子外缘，绝缘法兰外缘，与安装法兰对应部位等不承受高电压的绝缘件外表面

注　1. 检查区划分依据适用部位注解，也适用于新设计的同类零部件。
　　2. 绝缘子表面缺陷超过本文件规定，经规定程序审批允许后使用。

2. 现场常规做法

（1）现场一般采用目视的方法检查盆式绝缘子表面是否存在非导电性杂质、气孔、杂质、收缩痕迹、划痕、磕碰等缺陷，如图 4－48 所示，如发现缺陷，应经厂家技术人员现场确认符合产品技术标准的要求方可继续安装，否则应返厂处理。

(a) 盆式绝缘子对接面开盖

(b) 盆式绝缘子开盖后检查

图 4－48　某变电站 500kV HGIS 设备盆式绝缘子检查

（2）用手电筒仔细检查并用手掌轻轻触摸，检查母线导体触头座、触头有无金属粉末、杂质、油污、划痕、毛刺、凹凸等缺陷。如检查该处镀银层已受损或氧化层无法现场处理，则须更换该盆式绝缘子。

（3）用手电筒仔细检查并用手指轻轻触摸，检查触头座内表带弹簧应与触头座相匹配，其镀银层是否均匀，是否存在变形、损伤、氧化、气泡、划痕、毛刺、凹凸等缺陷。如表带弹簧已受损或氧化层无法现场处理，则须更换该表带弹簧。

3. 现场典型问题

某变电站 500kV HGIS 设备现场检查盆式绝缘子，部分绝缘子表面存在非导电性杂质、划痕等缺陷，如图 4－49 所示。

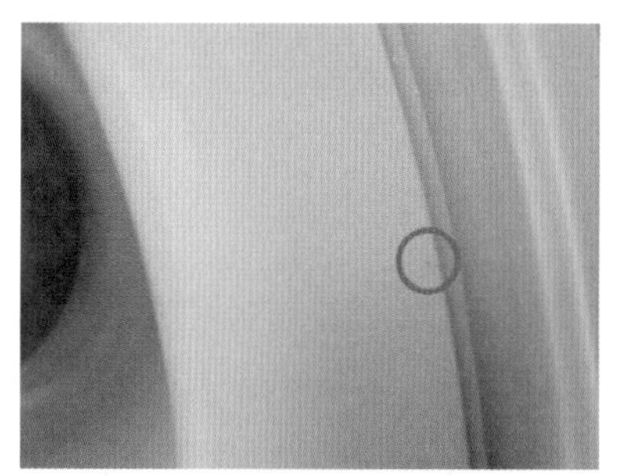

(a) 非导电性杂质　　(b) 放大 10 倍后的划痕

图 4－49　某变电站 500kV HGIS 设备盆式绝缘子缺陷

二、盆式绝缘子法兰面清洁

1. 验收关键点及标准

（1）验收关键点。

1）对接法兰前应仔细检查密封面、密封槽及其内外侧表面光滑，无磕碰、划伤等缺陷，尤其应注意密封圈的安装部位。

2）密封槽及其对接面禁止有尖点、凸点及凹点。非密封槽及法兰面允许有凹点，但不允许有尖点及凸点。

3）用大功率吸尘器清除法兰面表面粉尘及异物时，应注意清理螺栓孔内部的金属碎屑。

4）用蘸有无水酒精的无毛纸清洁法兰面及密封槽，不得有任何粉尘及污垢。

5）法兰对接紧固螺栓应全部更换。

（2）验收标准。标准及其解读参考本章 4.5.2 中的验收标准，在此不再赘述。

2. 现场常规做法

盆式绝缘子的密封面应光滑平整，目视应无贯穿密封面的划痕。如有局部轻微缺陷应用百洁布或无毛纸仔细清理打磨至平整光滑，其打磨的轨迹必须是以密封面为回转中心所形成的环形线，然后用吸尘器对粉末进行清理，再用无毛纸蘸无水酒精擦拭干净，如图 4－50 所示。

(a) 吸尘器清除粉尘

(b) 法兰面清洁

(c) 螺栓孔清洁

图 4-50 盆式绝缘子法兰面处理

3. 常见隐患分析

盆式绝缘子法兰面一般为瓷质材料，严禁打磨，一旦发现缺陷应及时更换。

三、盆式绝缘子清洁

1. 验收关键点及标准

（1）验收关键点。

1）使用大功率吸尘器，清除盆式绝缘子、触头座表面的粉尘和异物。

2）使用蘸无水酒精的专用擦拭纸清洁盆式绝缘子、触头座。

（2）验收标准。标准及其解读参考本章 4.5.3 中的验收标准，在此不再赘述。

2. 现场常规做法

现场一般使用蘸无水酒精的白色无毛纸清洁盆式绝缘子触头座，使用蘸无水酒精的蓝色专用擦拭纸清洁盆式绝缘子内部，如图 4-51 所示。

(a) 盆式绝缘子吸尘

(b) O形圈密封槽清洁

(c) 连接触头清洁

(d) 盆式绝缘子内部清洁

(e) 清洁完毕

图 4-51 盆式绝缘子清洁

3. 常见隐患分析

盆式绝缘子清洁不彻底，易导致粉尘和异物进入设备内部，甚至造成盆式绝缘子绝缘击穿。

四、O 形圈安装

O 形圈安装具体内容参考本章 4.5.3 内容。

五、盆式绝缘子法兰面防水

1. 验收关键点及标准

（1）验收关键点。

1）清洁完毕的盆式绝缘子法兰面应用防尘罩临时密封好等待拼接。

2）户外 GIS 设备在拼接前，应在 O 形圈密封槽外侧至法兰面连续不间断涂抹一层密封胶，以保证密封胶最大限度覆盖法兰面。

（2）验收标准。标准及其解读参考本章 4.3.1 中的验收标准，在此不再赘述。

2. 现场常规做法

现场一般采用双层或外圈加螺栓孔环形涂抹密封胶的方式，确保每一个螺栓孔都被密封胶包裹，如图 4－52 所示。

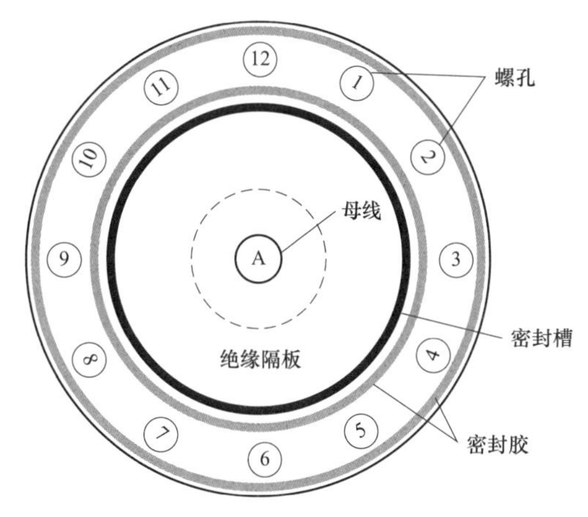

图 4－52　盆式绝缘子双层涂抹密封胶

3. 常见隐患分析

（1）户外 GIS 设备盆式绝缘子未涂抹密封胶，导致水分与密封圈接触，腐蚀密封圈造成密封失效。

（2）清洁好的盆式绝缘子法兰面未用防尘罩临时密封，造成粉尘及异物进入。

盆式绝缘子检查及清洁验收作业卡如表 4－20 所示。

表 4－20　盆式绝缘子检查及清洁验收作业卡

间隔	
引用文件	GB 50147—2010《电气装置安装工程 高压电器施工及验收规范》、NB/T 42105—2016《高压交流气体绝缘金属封闭开关设备用盆式绝缘子》《××厂家现场安装作业指导书》《××施工单位现场安装施工方案》等

续表

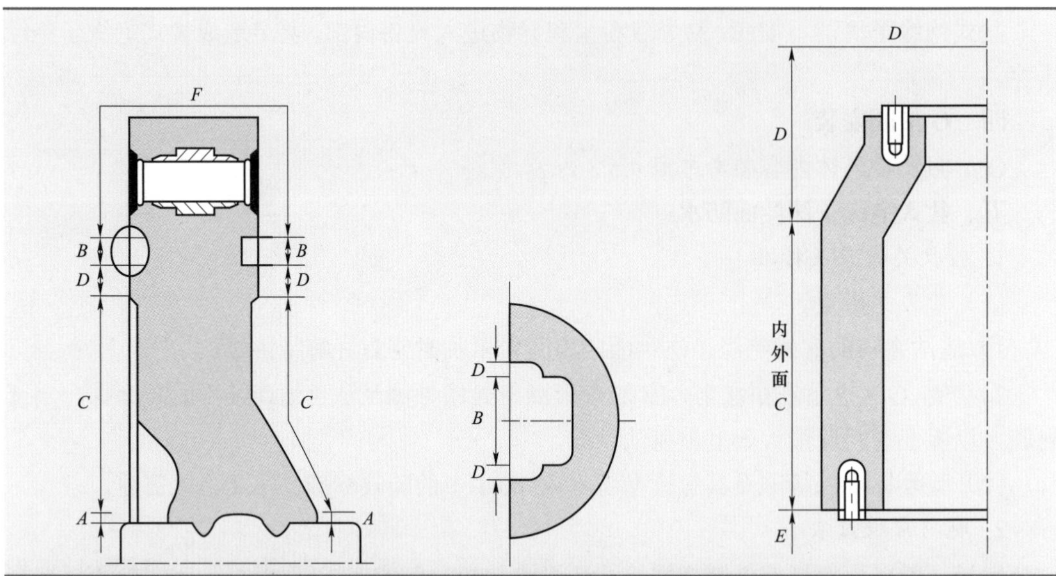

序号	验收项目	验收关键点	确认
1	工器具	无毛纸、手套、百洁布、蓝色专用擦拭纸、无水酒精、大功率吸尘器、手电筒、封装用干净防尘罩、导电膏、有机硅密封胶、密封脂	
2	作业环境	环境相对湿度小于80%	
		空气洁净度检查：0.5μm≤35 200 000，1μm≤8 320 000，5μm≤293 000	
3	盆式绝缘子检查	检查绝缘子表面不得有裂纹	
		检查导体触头座无金属粉末、杂质、油污、划痕、毛刺、凹凸等缺陷。检查触头座内表带弹簧应与触头座相匹配，镀银层应均匀，无变形、损伤、氧化、气泡、划痕、毛刺、凹凸等缺陷	
4	盆式绝缘子法兰面清洁	对接法兰前应仔细检查密封面、密封槽及其内外侧表面光滑，无磕碰、划伤等缺陷，尤其注意密封圈的安装部位	
		密封槽及其对接面禁止有尖点、凸点及凹点。非密封槽及法兰面允许有凹点，但不允许有尖点及凸点	
		用大功率吸尘器清除法兰面表面粉尘及异物时，应注意清理螺栓孔内部的金属碎屑	
		用蘸有无水酒精的无毛纸清洁法兰面及密封槽，不得有任何粉尘及污垢	
		法兰对接紧固螺栓应全部更换	
5	盆式绝缘子清洁	使用大功率吸尘器，清除盆式绝缘子、触头座表面的粉尘和异物	
		使用蘸无水酒精的专用擦拭纸清洁盆式绝缘子、触头座	
6	O形圈安装	检查O形圈规格、材质、密封槽深满足设计图纸要求	
		检查O形圈表面应光滑，无划伤、裂纹、粗细不均匀等缺陷	
		检查O形圈应全面清洁，表面无脏污、异物	
		O形圈清洁后应架空晾干，直至密封圈表面的无水酒精挥发完毕	
		O形圈装配前应均匀涂抹一层硅脂以防止老化	
		O形圈安装应用力均匀	
结论	签名：	日期：	

4.8　GIS 设备伸缩节检查及清洁

伸缩节主要用于装配调整、补偿基础间的相对位移或热胀冷缩的伸缩量等。制造厂应根据使用的目的、允许的位移量和位移方向等选定伸缩节的结构，按其用途可以分为两大类：调整型伸缩节和温度补偿型伸缩节。调整型伸缩节只用作装配调整，而温度补偿型伸缩节具备装配调整、补偿基础间的相对位移或热胀冷缩的伸缩量的功能。

4.8.1　工器具及安装环境检查

1. 验收关键点及标准

（1）验收关键点。

1）根据本章 4.2.3 内容及安装要求选用工器具，并进行验收。

2）现场环境温湿度、空气洁净度及其控制措施应满足本章 4.3 节相关要求。

3）根据厂家技术文件及装配图纸选取相应的螺栓、垫片，以及厂家规定的力矩扳手力矩值紧固螺栓，如表表 4－21 所示。

表 4－21　　　　螺栓尺寸和力矩值的关系

螺母尺寸	M8	M10	M12	M16	M20	M24	M30
力矩值（Nm）	12	25	45	110	220	310	770

（2）验收标准。标准及其解读参考本章 4.2 节、4.3 节中的验收标准，在此不再赘述。

2. 现场常规做法

（1）检查现场工器具齐备、完好，且在有效使用期内。

（2）现场校验施工单位提供的力矩扳手满足安装要求。

3. 常见隐患分析

（1）现场工器具不在有效使用期内，无法保证其安装质量。

（2）力矩是螺栓紧固性的重要参数，也是法兰对接面密封效果的重要参数。在验收过程中，若未对施工单位提供的力矩扳手进行校验，容易造成螺栓紧固性不准确，影响对接面密封效果。

4.8.2　伸缩节外观检查

1. 验收关键点及标准

（1）验收关键点。

1）伸缩节的类型、材质、尺寸、安装调整位移量应满足设计图纸及技术协议的要求。

2）伸缩节外壁漆面完好、无损伤、变形、裂纹、锈蚀、油污等缺陷。

3）存放时充有干燥气体，内部保持微正压。

（2）验收标准。标准及其解读参考本章 4.1 节中的验收标准，在此不再赘述。

2. 现场常规做法

拼装前，现场应测量、确认伸缩节双头螺杆长度、伸缩节长度（上下左右四个方向）以及螺栓的紧固情况，如图 4－53 所示。

3. 常见隐患分析

（1）伸缩节作为 GIS 设备气体密封的薄弱点，其尺寸若不满足产品技术文件要求，错误安装后易引起气室漏气。

（2）伸缩节的伸缩量不足，将无法满足装配调整、补偿基础间的相对位移或热胀冷缩的伸缩量等。

（3）伸缩节外壁存在损伤、变形、裂纹、锈蚀等缺陷，易造成伸缩节漏气。

4.8.3 伸缩节清洁

一、伸缩节开盖

1. 验收关键点及标准

（1）验收关键点。

1）拆卸运输封板前，用干净的白布将伸缩节外壳的粉尘、水迹及油污擦拭干净，再用吸尘器吸除表面的粉尘和碎屑。

2）检查伸缩节内充有干燥气体，拆卸运输封板前，应将伸缩节内的干燥气体排放干净。

3）螺栓不应一次性拆卸，应保留螺栓固定运输封板（四颗或两颗，即如图 4－54 中所示的 $A-A$ 和 $B-B$，或 $A-A$）。

图 4－53　伸缩节尺寸核查

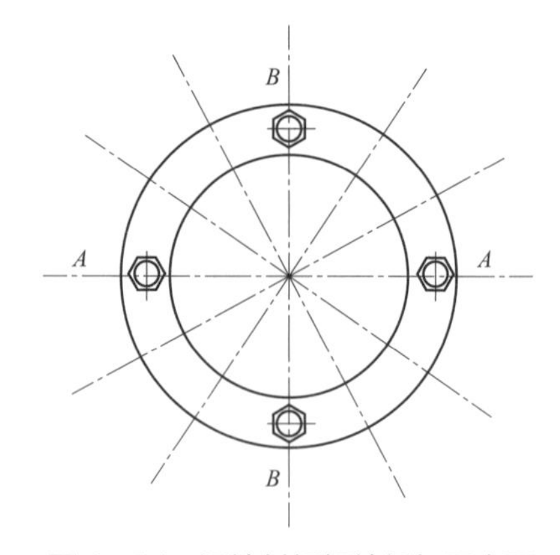

图 4－54　运输封板螺栓拆卸示意图

4）最后拆卸剩余的固定螺栓，拆卸运输封板及胶垫，用防尘罩将伸缩节法兰面临时密封，转运至导体清洁区。

（2）验收标准。标准及其解读参考本章 4.5.2 中的验收标准，在此不再赘述。

2. 现场常规做法

现场检查伸缩节内充有干燥气体，并通过运输封板的逆止阀将伸缩节内的干燥气体排出，以能听到清晰的嗞嗞声为准，运输封板及螺栓的拆卸顺序正确，如图 4－55 所示。

3. 常见隐患分析

（1）若伸缩节内气体发生泄漏，在拼装前必须彻底检查伸缩节是否受潮。

（2）若一次性拆卸完螺栓，未保留固定螺栓，若在拆卸过程中运输封板不慎跌落，容易擦伤其法兰面及密封槽。

（3）带气体拆卸运输封板，造成伸缩节内气体瞬间释放，可能导致设备损伤或人员伤害。

二、伸缩节清洁

1. 验收关键点及标准

（1）验收关键点。

1）检查伸缩节内波纹及两侧法兰面光滑、整洁，无凸起、焊渣、划伤、碰伤。

2）伸缩节清洁应在防尘室内进行。

3）伸缩节清洁应使用干净的专用擦拭纸。

4）伸缩节清洁后应立即用防尘罩临时密封，防止粉尘、异物进入内部。

（2）验收标准。标准及其解读参考本章 4.5.3 中的验收标准，在此不再赘述。

2. 现场常规做法

（1）现场一般使用强光手电配合检查伸缩节内波纹及法兰面有无划伤、碰伤等缺陷，尤其是密封槽有无凸起、贯穿性划痕等缺陷。

（2）现场一般使用白色无毛纸蘸无水酒精按同一方向（顺时针或逆时针均可）清洁伸缩节内壁、密封槽、法兰面及其螺栓孔，并检查确认无异物残留，如图 4－56 所示。

图 4－55 运输封板保留两颗固定螺栓

图 4－56 伸缩节清洁

3. 常见隐患分析

（1）伸缩节内壁若存在凸起、毛刺等缺陷，易造成气室局部放电。

（2）专用擦拭纸主要的特点是其在清洁过程中不易残留毛碎等异物。

（3）对于法兰面，尤其是密封槽，若存在划伤或划痕等缺陷，法兰对接面的密封效果无法保证，易造成气室 SF_6 气体泄漏及受潮，影响设备安全运行。

三、O 形圈安装

O 形圈安装具体内容参考本章 4.5.3 相关内容。

伸缩节检查及清洁验收作业卡如表 4－22 所示。

表 4－22　　伸缩节检查及清洁验收作业卡

<table>
<tr><td>间隔</td><td colspan="3"></td></tr>
<tr><td>引用文件</td><td colspan="3">GB 50147—2010《电气装置安装工程　高压电器施工及验收规范》《××厂家现场安装作业指导书》《××施工单位现场安装施工方案》</td></tr>
<tr><th>序号</th><th>验收项目</th><th>验收关键点</th><th>确认</th></tr>
<tr><td rowspan="2">1</td><td rowspan="2">工器具</td><td>白布、专用擦拭纸、无水酒精、强光手电、吸尘器、O 形圈、防尘罩、百洁布、专用小车、密封脂、导向杆、导体工装、支撑枕木</td><td></td></tr>
<tr><td>根据厂家说明书选取螺栓及垫片，按力矩值要求紧固螺栓
螺栓尺寸和力矩值的关系
<table>
<tr><td>螺母尺寸</td><td>M8</td><td>M10</td><td>M12</td><td>M16</td><td>M20</td><td>M24</td><td>M30</td></tr>
<tr><td>力矩值（N·m）</td><td>12</td><td>25</td><td>45</td><td>110</td><td>220</td><td>310</td><td>770</td></tr>
</table></td><td></td></tr>
<tr><td rowspan="2">2</td><td rowspan="2">作业环境</td><td>环境相对湿度小于 80%</td><td></td></tr>
<tr><td>空气洁净度检查：0.5μm≤35 200 000、1μm≤8 320 000、5μm≤293 000</td><td></td></tr>
<tr><td rowspan="3">3</td><td rowspan="3">外观检查</td><td>伸缩节的类型、材质、尺寸、安装调整位移量应满足设计图纸及技术协议的要求</td><td></td></tr>
<tr><td>伸缩节外壁漆面完好，无损伤、变形、裂纹、锈蚀、油污等缺陷</td><td></td></tr>
<tr><td>存放时充有干燥气体，内部保持微正压</td><td></td></tr>
<tr><td rowspan="4">4</td><td rowspan="4">伸缩节开盖</td><td>拆卸运输封板前，用干净的白布将伸缩节外壳的水迹及油污擦拭干净，再用吸尘器吸除表面的粉尘和碎屑</td><td></td></tr>
<tr><td>检查伸缩节内充有干燥气体，拆卸运输封板前，应将伸缩节内的干燥气体排放干净</td><td></td></tr>
<tr><td>螺栓不应一次性拆卸，应保留螺栓固定运输封板（四颗或两颗，即如左图中所示的 $A-A$ 和 $B-B$，或 $A-A$）</td><td></td></tr>
<tr><td>检查伸缩节内波纹及两侧法兰面光滑、整洁，无凸起、焊渣、划伤、碰伤</td><td></td></tr>
<tr><td rowspan="2">5</td><td rowspan="2">伸缩节清洁</td><td>伸缩节清洁应在防尘室内进行</td><td></td></tr>
<tr><td>伸缩节清洁应使用干净的专用擦拭纸</td><td></td></tr>
<tr><td rowspan="2">6</td><td rowspan="2">O 形圈安装</td><td>检查 O 形圈规格、材质、密封槽槽深满足图纸要求</td><td></td></tr>
<tr><td>检查 O 形圈表面应光滑，无划伤、裂纹、粗细不均匀等缺陷</td><td></td></tr>
</table>

续表

序号	验收项目	验收关键点		确认
6	O 形圈安装	O形圈 无毛纸 拉向箭头方向	检查 O 形圈应全面清洁，表面无脏污、异物	
			O 形圈清洁后应架空晾干，直至密封圈表面的无水酒精挥发完毕	
		O 形圈装配前应均匀涂抹一层硅脂以防止老化		
		O 形圈安装应用力均匀		
结论	签名：		日期：	

4.9　GIS 设备法兰面对接

1. 验收关键点及标准

（1）验收关键点。

1）O 形圈安装前应涂上一层薄薄的硅脂。

2）设备带母线拼装时，应使用厂家专用工装件固定导体。如导体过长，需用支撑枕木固定导体，防止绝缘子触头座受力不均，损坏触头座和表带弹簧。

3）对接过程应关注 O 形圈始终在密封槽内，且 O 形圈上无粉尘、异物。

4）检查螺栓紧固顺序及力矩符合规定。

5）检查导体同心度应符合厂家技术文件规定。

6）检查法兰对接面水平位置符合规定。

7）检查对接设备回路电阻符合规定。

8）户外 GIS 设备法兰面对接完成后，应在其对接缝及螺栓孔处落实防水措施。

（2）验收标准。GB 50147—2010《电气装置安装工程　高压电器施工及验收规范》规定：连接插件的触头中心应对准插口，不得卡阻，插入深度应符合产品技术文件要求；接触电阻应符合产品技术文件要求，不宜超过产品技术文件规定值的 1.1 倍。

标准解读：为了减小导体接触面的接触电阻，避免接头发热，在各元件安装时，应检查导电回路的各接触面，不符合要求时，应与制造厂联系，采取必要措施。

2. 现场常规做法

（1）若对接面一侧为伸缩节，对接前应按厂家技术文件要求调整伸缩节的伸缩量。

（2）对接前需再次对法兰对接面进行检查、清洁。

（3）在法兰面对接前，应及时调整设备的水平度以及两侧法兰中心线位置，方能实现导体顺利插入触头座内。

（4）在法兰面对接过程中，一般通过导向杆连接法兰对接面，如图 4－57 所示，保证对接顺利，避免导体卡涩现象。

图 4-57 导向杆连接法兰对接面

（5）设备法兰面对接作业的牵引方式通常有以下 3 种：① 专用运输小车牵引，用于体重较小的设备在地面对接，如过渡筒、波纹管等；② 专用工具牵引，用于体重较大的设备在地面对接，如断路器组合单元；③ 起重设备牵引，用于设备空中对接，如套管。

（6）按厂家作业指导书要求，对角预紧螺栓后，再使用力矩扳手对角紧固螺栓，并用记号笔做标识，具体可参考本章 4.12 相关内容。

（7）法兰对接完成后，必须测试导体对接面回路电阻，检查三相电阻值满足要求后方可继续拼装，具体可参考本章 4.13 内容。

3. 常见隐患分析

（1）若法兰对接面未涂抹密封脂，外界空气污染，可能会缩短 O 形圈的使用寿命。密封脂必须涂抹均匀，不能太厚，否则会影响法兰对接面的密封性。

（2）涂抹密封脂时使用脱毛的刷子，容易将刷毛粘附在法兰对接面上，导致法兰对接面密封不良。

（3）对于户外 GIS 设备，雨水通常从法兰对接面及螺栓孔的缝隙侵入设备内部，对 O 形圈造成腐蚀。而对于环境温度较低的地区，在冰雪季节，螺栓积攒的雨水结冰后，体积变大，存在撑裂盆式绝缘子的风险。

法兰面对接验收作业卡如表 4-23 所示。

表 4-23　　法兰面对接验收作业卡

间隔			
引用文件	GB 50147—2010《电气装置安装工程　高压电器施工及验收规范》《××厂家现场安装作业指导书》《××施工单位现场安装施工方案》等		
序号	验收项目	验收关键点	确认
1	作业环境	环境相对湿度小于 80%	
		空气洁净度检查：0.5μm≤35 200 000，1μm≤8 320 000，5μm≤293 000	

续表

序号	验收项目	验收关键点	确认
2	法兰面对接	若对接面一侧为伸缩节，对接前应按厂家技术文件要求调整伸缩节的伸缩量	
		对接前需再次对法兰对接面进行检查、清洁	
		O形圈安装前应涂抹一层薄薄的硅脂	
		设备带母线拼装时，应使用厂家专用工装件固定导体。如导体过长，需用支撑枕木固定导体，防止绝缘子受力	
		检查内部导体插入时无卡阻现象	
		对接过程应关注密封圈始终在密封槽内，且密封圈上无异物掉落	
		检查螺栓紧固顺序及力矩符合规定	
		检查导体中心线符合规定	
		检查法兰对接面水平位置符合规定	
		检查对接设备回路电阻符合规定	
		对于户外GIS设备，法兰面对接完成后，应在其对接缝及螺栓孔处落实防水措施	
结论	签名：　　日期：		

4.10　GIS设备套管吊装

4.10.1　工器具及安装环境检查

（1）根据本章4.2.3及安装要求选用工器具、清洁材料等，并进行验收。

（2）现场环境温湿度、空气洁净度及其控制措施应满足本章4.3节要求。

（3）吊车、吊具的作业要求及验收关键点参见本章4.4节。

4.10.2　套管外观检查

1. 验收关键点及标准

（1）验收关键点。

1）检查套管瓷瓶应表面光滑，无脱釉、裂纹等损伤。

2）清洁后的套管表面应无粉尘、木屑等肉眼可见异物。

（2）验收标准。

GB 50147—2010《电气装置安装工程　高压电器施工及验收规范》规定：GIS元件装配前，应检查瓷件应无裂纹，绝缘件无受潮、变形、剥落及破损。套管采用瓷外套时，瓷套与金属法兰胶装部位应牢固密封并涂有性能良好的防水胶。

2. 现场常规做法

现场仔细查看、摸试确认套管瓷瓶表面无缺陷，户内安装光线强度不足时，应使用强光于电配合验收。

3. 常见隐患分析

（1）套管瓷件的缺陷直接影响套管的绝缘性能，必须仔细查看。

（2）套管瓷件若存在裂纹、变形、剥落及破损等缺陷，易造成套管运行时的绝缘强度下降，甚至全部击穿。

（3）套管的瓷套与金属法兰胶装部位若密封不牢固，易导致雨水、潮气进入套管内部，影响套管的绝缘性能。

4. 现场典型问题

（1）某变电站500kV HGIS设备套管瓷体存在轻微脱釉，如图4－58所示，在完成所有套管拼装工作后应及时对脱釉的套管进行补釉。

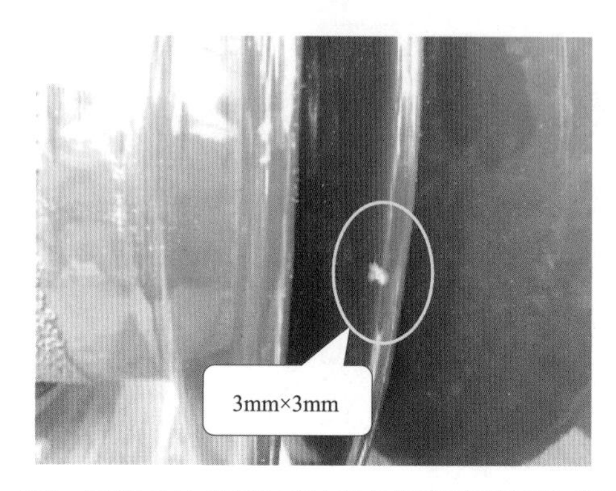

图4－58 某变电站500kV HGIS设备套管瓷体轻微脱釉

（2）套管上出厂前粘贴的标签未撕除。

4.10.3 套管接线板安装

1. 验收关键点

（1）检查套管接线板导流面应光滑平整，无划痕、磕碰、毛刺、凸起、凹陷等缺陷。

（2）检查接线板安装位置正确，接线板与线夹相匹配、螺栓孔对应，螺栓紧固力矩满足表4－21要求。

2. 现场常规做法

（1）现场用手摸试套管接线板表面无明显划痕、磕碰、毛刺、凸起、凹陷等缺陷。

（2）根据厂家技术文件要求及设计图纸要求安装套管接线板。检查螺栓紧固力矩满足表4－21要求，并划有紧固标记。图4－59所示为某制造厂500kV HGIS设备套管接线板，通过套管接线板上的倒角确认其安装位置正确。

3. 常见隐患分析

（1）接线板若存在明显划痕、磕碰、毛刺、凸起、凹陷等缺陷时，会增加接线板与出线线夹间的接触电阻，设备运行时引起接线板发热。

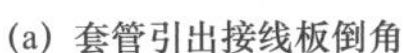
(a) 套管引出接线板倒角

(b) 待安装接线板倒角

图 4-59　某制造厂 500kV HGIS 设备接线板

(2) 若接线板安装位置不正确，接线板与线夹不匹配、螺栓孔不对应，与线夹连接后，可能导致出线线夹受力不均匀，使得接线板与线夹间的接触电阻增加，设备运行时引起接线板发热。

4.10.4　套管转运

1. 验收关键点及标准

(1) 验收关键点。

1) 检查吊带受力均匀，吊点应按照厂家技术文件要求选择。

2) 各吊带连接处连接牢固可靠。

3) 锁扣及吊环螺栓旋紧、扣紧。

(2) 验收标准。GB 50147—2010《电气装置安装工程 高压电器施工及验收规范》规定：应按产品技术文件要求选用吊装器具及吊点。

2. 现场常规做法

吊点应按照厂家技术文件要求选择，一般对于尺寸较大的套管采用专用吊具两头呈“X”形绑扎，如图 4-60 (a) 所示，或按厂家技术文件规定的吊点进行绑扎。对于尺寸较小的套管可按厂家技术文件规定的吊点进行单点绑扎，如某制造厂 110kV GIS 套管中相选择第十四伞裙、边相选择第十二伞裙作为吊点，如图 4-60 (b) 所示。使用吊带绑扎后，应检查吊带受力均匀，连接处连接牢固可靠，锁扣及吊环螺栓旋紧、扣紧。

3. 常见隐患分析

(1) 吊装器具及吊点检查是确保安装质量及施工安全的重要内容。

(2) 吊装转运过程中吊带受力不均匀，吊点未按照厂家技术文件要求选择，易导致套管倾斜，套管插入分支母线时容易发生磕碰、摩擦，造成套管、分支母线触头座损坏。

(3) 各吊带连接处连接不牢靠，导致套管脱落，造成套管损坏。

(a) 专用吊具两头呈“X”形绑扎　　(b) 单点绑扎

图 4-60　套管吊装

4.10.5　套管方向调整

1. 验收关键点及标准

（1）验收关键点。

1）套管起吊时，其底部应有保护措施。

2）套管起吊过程应缓慢，起吊至一定角度时，应检查吊带吃力绷紧后方可继续起吊。

3）测量套管倾斜角度满足安装要求。

（2）验收标准。GB 50147—2010《电气装置安装工程 高压电器施工及验收规范》规定：连接插件的触头中心应对准插口，不得卡阻，插入深度应符合产品技术文件要求；接触电阻应符合产品技术文件要求，不宜超过产品技术文件规定值的 1.1 倍。

标准解读：为了减小导体接触面的接触电阻，避免接头发热，在各元件安装时，应检查导电回路的各接触面，不符合要求时，应与制造厂联系，采取必要措施。

2. 现场常规做法

（1）套管起吊前，现场一般在其底部垫有方木作为保护措施，如图 4-61（a）所示。

（2）现场一般在套管倾斜角度达到 30°～45°后，检查吊带绷紧后才继续进行起吊作业，如图 4-61（b）所示。

（3）现场一般采用测角仪确定套管的倾斜角度，对于垂直安装的套管，也可采用水平尺进行确认，如图 4-61（c）所示。若套管倾斜角度不满足要求，应重新调整吊带，或通过手拉葫芦等工具进行辅助校正，如图 4-61（d）所示。

(a) 套管底部措施

(b) 检查吊带绷紧

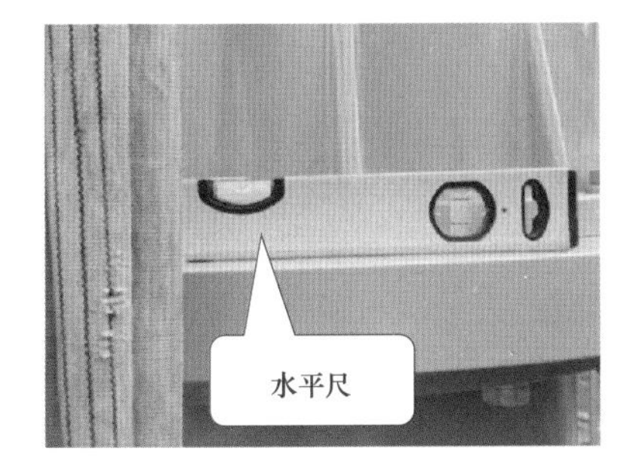

(c) 套管倾斜角度确认

(d) 套管倾斜角度校正

图4-61 套管方向调整

3. 常见隐患分析

(1) 套管起吊前若未在其底部垫方木，造成套管的底座在起吊时与地面接触而产生较大的冲击力损坏套管及其底座。

(2) 使用手拉葫芦等工具可以灵活地调整套管的角度，减小套管内的导体在与对接法兰的触头座对接时的插入角度差，否则在对接时容易产生划痕，使回路电阻增大，导致运行时发热。

4.10.6 套管母线筒清洁

套管母线筒清洁具体内容可参考本章4.5.3内容。

4.10.7 套管对接

套管对接具体内容可参考本章4.9节。

套管吊装验收作业卡如表4-24所示。

表4-24 套管吊装验收作业卡

间隔			
引用文件	GB 50147—2010《电气装置安装工程 高压电器施工及验收规范》《××厂家现场安装作业指导书》《××施工单位现场安装施工方案》		
序号	验收项目	验收关键点	确认
1	工器具	所有材料必须在其使用有效期限内	

续表

序号	验收项目	验收关键点	确认
1	工器具	作业前应对工器具进行检查，外观完整、清洁，严禁使用腐蚀、变形、松动、有故障、破损、卡涩等不合格工器具	
		起重设备应具备慢起慢落功能，最大起吊重量满足作业要求，具备特种设备使用登记证及特种设备定期检验安全合格证	
		吊带极限工作负荷满足作业要求，且外观良好，无断层、贯穿性裂口、严重变形或严重磨损	
		锁扣、吊环、手拉葫芦最大荷重满足吊装要求	
2	人员准备	专业人员：起重设备操作员 1 人，司索 1~2 人（需持证上岗）	
3	作业环境	环境相对湿度小于 80%	
		空气洁净度检查：0.5μm≤35 200 000、1μm≤8 320 000、5μm≤293 000	
4	外观检查	检查套管瓷瓶应表面光滑，无脱釉、裂纹等损伤	
		清洁后的套管表面应无粉尘、木屑等肉眼可见异物	
5	接线板安装	检查套管接线板导流面应光滑平整、无划痕、磕碰、毛刺、凸起、凹陷等缺陷	
		检查接线板安装位置正确，接线板与线夹相匹配、螺栓孔对应，螺栓紧固力矩满足要求	
6	套管转运	检查吊带受力均匀，吊点应按照厂家技术文件要求选择	
		各吊带连接处连接牢固可靠	
		锁扣及吊环螺栓旋紧、扣紧	
7	套管方向调整	套管起吊其底部应有保护措施	
		套管起吊过程应缓慢，起吊至一定角度时，应检查吊带吃力绷紧后方可继续起吊	
		测量套管倾斜角度满足安装要求	
8	套管母线筒清洁	参考《法兰面对接验收作业卡》	
9	套管对接	参考《过渡筒开盖检查及清洁验收作业卡》	
结论	签名： 日期：		

4.11 GIS 设备断路器组合单元拼装

断路器组合单元一般由断路器、隔离开关、接地开关、电流互感器、电压互感器、避雷器等单元组成，在出厂前已由制造厂拼接成一个整体，是最大的运输单元。如图 4－62 所示为某制造厂 500kV HGIS 断路器组合单元，主要包括断路器及两侧电流互感器、隔离开关和接地开关等单元。在设备到货后先对其进行初步就位，在设备拼装阶段再与其他设备进行对接。对于 GIS 设备，其断路器组合单元的母线需与其他间隔的母线筒设备完成对接；而对于二分之三接线方式的三柱式 HGIS 设备，也需要与另一断路器组合单元完成对接。因其在运行时直接固定在设备基础预埋件或预埋螺栓上，在拼装阶段，难以通过起重设备辅助拼装，只能采用专用工具移位的方式完成断路器组合单元的对接工作。

图 4－62 某制造厂 500kV HGIS 断路器组合单元示意图

4.11.1 工器具及安装环境检查

1. 验收关键点及标准

（1）验收关键点。

1）根据本章 4.2.3 相关内容及安装要求选用、检查工器具及清洁材料等。

2）现场环境温湿度、空气洁净度及其控制措施应满足本章 4.3 节要求。

（2）验收标准。标准及其解读参考本章 4.2 节、4.3 节中的验收标准，在此不再赘述。

2. 现场常规做法

（1）GIS 设备断路器组合单元拼装一般需要以下工器具。

1）组合移动工具：钢丝绳、链条葫芦、锁扣、合成纤维吊带等。

2）对位工具：螺旋千斤顶、楔形枕木、线锤等。

3）固位工具：力矩扳手、梅花扳手、棘轮扳手等。

4）辅助用具：钢片、钢条、润滑油、硅脂、密封脂、吸尘器等。

（2）拼装前，应根据断路器组合单元重量，结合摩擦力因素，粗略计算组合移动工具的工作负荷，从而确定所需工器具的极限工作负荷，确保安装工作的顺利开展。

3. 常见隐患分析

（1）千斤顶与楔形枕木配套使用，主要为断路器组合单元对接时提供水平方向的推力，如图 4－63 所示。缺少千斤顶及楔形枕木，在断路器组合单元对接时，难以对其进行细微调整，降低安装效率及质量。

(a) 楔形枕木

(b) 枕木调节千斤顶

图 4-63 枕木

（2）根据设计要求，预埋件不低于设备基础混凝土平面。在断路器组合单元移动过程中，当所设计的预埋件高于设备基础时，若未采用钢片等辅助工器具进行平滑过渡，会阻碍其移动。若野蛮施工的话，甚至会损坏设备及其基础。

（3）在断路器组合单元移动过程中，若未采取钢条或润滑油等降低摩擦力措施，会使得断路器组合单元移动困难，降低设备的安装效率。

4.11.2 拼装前检查

1. 验收关键点

（1）拼装前应检查其他相关元件拼装工作已全部完成。

（2）拼装前应检查被对接单元已固定。

2. 现场常规做法

（1）某制造厂三柱式 500kV HGIS 断路器组合单元在对接前，需完成伸缩节、套管、过渡筒等设备的拼装工作，如图 4-64 所示。

图 4-64 某制造厂三柱式 500kV HGIS 断路器组合单元拼装前检查

（2）拼装前现场检查被对接单元支腿与支架之间、支架与垫块之间的螺栓已紧固，如图4－65所示。若被对接单元支架与预埋件采用焊接方式固定，现场可采用点焊临时固定被对接单元，如图4－66所示。

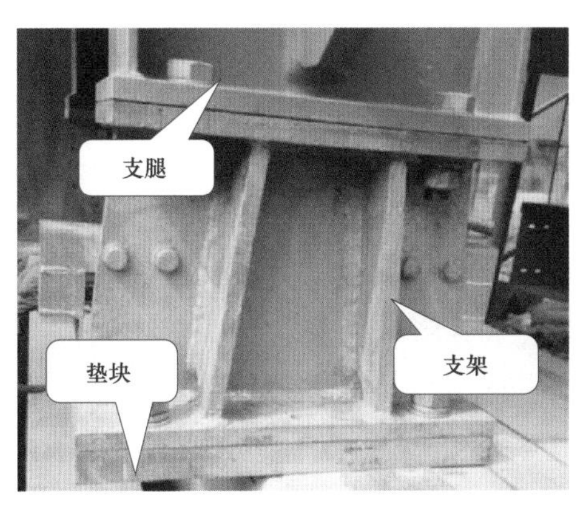

图4－65 支腿、支架、垫块螺栓检查

(a) 支架与预埋件点焊

(b) 焊接质量检查

图4－66 被对接单元固定检查

3. 常见隐患分析

（1）若断路器组合单元拼装前其他相关元件未拼装完毕，将影响断路器组合单元对接，延长工期及开盖设备的露空时间。

（2）被对接单元作为断路器组合单元拼装过程中的受力点和参考点，拼装前被对接单元若未固定，其在受力情况下容易产生移位，需重新就位，延长设备安装工期。同时被对接单元部分元件法兰对接面在拉力的作用下，其密封效果将受到影响。

4.11.3 断路器组合单元移位对接

1. 验收关键点

（1）对接前必须再次对法兰对接面进行清洁。

（2）在导体接近触头座时，暂停移动，确定导体与触头座同心度一致后，方可继续拼装。

（3）两个法兰对接面接触后，应确保断路器组合单元对接面无偏移，方可继续拼装。

（4）法兰对接面螺栓预紧后，应再次确认法兰对接面的同心度无误后，方可紧固螺栓。

2. 现场常规做法

（1）在已固定的被对接单元与待就位的断路器组合单元之间选择合适的受力点，使用组合移动工具（钢丝绳、链条葫芦、锁扣、合成纤维吊带）连接。如图 4-67 所示为某制造厂两个 500kV HGIS 断路器组合单元，选择被对接单元的后支腿支架和待就位单元的前支腿支架作为受力点，并检查组合移动工具连接牢固，手拉链条等应捋顺不缠绕。

图 4-67　组合移动工具连接位置示意图

（2）在移位过程中，为了减少地面摩擦力一般可采取以下方法：① 在断路器组合单元移动方向上涂抹润滑油，如图 4-68（a）所示；② 在待就位的断路器组合单元支架底部与设备基础表面间放置圆形钢条，如图 4-68（b）所示。

（a）涂抹润滑油

（b）放置钢条

图 4-68　减少支架摩擦力

（3）由于预埋件凸出于设备基础混凝土平面，在断路器组合单元移动至预埋件约 5～10mm 时，在支架底部与预埋件表面间垫上钢片平滑过渡，如图 4-69 所示。

（4）在移位过程中，不断观察断路器组合单元对接面偏移度，若有偏移，应立即用千斤顶水平调整断路器组合单元的位置，如图 4-70 所示。在法兰对接面相距 30～50cm 时，取下防尘罩，对法兰对接面进行清洁。继续移动断路器组合单元，在导体与触头座刚接触的瞬间，暂停移动，确定导体与触头座同心度一致后，拆除导体安装专用工装。继续移动断路器组合单元，在合适的对接距离处，水平左右两侧安装导向杆，继续移动断路器组合单元使两个对接面完全贴合。预紧法兰对接面水平位置的两颗螺栓后，再次确认法兰对接面的同心度无误后，取下导向杆，预紧剩余螺栓，并按厂家相关力矩、紧固顺序要求紧固全部螺栓。

图4-69 支架与预埋件平滑过渡

(a) 后支架左侧

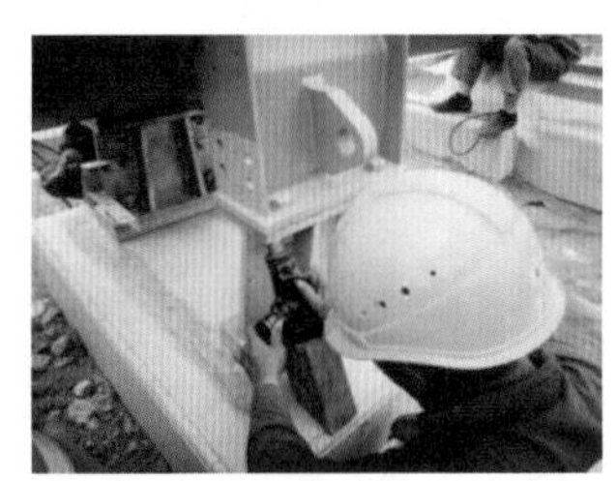

(b) 后支架右侧

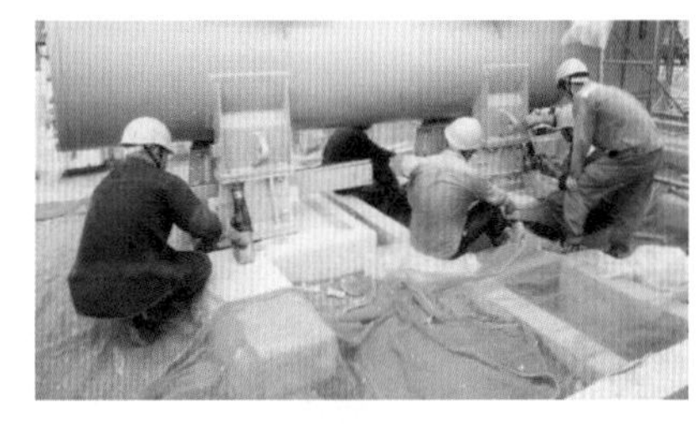

(c) 支架同侧

图4-70 千斤顶调整位置示意图

3. 常见隐患分析

（1）如果手拉链条等未捋顺，在拉动过程中，链条缠卷会损坏链条，使得待就位单元受力不均，可能导致盆式绝缘子或导体与其他部件碰撞而损坏。

（2）如果支架底部与设备基础混凝土表面未采取降低摩擦力措施，受设备基础混凝土表面摩擦力影响，使得待就位单元移动困难，待就位单元气室露空时间延长。

（3）在移位过程中，若法兰对接面存在偏移，在对接时，存在盆式绝缘子或导体与其他部件碰撞而损坏的风险；此外，法兰对接面距离越近，偏移角度的调整就越困难，导致气室的露空时间延长。因此，需在整个移位过程中应始终保持法兰对接面等距、无偏移。

（4）由于预埋件一般凸出于设备基础混凝土平面，若断路器组合单元支架底部与预埋件间未采取平滑过渡措施，一方面，会阻碍待就位单元向预埋件移动；另一方面，待就位单元移动撞击预埋件，可能会导致预埋件及其混凝土基础损坏。

（5）若过早取下防尘罩，会增加气室的露空时间，增加气室内设备受潮或沾尘的风险。

4.11.4 断路器组合单元固定

1. 验收关键点

（1）检查待就位单元轴线在基础轴线上。

（2）检查支架轴线与支架定位轴线一致。

2. 现场常规做法

一般在断路器组合单元就位前就已在其基础表面划出设备轴线及支架定位轴线，断路器组合单元移位对接后，在其中心螺栓孔位置装设线锤，测量线锤的铅锤点是否落在基础轴线上，如图 4－71 所示。支架轴线与支架定位轴线一致，如图 4－72 所示。采用线锤测量轴线位置时，应采取防风措施减少风摆对线锤的干扰，等线锤稳定后再测量，以减少误差。当设备轴线与基础轴线或支架轴线与支架定位轴线出现偏移时，若待就位设备配置有伸缩节，可通过伸缩节的固定杆螺栓进行微调，使设备落在基础轴线上；若未配置伸缩节，应在厂家技术人员指导下制定相应的解决方案。

(a) 线锤装设　　(b) 线锤对中

图 4－71　断路器组合单元轴线对位

图 4－72　支架轴线与支架定位轴线对位

3. 常见隐患分析

若待就位单元轴线与基础轴线或支架轴线与支架定位轴线存在偏移，表明其法兰对接面未完全对正，导致 O 形圈压缩不均匀，无法保证其密封效果。

断路器组合单元拼装验收作业卡如表4-25所示。

表4-25　　断路器组合单元拼装验收作业卡

间隔			
引用文件	GB 50147—2010《电气装置安装工程 高压电器施工及验收规范》《××厂家现场安装作业指导书》《××施工单位现场安装施工方案》		
序号	验收项目	验收关键点	确认
1	工器具	检查钢丝绳、锁扣、链条葫芦、合成纤维吊带、千斤顶等工器具工作负荷满足作业要求，无外观缺陷	
		检查枕木、线锤、力矩扳手（经校准）、梅花扳手、棘轮扳手、钢片、钢条等工器具齐备	
		检查润滑油、硅脂、密封脂等材料在使用有效日期内	
2	作业环境	环境相对湿度小于80%	
		空气洁净度检查：0.5μm≤35 200 000、1μm≤8 320 000、5μm≤293 000	
3	拼装前检查	拼装前应检查其他相关元件拼装工作已全部完成	
		拼装前应检查被对接单元已固定	
4	移位对接	检查组合移动工具连接牢固，手拉链条等应捋顺不缠绕	
		在移动过程中，支架底部应与设备基础表面平滑过渡	
		在移动过程中，支架底部应与预埋件平滑过渡	
		在移动过程中，严禁取下防尘罩	
		对接前必须再次对法兰对接面进行清洁	
		在导体与触头座刚接触的瞬间，暂停移动，确定导体与触头座同心度一致后，方可继续拼装	
		在合适的对接距离处，水平左右两侧安装导向杆，继续移动断路器组合单元使两个对接面完全贴合	
		两个法兰对接面接触后，应确保断路器组合单元对接面无偏移，方可继续拼装	
		法兰对接面螺栓预紧后，应再次确认法兰对接面同心度无误后，方可紧固螺栓	
5	固定	检查待就位单元轴线在基础轴线上	
		检查支架轴线与支架定位轴线一致	
结论	签名：	日期：	

4.12　GIS设备螺栓紧固

4.12.1　工器具检查

1. 验收关键点及标准

（1）验收关键点。力矩扳手一般由GIS设备制造厂提供，并经过校准，现场应检查其校准合格日期在有效期内。

（2）验收标准。标准及其解读参考本章4.3节中的验收标准，在此不再赘述。

2. 现场常规做法

现场除了检查GIS设备制造厂提供的力矩扳手的校准标签外，还应与验收人员提供的力矩扳手对同一颗螺栓的紧固力矩进行比对。

3. 常见隐患分析

现场使用的力矩扳手未经校准，可能导致安装的螺栓不满足力矩要求，易增加设备气室漏气隐患。

4.12.2 螺栓种类

1. 验收关键点及标准

（1）验收关键点。检查螺栓规格、尺寸、垫片类型、材质以及数量满足设计图纸及厂家技术文件要求。

（2）验收标准。GB 50147—2010《电气装置安装工程 高压电器施工及验收规范》规定：GIS元件装配前，应检查各元件的紧固螺栓应齐全、无松动。

2. 现场常规做法

不同制造厂GIS设备的不同法兰对接面所使用的螺栓规格（单头、双头）、尺寸、垫片类型（防水垫片、弹簧垫片、平垫）、材质（制造厂一般要求8.8级以上热镀锌螺栓）以及数量都有所不同，其原因主要有：① 对接面与主要承重支架所使用的螺栓强度要高于非对接面与非主要承重支架所使用的螺栓强度；② 受设备管壁厚度、支架金属厚度以及安装难度等的影响，所要求使用的螺栓尺寸不一致；③ 对接面类型的不同，所要求使用的螺栓、垫片也不同。

图4－73为某制造厂500kV HGIS设备的4种法兰对接面：

图4－73　某制造厂500kV HGIS设备法兰对接面分类

（1）隔离开关气室与过渡筒的对接面①。

（2）过渡筒与套管的对接面②。

（3）套管与伸缩节的对接面③。

（4）伸缩节与隔离开关气室的对接面④。

4种法兰对接面与螺栓的关系如表4－26所示。现场对照设计图纸及表4－26逐一核查法兰对接面螺栓规格、尺寸、垫片类型、材质以及数量等，如图4－74所示。

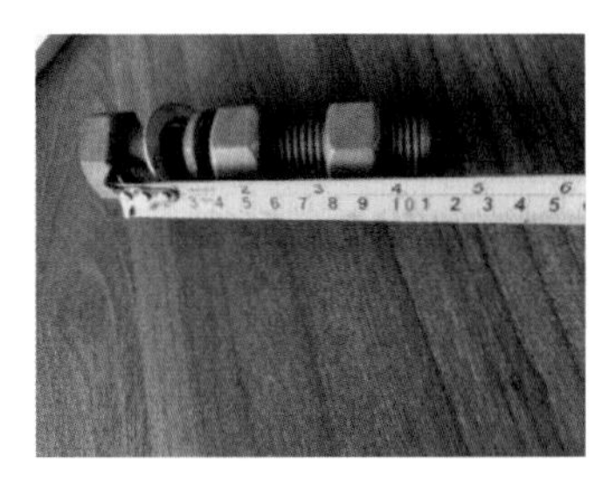

(a) 螺栓长度

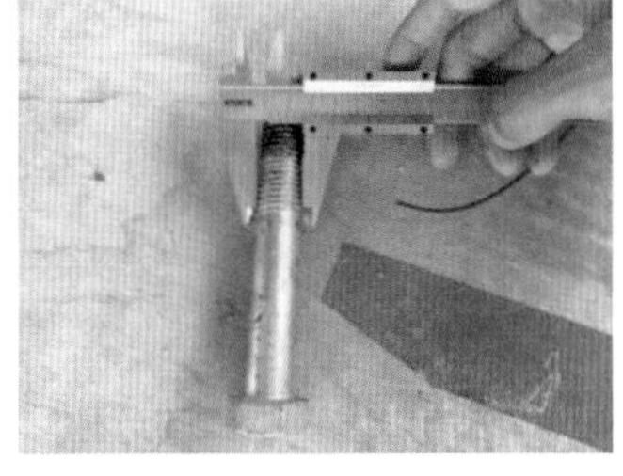

(b) 螺栓直径

(c) 防水垫片

(d) 双头螺栓及防水垫片

(e) 弹簧垫片

(f) 单头螺栓及弹簧垫片

图4－74　法兰对接面螺栓尺寸及材质核查

表4－26　　某制造厂500kV HGIS设备法兰对接面与螺栓的关系

对接面	位置	尺寸	垫片类型	材质	数量
1	隔离开关气室与过渡筒的对接面	双头M20×220	2块防水垫片	8.8级热镀锌	16颗/面
2	过渡筒与套管的对接面	单头M20×120	2块弹簧垫片	8.8级热镀锌	16颗/面
3	套管与伸缩节的对接面	单头M20×110	2块弹簧垫片	8.8级热镀锌	16颗/面
4	伸缩节与隔离开关气室的对接面	双头M20×220	2块防水垫片	8.8级热镀锌	16颗/面

3. 常见隐患分析

（1）若户外GIS设备法兰对接面所使用的螺栓未进行热镀锌表面处理，长期暴露在户外，螺栓、螺帽容易锈蚀，进而影响螺栓的紧固，可能造成气室漏气。

（2）由于盆式绝缘子使用的材质较为特殊，对于户外GIS设备，若其对接面未使用防水垫片，雨水容易通过螺栓孔进入盆式绝缘子法兰对接面，引发螺栓锈蚀、O形圈腐蚀，可能造成气室漏气。在天气寒冷地区，盆式绝缘子法兰对接面及其螺栓孔残留的雨水结冰，体积变大，可能导致盆式绝缘子产生形变。

4.12.3 螺栓紧固

1. 验收关键点及标准

（1）验收关键点。

1）螺栓紧固应在厂家技术人员指导下，按照正确的紧固顺序及相应的力矩值进行紧固，无特殊要求时螺栓紧固力矩值应满足表 4－21 的要求。

2）检查所有紧固后的螺栓应划有紧固标记。

3）对接时要将全部螺栓紧固完毕后，才能进行其他工作。

（2）验收标准。GB 50147—2010《电气装置安装工程 高压电器施工及验收规范》规定：GIS 元件的安装应在制造厂技术人员指导下按产品技术文件要求进行，螺栓连接和紧固应对称均匀用力，其力矩值应符合产品技术文件要求。

2. 现场常规做法

GIS 设备法兰对接面螺栓应按对角线十字交叉均匀紧固螺栓，且不能一次紧固到位，应均匀多次反复紧固。法兰对接面螺栓位置示意图如图 4－75 所示，现场常见的螺栓紧固顺序为：

第 1 步：同时预紧 A 位置的螺母。

第 2 步：同时预紧 B 位置的螺母。

第 3 步：按对角顺序预紧剩余的螺母。

第 4 步：用力矩扳手按预紧的顺序紧固所有螺母。

第 5 步：用力矩扳手检查螺栓或螺母（采用双头螺栓）另一侧螺母是否紧固。

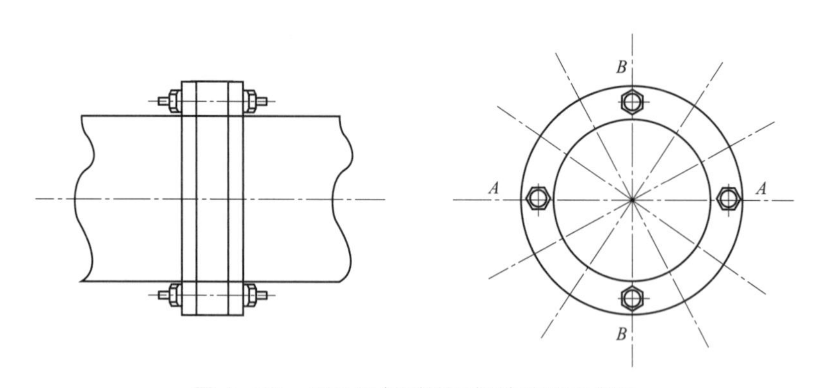

图 4－75 GIS 设备对接面螺栓位置示意图

3. 常见隐患分析

（1）若法兰对接面对角线的螺栓未同时紧固，先紧固一侧的密封圈先被压缩，再紧固对侧螺栓时，先被压缩的密封圈一侧会有一定的回弹，使得密封圈受力不均匀，影响其密封效果。

（2）若螺栓未划紧固标记，后续运行维护时不便于检查螺栓是否发生松动。

4. 现场典型问题

现场未按螺栓紧固顺序紧固螺栓，在第3步时未按对角顺序预紧剩余的螺母，在第4步时未按预紧的顺序紧固所有螺母。

螺栓紧固验收作业卡如表4－27所示。

表4－27　　　　螺栓紧固验收作业卡

<table>
<tr><td>间隔</td><td colspan="3"></td></tr>
<tr><td>引用文件</td><td colspan="3">GB 50147—2010《电气装置安装工程 高压电器施工及验收规范》《××厂家现场安装作业指导书》《××施工单位现场安装施工方案》</td></tr>
<tr><td colspan="4">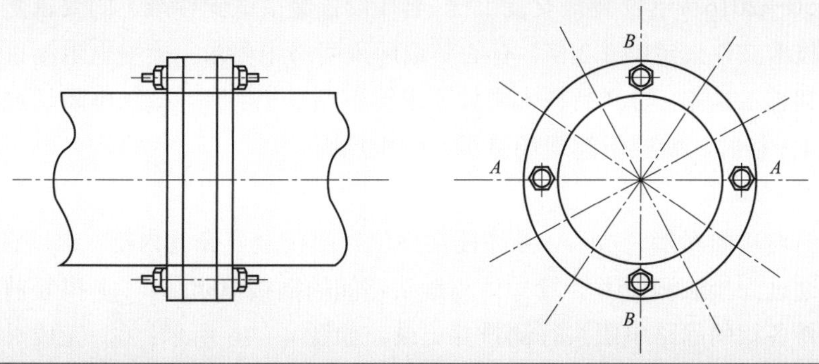
</td></tr>
<tr><th>序号</th><th>作业类别</th><th>检查内容</th><th>确认</th></tr>
<tr><td rowspan="2">1</td><td rowspan="2">工器具检查</td><td>力矩扳手一般由GIS设备制造厂提供，并经过校准，现场应检查其校准合格日期在有效期内</td><td></td></tr>
<tr><td>根据厂家及技术文件选取螺栓及垫片，力矩扳手力矩值
<table><tr><td>螺母尺寸</td><td>M8</td><td>M10</td><td>M12</td><td>M16</td><td>M20</td><td>M24</td><td>M30</td></tr><tr><td>力矩值（Nm）</td><td>12</td><td>25</td><td>45</td><td>110</td><td>220</td><td>310</td><td>770</td></tr></table></td><td></td></tr>
<tr><td rowspan="2">2</td><td rowspan="2">螺栓紧固</td><td>螺栓紧固应在厂家技术人员指导下，按照正确的紧固顺序进行紧固：
第1步　同时预紧A位置的螺母。
第2步　同时预紧B位置的螺母。
第3步　按对角顺序预紧剩余的螺母。
第4步　用力矩扳手按预紧的顺序紧固所有螺母。
第5步　用力矩扳手检查螺栓或螺母（采用双头螺栓）另一侧螺母是否紧固</td><td></td></tr>
<tr><td>检查所有紧固后的螺栓应划有紧固标记</td><td></td></tr>
<tr><td>结论</td><td colspan="3">签名：　　　　　　　　　　　　日期：</td></tr>
</table>

4.13 导体插接电阻测量

1. 验收关键点及标准

（1）验收关键点。

1）现场每完成一个法兰对接面对接后，应测量导体与触头座间的插接电阻值，并满足产品技术文件要求。

2）进行插接电阻测量时，使用的接线夹不应刮伤镀银层。

（2）验收标准。GB 50147—2010《电气装置安装工程 高压电器施工及验收规范》规定：连接插件的触头中心应对准插接口，不得卡阻，插入深度应符合产品技术文件要求；接触电阻应符合产品技术文件要求，不宜超过产品技术文件规定值的1.1倍。

标准解读：为了减小导体接触面的接触电阻，避免接头发热，在各元件安装时，应检查导电回路的各接触面，当不符合要求时，应与制造厂联系，采取必要措施。

GB 50150—2016《电气装置安装工程 电气设备交接试验标准》的要求是：接触电阻不超过产品技术文件规定的1.2倍。有的制造厂说明书中要求：接触电阻测量值与制造厂测量值比不超过1.1倍，与产品技术文件要求比不超过1.2倍。接触电阻超过产品技术文件规定值的1.1倍时，就应引起现场重视，分析原因。

2. 现场常规做法

由于法兰对接面对接完成后，导体插接部位封闭在金属壳体内部，难以直接测量，因此现场一般通过间接法测量并计算导体与触头座间的插接电阻值：① 拼装前，先对需对接的两个元件各相的回路电阻进行测量并记录，如图4－76所示；② 完成对接后，再测量每相总电阻，计算得出各相导体与触头座间的插接电阻值。

图4－76 某变电站110kV GIS设备待拼装元件回路电阻测量

3. 常见隐患分析

若法兰对接面对接后未进行插接电阻测量，无法保证其是否符合要求，当不符合要求时，容易造成接头发热。

4. 现场典型问题

某变电站三相共筒式110kV GIS设备安装时，在测量隔离开关至接地开关之间的回路电阻过程中，发现内部导流回路相序错误，接地开关相序标示牌与实际主回路相序不一致。实际主回路相序为逆时针ABC，但相序标示牌为顺时针ABC，如图4－77所示。

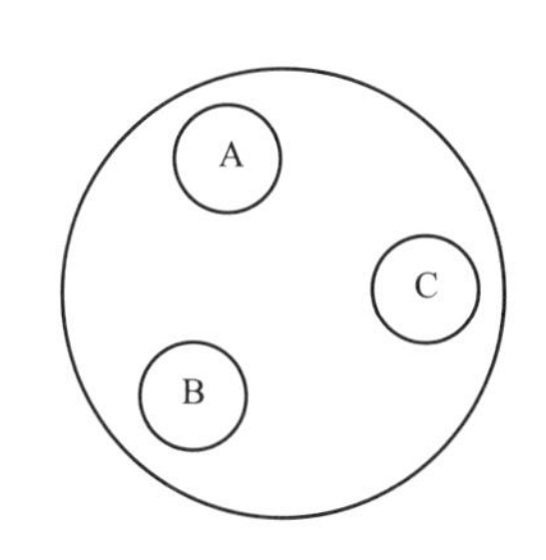

(a) 实际主回路相序

(b) 标示牌相序

图4－77　某变电站三相共筒式110kV GIS导流回路相序错误

5. 导体插接电阻测量验收作业卡

导体插接电阻测量验收作业卡见表4－28。

表4－28　　导体插接电阻测量验收作业卡

间隔					
引用文件	GB 50147—2010《电气装置安装工程　高压电器施工及验收规范》《××厂家现场安装作业指导书》《××施工单位现场安装施工方案》				
序号	验收关键点				确认
1	现场每完成一个法兰对接面对接后，应测量导体与触头座间的插接电阻值，并满足产品技术文件要求				
2	进行插接电阻测量时，使用的接线夹不应刮伤镀银层				
3	测量区间	相序	规定值（μΩ）	实测值（μΩ）	—
		A			
		B			
		C			
4	测量区间	相序	规定值（μΩ）	实测值（μΩ）	—
		A			
		B			
		C			
5	测量区间	相序	规定值（μΩ）	实测值（μΩ）	—
	总回路	A			
		B			
		C			
6	测量区间	相序	规定值（μΩ）	实测值（μΩ）	
	插接电阻	A			
		B			
		C			
结论	签名：			日期：	

4.14 GIS设备接地导流排安装

4.14.1 外观检查

1. 验收关键点及标准

（1）验收关键点。

1）检查接地导流排材料、尺寸等满足厂家技术文件及技术协议要求，数量齐备。

2）检查接地导流排外观完好、无损坏，表面应有黄绿间色标识。

3）检查接地导流排与设备连接面平整、洁净，不应有油漆等异物，导流排镀银层光滑。

4）检查导流排预留螺栓孔与设备连接面相匹配。

（2）验收标准。GB 7674—2020《额定电压72.5KV及以上气体绝缘金属封闭开关设备》规定：对于外壳、框架等的相互连接，允许采用螺栓或焊接紧固的方式来保证电气连续性。

2. 现场常规做法

（1）不同制造厂不同类型 GIS 设备的不同部位所使用的接地导流排均有所不同，表4－29、表4－30为某制造厂500kV HGIS设备现场所用接地导流排类型。

表4－29　某制造厂500kV HGIS设备接地导流排

Z形导流排	L形导流排	拱形导流排	短梯形导流排	长梯形导流排

表4－30　某制造厂500kV HGIS设备导流排确认信息表

序号	导流排类型	安装位置	安装数量	螺栓型号
1	Z形导流排	套管底座法兰连接处	126	M16×35 一平垫＋一弹垫
2	L形导流排	套管单元外壳与套管支架连接处	126	M12×35 前后二弹垫
3	拱形导流排	套管上下节支架连接处	126	M12×35 前后二弹垫
4	短梯形导流排	套管过渡筒法兰面与隔离开关单元（盆子）连接处	126	M12×35 一平垫＋一弹垫
5	长梯形导流排	两断路器单元间伸缩节连接处	30	M12×35 一平垫＋一弹垫

1）由于该制造厂部分法兰对接面及伸缩节拼接后，其螺栓已紧固，无法调整，如图 4－78。因此，在设计短梯形及长梯形导流排时，预留了大尺寸螺栓孔嵌套法兰对接面及伸缩节已紧固的螺栓，如图 4－79、图 4－80 所示。

图 4－78　某制造厂 500kV HGIS 设备法兰对接面

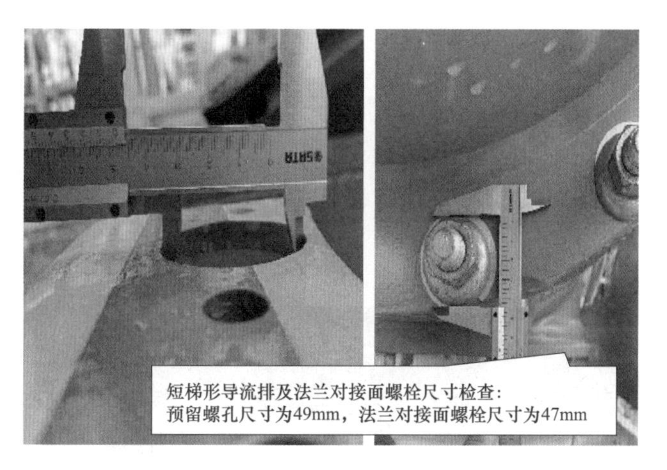

图 4－79　短梯形导流排螺栓孔确认

图 4－80　长梯形导流排螺栓孔确认

2）Z 形导流排四个螺栓孔位置，一面略为凸起，另一面略凹陷，且预留螺栓孔周围为金属接触面，如图 4－81 所示。凹陷位置是为螺栓孔和平垫预留空间，凸起一面是与法兰接触，保证导流排与单元连接面可靠连接。

图 4－81　某制造厂 500kV HGIS 设备 Z 形导流排预留螺栓孔

（2）一般未安装前，设备上预留的接地导流排螺栓孔采用绝缘胶带临时密封，如图 4－82 所示。

图 4－82　某制造厂 500kV HGIS 设备接地导流排螺栓孔临时密封

3. 常见隐患分析

（1）若法兰对接面漏安装接地导流排，可能导致法兰对接面两侧筒体电压分布不均匀，引起悬浮放电。

（2）导流排连接面的镀银层若存在缺陷将影响导流排的导流效果，可能导致法兰对接面两侧筒体电压分布不均匀，引起悬浮放电。

（3）部分制造厂导流排为了给法兰对接面的螺母和密封垫圈预留位置而设置大尺寸螺栓孔，尺寸不适合会导致导流排安装不牢固，甚至在安装时导流排变形，接触面积变小，影响其导流效果。

4. 现场典型问题

（1）接地导流排与设备连接面涂有油漆，两者为非金属性连接，接地导流不起作用，导致法兰对接面两侧筒体电压分布不均匀，引起悬浮放电。

（2）导流排连接面存在金属碎屑，安装时，使得连接面难以贴合，将增加导流排的接触电阻，影响其导流效果。

4.14.2 接地导流排安装

1. 验收关键点及标准

（1）验收关键点。

1）检查导流排连接面应均匀涂抹导电膏。

2）紧固螺栓直径应不小于 12mm，紧固力矩应满足表 4-21 中的要求，并划有紧固标记。

3）检查导流排安装位置及类型无误，确认导流排安装数量无遗漏。

4）检查接地开关的接地端子应与 GIS 设备外壳绝缘后再接地。

（2）验收标准。

1）GB 50147—2010《电气装置安装工程 高压电器施工及验收规范》规定：

a. 设备接地线连接，应符合设计和产品技术文件要求，并应无锈蚀和损伤，连接应紧固牢靠。

b. 接地开关及外壳的接地连接应符合产品技术文件要求，且应连接牢固、可靠。

2）GB/T 11022—2011《高压开关设备和控制设备标准的共用技术要求》规定：

紧固螺栓螺钉和螺栓的直径应该不小于 12mm。

标准解读：接地开关与 GIS 外壳绝缘，绝缘水平符合产品技术文件要求，接地连接按产品技术文件要求进行，宜采用软连接，运行时必须与外壳连接牢固可靠。

2. 现场常规做法

（1）现场一般用柔软布料蘸无水酒精清洁导流排连接面、设备连接面，如图 4-83、图 4-84 所示，并在其表面均匀涂抹一层薄薄的导电膏，如图 4-85、图 4-86 所示。

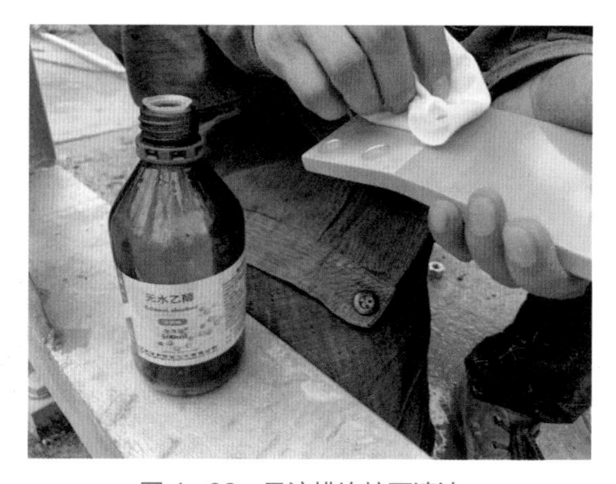

图 4-83 导流排连接面清洁

图 4-84 设备连接面清洁

图 4-85　不锈钢垫片

图 4-86　涂抹导电膏

（2）表 4-31 为某制造厂 500kV HGIS 设备接地导流排安装情况检查表。现场根据表 4-31 逐一检查导流排安装数量、螺栓紧固力矩值、紧固标记，如图 4-87～图 4-91 所示。

表 4-31　　某制造厂 500kV HGIS 设备接地导流排安装确认表

断路器组合单元（完整串）：				
序号	导流排型号	安装位置	安装数量	确认数量
1	Z 形导流排	套管底座法兰连接处	30	
2	L 形导流排	套管单元外壳与套管支架连接处	30	
3	拱形导流排	套管上下节支架连接处	30	
4	短梯形导流排	套管过渡筒法兰面与隔离开关单元（盆子）连接处	30	
5	长梯形导流排	两断路器单元间伸缩节连接处	6	
断路器组合单元（非完整串）：				
序号	导流排型号	安装位置	安装数量	确认数量
1	Z 形导流排	套管底座法兰连接处	18	
2	L 形导流排	套管单元外壳与套管支架连接处	18	
3	拱形导流排	套管上下节支架连接处	18	
4	短梯形导流排	套管过渡筒法兰面与隔离开关单元（盆子）连接处	18	
5	长梯形导流排	两断路器单元间伸缩节连接处	6	

图 4-87　套管底座法兰导流排

图 4-88　套管单元外壳与支架导流排

图 4-89　套管支架导流排

图 4－90　隔离开关单元与过渡筒导流排

图 4－91　伸缩节导流排

3. 常见隐患分析

（1）导电膏可以增加导流排有效接触面，降低其接触电阻，具有抗氧化、防腐蚀的效果。涂抹导电膏之前应将连接面清洁干净，待其表面干燥后再涂抹约 0.05～0.1mm 厚的导电膏，不能太厚，否则反而会影响效果。

（2）需安装的导流排数量较多时，容易出现遗漏。法兰对接面未安装接地导流排，可能导致法兰对接面两侧筒体电压分布不均匀，引起悬浮放电。

（3）若接地开关的接地端子未与 GIS 外壳绝缘，当发生故障时，故障电流将通外壳传导至其他间隔，导致其设备损坏。

4. 现场典型问题

（1）某变电站 500kV HGIS 设备接地导流排部分螺栓无紧固划线标识，如图 4－92、图 4－93 所示。

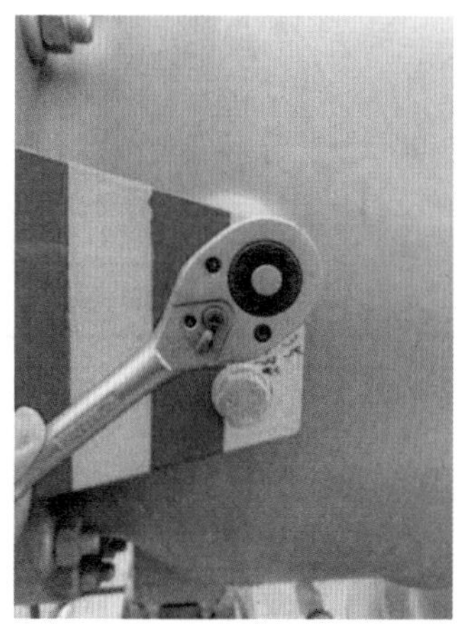

图 4－92　使用力矩扳手检查

图 4－93　螺栓无划线标识

（2）某变电站 110kV GIS 设备接地开关未单独接地，接地开关接线端子外引铜排再经外壳接地，如图 4－94 所示。

图 4－94　某变电站 110kV GIS 设备接地开关经外壳接地

5. 接地导流排安装验收作业卡

接地导流排安装验收作业卡见表 4－32。

表 4－32　　接地导流排安装验收作业卡

<table>
<tr><td>间隔</td><td colspan="3"></td></tr>
<tr><td>引用文件</td><td colspan="3">GB 50147—2010《电气装置安装工程　高压电器施工及验收规范》、GB 7674—2020《额定电压 72.5kV 及以上气体绝缘金属封闭开关设备》、GB/T 11022—2011《高压开关设备和控制设备标准的共用技术要求》《××厂家现场安装作业指导书》《××施工单位现场安装施工方案》</td></tr>
<tr><th>序号</th><th>验收项目</th><th>验收关键点</th><th>确认</th></tr>
<tr><td>1</td><td>工器具</td><td>游标卡尺、力矩扳手</td><td></td></tr>
<tr><td rowspan="4">2</td><td rowspan="4">外观检查</td><td>检查接地导流排材料、截面积满足厂家技术文件及技术协议要求，数量齐备</td><td></td></tr>
<tr><td>检查接地导流排外观完好、无损坏，表面应有黄绿间色标识</td><td></td></tr>
<tr><td>检查接地导流排及设备连接面平整、洁净，不应有油漆等异物，导流排镀银层光滑</td><td></td></tr>
<tr><td>检查导流排预留螺栓孔与现场连接件相匹配</td><td></td></tr>
<tr><td rowspan="4">3</td><td rowspan="4">接地导流排安装</td><td>检查导流排连接面应均匀涂抹导电膏</td><td></td></tr>
<tr><td>紧固螺栓直径应不小于 12mm，螺栓的紧固力矩应满足下表要求，并划有紧固标记
<table><tr><td>螺栓尺寸</td><td>M8</td><td>M10</td><td>M12</td><td>M16</td><td>M20</td><td>M24</td><td>M30</td></tr><tr><td>力矩值（Nm）</td><td>12</td><td>25</td><td>45</td><td>110</td><td>220</td><td>310</td><td>770</td></tr></table></td><td></td></tr>
<tr><td>检查导流排安装位置及类型无误，确认导流排安装数量无遗漏</td><td></td></tr>
<tr><td>检查接地开关的接地端子应与 GIS 设备外壳绝缘后再接地</td><td></td></tr>
<tr><td>结论</td><td colspan="3">签名：　　　　　　　　　　　　　　日期：</td></tr>
</table>

4.15　SF$_6$ 气体管道连接

4.15.1　工器具及安装环境检查

1. 验收关键点及标准

（1）验收关键点。

1）检查常用工器具齐备。

2）检查无毛纸、白绸布、无水酒精等齐备，且在有效期内。

3）检查 SF_6 气体管道配件O形圈、菱形绝缘垫块、紧固螺栓等齐全。

4）SF_6 气体检查参考本章4.1.3内容。

5）现场环境温湿度、空气洁净度及其控制措施应满足本章4.3节要求。

（2）验收标准。标准及其解读参考本章4.2节、4.3节中的验收标准，在此不再赘述。

2. 现场常规做法

SF_6 气体管道连接作业，一般需使用扳手、无毛纸、白绸布、无水酒精等工器具及清洁材料，现场检查常用工器具齐备，无水酒精在有效期内，SF_6 气瓶搬运、存储满足技术条件，SF_6 气体管道配件齐全，如图4－95所示。

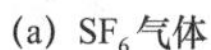

(a) SF_6 气体

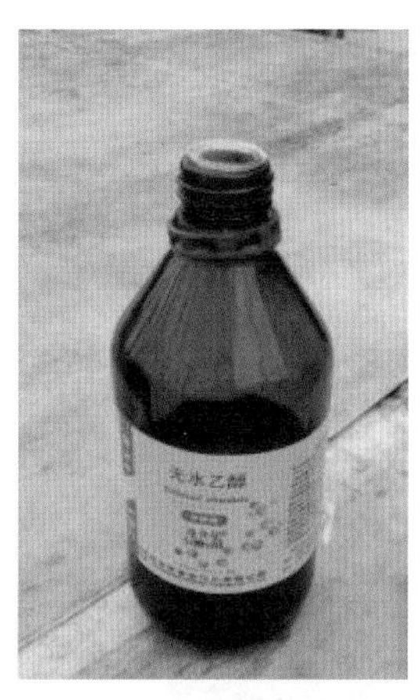

(b) 无水酒精

图4－95 SF_6 气体管道连接工器具准备及检查

3. 常见隐患分析

若设备壳体与金属气体管道的电气连接未采用菱形绝缘垫块隔离，壳体的感应电将影响 SF_6 压力表计的正常工作。

4.15.2 外观检查

1. 验收关键点

（1）检查气体管道及菱形阀表面无磕碰划伤、扭曲、挤压变形等缺陷。

（2）检查阀门密封槽内部及螺纹应良好、无腐蚀。

（3）检查 SF_6 气体管道配件及成套螺栓表面无磕碰划伤、锈蚀等缺陷。

2. 常见隐患分析

（1）气体管道及菱形阀门表面若存在磕碰划伤、扭曲、挤压变形等缺陷，会影响气体管道的密封效果，留下漏气隐患。

（2）阀门密封槽内部不允许存在划痕等缺陷，否则会影响气体管道的密封效果。

（3）阀门螺栓孔螺纹若存在损坏或腐蚀等缺陷，螺栓的紧固无法达到要求。

（4）划伤、锈蚀的气体管道及其配件，长期暴露在户外，容易锈穿，导致漏气。

4.15.3 管道清洁

1. 验收关键点及标准

（1）验收关键点。

1）检查气体管道气孔及接头应无异物。

2）用加压气体对气体管道内部进行清吹，清吹结束后再次检查气嘴及气体管道无异物。

3）安装前，应对连接面及气体管道配件、O 形圈、菱形绝缘垫块等进行清洁。

（2）验收标准。GB 50147—2010《电气装置安装工程 高压电器施工及验收规范》规定：GIS 元件的安装应在制造厂技术人员指导下按产品技术文件要求进行，气体配管前内部应清洁，气管的现场加工工艺、曲率半径及支架布置，应符合产品技术文件要求。气管之间的连接接头应设置在易于观察维护的地方。

2. 现场常规做法

现场气体管道内部清洁常见做法，如图 4－96 所示：将蘸有无水酒精的无毛纸塞入气体管道一端，然后将此端与 SF_6 气瓶连接。用气瓶压力不低于 0.6MPa 的高纯度 SF_6 气体清吹，保证吹气时长 10s 以上，同时观察吹出的无毛纸，如有异物、杂屑吹出，则应按上述步骤再次处理。

(a) 气体管道塞入无毛纸

(b) 清吹气体管道

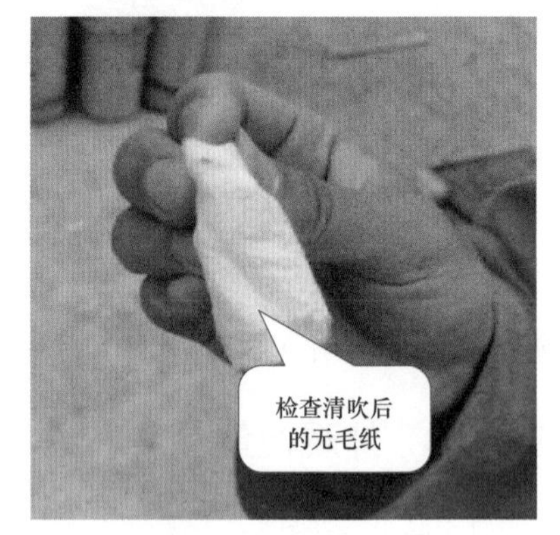

(c) 检查清吹后的无毛纸

图 4－96 SF_6气体管道清洁

3. 常见隐患分析

因为气体管道直接与气室相连，若气体管道未清洁，其残留的杂质会进入气室，影响其绝缘性能。

4.15.4 SF_6气体管道安装

1. 验收关键点

（1）安装应连续快速、中间不得间断，防止异物、粉尘进入 SF_6 气体管道。

（2）安装气室端菱形阀门时，应放置菱形绝缘垫块，紧固螺栓时应注意螺栓及各配件安装顺序，螺栓紧固力矩值符合规定要求。

（3）出厂运输使用的 O 形圈不能继续使用，应更换新的 O 形圈，并检查其表面无缺陷。安装时，应注意 O 形圈无松脱。

（4）菱形阀门连接面应涂抹密封脂。

（5）SF_6 压力表计应设置在易于观察维护的地方。

（6）气体管道安装应平直美观，并用紧箍环将其固定在邻近的设备支架上，紧箍环与气体管道间应有胶垫保护。

2. 现场常规做法

（1）某制造厂 500kV HGIS 设备在气室阀门与 SF_6 气体管道之间安装气室端菱形阀门时，中间放置菱形绝缘垫块，紧固螺栓时其配件安装顺序为弹簧垫片、平垫片、绝缘圈、弹簧垫片、螺母，如图 4－97 所示。

图 4－97　某制造厂 500kV HGIS 设备 SF_6 气体管道安装

（2）气体管道安装完毕后，应对其进行修整，使其平直美观，并使用不锈钢紧箍环固定在附近的支架上，且紧箍环与气体管道间装有胶垫，如图 4－98 所示。

3. 常见隐患分析

（1）若 SF_6 气体管道安装时间过长，会延长气体管道的露空时间，增加异物进入气体管道内部的可能，进而影响气室的绝缘性能。

（2）螺栓等配件若未按顺序安装，其密封效果无法得到保证。

（3）O 形圈使用后，失去出厂时的弹性，无法保证其密封效果，因此，必须使用新的 O 形圈。

（4）若未对气体管道进行加固保护，发生碰撞时容易造成气体管道损坏。

4. 现场典型问题

某变电站 500kV HGIS 设备 SF_6 气体管道未按技术文件规定的力矩值紧固螺栓，如图 4－99 所示。

图 4－98 SF_6气体管道整体验收

图 4－99 SF_6气体管道未按规定力矩值紧固螺栓

5. SF_6气体管道安装验收作业卡

SF_6气体管道安装验收作业卡见表 4－33。

表 4－33 SF_6气体管道安装验收作业卡

间隔			
引用文件	GB 50147—2010《电气装置安装工程　高压电器施工及验收规范》《××厂家现场安装作业指导书》《××施工单位现场安装施工方案》		
序号	验收项目	验收关键点	确认
1	工器具	检查工器具应齐备，外观完整、清洁，严禁使用腐蚀、变形、松动、有故障、破损、卡涩等不合格工器具	
2	作业环境	环境相对湿度小于 80%	
		空气洁净度检查：0.5μm≤35 200 000、1μm≤8 320 000、5μm≤293 000	
3	外观检查	检查气体管道及菱形阀表面无磕碰划伤、扭曲、挤压变形等缺陷	
		检查阀门密封槽内部及螺纹应良好、无腐蚀	
		检查 SF_6 气体管道配件及成套螺栓表面无磕碰划伤、锈蚀等缺陷	
4	管道清洁	检查气体管道气孔及接头应无异物	
		对气体管道内部进行清洗，清吹结束后再次检查气嘴及气体管道无异物	
		安装前，应对连接面及气体管道配件、O 形圈、菱形绝缘垫块进行清洁	
5	管道安装	安装应连续快速、中间不得间断，防止异物、粉尘进入 SF_6 气体管道	
		安装气室端菱形阀门时，应放置菱形绝缘垫块，紧固螺栓时应注意螺栓及各配件安装顺序，螺栓紧固力矩值符合规定要求	
		出厂运输使用的 O 形圈不能继续使用，应更换新的 O 形圈，并检查其表面无缺陷。安装时，应注意 O 形圈无松脱	

续表

序号	验收项目	验收关键点	确认
5	管道安装	菱形阀门连接面应涂抹密封脂	
		SF_6 压力表计应设置在易于观察维护的地方	
		气体管道安装应平直美观，并用紧箍环将其固定在邻近的设备支架上，紧箍环与气体管道间应有胶垫保护	
结论		签名：　　　　　　　　　日期：	

4.16　GIS 设备吸附剂更换

4.16.1　工器具及安装环境检查

（1）根据本章 4.2.3 内容及安装要求选用工器具、清洁材料等，并进行验收。

（2）现场环境温湿度、空气洁净度及其控制措施应满足第 4.3 节要求。

4.16.2　吸附剂装置拆卸

1. 验收关键点及标准

（1）验收关键点。

1）拆卸吸附剂装置前，应清洁吸附剂装置及其四周。

2）清洁吸附剂装置法兰对接面及其四周后罩上防尘罩。

3）检查吸附剂装置及其密封槽、法兰对接面应光洁无砂眼，并清洁吸附剂装置及其密封槽、法兰对接面。

4）严格控制整个吸附剂更换作业的时间。

（2）验收标准。GB 50147—2010《电气装置安装工程　高压电器施工及验收规范》规定：GIS 元件的安装应在制造厂技术人员指导下按产品技术文件要求进行，并应符合下列要求：① 产品技术文件允许露空安装的单元，装配过程中应严格控制每一单元的露空时间，工作间歇应采取防尘、防潮措施。② 密封槽面应清洁、无划伤痕迹；已用过的密封垫（圈）不得重复使用；新密封垫应无损伤。

2. 现场常规做法

某制造厂 500kV HGIS 设备规定其吸附剂更换作业时间严格控制在 30min 以内。如图 4－100 所示，为某制造厂 500kV HGIS 设备吸附剂装置拆卸顺序：① 拆卸吸附剂装置法兰螺栓，取下吸附剂装置。② 检查并清洁附剂装置法兰对接面及其四周后罩上防尘罩。③ 拆卸吸附剂装置卡圈并清洁。④ 取出网罩并清洁。⑤ 取出运输前放置的吸附剂。⑥ 清洁整个吸附剂装置。

(a) 吸附剂盖板四周清洁　(b) 卡圈拆解　(c) 网罩拆解

(d) 卡圈清洁　(e) 网罩清洁　(f) 吸附剂装置清洁

图 4-100　某制造厂 500kV HGIS 设备吸附剂装置拆卸顺序

3. 常见隐患分析

吸附剂装置直接与 SF$_6$ 气室相连，其法兰面的砂眼、划痕等缺陷直接影响整个气室的密封效果，其内部的清洁也直接影响整个 SF$_6$ 气室的清洁。

4. 现场典型问题

（1）部分施工人员在打开吸附剂装置法兰对接面前，未清洁吸附剂装置及其四周。

（2）清洁附剂装置法兰对接面及其四周后未罩上防尘罩，存在气室被空气污染的可能。

4.16.3 吸附剂更换

1. 验收关键点

（1）将旧的吸附剂倒至回收箱，填充足量的新吸附剂，其用量以厂家技术文件要求为准。

（2）将装吸附剂的袋子装入吸附剂装置，其袋子口应朝内。

（3）装入网罩，并确认网罩无晃动。

（4）安装卡圈前，应在其表面均匀涂抹薄薄的导电膏（除灭弧室外，其他气室内使用）。

2. 现场常规做法

吸附剂用量以厂家技术文件要求为准，无特别要求，以绳子可绑紧袋口为限，如图 4-101 所示。

(a) 吸附剂　(b) 袋口朝内　(c) 网罩安装　(d) 卡圈安装

图 4－101　更换吸附剂

3. 常见隐患分析

（1）吸附剂的用量若不满足厂家技术文件要求，其干燥、净化 SF_6 气体的效果无法保证。

（2）必须保证新吸附剂的袋口朝内，否则当袋口未系牢或松脱时，袋子内的吸附剂可能会落入气室内，引起气室局部放电。

（3）导电膏具有抗氧化、防腐蚀的效果，但只能在除灭弧室外的其他气室内使用，否则容易与灭弧气室的 SF_6 分解物发生化学反应，改变灭弧气室的绝缘性能。

4.16.4　吸附剂装置安装

1. 验收关键点

（1）清洁吸附剂装置及其密封槽、法兰密封面、O 形圈。

（2）安装新的 O 形圈，并在 O 形圈外沿法兰面均匀涂覆密封脂。

（3）在安装吸附剂装置过程中，须关注 O 形圈应始终在密封槽内，且不能有异物掉落。

2. 常见隐患分析

尽管吸附剂取出后已对吸附装置法兰对接面、内部及其零部件进行过清洁，但安装前应再次清洁，如图 4－102 所示，防止在更换吸附剂的露空时间内上述元件被污染。

(a) O 形圈清洁　(b) 密封槽清洁　(c) O 形圈安装　(d) 吸附剂装置清洁

图 4－102　吸附剂装置安装

吸附剂更换验收作业卡如表4　34所示。

表4-34　　　　　　　　　　　　吸附剂更换验收作业卡

间隔			
引用文件	GB 50147—2010《电气装置安装工程　高压电器施工及验收规范》《××厂家现场安装作业指导书》《××施工单位现场安装施工方案》		
序号	验收项目	验收关键点	确认
1	工器具检查	新的吸附剂，检查合格证有效，用量满足厂家技术文件要求	
		密封脂，检查合格证有效	
		导电膏，检查合格证有效	
		防尘罩，检查无粉尘及杂物、不漏气	
		新O形圈，检查材质、规格满足要求	
	现场环境检查	环境相对湿度小于80%	
		空气洁净度检查：0.5μm≤35 200 000、1μm≤8 320 000、5μm≤293 000	
2	作业开始时间：	时　　分	
3	吸附剂装置拆卸	拆卸吸附剂装置前，应清洁吸附剂装置及其四周	
		检查吸附剂装置法兰对接面应光洁无砂眼	
		清洁吸附剂装置法兰对接面及其四周后罩上防尘罩	
		检查吸附剂装置及其密封槽、法兰对接面应光洁无砂眼，并清洁吸附剂装置及其密封槽、法兰对接面	
4	吸附剂更换	将旧的吸附剂倒至回收箱，填充足量的新吸附剂，其用量以厂家技术文件要求为准	
		将装吸附剂的袋子装入吸附剂装置，其袋子口应朝内	
		装入网罩，并确认网罩无晃动	
		安装卡圈前，应在其表面均匀涂抹薄薄的导电膏（除灭弧室外，其他气室内使用）	
5	吸附剂装置安装	再次清洁吸附剂装置及其密封槽、法兰密封面、O形圈	
		然后安装新的O形圈，并在O形圈外沿法兰面均匀涂抹密封脂	
		再次清洁吸附剂装置法兰对接面及其四周，将吸附剂装置与法兰对接面对接，紧固螺栓。在安装吸附剂装置过程中，须关注O形圈应始终在密封槽内，且不能有异物掉落	
6	作业结束时间：	时　　分（整个吸附剂更换作业时间严格控制在30min内完成）	
结论	签名：　　　　　　日期：		

4.17　GIS设备抽真空及SF_6气体处理

4.17.1　作业前准备

一、工器具检查

1. 验收关键点及标准

（1）验收关键点。

1）检查SF_6气体回收装置、真空泵（出口带有电磁逆止阀）、高压软管、减压阀、充气软管、充气接头（带过滤装置）等齐备。

2）检查 SF_6 气体检漏仪（定量、定性各 1 套）齐备，在试验合格有效期内。

3）SF_6 气体检查参考本章 4.1.3 内容。

（2）验收标准。

标准及其解读参考本章 4.1.3 中的验收标准，在此不再赘述。

2. 现场常规做法

现场检查真空泵、试验仪器等工器具齐备，SF_6 气体纯度 99.997%，如图 4－103 所示，满足抽真空和 SF_6 气体处理要求。

(a) 真空泵检查

(b) SF_6气体检查

(c) 高压软管接头检查

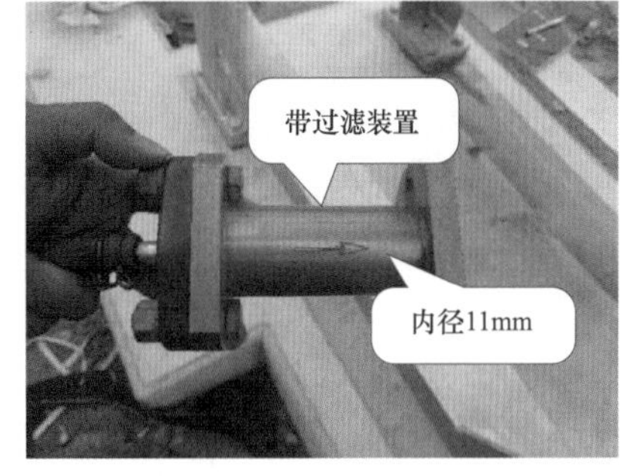

(d) 充气接头检查

图 4－103　抽真空及 SF_6 气体处理工器具检查

二、人员准备

1. 验收关键点及标准

（1）验收关键点。真空泵应设专人负责，做到人走泵停，杜绝因误操作导致真空泵油倒灌入 GIS 设备内部。

（2）验收标准。GB 50147—2010《电气装置安装工程　高压电器施工及验收规范》规定：六氟化硫气体的充注应设专人负责抽真空和充注。

2. 常见隐患分析

抽真空和 SF_6 气体充注作业时间较长，若未设专人负责，难以严格控制真空度、保压时间、充气压力等。

三、抽真空及充气分类说明

（1）所有气室的开盖、内检及连接工作间断隔夜时，应及时封闭，并抽真空后再充入干燥空气或氮气，保持微正压过夜。

（2）若气室已充有微正压 SF_6 气体，且含水量检验合格，可直接进入补（充）气阶段。

4.17.2 抽真空

一、抽真空前

1. 验收关键点及标准

（1）验收关键点。

1）检查所有气室防爆膜应无损坏，吸附剂更换工作已合格完成。

2）检查所有螺栓（包括地基螺栓及调节螺栓）已完全紧固。

3）检查气体配管工作已合格完成，GIS 设备气室常闭阀门处于关闭状态，常开阀门处于打开状态。

4）使用前检查真空泵的电磁阀动作可靠，防止真空泵意外断电造成泵油倒灌进入设备。

5）清洁进气阀门、高压软管接头以及真空泵阀门。

（2）验收标准。GB 50147—2010《电气装置安装工程　高压电器施工及验收规范》规定：

1）充注前，充气设备及管路应洁净、无水分、无油污；管路连接部分应无渗漏。

2）气体充入前应按产品技术文件要求对设备内部进行真空处理，真空度及保持时间应符合产品技术文件要求；真空泵或真空机组应有防止突然停止或因误操作而引起真空泵油倒灌的措施。

2. 常见隐患分析

（1）防爆膜较为脆弱，若损坏，气室抽真空将无法达到要求的真空值。

（2）随设备运输在其内部放置的吸附剂已使用过，且在拼接过程中，设备已开盖，吸附剂与外部空气接触时间较长，若抽真空前未更换吸附剂，无法保证其吸附效果。

（3）若法兰对接面螺栓未紧固，存在影响对接面密封效果的可能，导致气室抽真空无法达到要求的真空值。

（4）麦氏真空计存在水银倒灌进入设备的风险，禁止使用。

二、抽真空

1. 验收关键点及标准

（1）验收关键点。

1）检查所抽真空的气室各相均有排气声，每隔 10min 观察一次真空表读数，观察指针是否有持续下降。如指针持续下降，表明有泄漏点，必须及时处理。

2）在抽真空的过程中，如果真空泵突然停止，真空泵上的阀门应当立即关闭，并检查真空泵的油是否回流。

3）监视真空表读数达到 133Pa 时，继续抽真空 30min，停止抽真空 30min，记录真空度 A，静置 5h，读真空度 B，若 $B-A \geqslant 133$Pa，必须检查是否存在漏气点；若 $B-A < 133$Pa，再抽 2h，结束抽真空。

（2）验收标准。GB 11023—2018《高压开关设备六氟化硫气体密封试验方法》规定：试品抽真空到真空度为 133×10^{-6}MPa，再维持真空泵运转 30min 后停泵 30min，30min 后读取真空度 A，5h 后读取真空度 B；如 $B-A < 133\times10^{-6}$MPa，则认为密封性能良好。

2. 现场常规做法

（1）不同的制造厂有不同的抽真空作业方法，但大致相同，在施工前应事先验收其作业方法是否可行。

（2）抽真空后静置 5h 的目的是检查气室有无泄漏点，为节约静置时间，部分制造厂直接抽真空至 10～15Pa，若该气室存在泄漏点，则该气室无法将真空度抽至 10～15Pa 之间，即若该气室可以将真空度抽至 10～15Pa 之间，说明该气室不存在泄漏点，可以省略静置的过程。

3. 常见隐患分析

若抽真空时保压时间不足，无法确认该气室的密封性能是否良好。

4.17.3　充气

一、充气前

1. 验收关键点及标准

（1）验收关键点。

1）充气前应清洁所有的进气阀门、充气接头、充气软管两端、减压阀阀门及 SF_6 气瓶阀门。

2）充气前应排除管路中的空气。

（2）验收标准。GB 50147—2010《电气装置安装工程　高压电器施工及验收规范》规定：

1）充注前，充气设备及管路应洁净、无水分、无油污；管路连接部分应无渗漏。

2）充注时应排除管路中的空气。

2. 现场常规做法

如图 4－104 所示，现场常见的管路及阀门清洁方法为：先检查 GIS 设备气室的进气阀门关闭，打开 GIS 设备气室的进气阀门盖子，用无水酒精清洁进气阀门、充气接头、充气软管两端、减压阀阀门以及 SF_6 气瓶阀门。再将充气接头初步连接（不紧固螺栓）至 GIS 气室的进气阀门上，将充气软管与减压阀连接，将减压阀与 SF_6 气瓶连接。打开 SF_6 气瓶阀门，然后慢慢开启减压阀，使 SF_6 气体将充气软管内的空气充分赶出后，将充气接头与进气阀门的连接螺栓紧固。

(a) 阀门清洁

(b) 充气接头初步连接

图 4-104　充气前准备工作

3. 常见隐患分析

充气前，若充气软管内存在空气及其他杂质，进入气室后，将污染气室内的 SF_6 气体，降低其绝缘性能。

二、充气

1. 验收关键点

（1）充气与抽真空作业完成间隔时间不能过长。

（2）充气时，充气压力不宜过高，应使压力表计指针不抖动缓慢上升为宜，应防止液态气体充注入气室内。

（3）充气完成 24h 后，对其泄漏率和微水含量进行测量并记录，相关要求及做法见本章 4.18 节。

2. 现场常规做法

（1）刚开始充气时，现场一般控制进气压力在 0.3MPa 左右，待气室内部压力达到 0.3MPa 后，逐渐提高充气压力至比额定压力略高，充气过程中持续关注表计压力，相应地不断提高充气压力至规定压力值，如图 4-105 所示。

(a) 减压阀检查

(b) 初始压力值

图 4-105　初始压力检查

（2）充至额定压力后，关闭 SF_6 气瓶阀门→关闭减压阀阀门→关闭 GIS 设备气室充气阀门→拆除充气软管→盖好进气阀门盖子，结束充气作业。考虑到外界环境温度对气室压力的影响，停止充气 1h 后，应观察表计压力值，如压力下降则应重新补气至规定值，如图 4－106 所示。

图 4－106　充气结束

3. 常见隐患分析

一般要求抽真空结束 2h 内完成充气，否则气室长时间处于真空状态，存在外界空气侵入污染气室的可能。

4. 现场典型问题

某变电站 500kV HGIS 设备，SF_6 气体处理前未更换气室进气阀门密封圈，如图 4－107 所示。

图 4－107　进气阀门密封圈重复使用

抽真空及 SF_6 气体处理验收作业卡如表 4－35 所示。

表 4-35　　　　抽真空及 SF_6 气体处理验收作业卡

间隔			
引用文件	GB 50147—2010《电气装置安装工程　高压电器施工及验收规范》(GB 50150—2016)《电气装置安装工程　电气设备交接试验标准》《××施工单位现场安装施工方案》等		
序号	验收项目	验收关键点	确认
1	工器具	检查 SF_6 气体回收装置、真空泵（出口带有电磁逆止阀）、高压软管、减压阀、充气软管、充气接头（带过滤装置）等齐备	
		检查 SF_6 气体检漏仪（定量、定性各 1 套）齐备，试验日期在有效期内	
	人员	真空泵应设专人负责，做到人走泵停，杜绝因误操作导致真空泵油倒灌入 GIS 设备内部	
	分类说明	所有单元的开盖、内检及连接工作间断隔夜时，安装单元应及时封闭，并抽真空后再充入经过滤尘的干燥空气或氮气，保持微正压过夜	
		若气室已充有微正压 SF_6 气体，且含水量检验合格，可直接进入补（充）气阶段	
2	抽真空前	检查所有气室防爆膜应无损坏，吸附剂更换工作已合格完成	
		检查所有螺栓（包括地基螺栓及调节螺栓）已完全紧固	
		检查气体配管工作已合格完成，GIS 设备气室常闭阀门处于关闭状态，常开阀门处于打开状态	
		使用前检查真空泵的电磁阀动作可靠，防止真空泵意外断电造成泵油倒灌进入设备	
		清洁进气阀门、高压软管接头以及真空泵阀门	
	抽真空	检查所抽气室各相均有出气声，每隔 10min 观察一次真空表读数，观察指针是否有持续下降。如指针持续下降，表明有泄漏点，必须及时处理	
		在抽真空的过程中，如果真空泵突然停止，真空泵上的阀门应当立即关闭，并且检查真空泵的油是否回流	
		监视真空表读数达到 133Pa 时，继续抽真空 30min，停止抽真空 30min，记录真空度 A，静置 5h，读真空度 B，若 $B-A\geq 133$Pa，必须检查是否存在漏气点；若 $B-A<133$Pa，再抽 2h，结束抽真空	
3	充气前	充气前应清洁所有的进气阀门、充气接头、充气软管两端、减压阀阀门及 SF_6 气瓶阀门	
		充气前应排净管路中的空气	
	充气	充气与抽真空作业完成间隔时间不能过长	
		充气时，充气压力不宜过高，应使压力表计指针不抖动缓慢上升为宜，应防止液态气体充注入气室内	
		充气完成 24h 后，对其泄漏率和微水含量进行测量并记录	
结论	签名：	日期：	

气体处理状态记录卡如表 4-36 所示。

表 4-36 气体处理状态记录卡

抽真空及 SF_6 气体处理单元编号及位置			
气室状态		时间	真空度（Pa）
开始抽真空			
每隔 10min 检查			
规定值下再抽真空 30min			
静置 5h，记录泄露情况			
再次抽真空 2h 结束抽真空			
在抽真空结束 2h 内开始充气		时间	压力值（MPa）
开始充气			
停止充气 1h 后记录表压			
结束充气			
结论	签名：		日期：

注 在记录卡中记录各个状态下的时间及气室压力值。

4.18 GIS 设备 SF_6 气体密封性、含水量试验及交流耐压试验

4.18.1 工器具检查

1. 验收关键点

（1）含水量试验：检查 SF_6 气体水分测试仪在试验有效期内，导气管道、转接头、扳手等齐备。

（2）气体密封性试验：检查 SF_6 气体检漏仪在试验有效期内，塑料薄膜、剪刀、宽胶带等齐备。

（3）交流耐压试验：检查交流耐压试验使用的电压测量装置应经过校准，并有校准报告，确保测量无误。

2. 现场常规做法

现场含水量试验一般采用 SF_6 气体水分测试仪进行定量检测，如图 4-108（a）所示；气体密封性试验一般采用 SF_6 气体检漏仪进行定性检测，如图 4-108（b）所示，若发现漏气，再进行定量检测。

(a) SF_6气体水分测试仪

(b) SF_6气体检漏仪

图 4-108　SF_6气体水分测试仪及气体检漏仪检查

3. 常见隐患分析

（1）若 SF_6 气体密封性及含水量试验相关设备、仪器不在试验合格有效期内，无法保证其检测结果的正确性。

（2）交流耐压试验过程中，若电压测量装置未经校准，导致试验电压过高可能会对加压设备及待试验设备造成损坏。

4. 现场典型问题

某变电站 500kV HGIS 设备 SF_6 气体密封性试验过程中，施工单位提供的 SF_6 气体检漏仪探针堵塞，在开展 SF_6 气体检漏工作时，所测结果均为无泄漏，影响验收人员的判断。

4.18.2　SF_6气体密封性试验

1. 验收关键点及标准

（1）验收关键点。

1）检查待检测气室压力，须达到额定压力值。

2）现场拼接的所有密封接口（如法兰对接面、气体管道接口、吸附剂装置法兰密封处等）均需进行局部检漏或整体检漏。

3）检漏前确认 SF_6 气体检漏仪正常使用。

4）密封静置 24h 后，逐点进行测量，测量时测量点应选择密封包扎的最低点。若发现气体泄漏超标，应彻底清理周围残气后重新包扎检漏，如仍超标则可判定为泄漏点。

5）SF_6 气体密封性试验结束后，应清洁被胶带粘过的设备外壳，以免积尘，影响设备外壳。

（2）验收标准。DL/T 618—2011《气体绝缘金属封闭开关设备现场交接试验规程》规定：对每个密封部位进行包扎，历时 5h 后，测得的 SF_6 气体含量（体积分数）不大于 15μL/L 为合格。

2. 现场常规做法

（1）如图4－109所示，现场一般采用局部包扎法进行SF_6气体密封性试验，用塑料薄膜按待测设备的几何形状密封包扎一圈半以上，尽可能构成圆形或方形，封口应朝上，经整形后边缘及封口用胶带沿边缘粘贴密封。塑料薄膜与待测设备应保持一定的空隙，一般为5cm左右。由于SF_6气体比空气重，若设备发生SF_6气体泄漏，其泄漏的SF_6气体积累在密封包扎的底部，因此在进行SF_6气体密封性试验时应选择密封包扎的最低点进行测量。静置24h后，在密封包扎的塑料薄膜最低点划开一个小口，打开检漏仪，将探头插入塑料薄膜内部观察检漏仪状态，逐点进行测量，测量时测量探头必须取自封口下端。如发现气体泄漏超标，可将塑料薄膜拆开，彻底清理周围残气后重新包扎检漏，如仍超标则可判定为泄漏点。

(a) 包扎密封效果不良

(b) 常见局部包扎法

(c) 最低点检漏

图4－109　SF_6气体密封性试验局部检测

（2）如图4－110所示，为避免仪器进水失效，检漏前一般用SF_6气瓶检查检漏仪是否有数值显示，以确保检漏仪能正常使用。每进行一相检漏后，都须用SF_6气瓶检查检漏仪是否有数值显示，确保检漏仪能正常使用后方能继续测量，如检漏仪失效，应对此前检漏的部位重新包扎，24h后再进行检漏。

(a) 检漏前测试仪器

(b) SF_6气体检漏仪

图4－110　SF_6气体检漏仪检查

4.18.3 SF_6含水量试验

1. 验收关键点及标准

（1）验收关键点。

1）打开待测设备的充气接头封盖，用无水酒精清洁导气管道、转接头及充气接头。

2）标准要求：① 有电弧分解的隔室，应小于 150μL/L；② 无电弧分解的隔室，应小于 250μL/L。

（2）验收标准。GB 50150—2016《电气装置安装工程　电气设备交接试验标准》规定：测量 SF_6 含水量（20℃的体积分数），应符合下列规定：① 有电弧分解的气室应小于 150μL/L；② 无电弧分解的隔室应小于 250μL/L；气体含水量的测量应在封闭式组合电器充气 48h 后进行。

2. 现场常规做法

如图 4－111 所示，现场 SF_6 含水量试验的一般步骤为：① 开启电源自检正常，调节针型阀使气体流量至 0.5L/min；② 主菜单→设备选择→项目选择→检测→自动判断终点，检测时间约 300s；③ 观察微水含量变化情况，待微水含量试验数据稳定后，记录微水含量，取下导气管道，关闭针型阀，盖上充气接头盖子，退出程序关机。

3. 现场典型问题

（1）某变电站 500kV HGIS 设备 SF_6 含水量试验导气管道转接头阀门未清洁，如图 4－112 所示。

图 4－111　SF_6气体水分测试仪连接

图 4－112　导气管道转接头阀门未清洁

（2）某变电站 500kV HGIS 设备 SF_6 含水量试验部分气室微水超标，实测大于 390μL/L，标准要求应小于 250μL/L。

4.18.4 GIS 设备交流耐压试验

1. 验收关键点及标准

（1）验收关键点。

1）待试验设备应完全安装好，并充以合格的 SF_6 气体，气体压力应保持在额定值，且除耐压试验外，待试验设备已完成各项现场试验项目。

2）试验前，检查待试验设备已与其他设备隔离，与接地体及带电设备有足够安全距离。

3）试验前，应会同工作负责人到达现场共同确定工作范围，设置安全围栏，不得有缺口，并在安全围栏周围设专人监护，防止无关人员进入。

4）试验前，现场确认断路器、隔离开关及接地开关等设备状态无误，满足试验要求。

5）试验前，检查 GIS 设备上所有电流互感器的二次绕组应短路并接地。

6）GIS 设备耐压时，高压电缆、架空线、变压器、并联电抗器、电磁式电压互感器（如采用变频电源，电磁式电压互感器经制造厂确认或经频率计算不会引起磁饱和，也可以和主回路一起耐压，但二次绕组应开路）、避雷器等设备应采取隔离措施，避免施加试验电压。

7）现场交流耐压试验应为出厂试验时施加电压的 80%。

8）交流耐压试验前后检查 GIS 设备带电显示装置指示正确。

（2）验收标准。DL/T 555—2004《气体绝缘金属封闭开关设备现场耐压及绝缘试验导则》：

1）老练试验的基本原则是既要达到设备净化的目的，又要尽量减少净化过程中微粒触发的击穿，还要减少对被试设备的损害，即减少设备承受较高电压作用的时间，所以逐级升压，在低电压下可保持较长时间，在高电压下不允许长时间耐压。

2）老练试验应在现场耐压试验前进行，若最后施加的电压达到规定的现场耐压值耐压 1min，则老练试验可代替耐压试验。

3）如 GIS 的每一部件均已按选定的试验程序耐受规定的试验电压而无击穿放电，则认为整个 GIS 通过试验。

4）在试验过程中，如果发生击穿放电，则根据放电能量和放电引起的声、光、电化学等各种效应及耐压试验过程中进行的其他故障诊断技术所提供的资料，进行综合判断。遇到放电情况，可采取下述步骤：① 进行重复试验。如果该设备或气隔还能经受规定的试验电压，则该放电是自恢复放电，认为耐压试验通过。② 如重复试验再次失败，设备解体，打开放电气隔，仔细检查绝缘情况，修复后，再一次进行耐压试验。

2. 现场常规做法

现场一般采用老练试验方法，对设备逐步施加交流电压，直至施加的电压达到规定的现场耐压值，并耐压 1min，完成对 GIS 设备的耐压试验。如图 4－113、图 4－114 所示，某变电站 500kV HGIS 设备交流耐压试验采用老练试验方法对设备逐步施加交流电压，该设备出厂耐压值为 770kV，现场耐压值为 666kV（0.9 倍 770kV）。现场试验程序为：318kV 老练试验 5min→550kV 老练试验 3min→666kV 耐压试验 1min→381kV 局放试验 5min。

图 4－113 某变电站 500kV HGIS 设备交流耐压试验现场

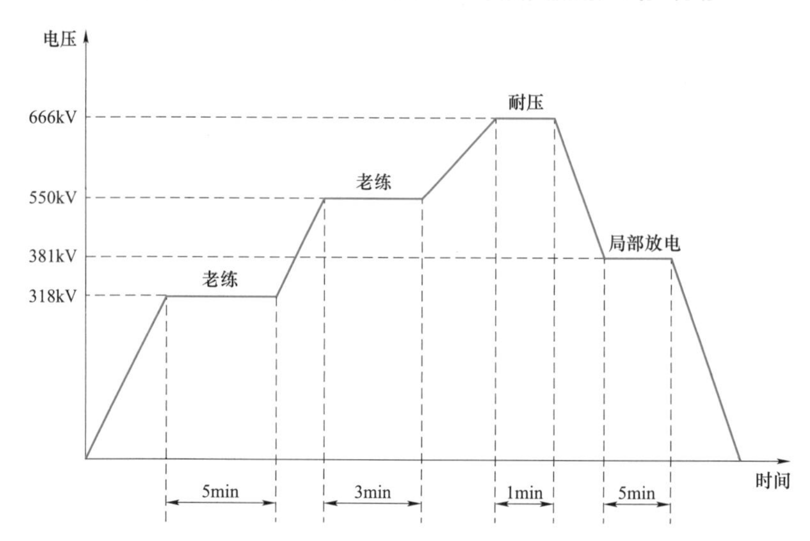

图 4－114 某变电站 500kV HGIS 设备交流耐压电压－时间曲线图

3. 常见隐患分析

（1）若电流互感器二次绕组未短路并接地，其二次侧会产生高电压，造成人身触电危险及二次侧绝缘击穿。

（2）根据避雷器的非线性伏安特性曲线决定其在交流耐压试验时应采取的隔离措施，否则，可能将避雷器损坏。

（3）由于电压互感器大多为分级绝缘，其高压绕组首、末两端对地绝缘等级不同，因此不能进行工频耐压试验。

（4）交流耐压试验前后检查 GIS 设备带电显示装置是否指示正确，可以确保 GIS 设备带电显示装置是否工作正常。

表 4－37 SF_6气体密封性、含水量试验及交流耐压试验验收作业卡

间隔	
引用文件	GB 50147—2010《电气装置安装工程 高压电器施工及验收规范》、GB 11023—2018《高压开关设备六氟化硫气体密封试验方法》、DL/T 618—2011《气体绝缘金属封闭开关设备现场交接试验规程》、DL/T 555—2018《气体绝缘金属封闭开关设备现场耐压及绝缘试验导则》《××厂家现场安装作业指导书》《××施工单位现场安装施工方案》等

续表

<table>
<tr><th>序号</th><th>验收项目</th><th colspan="2">验收关键点</th><th>确认</th></tr>
<tr><td rowspan="3">1</td><td rowspan="3">工器具检查</td><td>含水量试验</td><td>含水量试验：检查 SF_6 气体水分测试仪在试验有效期内，导气管道、转接头、扳手等齐备</td><td></td></tr>
<tr><td>气体密封性试验</td><td>气体密封性试验：检查 SF_6 气体检漏仪在试验有效期内，塑料薄膜、剪刀、宽胶带等齐备</td><td></td></tr>
<tr><td>交流耐压试验</td><td>交流耐压试验：检查交流耐压试验使用的电压测量装置应经过校准，并有校准报告，确保测量无误</td><td></td></tr>
<tr><td rowspan="5">2</td><td rowspan="5">气体密封性试验</td><td colspan="2">检查待检测气室压力，须达到额定压力值</td><td></td></tr>
<tr><td colspan="2">现场拼接的所有密封接口（如法兰对接面、气体管道接口、吸附剂装置法兰密封处等）均需进行局部检漏或整体检漏</td><td></td></tr>
<tr><td colspan="2">检漏前确认 SF_6 气体检漏仪正常使用</td><td></td></tr>
<tr><td colspan="2">密封静置 24h 后，逐点进行测量，测量时测量点应选择密封包扎的最低点。若发现气体泄漏超标，应彻底清理周围残气后重新包扎检漏，如仍超标则可判定为泄漏点</td><td></td></tr>
<tr><td colspan="2">SF_6 气体密封性试验结束后，应清洁被胶带粘过的设备外壳，以免积尘，影响设备外壳</td><td></td></tr>
<tr><td rowspan="2">3</td><td rowspan="2">含水量试验</td><td colspan="2">打开待测设备的充气接头封盖，用无水酒精清洁导气管道、转接头及充气接头</td><td></td></tr>
<tr><td colspan="2">标准要求：
1. 有电弧分解的隔室，应小于 150μL/L。
2. 无电弧分解的隔室，应小于 250μL/L</td><td></td></tr>
<tr><td rowspan="8">4</td><td rowspan="8">交流耐压试验</td><td colspan="2">待试验设备应完全安装好，并充以合格的 SF_6 气体，气体压力应保持在额定值，且除耐压试验外，待试验设备已完成各项现场试验项目</td><td></td></tr>
<tr><td colspan="2">试验前，检查待试验设备已与其他设备隔离，与接地体及带电设备安全距离足够</td><td></td></tr>
<tr><td colspan="2">试验前，应会同工作负责人到达现场共同确定工作范围，设置安全围栏，不得有缺口，并在安全围栏周围设专人监护，防止无关人员进入</td><td></td></tr>
<tr><td colspan="2">试验前，结合图纸及试验要求，现场确认断路器、隔离开关及接地开关等设备状态无误</td><td></td></tr>
<tr><td colspan="2">试验前，检查 GIS 设备上所有电流互感器的二次绕组应短路并接地</td><td></td></tr>
<tr><td colspan="2">GIS 设备耐压时，高压电缆、架空线、变压器、并联电抗器、电磁式电压互感器（如采用变频电源，电磁式电压互感器经制造厂确认或经频率计算不会引起磁饱和，也可以和主回路一起耐压，但二次绕组应开路）、避雷器等设备应采取隔离措施，避免施加试验电压</td><td></td></tr>
<tr><td colspan="2">现场交流耐压试验应为出厂试验时施加电压的 80%</td><td></td></tr>
<tr><td colspan="2">交流耐压试验前后检查 GIS 设备带电显示装置指示正确</td><td></td></tr>
<tr><td>结论</td><td colspan="4">签名：　　　　　　　　　　日期：</td></tr>
</table>

第5章

GIS 设备信号分析

本章分别以 500kV HGIS 设备和 220kV GIS 设备为例，介绍了 GIS 设备常见异常信号的含义、分析和处理方法，并结合实际工作提出了经验体会及改进方法。其中 500kV HGIS 设备和 220kV GIS 设备的断路器均为液压操动机构。本章提及的真信号是指：真实反映出设备确实存在的异常情况，使信号回路导通而发出的信号；假信号是指：设备实际并不存在的异常情况，由于二次回路的绝缘、串电等原因造成信号回路导通而误发的信号。

5.1　500kV HGIS 设备异常信号分析

5.1.1　断路器气室 SF_6 压力低报警

1. 异常信号情况

常见异常信号情况如图 5－1 所示。

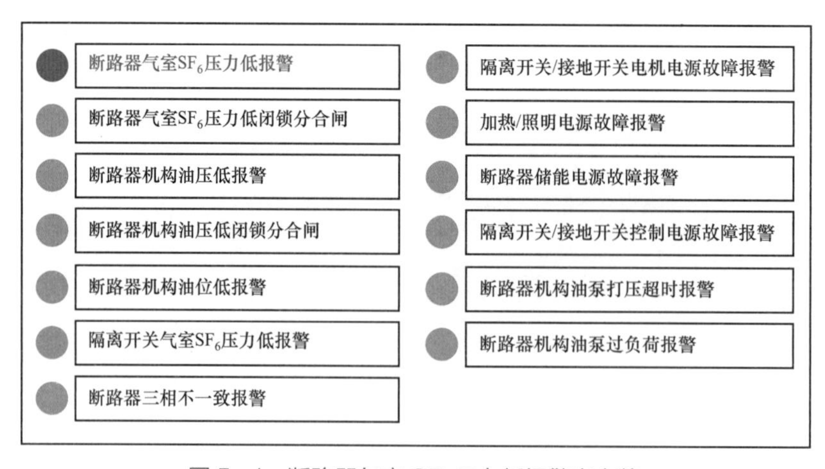

图 5－1　断路器气室 SF_6 压力低报警光字牌

信号含义：

（1）真信号含义：HGIS 设备断路器气室内充满 SF_6 气体，其作用为绝缘和灭弧。正常情况下，SF_6 气体的压力在额定值（假设为 0.55MPa）之上，当断路器气室漏气导致 SF_6

气体压力下降至报警值（假设为 0.525MPa）时，SF_6 压力表计相应的报警接点导通，发出“断路器气室 SF_6 压力低报警”信号。

（2）假信号含义：HGIS 设备断路器气室压力正常时，当由于绝缘不良、串电、小动物等原因导致信号回路导通时，发出“断路器气室 SF_6 压力低报警”信号。

2. 异常信号分析

断路器气室 SF_6 压力低报警二次回路图如图 5-2 所示。

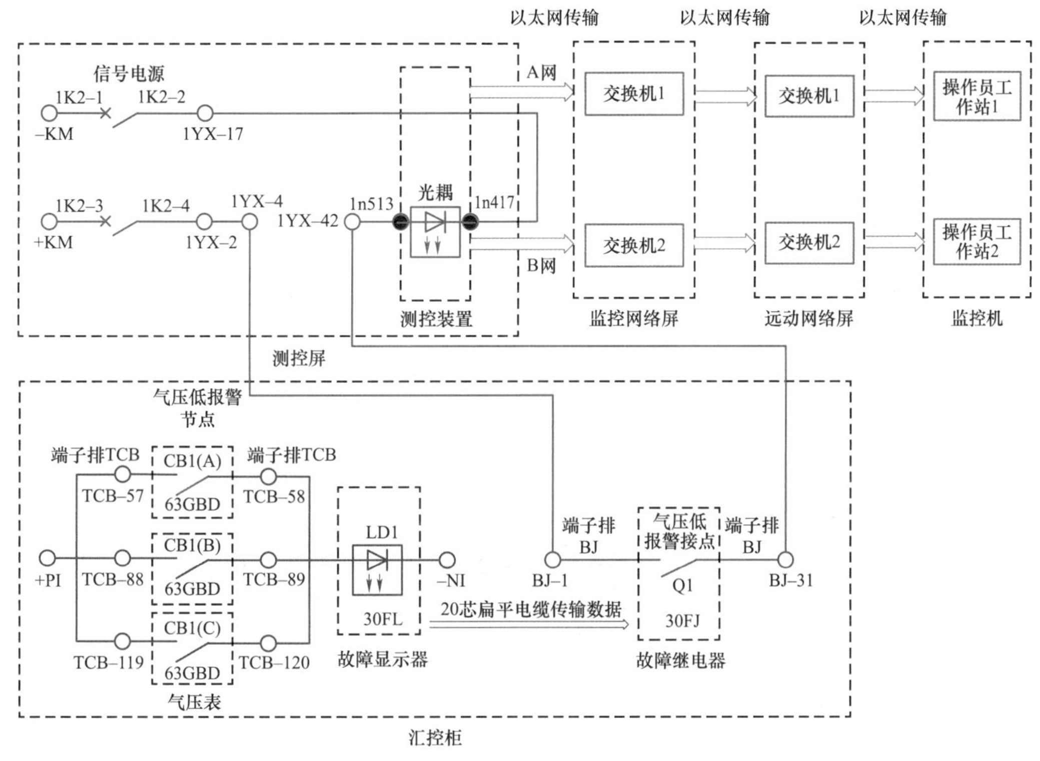

图 5-2 断路器气室 SF_6 压力低报警二次回路图

注：红色代表回路 1；蓝色代表回路 2；绿色代表回路 3。

（1）回路 1 分析：+KM（测控屏信号正电源）→1K2-3（测控屏信号正电源空气断路器上端）→1K2-4（测控屏信号正电源空气断路器下端）→1YX-2（测控屏遥信端子排）→1YX-4（测控屏遥信端子排）→BJ-1（汇控柜端子排）→Q1（汇控柜故障继电器 30FJ 气压低报警接点）→BJ-31（汇控柜端子排）→1YX-42（测控屏端子排）→1n513（测控装置）→光耦→1n417（测控装置）→1YX-17（测控屏遥信端子排）→1K2-2（测控屏信号负电源空气断路器下端）→1K2-1（测控屏信号负电源空气断路器上端）→-KM（测控屏信号负电源）。

（2）回路 2 分析：+PI（汇控柜信号正电源）→TCB-57/88/119（汇控柜端子排）→63GBD A/B/C（汇控柜气压低报警接点）→TCB-58/89/120（汇控柜端子排）→30FL（故障显示器）→-NI（汇控柜信号负电源）。故障显示器通过 20 芯扁平电缆与故障继电器连接传输数据。

（3）回路 3 分析：测控装置（以太网 A 网、B 网）→监控网络屏（交换机 1、交换机 2）→远动网络屏（交换机 1、交换机 2）→监控机（操作员工作站 1、操作员工作站 2）。

（4）当断路器任意一相气室 SF_6 气体压力下降至报警值（0.525MPa）时，气压报警接点 63GBD A/B/C）闭合，回路 2 导通，故障显示器 30FL 的发光二极管 LD1 点亮。故障显示器将信号传输至故障继电器 30FJ，使气压低报警接点 Q1 闭合，回路 1 导通，测控装置中的光耦动作。回路 3 导通，最终监控机“断路器气室 SF_6 压力低报警”光字牌亮。

3. 现场设备故障分析

回路 1 现场设备故障分析见图 5－3。

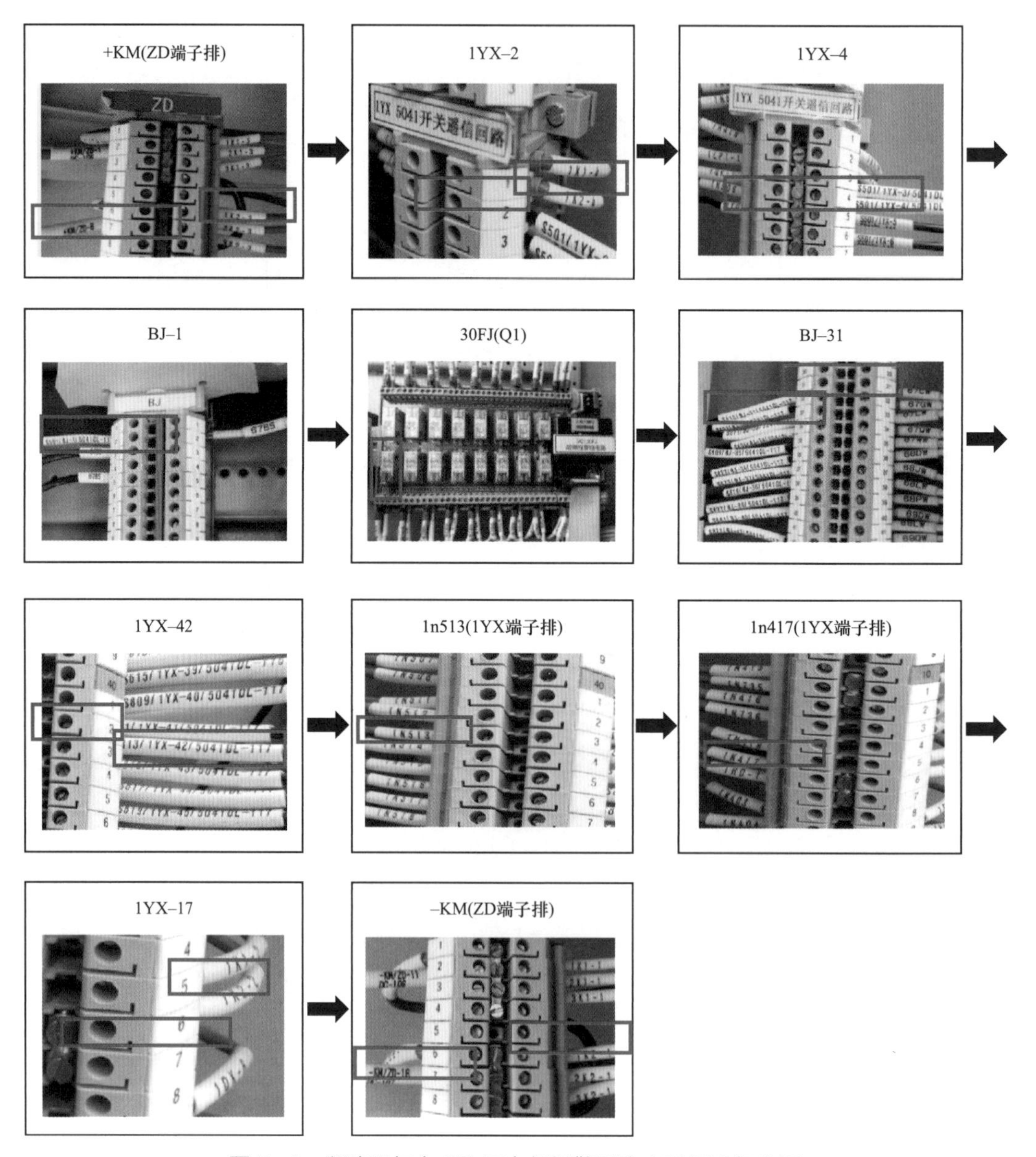

图 5－3　断路器气室 SF_6 压力低报警回路 1 现场设备分析

回路 2 现场设备故障分析见图 5-4。

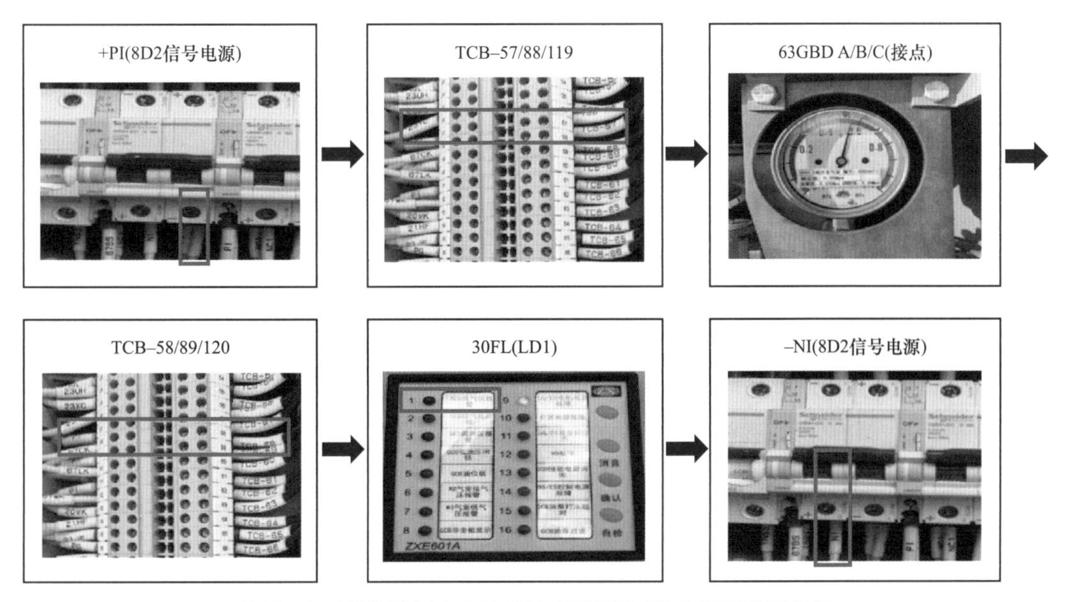

图 5-4　断路器气室 SF_6 压力低报警回路 2 现场设备分析

回路 3 现场设备故障分析见图 5-5。

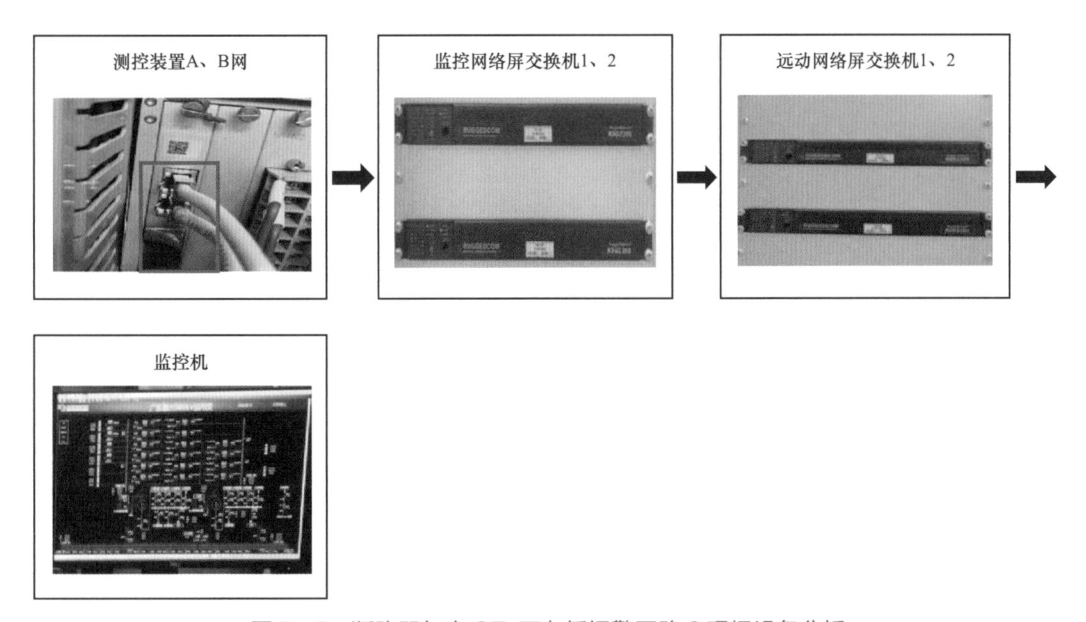

图 5-5　断路器气室 SF_6 压力低报警回路 3 现场设备分析

（1）故障原因分析。

1）断路器气室罐体沙眼、法兰面胶圈老化、表计阀门及连接处密封不良等原因导致 SF_6 泄漏。

2）表计二次接线盒密封不良，进水或进小动物导致接点绝缘水平降低，造成直流接地误导通，误发信号。

3）故障显示器及故障继电器发生故障，导致气压低报警接点异常闭合。

4）故障显示器与故障继电器之间20芯扁平电缆芯之间绝缘不良引起串电，导致气压低报警接点异常闭合。

5）汇控柜柜门及观察窗密封胶条老化，导致汇控柜密封不严，壁虎、蚂蚁等小动物进入汇控柜后，爬动或在接线端子筑窝，造成气压低报警接点导通，误发信号。

6）阳光通过汇控柜观察窗长期对柜内元件直晒，造成柜内元器件老化故障，导致误发信号。

7）汇控柜加热器故障或设置不合理，柜内湿度较大，造成气压低报警接点导通，误发信号。

8）信号电缆受外力破坏，如碾压、老鼠咬伤等原因导致信号回路导通，误发信号。

9）当表计压力数值在报警值附近且长时间在阳光的直射下，由于表计本体和气室温度不一致，表计在负补偿的作用下，数值有可能会到达报警值导致回路导通，误发信号。

（2）故障处理过程。

当"断路器气室 SF_6 压力低报警"光字牌亮时，运行人员应立即到现场检查断路器实际气体压力，根据压力情况作不同处理。

1）断路器气室 SF_6 压力确实已降至报警值，但未达到闭锁值时。运行人员应立即联系专业班组进行补气，并密切关注压力变化情况。若气室压力后续仍然存在下降趋势，则应尽快申请停电，找出漏气的原因并进行处理。

2）断路器气室 SF_6 压力确实已降到闭锁分闸值，同时伴随有"断路器气室 SF_6 压力低闭锁"信号。这是由于断路器气室存在泄漏导致的，应按照相关规程规定的处置方法，将断路器进行停电隔离处理。

3）断路器气室 SF_6 压力正常，则可能由于绝缘不良、串电、小动物等原因导致信号回路导通，误发信号。此时应尽快查明误发信号原因并消除故障。

4. 经验体会

（1）断路器气室 SF_6 压力低将导致气室绝缘性能和灭弧性能降低，当压力低至闭锁分合闸时，将会导致电网短路故障时无法快速切除，严重威胁电网安全，若不及时处理将有可能发生断路器爆炸、设备损坏以及影响电力系统的稳定性。

（2）假信号通常发生在表计本体、表计二次接线盒、汇控柜端子排及继电器、二次电缆。

（3）运行专业可做以下改进：① 表计底座涂抹中性硅酮结构胶密封；② 气室罐体法兰面涂抹中性硅酮结构胶密封；③ 表计加装遮阳罩；④ 表计加装防雨罩；⑤ 表计二次接线盒涂抹中性硅酮结构胶密封；⑥ 更换汇控柜及机构箱老化的胶条；⑦ 汇控柜观察窗加装遮阳挡板；⑧ 实时调整加热器的最佳工作模式；⑨ 更换故障加热器；⑩ 采用在汇控柜等地方放置粘鼠贴等防小动物措施；⑪ 更换汇控柜老化的防火泥或补充防火泥。

5.1.2　断路器气室 SF_6 压力低闭锁分合闸

1. 异常信号情况

异常信号情况如图 5－6 所示。

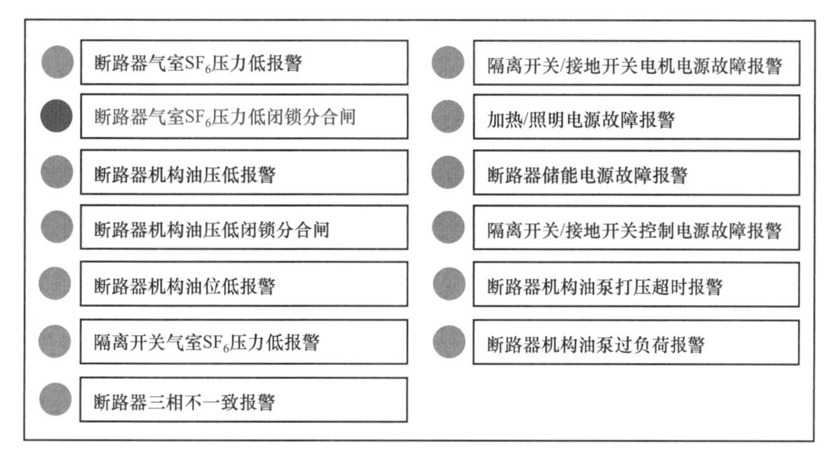

图 5－6　断路器气室 SF_6 压力低闭锁分合闸光字牌

（1）真信号含义：HGIS 设备断路器气室内充满 SF_6 气体，其作用为绝缘和灭弧。正常情况下，SF_6 气体的压力在额定值（假设为 0.55MPa）之上，当断路器气室漏气导致 SF_6 气体压力下降至闭锁值（假设为 0.5MPa）时，SF_6 压力表计相应的闭锁接点导通，发出“断路器气室 SF_6 压力低闭锁分合闸”信号，同时断开断路器分合闸控制回路，闭锁断路器分合闸。

（2）假信号含义：HGIS 设备断路器气室压力正常时，当由于绝缘不良、串电、小动物等原因导致信号回路导通时，发出“断路器气室 SF_6 压力低闭锁分合闸”信号，同时有可能断开断路器分合闸控制回路，闭锁断路器分合闸。

2. 异常信号分析

断路器气室 SF_6 压力低闭锁分合闸二次回路图见图 5－7。

（1）回路 1：＋KM（测控屏信号正电源）→1K2－3（测控屏信号正电源空气断路器上端）→1K2－4（测控屏信号正电源空气断路器下端）→1YX－2（测控屏遥信端子排）→1YX－4（测控屏遥信端子排）→BJ－1（汇控柜端子排）→Q2（汇控柜故障继电器 30FJ 气压低闭锁接点）→BJ－32（汇控柜端子排）→1YX－54（测控屏端子排）→1n527（测控装置）→光耦→1n417（测控装置）→1YX－17（测控屏遥信端子排）→1K2－2（测控屏信号负电源空气断路器下端）→1K2－1（测控屏信号负电源空气断路器上端）→－KM（测控屏信号负电源）。

（2）回路 2：＋PI（汇控柜信号正电源）→63GF1X/63GF2X（汇控柜气压低闭锁继电器接点）→30FL（故障显示器）→－NI（汇控柜信号负电源）。故障显示器通过 20 芯扁平电缆与故障继电器连接传输数据。

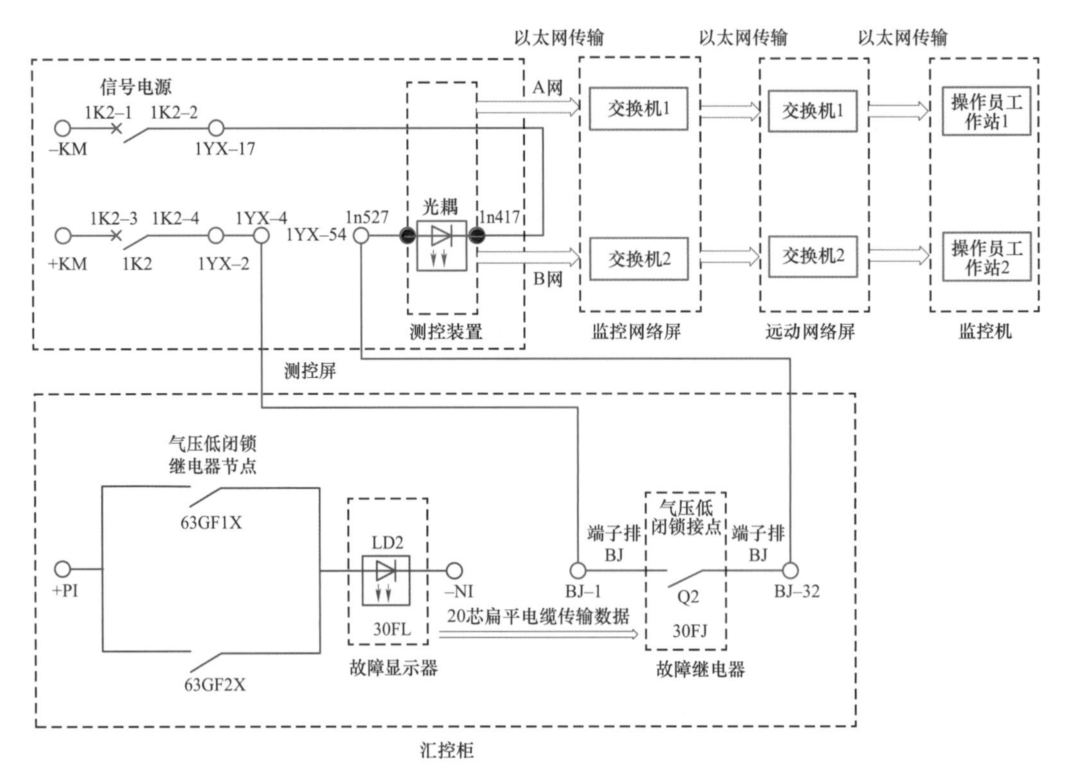

图 5–7 断路器气室 SF_6压力低闭锁分合闸二次回路图

注：红色代表回路 1；蓝色代表回路 2；绿色代表回路 3。

（3）回路 3：测控装置（以太网 A 网、B 网）→监控网络屏（交换机 1、交换机 2）→远动网络屏（交换机 1、交换机 2）→监控机（操作员工作站 1、操作员工作站 2）。

（4）当断路器任意一相气室 SF_6气体压力下降至闭锁值（0.5MPa）时，气压闭锁继电器接点 63GF1X/63GF2X 闭合，回路 2 导通，故障显示器 30FL 的发光二极管 LD2 点亮。故障显示器将信号传输至故障继电器 30FJ，使气压低闭锁接点 Q2 闭合，回路 1 导通，测控装置中的光耦动作。回路 3 导通，最终监控机“断路器气室 SF_6压力低闭锁分合闸”光字牌亮。

3. 现场设备分析

回路 1 现场设备分析见图 5–8。

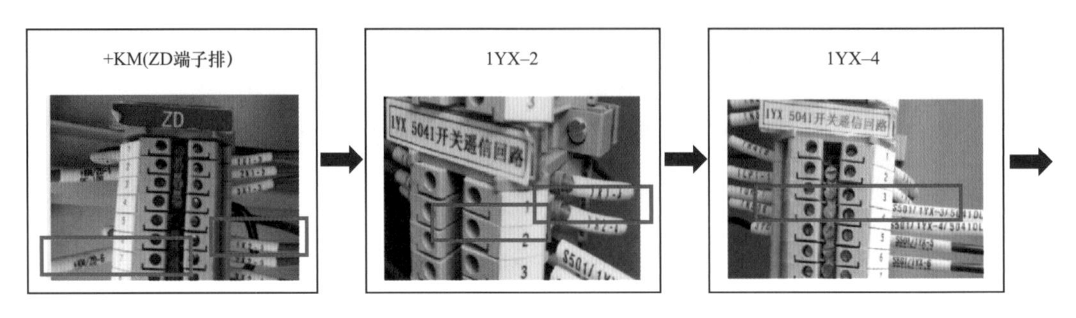

图 5–8 断路器气室 SF_6压力低闭锁分合闸回路 1 现场设备分析（一）

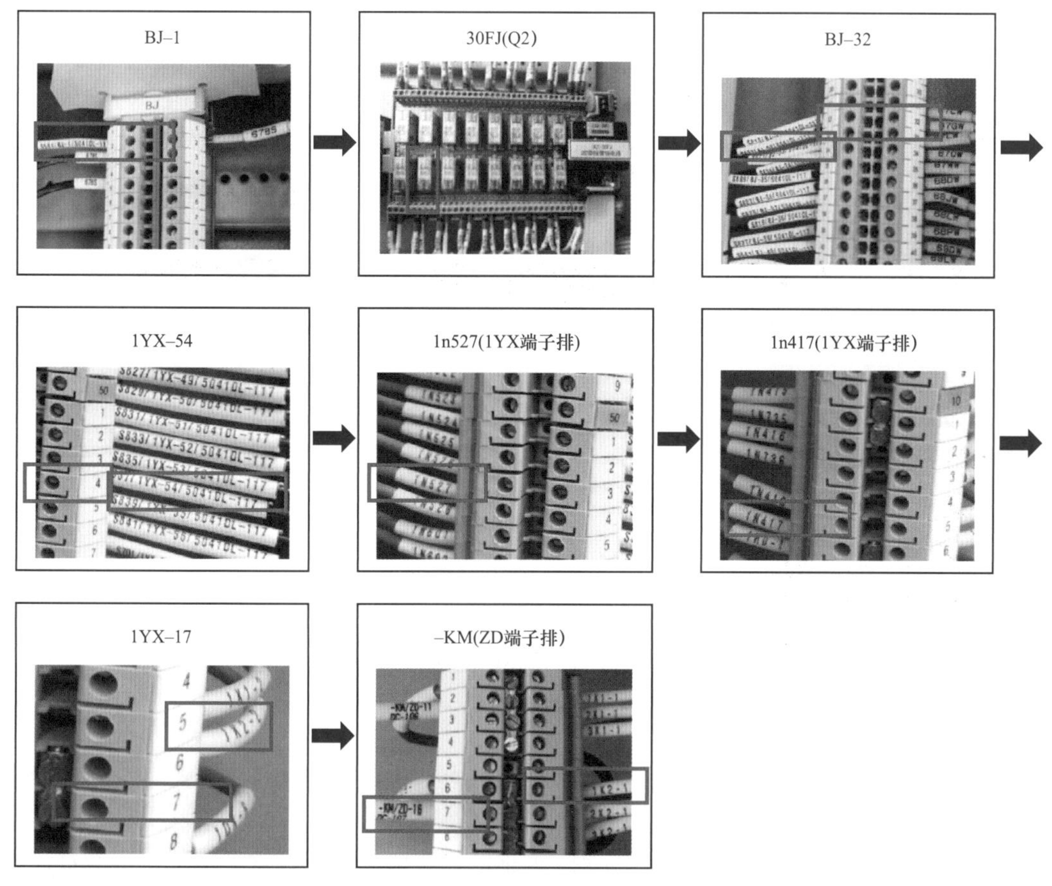

图 5–8　断路器气室 SF_6 压力低闭锁分合闸回路 1 现场设备分析（二）

回路 2 现场设备分析见图 5–9。

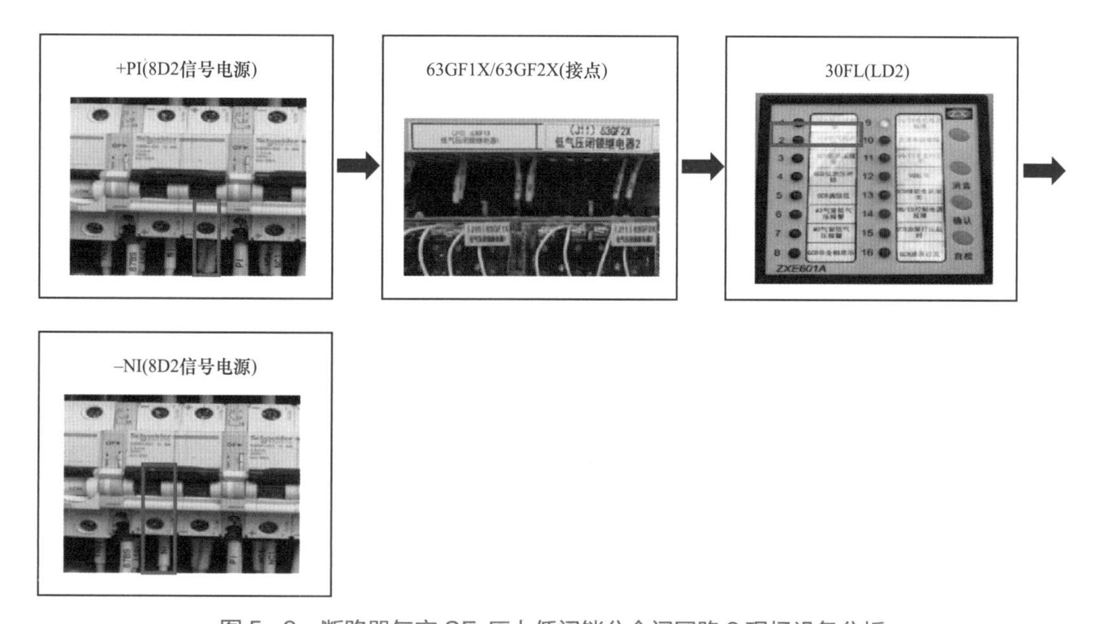

图 5–9　断路器气室 SF_6 压力低闭锁分合闸回路 2 现场设备分析

回路 3 现场设备分析见图 5－10。

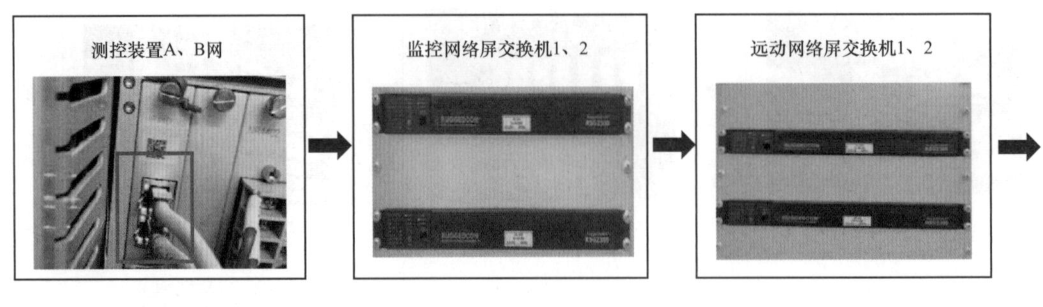

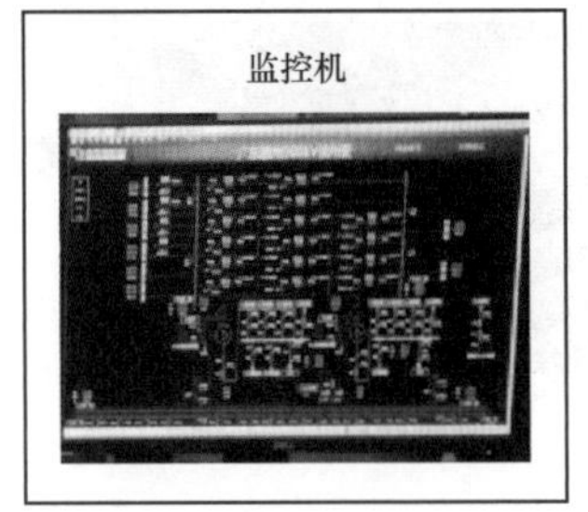

图 5－10　断路器气室 SF_6压力低闭锁分合闸回路 3 现场设备分析

（1）原因分析。

1）断路器气室罐体沙眼、法兰面胶圈老化、表计阀门及连接处密封不良等原因导致 SF_6 泄漏。

2）表计二次接线盒密封不良，进水或进小动物导致接点绝缘水平降低，造成直流接地误导通，误发信号。

3）故障显示器及故障继电器发生故障，导致气压低闭锁接点异常闭合。

4）故障显示器与故障继电器之间 20 芯扁平电缆芯之间绝缘不良串电，导致气压低闭锁接点异常闭合。

5）汇控柜柜门及观察窗密封胶条老化，导致汇控柜密封不严，壁虎、蚂蚁等小动物进入汇控柜后，爬动或在接线端子筑窝，造成气压低闭锁接点导通，误发信号。

6）阳光通过汇控柜观察窗长期对柜内元件直晒，造成柜内元器件老化故障，导致误发信号。

7）汇控柜加热器故障、加热器设置不合理，柜内湿度较大，造成气压低闭接点导通，误发信号。

8）信号电缆受外力破坏，如老鼠咬伤、碾压等原因导致信号回路导通，误发信号。

9）当表计压力数值在闭锁值附近且长时间在阳光的直射下，由于表计本体和气室温度不一致，表计在负补偿的作用下，数值有可能会到达闭锁值导致回路导通，误发信号。

（2）处理过程。当“断路器气室 SF_6 压力低闭锁分合闸”光字牌亮时，运行人员应立即到现场检查断路器实际气体压力，根据压力情况作不同处理。

1）断路器气室 SF_6 压力确实已降至闭锁分闸值。这是由于断路器气室存在泄漏导致的，应按照相关规程规定的处置方法，将断路器进行停电隔离处理。

2）断路器气室 SF_6 压力正常，同时伴有“控制回路断线”信号，则可能由于绝缘不良、小动物等原因导致表计二次接线盒内接点导通。此时虽然断路器气室 SF_6 压力正常，但由于出现“控制回路断线”信号，断路器控制回路故障，则应按照相关规程规定的处置方法，将断路器进行停电隔离处理。

3）断路器气室 SF_6 压力正常，无“控制回路断线”信号，则可能由于绝缘不良、串电、小动物等原因导致信号回路 2 导通。此时由于断路器控制回路正常，无须立即将断路器停电隔离处理，但应尽快查明误发信号原因并消除故障。

4. 经验体会

（1）真信号：断路器气室 SF_6 压力低闭锁分合闸故障将导致电网短路故障时无法快速切除，严重威胁电网安全，若不及时处理将有可能发生断路器爆炸、设备损坏以及影响电力系统的稳定性。

（2）假信号通常发生在表计本体、表计二次接线盒、汇控柜端子排及继电器、二次电缆损伤。

（3）运行专业可做以下改进：① 表计底座涂抹中性硅酮结构胶密封；② 气室罐体法兰面涂抹中性硅酮结构胶密封；③ 表计加装遮阳罩；④ 表计加装防雨罩；⑤ 表计二次接线盒涂抹中性硅酮结构胶密封；⑥ 更换汇控柜及机构箱老化的胶条；⑦ 汇控柜观察窗加装遮阳挡板；⑧ 实时调整加热器的最佳工作模式；⑨ 更换故障加热器；⑩ 采用在汇控柜等地方放置粘鼠贴等防小动物措施；⑪ 更换汇控柜老化的防火泥或补充防火泥。

5.1.3　断路器机构油压低报警

1. 异常信号情况

异常信号情况见图 5－11。

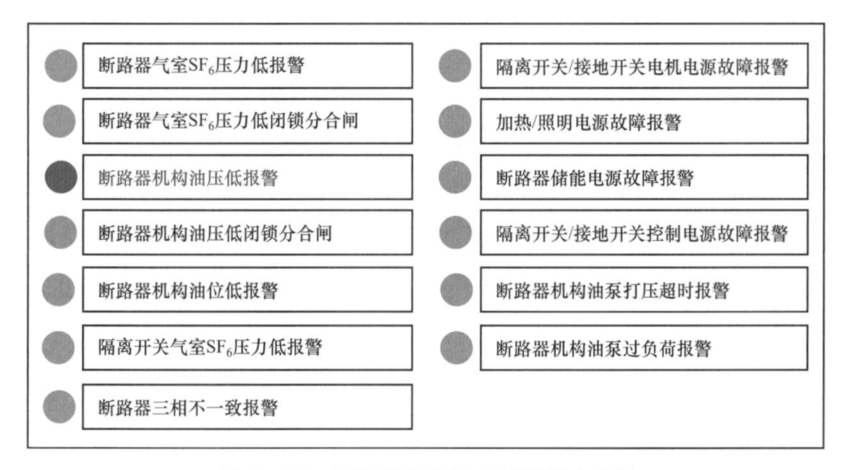

图 5－11　断路器机构油压低报警光字牌

（1）真信号含义：断路器液压操作机构利用液体不可压缩原理，以液压油作为传递介质，将高压油送入工作缸两侧来实现断路器分、合操作。正常情况下，油泵会对液压油进行打压，使油压在额定值（假设为32MPa）之上，当油压下降至一定值（假设为31.8MPa）时，油泵启动进行加压。但是当油泵损坏、机构漏油、氮气损失等原因导致液压继续下降，到达报警值（假设为28MPa）时，发出“断路器机构油压低报警”信号。

（2）假信号含义：断路器油压正常时，由于微动开关故障、回路绝缘不良、串电、小动物等原因导致信号回路导通时，发出“断路器机构油压低报警”信号。

2. 异常信号分析

断路器机构油压低报警二次回路图见图5－12。

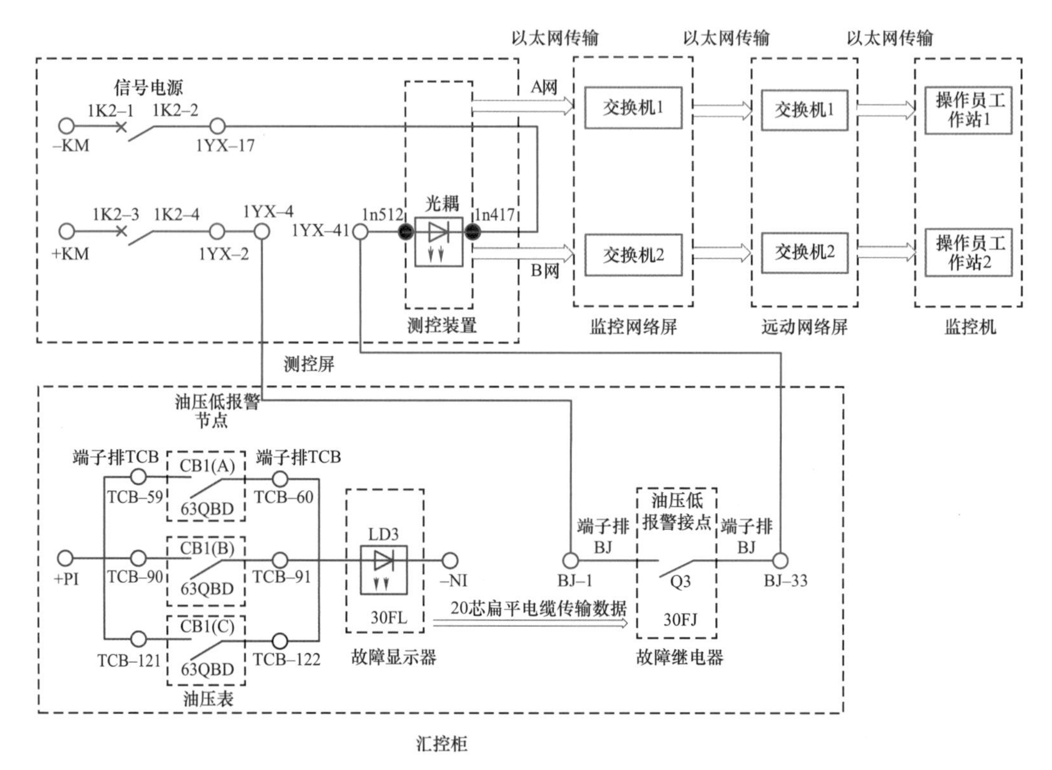

图5－12　断路器机构油压低报警二次回路图

注：红色线条代表回路1；蓝色线条代表回路2；绿色线条代表回路3。

（1）回路1分析：+KM（测控屏信号正电源）→1K2－3（测控屏信号正电源空气开关上端）→1K2－4（测控屏信号正电源空气开关下端）→1YX－2（测控屏遥信端子排）→1YX－4（测控屏遥信端子排）→BJ－1（汇控柜端子排）→Q3（汇控柜故障继电器30FJ油压低报警接点）→BJ－33（汇控柜端子排）→1YX－41（测控屏端子排）→1n512（测控装置）→光耦→1n417（测控装置）→1YX－17（测控屏遥信端子排）→1K2－2（测控屏信号负电源空气开关下端）→1K2－1（测控屏信号负电源空气开关上端）→－KM（测控屏信号负电源）。

（2）回路2分析：+PI（汇控柜信号正电源）→TCB－59/90/121（汇控柜端子排）→63QBD A/B/C（汇控柜油压低报警接点）→TCB－60/91/122（汇控柜端子排）→30FL（故障显示器）→－NI

（汇控柜信号负电源）。故障显示器通过 20 芯扁平电缆与故障继电器连接传输数据。

（3）回路 3 分析：测控装置（以太网 A 网、B 网）→监控网络屏（交换机 1、交换机 2）→远动网络屏（交换机 1、交换机 2）→监控机（操作员工作站 1、操作员工作站 2）。

（4）当断路器任意一相油压下降至报警值（28MPa）时，油压低报警接点 63QBD A/B/C 闭合，回路 2 导通，故障显示器 30FL 的发光二极管 LD3 点亮。故障显示器将信号传输至故障继电器 30FJ，使油压低报警接点 Q3 闭合，回路 1 导通，测控装置中的光耦动作。回路 3 导通，最终监控机“断路器机构油压低报警”光字牌亮。

3. 现场设备分析

回路 1 现场设备分析见图 5－13。

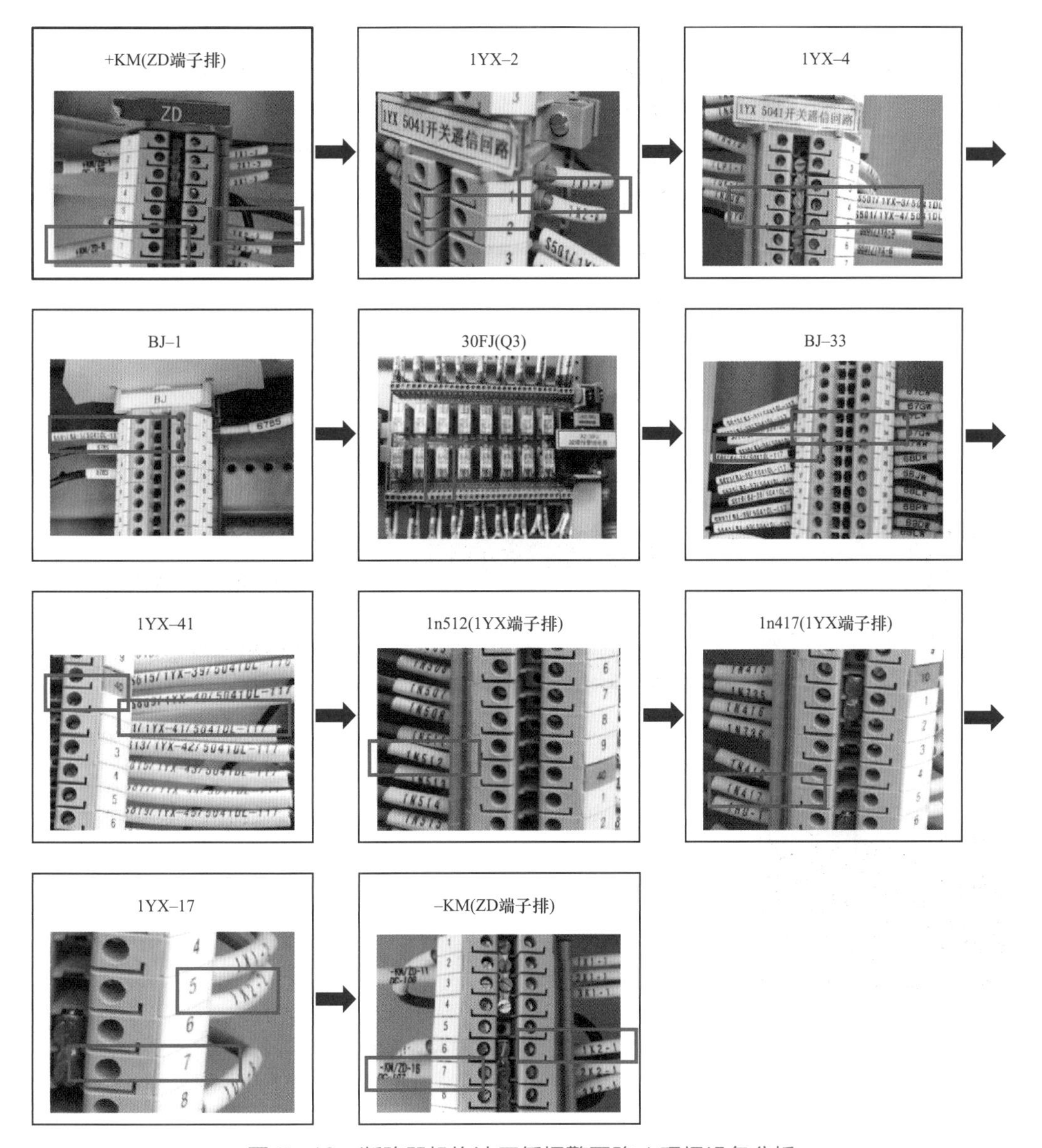

图 5－13　断路器机构油压低报警回路 1 现场设备分析

回路 2 现场设备分析见图 5－14。

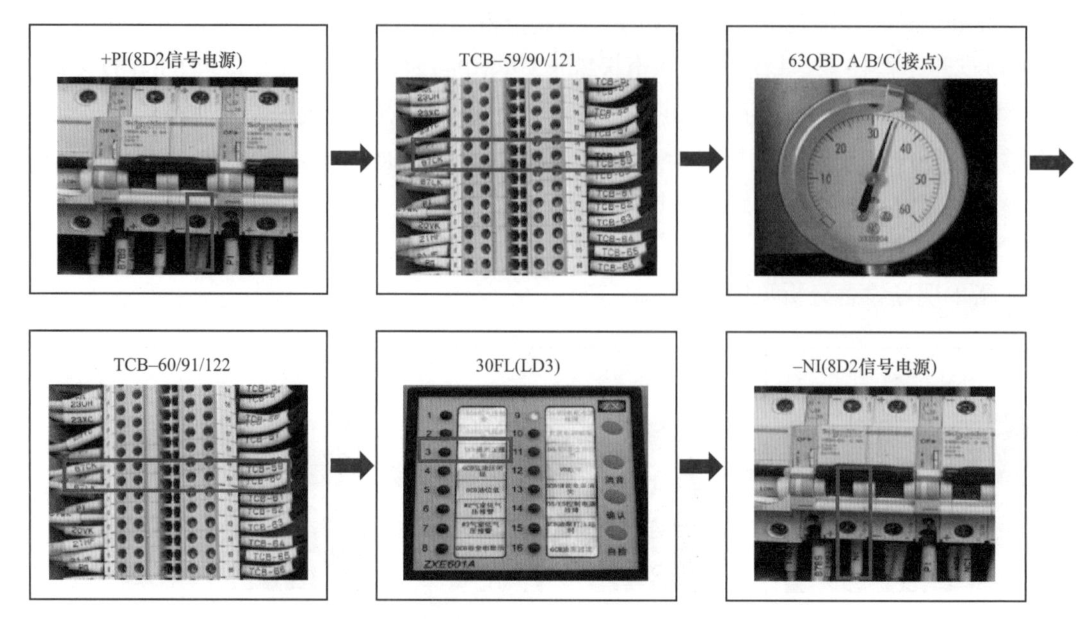

图 5－14　断路器机构油压低报警回路 2 现场设备分析

回路 3 现场设备分析见图 5－15。

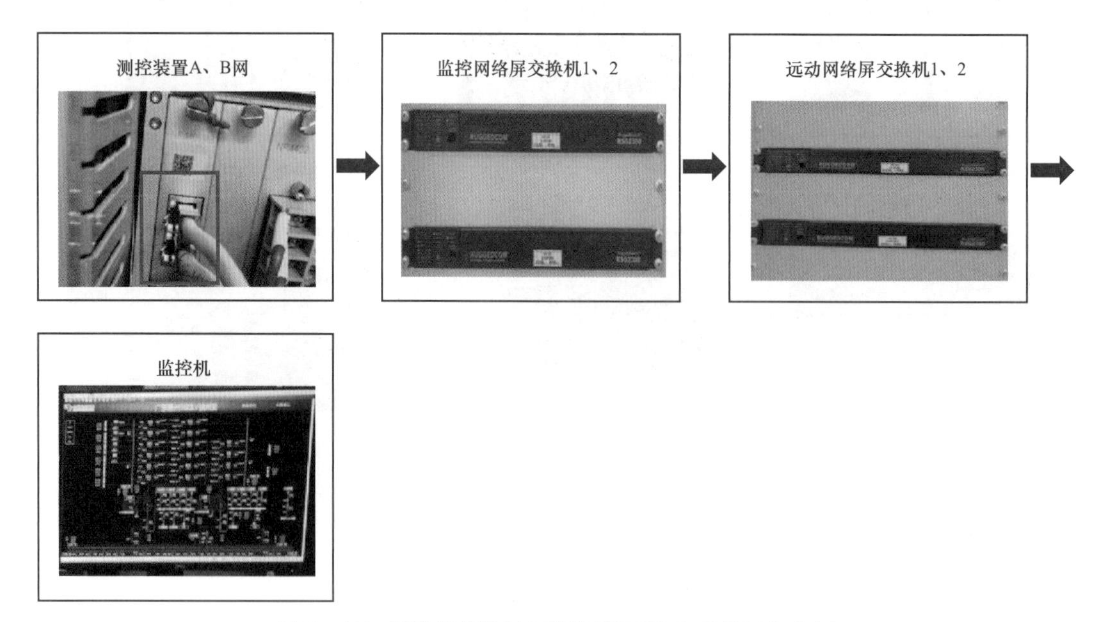

图 5－15　断路器机构油压低报警回路 3 现场设备分析

（1）原因分析。

1）油泵储能电机电源、控制电源故障、电机热继电器动作未复归，使电机不能启动打压。

2）电机烧坏、缺相、回路元件故障，导致电机无法正常启动打压。

3）液压系统外部油路渗漏油，如油管、放油阀、密封圈等部位存在泄漏，导致油泵打不上压。

4）液压系统内部控制阀无法将高压油完全密封，使高压油向低压油渗漏，高压油压力降低，即使油泵打压也无法建压。

5）微动开关工作不可靠，不能正确检测实际油压或受到外力误碰时，在油压正常的情况下异常闭合。

6）故障显示器及故障继电器发生故障，导致油压低报警接点异常闭合。

7）故障显示器与故障继电器之间 20 芯扁平电缆芯之间绝缘不良串电，导致油压低报警接点异常闭合。

8）机构箱密封不严，小动物进入或进水受潮导致微动开关二次回路导通，误发信号。

9）汇控柜门及观察窗密封胶条老化，导致汇控柜密封不严，壁虎、蚂蚁等小动物进入汇控柜后，爬动或者是在接线端子筑窝，造成油压低报警接点导通，误发信号。

10）阳光通过汇控柜观察窗长期对柜内元件直晒，造成柜内元器件老化故障，导致误发信号。

11）汇控柜加热器故障、加热器设置不合理，柜内湿度较大，造成油压低报警接点导通，误发信号。

12）信号电缆受外力破坏，如老鼠咬伤、碾压等原因导致信号回路导通，误发信号。

（2）处理过程。当“断路器机构油压低报警”光字牌亮时，运行人员应立即到现场检查断路器油压，根据压力情况做不同处理。

1）断路器机构油压确实已降到报警值。立即检查油压、油位、油泵及机构的渗漏油情况。如果是油泵电机储能电源、控制电源故障引起，运行人员应及时恢复油泵电源，使电机打压至正常值；若是热继电器动作引起的，则应手动复归热继电器，使电机打压至正常值。若电源故障、电机烧坏、机构漏油等问题不能立即恢复，应通知专业人员处理。同时，运行人员应密切监视油压值，若油压持续下降并降低至闭锁分合闸时，运行人员应立即断开断路器控制电源，按照相关规程规定的处置方法，将断路器进行停电隔离处理。

2）断路器机构油压正常，则可能由于机构箱内微动开关故障、绝缘不良、小动物等原因导致微动开关导通。或者由于汇控柜内绝缘不良、串电、小动物等原因导致信号回路 2 导通，此时应尽快查明误发信号原因并消除故障。

4. 经验体会

（1）断路器发生油压低报警故障时，若液压操作机构的压力达不到规定值，操作断路器时会使分合闸时间过长，灭弧室气压过大会引起断路器爆炸，进而波及相关设备，事故扩大，严重威胁电网安全和稳定性。当油压降低至闭锁分合闸时，会在电网发生事故时造成断路器拒动从而导致事故范围扩大。

（2）假信号通常发生在机构箱微动开关、二次回路及端子排；汇控柜端子排、继电器及二次回路。

（3）运行专业可做以下改进：① 微动开关加装防误碰挡板；② 更换汇控柜及机构箱老化的胶条；③ 汇控柜观察窗加装遮阳挡板；④ 实时调整加热器的最佳工作模式；⑤ 更换故障加热器；⑥ 采用在汇控柜等地方放置粘鼠贴等防小动物措施；⑦ 更换汇控柜老化的防火泥或补充防火泥。

5.1.4　断路器机构油压低闭锁分合闸

1. 异常信号情况

断路器机构油压低闭锁分合闸光字牌如图 5－16 所示。

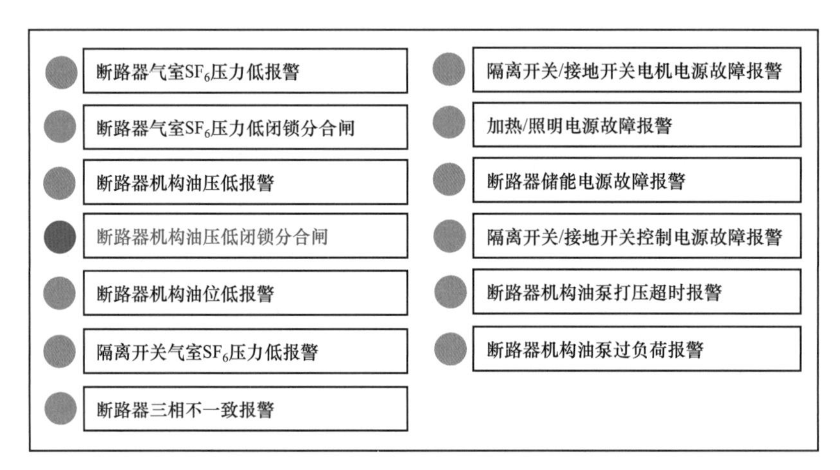

图 5－16　断路器机构油压低闭锁分合闸光字牌

（1）真信号含义：断路器液压操作机构利用液体不可压缩原理，以液压油作为传递介质，将高压油送入工作缸两侧来实现断路器分、合操作。正常情况下，油泵会对液压油进行打压，使油压在额定值（假设为 32MPa）之上，当油压下降至一定值（假设为 31.8MPa）时，油泵启动进行加压，但是当油泵损坏、机构漏油、氮气损失等原因导致液压继续下降，到达闭锁值（假设为 27.5MPa，闭锁合闸）或闭锁值（假设为 26MPa，闭锁分闸）时，发出“断路器机构油压低闭锁分合闸”信号，同时断开断路器分合闸控制回路，闭锁断路器分合闸。

（2）假信号含义：断路器油压正常时，由于微动开关故障、回路绝缘不良、串电、小动物等原因导致信号回路导通时，发出“断路器机构油压低闭锁分合闸”信号，同时可能断开断路器分合闸控制回路，闭锁断路器分合闸。

2. 异常信号分析

断路器机构油压低闭锁分合闸二次回路图如图 5－17 所示。

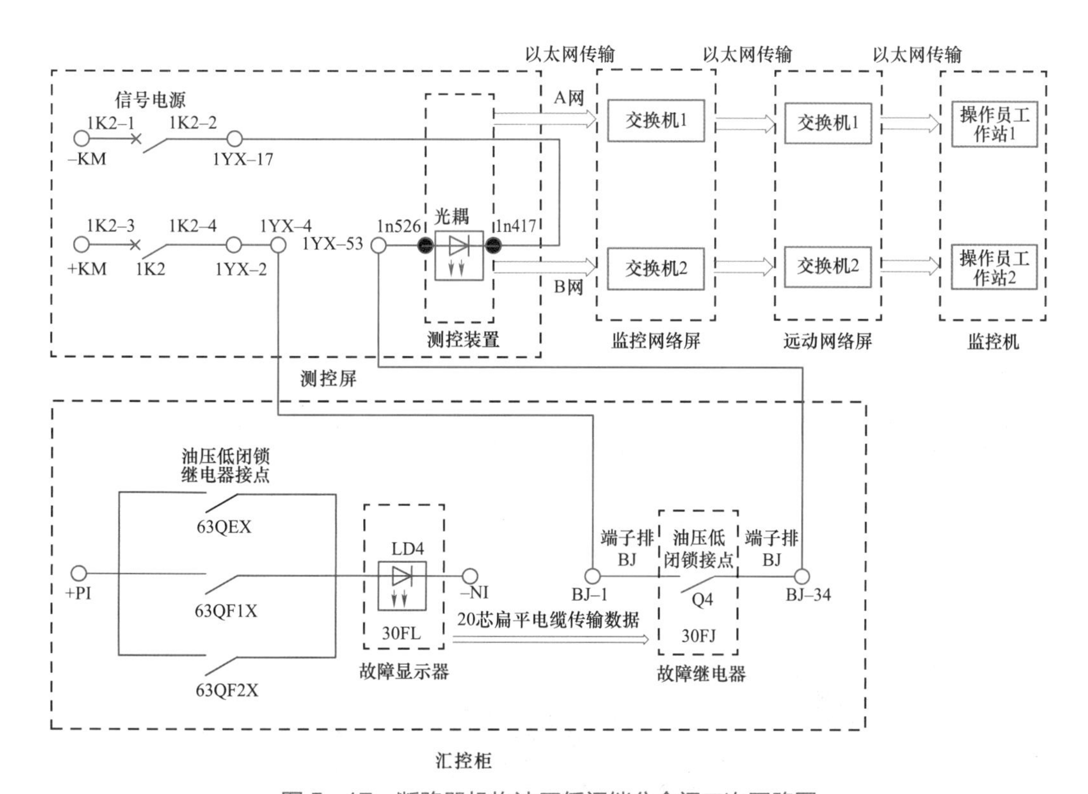

图 5–17　断路器机构油压低闭锁分合闸二次回路图

注：红色线条代表回路 1；蓝色线条代表回路 2；绿色线条代表回路 3。

回路分析：

（1）回路 1：+KM（测控屏信号正电源）→1K2–3（测控屏信号正电源空气断路器上端）→1K2–4（测控屏信号正电源空气断路器下端）→1YX–2（测控屏遥信端子排）→1YX–4（测控屏遥信端子排）→BJ–1（汇控柜端子排）→Q4（汇控柜故障继电器 30FJ 油压低闭锁接点）→BJ–34（汇控柜端子排）→1YX–53（测控屏端子排）→1n526（测控装置）→光耦→1n417（测控装置）→1YX–17（测控屏遥信端子排）→1K2–2（测控屏信号负电源空气断路器下端）→1K2–1（测控屏信号负电源空气断路器上端）→–KM（测控屏信号负电源）。

（2）回路 2：+PI（汇控柜信号正电源）→63QEX/63QF1X/63QF2X（汇控柜油压低闭锁继电器接点）→30FL（故障显示器）→–NI（汇控柜信号负电源）。故障显示器通过 20 芯扁平电缆与故障继电器连接传输数据。

（3）回路 3：测控装置（以太网 A 网、B 网）→监控网络屏（交换机 1、交换机 2）→远动网络屏（交换机 1、交换机 2）→监控机（操作员工作站 1、操作员工作站 2）。

（4）当断路器任意一相油压下降至合闸闭锁值（27.5MPa）时，油压低闭锁继电器接点 63QEX 闭合；或当断路器油压下降至分闸闭锁值（26MPa）时，63QF1X 和 63QF2X 闭合，回路 2 导通，故障显示器 30FL 的发光二极管 LD4 点亮。故障显示器将信号传输至故障继电器 30FJ，使油压低闭锁接点 Q4 闭合，回路 1 导通，测控装置中的光耦动作。回路 3 导通，最终监控机“断路器机构油压低闭锁分合闸”光字牌亮。

3. 现场设备分析

回路 1 现场设备分析见图 5－18。

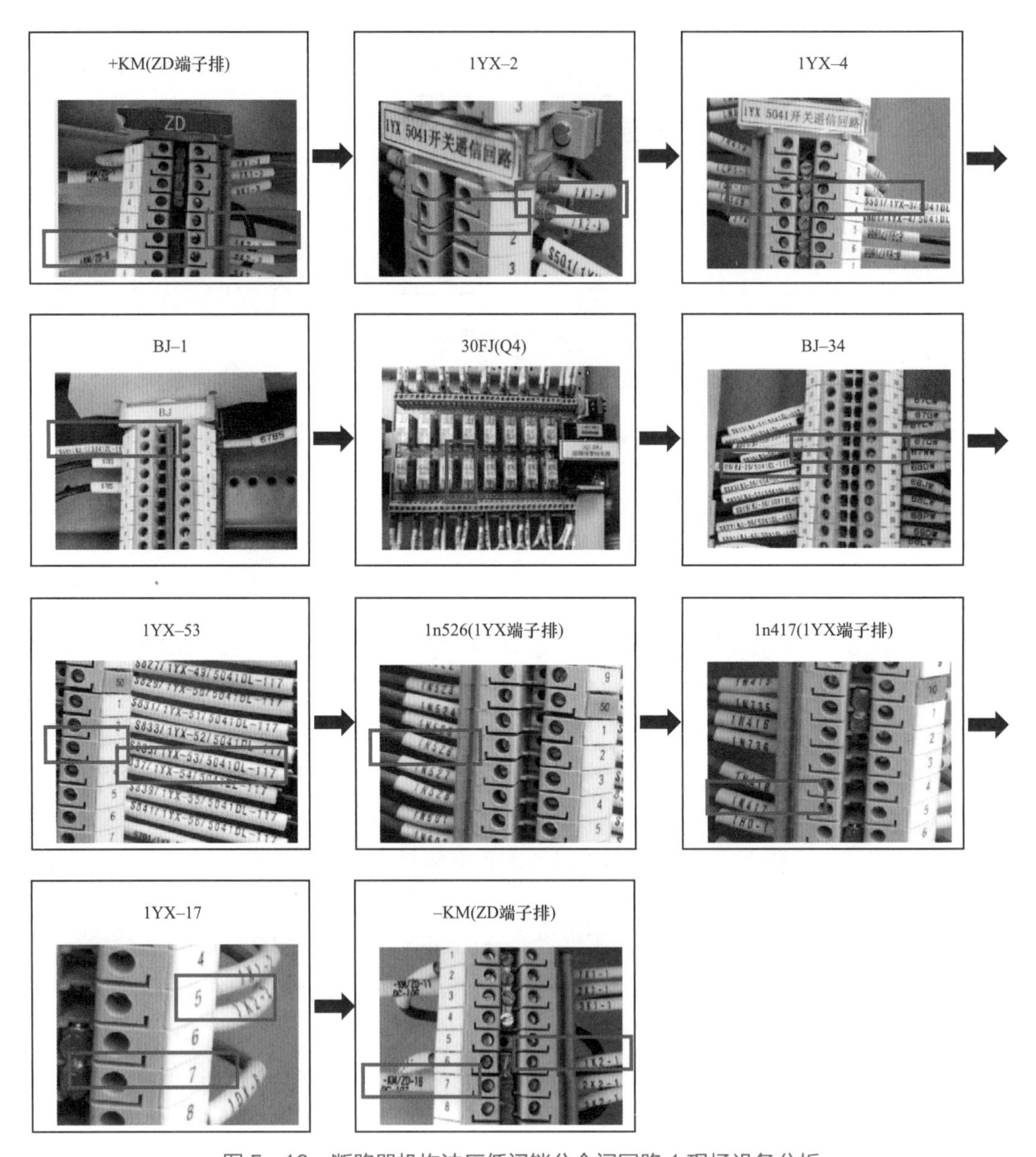

图 5－18　断路器机构油压低闭锁分合闸回路 1 现场设备分析

回路 2 现场设备分析见图 5－19。

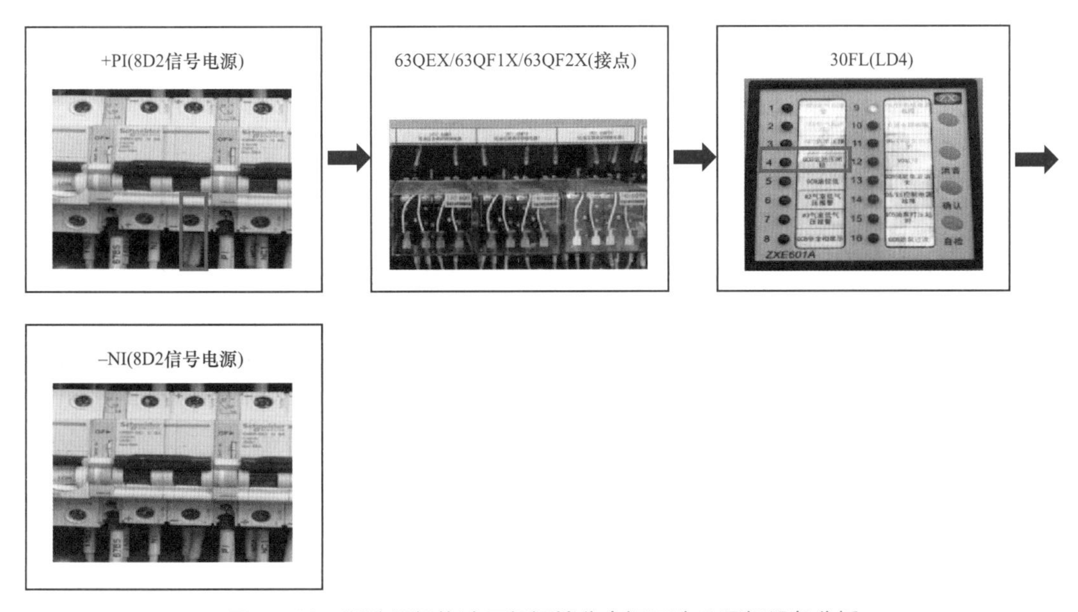

图 5-19　断路器机构油压低闭锁分合闸回路 2 现场设备分析

回路 3 现场设备分析见图 5-20。

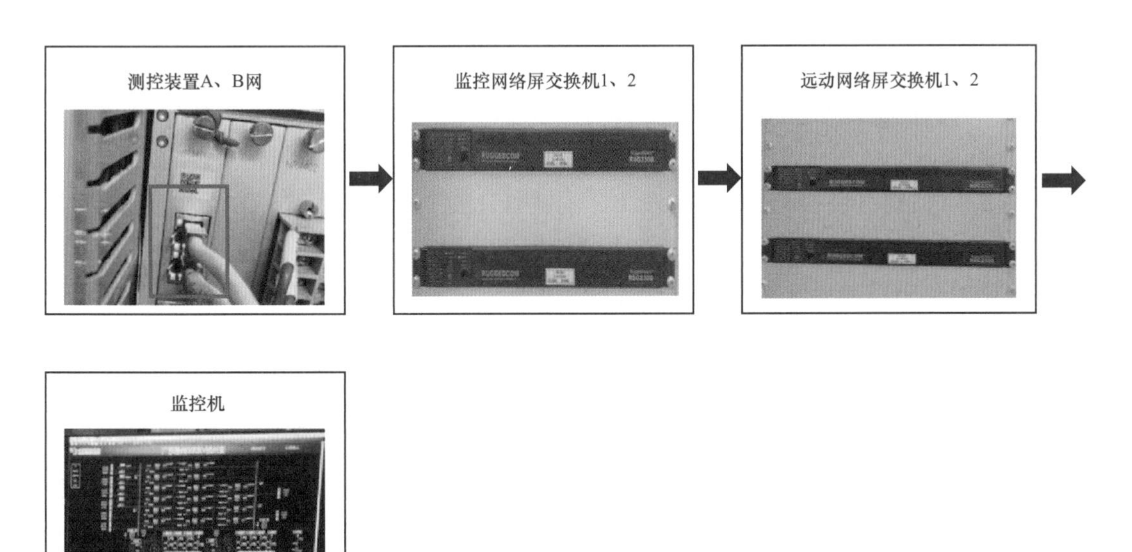

图 5-20　断路器机构油压低闭锁分合闸回路 3 现场设备分析

（1）原因分析。

1）油泵储能电机电源、控制电源故障、电机热继电器动作未复归，使电机不能启动打压。

2）电机烧坏、缺相、回路元件故障，导致电机无法正常启动打压。

3）液压系统外部油路渗漏油，如油管、放油阀、密封圈等部位存在泄漏，导致油泵打不上压。

4）液压系统内部控制阀无法将高压油完全密封，使高压油向低压油渗漏，高压油压力降低，即使油泵打压也无法建压。

5）微动开关工作不可靠，不能正确检测实际油压或受到外力误碰时，在油压正常的情况下异常闭合。

6）故障显示器及故障继电器发生故障，导致油压低闭锁接点异常闭合。

7）故障显示器与故障继电器之间20芯扁平电缆芯之间绝缘不良串电，导致油压低闭锁接点异常闭合。

8）机构箱密封不严，小动物进入或进水受潮导致微动开关二次回路导通，误发信号。

9）汇控柜门及观察窗密封胶条老化，导致汇控柜密封不严，壁虎、蚂蚁等小动物进入汇控柜后，爬动或在接线端子筑窝，造成油压低闭锁继电器接点导通，误发信号。

10）阳光通过汇控柜观察窗长期对柜内元件直晒，造成柜内元器件老化故障，导致误发信号。

11）汇控柜加热器故障、加热器设置不合理，柜内湿度较大，造成油压低闭锁继电器接点导通，误发信号。

12）信号电缆受外力破坏，如老鼠咬伤、碾压等原因导致信号回路导通，误发信号。

（2）处理过程。当“断路器机构油压低闭锁分合闸”光字牌亮时，运行人员应立即到现场检查断路器油压，根据压力情况做不同处理。

1）断路器机构油压确实已降到闭锁分合闸值。立即检查油压、油位、油泵及机构的渗漏油情况。如果是油泵电机储能电源、控制电源故障引起，运行人员应及时恢复油泵电源，使电机打压至正常值；若是热继电器动作引起的，则应手动复归热继电器，使电机打压至正常值。若电源故障、电机烧坏、机构严重漏油等问题不能立即恢复，应通知专业人员处理。此时，运行人员应立即断开断路器控制电源，按照相关规程规定的处置方法，将断路器进行停电隔离处理。

2）断路器机构油压正常，同时伴有“控制回路断线”信号，则可能由于机构箱微动开关故障、绝缘不良、小动物等原因导致微动开关导通。此时虽然断路器液压机构油压正常，但由于出现“控制回路断线”信号，断路器控制回路故障，则应按照相关规程规定的处置方法，将断路器进行停电隔离处理。

3）断路器机构油压正常，无“控制回路断线”信号，则可能由于汇控柜内绝缘不良、串电、小动物等原因导致信号回路2导通。此时由于断路器控制回路正常，无须立即将断路器停电隔离处理，但应尽快查明误发信号原因并消除故障。

4. 经验体会

（1）真信号：断路器机构油压低闭锁分合闸故障，将导致电网短路时断路器拒动无法快速切除故障，从而导致事故范围扩大，严重威胁电网安全。若液压操动机构的压力达不到规定，操作断路器时会使分闸时间过长，灭弧室气压过大会引起断路器爆炸，进而波及相关设备，事故扩大，严重威胁电网安全和稳定性。

（2）假信号通常发生在机构箱微动开关、二次回路及端子排；汇控柜端子排、继电器及二次回路。

（3）运行专业可做以下改进：① 微动开关加装防误碰挡板；② 更换汇控柜及机构箱老化的胶条；③ 汇控柜观察窗加装遮阳挡板；④ 实时调整加热器的最佳工作模式；⑤ 更换故障加热器；⑥ 采用在汇控柜等地方放置粘鼠贴等防小动物措施；⑦ 更换汇控柜老化的防火泥或补充防火泥。

5.1.5　断路器机构油位低报警

1. 异常信号情况

异常信号情况见图 5－21。

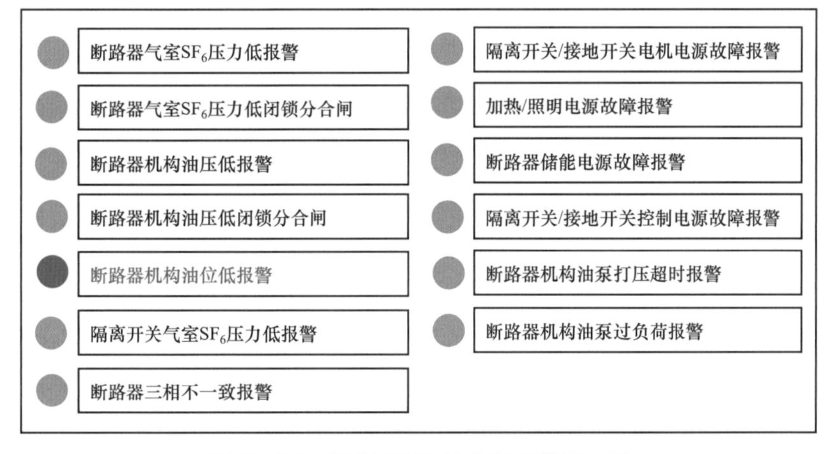

图 5－21　断路器机构油位低报警光字牌

（1）真信号含义：断路器液压操作机构利用液体不可压缩原理，以液压油作为传递介质，将高压油送入工作缸两侧来实现断路器分、合操作。油位显示油缸内油量的大小，正常时油位在油标管绿色标识范围内。当机构液压系统发生内部和外部油路渗漏油，导致油位降低至油标管红色区域时，发出“断路器机构油位低报警”信号。

（2）假信号含义：断路器油位正常时，由于油位开关故障、回路绝缘不良、串电、小动物等原因导致信号回路导通时，发出“断路器机构油位低报警”信号。

2. 异常信号分析

断路器机构油位低报警二次回路图如图 5－22 所示。

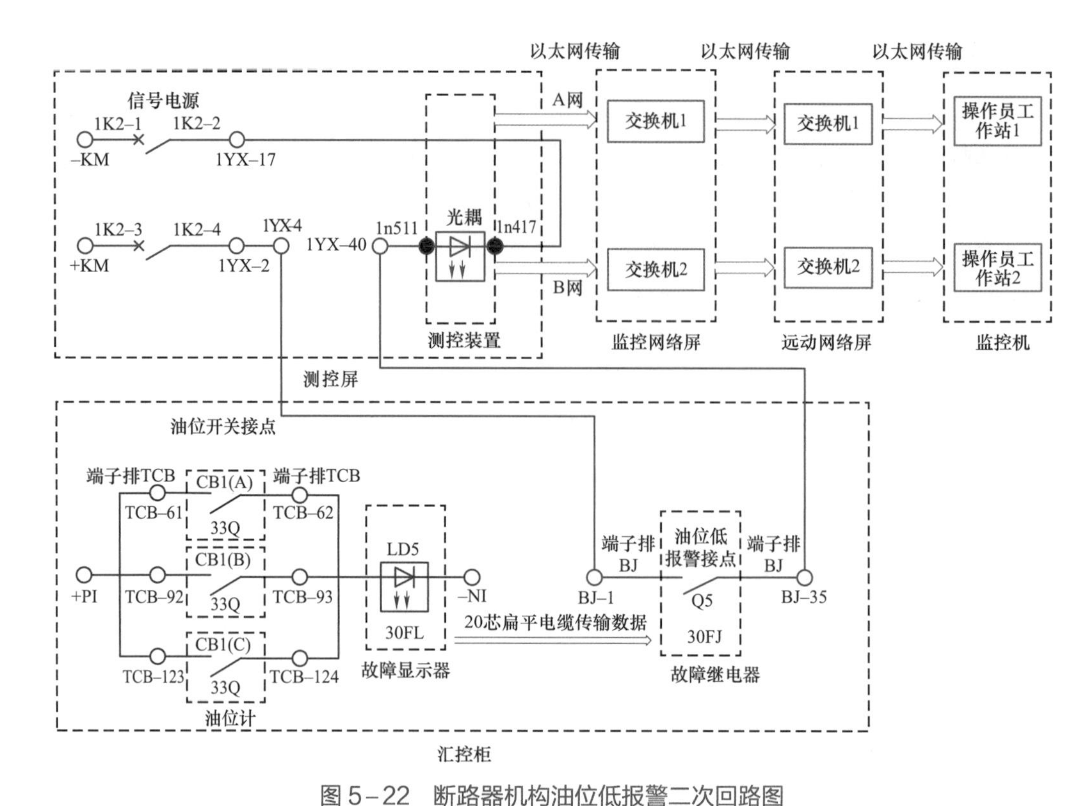

图 5–22　断路器机构油位低报警二次回路图

注：红色线条代表回路 1；蓝色线条代表回路 2；绿色线条代表回路 3。

（1）回路 1 分析：+KM（测控屏信号正电源）→1K2–3（测控屏信号正电源空气开关上端）→1K2–4（测控屏信号正电源空气开关下端）→1YX–2（测控屏遥信端子排）→1YX–4（测控屏遥信端子排）→BJ–1（汇控柜端子排）→Q5（汇控柜故障继电器 30FJ 油位低报警接点）→BJ–35（汇控柜端子排）→1YX–40（测控屏端子排）→1n511（测控装置）→光耦→1n417（测控装置）→1YX–17（测控屏遥信端子排）→1K2–2（测控屏信号负电源空气开关下端）→1K2–1（测控屏信号负电源空气开关上端）→–KM（测控屏信号负电源）。

（2）回路 2 分析：+PI（汇控柜信号正电源）→TCB–61/92/123（汇控柜端子排）→33Q A/B/C（机构箱油位开关接点）→TCB–62/93/124（汇控柜端子排）→30FL（故障显示器）→–NI（汇控柜信号负电源）。故障显示器通过 20 芯扁平电缆与故障继电器连接传输数据。

（3）回路 3 分析：测控装置（以太网 A 网、B 网）→监控网络屏（交换机 1、交换机 2）→远动网络屏（交换机 1、交换机 2）→监控机（操作员工作站 1、操作员工作站 2）。

（4）当断路器任意一相油位下降至红色区域时，油位开关接点 33Q A/B/C 闭合，回路 2 导通，故障显示器 30FL 的发光二极管 LD5 点亮。故障显示器将信号传输至故障继电器 30FJ，使油位低报警接点 Q5 闭合，回路 1 导通，测控装置中的光耦动作。回路 3 导通，最终监控机“断路器机构油位低报警”光字牌亮。

3. 现场设备分析

回路 1 现场设备分析如图 5－23 所示。

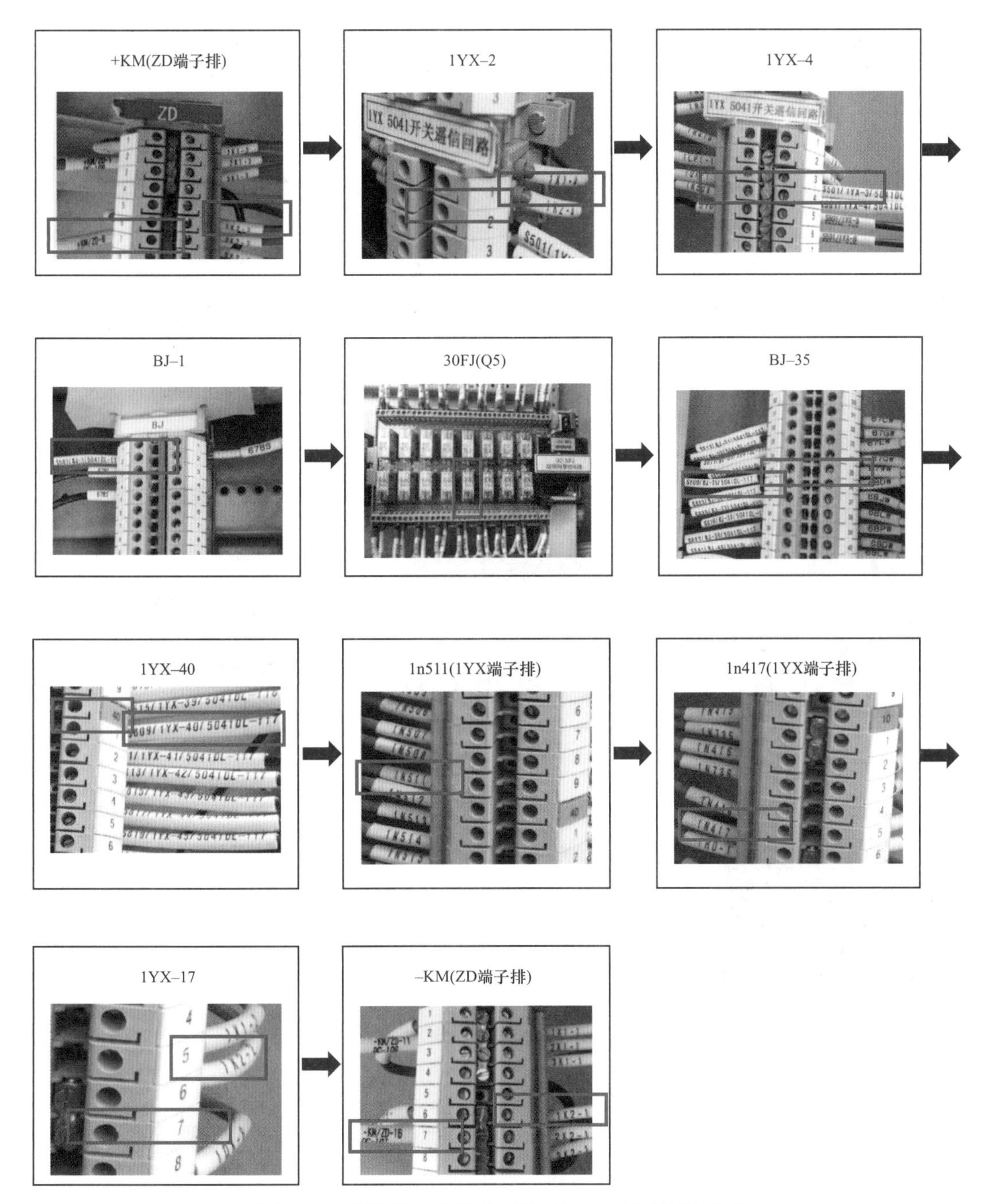

图 5－23　断路器机构油位低报警回路 1 现场设备分析

回路 2 现场设备分析如图 5－24 所示。

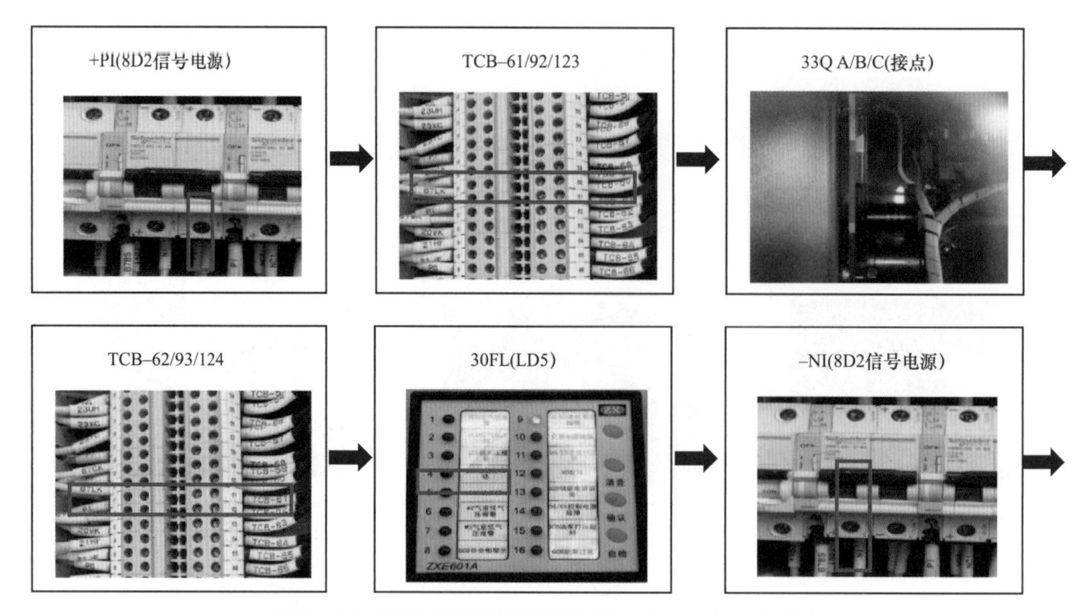

图 5-24 断路器机构油位低报警回路 2 现场设备分析

回路 3 现场设备分析如图 5-25 所示。

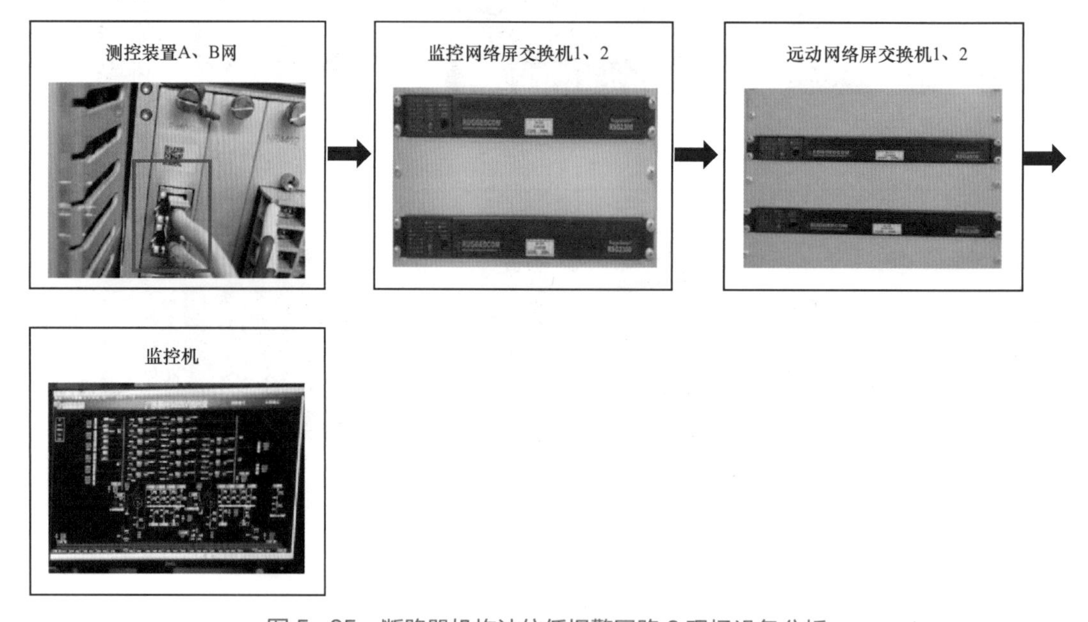

图 5-25 断路器机构油位低报警回路 3 现场设备分析

（1）原因分析。

1）液压系统油路渗漏油，如油箱、油泵、油管、放油阀、密封圈等部位存在泄漏。

2）氮气气室内密封圈破损、逆止阀损坏造成氮气气室压力低。

3）液压机构安装时预充的氮气不足，氮气压力偏低。

4）油位开关工作不可靠，不能正确检测实际油位，在油位正常的情况下异常闭合。

5）故障显示器及故障继电器发生故障，导致油位开关接点异常闭合。

6）故障显示器与故障继电器之间 20 芯扁平电缆芯之间绝缘不良串电，导致油位开关接点异常闭合。

7）机构箱密封不严，小动物进入或进水受潮导致油位开关二次回路导通，误发信号。

8）汇控柜门及观察窗密封胶条老化，导致汇控柜密封不严，壁虎、蚂蚁等小动物进入汇控柜后，爬动或者是在接线端子筑窝，造成信号回路导通，误发信号。

9）阳光通过汇控柜观察窗长期对柜内元件直晒，造成柜内元器件老化故障，导致误发信号。

10）汇控柜加热器故障、加热器设置不合理，柜内湿度较大，造成信号回路导通，误发信号。

11）信号电缆受外力破坏，如老鼠咬伤、碾压等原因导致信号回路导通，误发信号。

（2）处理过程。当“断路器机构油位低报警”光字牌亮时，运行人员应立即到现场检查断路器油位，根据油位情况作不同处理。

1）断路器机构油位确实已降到报警区域。立即检查油压、油位情况以及机构油箱、油泵、油管等的渗漏油情况。如果机构存在渗漏油，则及时清抹油迹，关注渗漏油的发展情况并密切观察操动机构油压是否发生降低趋势。详细检查渗漏部位，根据检查结果紧固连接部位。若机构渗漏油无法及时处理，则应申请停电检修处理。如果机构不存在渗漏油，则应关注机构油位和油压情况。若因机构存在严重渗漏油等原因导致油位过低同时出现油压低闭锁分合闸信号，此时运行人员应立即断开断路器控制电源，按照相关规程规定的处置方法，将断路器进行停电隔离处理。

2）断路器机构油位正常，则可能由于机构箱内油位开关故障、绝缘不良、小动物等原因导致油位开关导通。或者由于汇控柜内绝缘不良、串电、小动物等原因导致信号回路 2 导通，此时应尽快查明误发信号原因并消除故障。

4. 经验体会

（1）真信号：断路器油位低故障若是由于机构渗漏油导致的，则会导致液压机构油压降低，影响机构储能。当油位严重降低导致发生油压低闭锁分合闸时，在电网发生事故时将导致断路器拒动从而导致事故范围扩大。若液压操作机构的压力达不到规定值，操作断路器时会使分合闸时间过长，灭弧室气压过大会引起断路器爆炸，进而波及相关设备，事故扩大，严重威胁电网安全和稳定性。

（2）假信号：通常发生在机构箱油位开关、二次回路及端子排，或汇控柜端子排、继电器及二次回路。

（3）运行专业可做以下改进：① 更换汇控柜及机构箱老化的胶条；② 汇控柜观察窗加装遮阳挡板；③ 实时调整加热器的最佳工作模式；④ 更换故障加热器；⑤ 采用在汇控柜等地方放置粘鼠贴等防小动物措施；⑥ 更换汇控柜老化的防火泥或补充

防火泥。

5.1.6 隔离开关气室 SF_6 压力低报警

1. 异常信号情况

隔离开关气室 SF_6 压力低报警光字牌如图 5－26 所示。

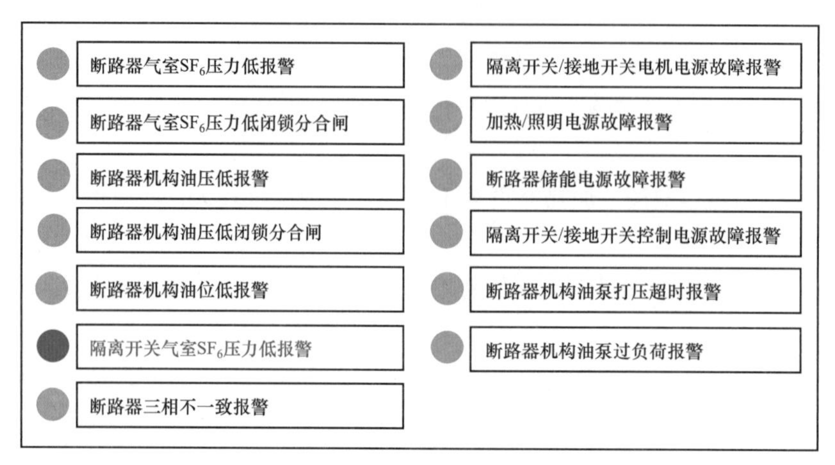

图 5－26 隔离开关气室 SF_6 压力低报警光字牌

（1）真信号含义：HGIS 设备隔离开关气室内充满 SF_6 气体，其作用为绝缘。正常情况下，SF_6 的压力在额定值（假设为 0.5MPa）之上，当由于隔离开关气室漏气导致 SF_6 气体压力下降至报警值（假设为 0.45MPa）时，SF_6 表计相应的报警接点导通，发出“隔离开关气室 SF_6 压力低报警”信号。

（2）假信号含义：HGIS 设备隔离开关气室压力正常时，当由于绝缘不良、串电、小动物等原因导致信号回路导通时，发出“隔离开关气室 SF_6 压力低报警”信号。

2. 异常信号分析

隔离开关气室 SF_6 压力低报警二次回路图如图 5－27 所示。

（1）回路 1 分析：＋KM（测控屏信号正电源）→1K2－3（测控屏信号正电源空气断路器上端）→1K2－4（测控屏信号正电源空气断路器下端）→1YX－2（测控屏遥信端子排）→1YX－4（测控屏遥信端子排）→BJ－1（汇控柜端子排）→Q6（汇控柜故障继电器 30FJ 气压低报警接点）→BJ－36（汇控柜端子排）→1YX－47（测控屏端子排）→1n518（测控装置）→光耦→1n417（测控装置）→1YX－17（测控屏遥信端子排）→1K2－2（测控屏信号负电源空气断路器下端）→1K2－1（测控屏信号负电源空气断路器上端）→－KM（测控屏信号负电源）。

（2）回路 2 分析：＋PI（汇控柜信号正电源）→SW－1/3/5（汇控柜端子排）→63GMD A/B/C（汇控柜气压低报警继电器接点）→SW－2/4/6（汇控柜端子排）→30FL（故障显示器）→－NI（汇控柜信号负电源）。故障显示器通过 20 芯扁平电缆与故障继电器连接传输数据。

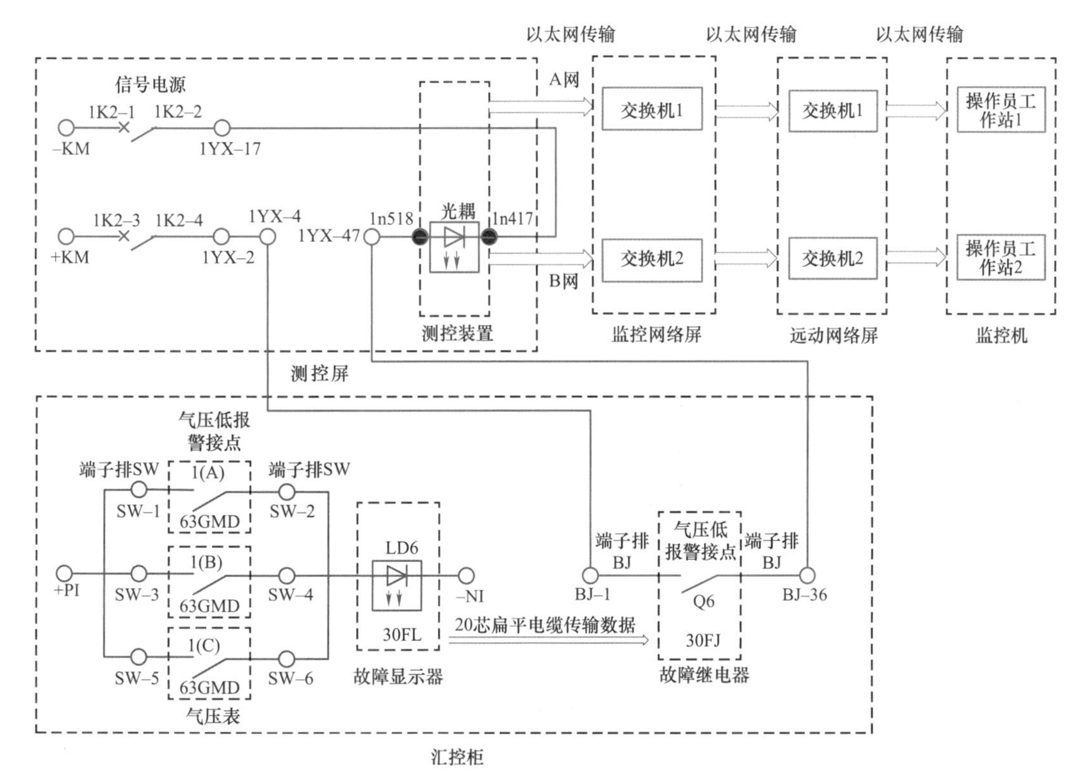

图5–27 隔离开关气室SF_6压力低报警二次回路图

注：红色线条代表回路1；蓝色线条代表回路2；绿色线条代表回路3。

（3）回路3分析：测控装置（以太网A网、B网）→监控网络屏（交换机1、交换机2）→远动网络屏（交换机1、交换机2）→监控机（操作员工作站1、操作员工作站2）。

（4）当任意一相隔离开关气室SF_6气体压力下降至报警值（0.45MPa）时，气压报警接点63GBD A/B/C闭合，回路2导通，故障显示器30FL的发光二极管LD6点亮。故障显示器将信号传输至故障继电器30FJ，使气压低报警接点Q6闭合，回路1导通，测控装置中的光耦动作。回路3导通，最终监控机“隔离开关气室SF_6压力低报警”光字牌亮。

3. 现场设备分析

隔离开关气室SF_6压力低报警回路1现场设备分析见图5–28。

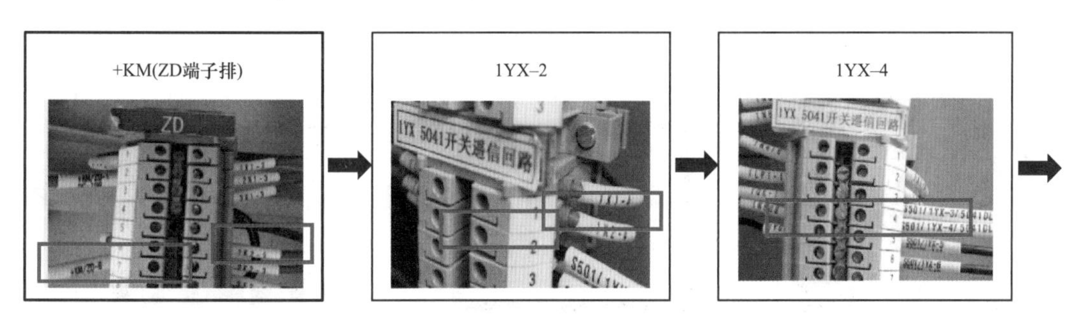

图5–28 隔离开关气室SF_6压力低报警回路1现场设备分析（一）

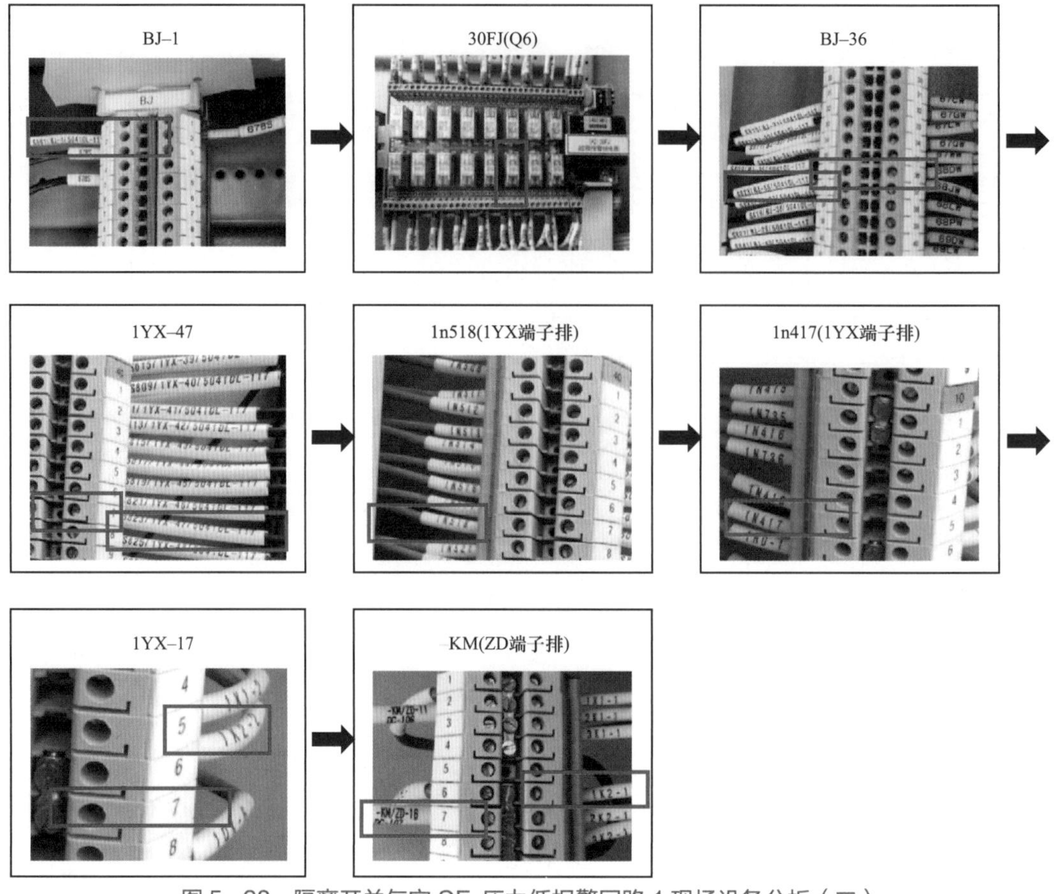

图 5–28　隔离开关气室 SF$_6$压力低报警回路 1 现场设备分析（二）

回路 2 现场设备分析见图 5–29。

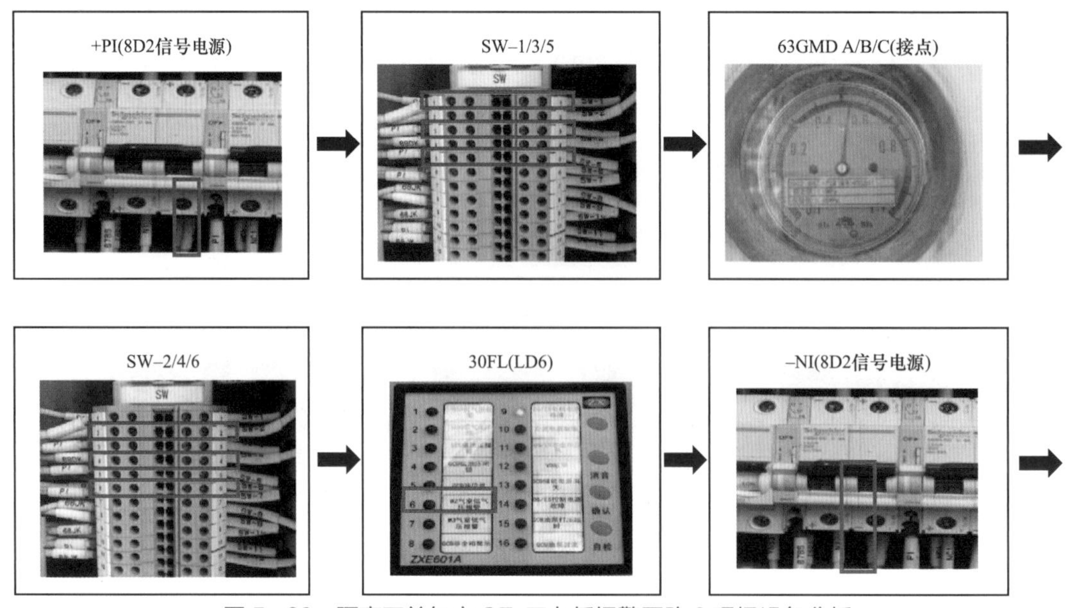

图 5–29　隔离开关气室 SF$_6$压力低报警回路 2 现场设备分析

回路 3 现场设备分析见图 5－30。

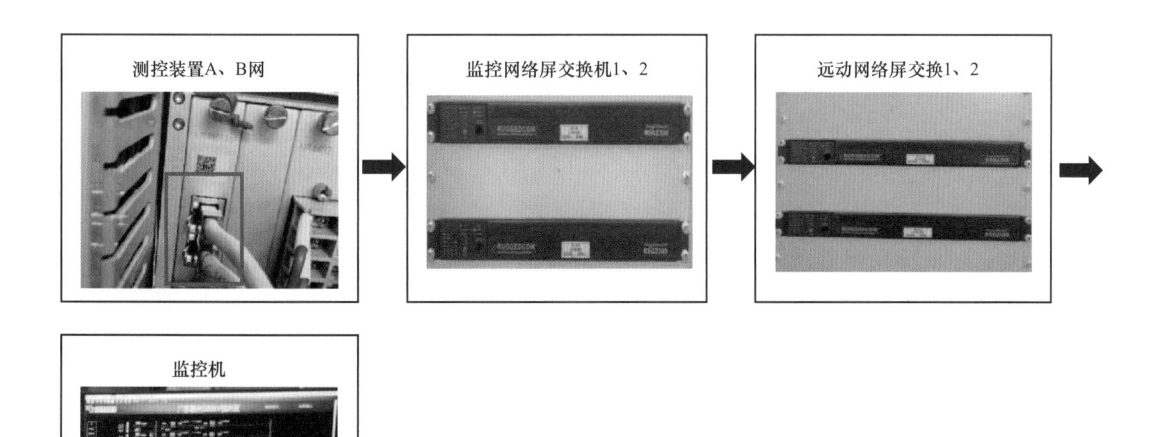

图 5－30　隔离开关气室 SF_6 压力低报警回路 3 现场设备分析

（1）原因分析。

1）隔离开关气室罐体沙眼、法兰面胶圈老化、表计阀门及连接处密封不良等原因导致 SF_6 泄漏。

2）表计二次接线盒密封不良，进水或进小动物导致接点绝缘水平降低，造成直流接地误导通，误发信号。

3）故障显示器及故障继电器发生故障，导致气压低报警接点异常闭合。

4）故障显示器与故障继电器之间 20 芯扁平电缆芯之间绝缘不良串电，导致气压低报警接点 Q6 异常闭合。

5）汇控柜柜门及观察窗密封胶条老化，导致汇控柜密封不严，壁虎、蚂蚁等小动物进入汇控柜后，爬动或者是在接线端子筑窝，造成气压低报警接点导通，误发信号。

6）阳光通过汇控柜观察窗长期对柜内元件直晒，造成柜内元器件老化故障，导致误发信号。

7）汇控柜加热器故障、加热器设置不合理，柜内湿度较大，造成气压低报警接点导通，误发信号。

8）信号电缆受外力破坏，如老鼠咬伤、碾压等原因导致信号回路导通，误发信号。

9）表计存在负补偿，当表计压力数值在报警值附近且长时间在阳光的直射下，表计在负补偿的作用下，数值有可能会到达报警值导致回路导通，误发信号。

（2）处理过程。当“隔离开关气室 SF_6 压力低报警”光字牌亮时，运行人员应立即到现场检查隔离开关气室实际气体压力，根据压力情况做不同处理。

1）隔离开关气室 SF_6 压力确实已降到报警值。运行人员应立即联系专业班组进行补气，并密切关于压力变化情况。当压力值补到额定范围后，需加强巡视跟踪，若气室压力值后续仍然存在下降趋势，则应尽快申请停电找出漏气的原因并进行处理。

2）隔离开关气室 SF_6 压力正常，则可能由于绝缘不良、串电、小动物等原因导致信号回路导通，误发信号。此时应尽快查明误发信号原因并消除故障。

4. 经验体会

（1）真信号：隔离开关气室 SF_6 压力低将导致气室绝缘性能降低，当压力低至内部带电导体对地短路接地绝缘水平时，将导致电网接地短路和设备跳闸，造成设备损坏以及供电中断。

（2）假信号通常发生在表计本体、表计二次接线盒、汇控柜端子排及继电器、二次电缆。

（3）运行专业可做以下改进：① 表计底座涂抹中性硅酮结构胶密封；② 气室罐体法兰面涂抹中性硅酮结构胶密封；③ 表计加装遮阳罩；④ 表计加装防雨罩；⑤ 表计二次接线盒涂抹中性硅酮结构胶密封；⑥ 更换汇控柜及机构箱老化的胶条；⑦ 汇控柜观察窗加装遮阳挡板；⑧ 实时调整加热器的最佳工作模式；⑨ 更换故障加热器；⑩ 采用在汇控柜等地方放置粘鼠贴等防小动物措施；⑪ 更换汇控柜老化的防火泥或补充防火泥。

5.1.7 断路器三相不一致报警

1. 异常信号情况

断路器三相不一致报警光字牌如图 5－31 所示。

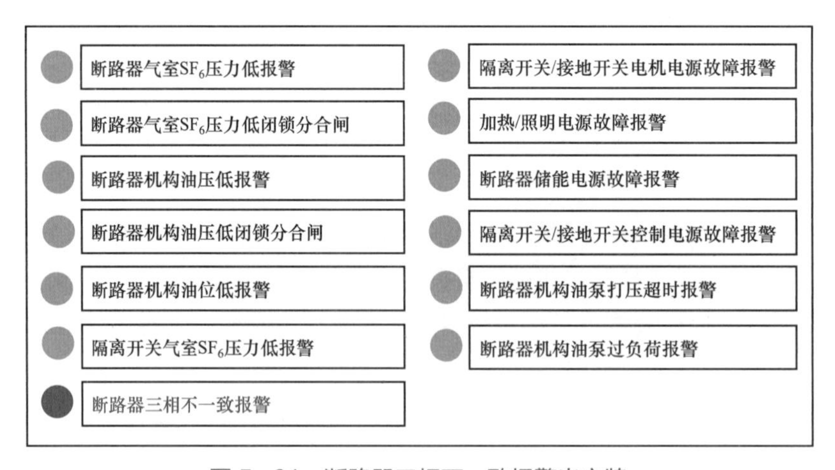

图 5－31 断路器三相不一致报警光字牌

（1）真信号含义：断路器在正常时 A、B、C 三相位置应同时为分闸或者合闸状态，断路器三相不一致报警接线是将 A、B、C 三相开关的动合、动断辅助触点分别并联后再串联。当断路器断开一相或两相导致三相位置不一致时，延时 2S 发出“断路器三相不一致报警”信号，同时接通断路器跳闸回路，将断路器三相跳开。

（2）假信号含义：当断路器A、B、C三相位置一致时，由于绝缘不良、串电、小动物等原因导致信号回路导通时，发出“断路器三相不一致报警”信号。

2. 异常信号分析

断路器三相不一致报警二次回路图如图5－32所示。

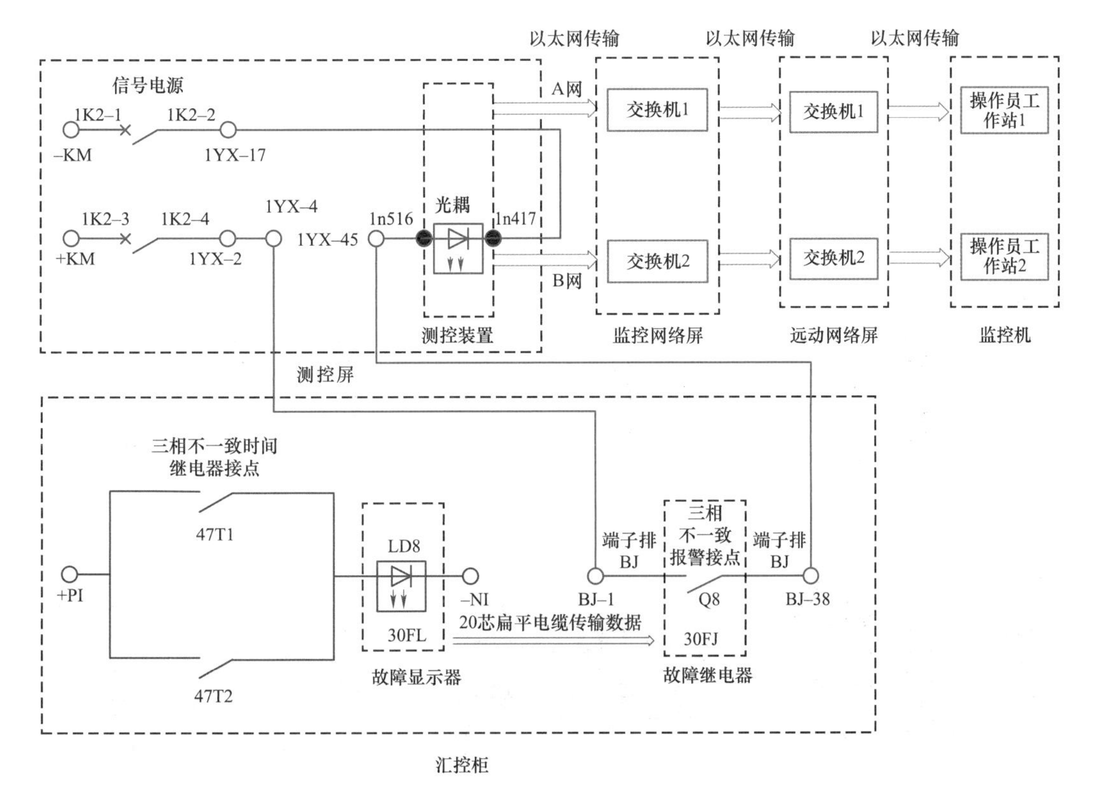

图5－32 断路器三相不一致报警二次回路图

注：红色线条代表回路1；蓝色线条代表回路2；绿色线条代表回路3。

（1）回路1分析：+KM（测控屏信号正电源）→1K2－3（测控屏信号正电源空气断路器上端）→1K2－4（测控屏信号正电源空气断路器下端）→1YX－2（测控屏遥信端子排）→1YX－4（测控屏遥信端子排）→BJ－1（汇控柜端子排）→Q8（汇控柜故障继电器30FJ三相不一致报警接点）→BJ－38（汇控柜端子排）→1YX－45（测控屏端子排）→1n516（测控装置）→光耦→1n417（测控装置）→1YX－17（测控屏遥信端子排）→1K2－2（测控屏信号负电源空气断路器下端）→1K2－1（测控屏信号负电源空气断路器上端）→－KM（测控屏信号负电源）。

（2）回路2分析：+PI（汇控柜信号正电源）→47T1/47T2（汇控柜三相不一致时间继电器接点）→30FL（故障显示器）→－NI（汇控柜信号负电源）。故障显示器通过20芯扁平电缆与故障继电器连接传输数据。

（3）回路3分析：测控装置（以太网A网、B网）→监控网络屏（交换机1、交换机2）→远动网络屏（交换机1、交换机2）→监控机（操作员工作站1、操作员工作站2)。

（4）当断路器三相位置出现不一致时，汇控柜三相不一致时间继电器接点47T1/47T2延时2S后闭合，回路2导通，故障显示器30FL的发光二极管LD8点亮。故障显示器将信号传输至故障继电器30FJ，使三相不一致报警接点Q8闭合，回路1导通，测控装置中的光耦动作。回路3导通，最终监控机“断路器三相不一致报警”光字牌亮。

3. 现场设备分析

断路器三相不一致报警回路1现场设备分析见图5-33。

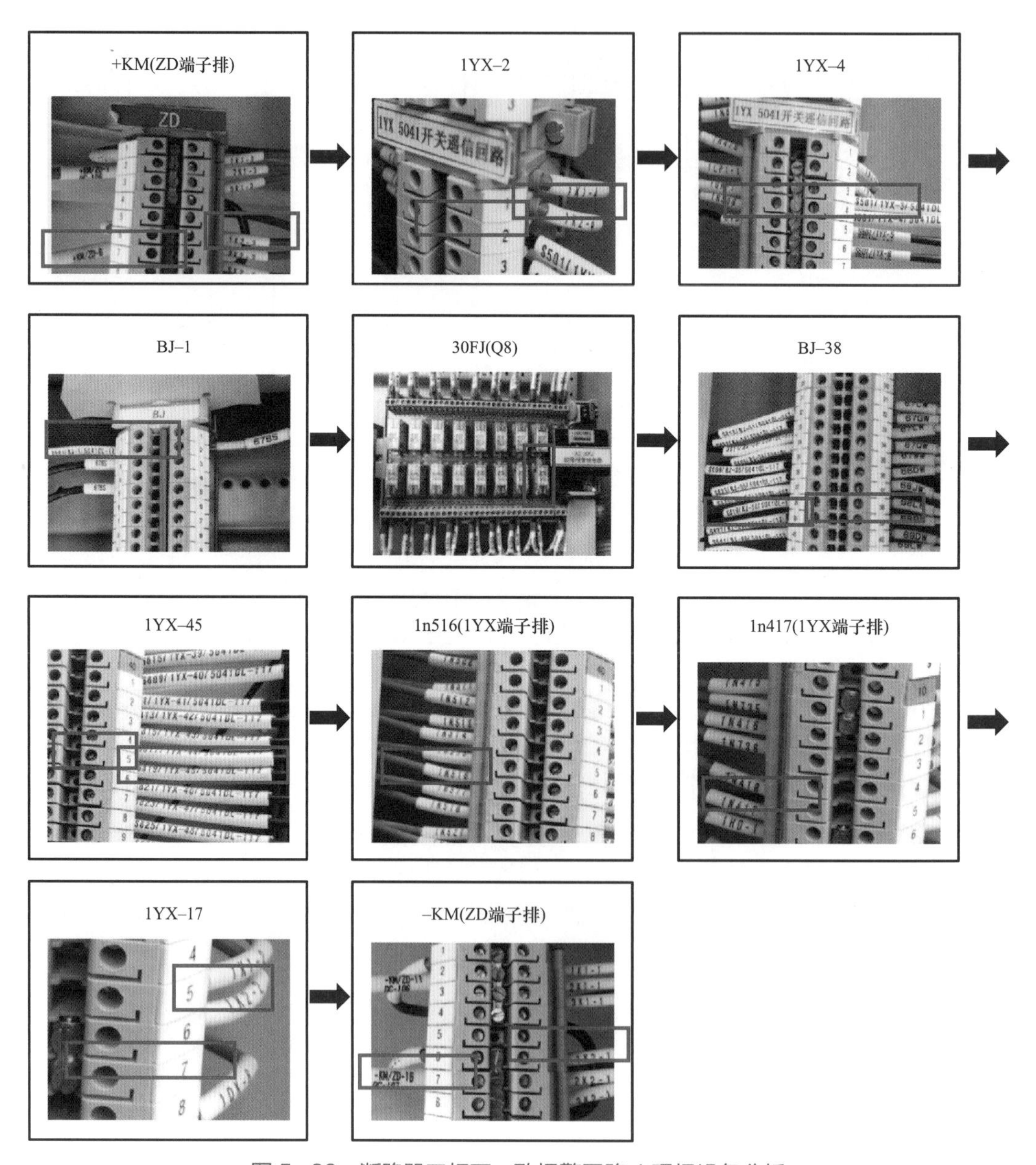

图5-33 断路器三相不一致报警回路1现场设备分析

断路器三相不一致报警回路 2 现场设备分析见图 5－34。

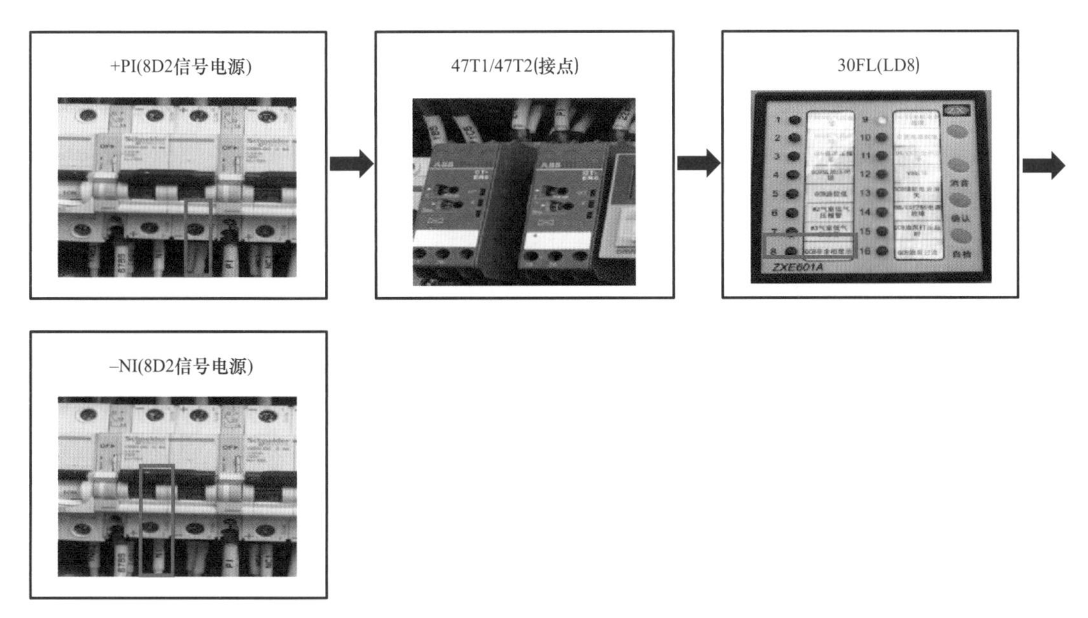

图 5－34　断路器三相不一致报警回路 2 现场设备分析

断路器三相不一致报警回路 3 现场设备分析见图 5－35。

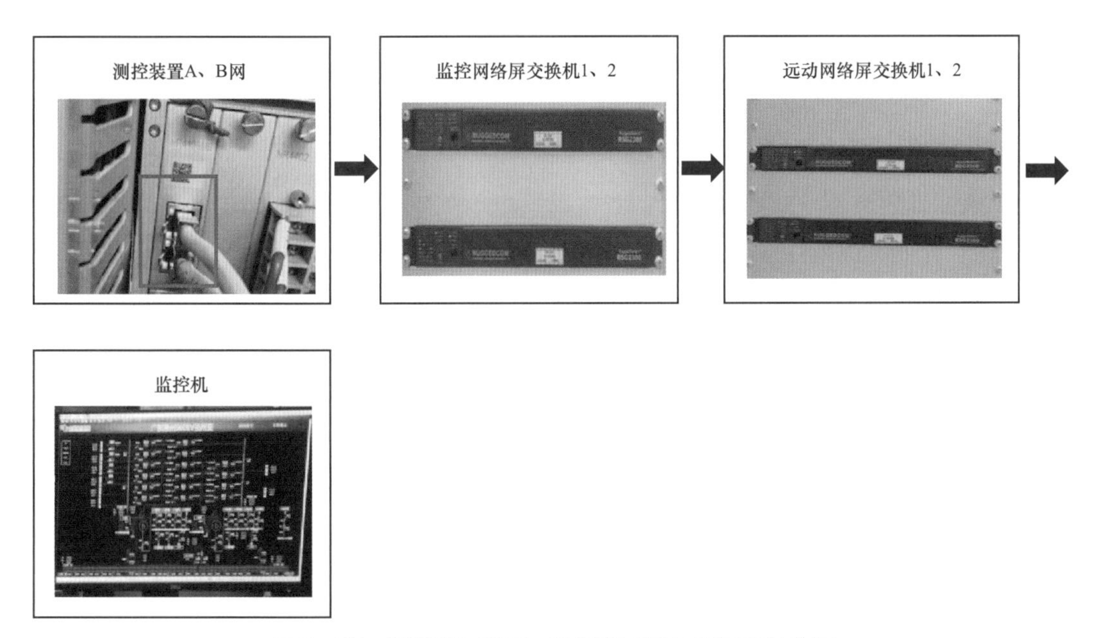

图 5－35　断路器三相不一致报警回路 3 现场设备分析

（1）原因分析。

1）断路器其中一相或者两相跳闸回路绝缘不良导致一相或者两相跳闸回路导通，造成断路器一相或者两相跳闸。

2）工作人员或者外力误碰三相不一致继电器试验按钮，导致断路器三相不一致继电器动作。

3）断路器机械传动部分故障导致一相或者两相分闸。

4）故障显示器及故障继电器发生故障，导致三相不一致报警接点异常闭合。

5）故障显示器与故障继电器之间20芯扁平电缆芯之间绝缘不良串电，导致三相不一致报警接点异常闭合。

6）机构箱内断路器辅助接点粘死或者故障。

7）机构箱及观察窗密封胶条老化，导致机构箱密封不严，壁虎、蚂蚁等小动物进入汇控柜后，爬动造成断路器辅助接点导通，误发信号。

8）汇控柜柜门及观察窗密封胶条老化，导致汇控柜密封不严，壁虎、蚂蚁等小动物进入汇控柜后，爬动或者是在接线端子筑窝，造成三相不一致时间继电器的辅助接点导通，误发信号。

9）阳光通过汇控柜观察窗长期对柜内元件直晒，造成柜内元器件老化故障，导致误发信号。

10）汇控柜加热器故障、加热器设置不合理，柜内湿度较大，造成三相不一致时间继电器的辅助接点导通，误发信号。

11）信号电缆受外力破坏，如老鼠咬伤、碾压等原因导致信号回路导通，误发信号。

（2）处理过程。当“断路器三相不一致报警”光字牌亮时，运行人员应立即到现场检查三相分合闸状态。根据保护动作情况和断路器三相实际位置的状态做出相应不同处理。

1）断路器三相不一致保护动作，断路器三相均在分闸位置。运行人员应将断路器转检修，联系专业班组进行检查，找出三相不一致动作的原因并进行处理。

2）断路器三相不一致保护未动作，断路器三相处于不一致位置。运行人员应立即检查三相不一致保护等相关动作情况并及时汇报相关值班调度员，手动分一次断路器。若断路器无法分闸，则按照相关规程规定的处置方法，尽快消除断路器三相不平衡电流，将断路器进行停电隔离处理。

3）断路器三相不一致保护未动作，断路器三相均在合闸位置。则可能由于绝缘不良、串电、小动物等原因导致信号回路导通，误发信号。此时应尽快查明误发信号原因并消除故障。

4. 经验体会

（1）真信号：断路器三相不一致报警，同时三相不一致保护又未能跳开运行相断路器时，则会导致断路器非全相运行，电网中出现三相不平衡电流会对线路零序等保护产生影响，威胁电网安全运行。

（2）假信号通常发生在机构箱断路器辅助接点、汇控柜端子排及三相不一致继电器、二次电缆。

（3）运行专业可做以下改进：① 三相不一致继电器加装防护罩；② 更换汇控柜及机构箱老化的胶条；③ 汇控柜观察窗加装遮阳挡板；④ 实时调整加热器的最佳工作模式；⑤ 更换故障加热器；⑥ 采用在汇控柜等地方放置粘鼠贴等防小动物措施；⑦ 更换汇控柜老化的防火泥或补充防火泥。

5.1.8　隔离开关/接地开关电机电源故障报警

1. 异常信号情况

隔离开关/接地开关电机电源故障报警光字牌如图 5－36 所示。

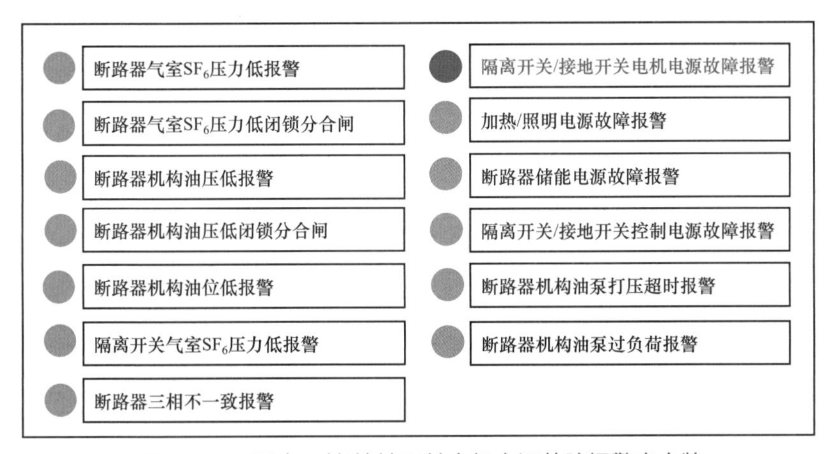

图 5－36　隔离开关/接地开关电机电源故障报警光字牌

（1）真信号含义：当汇控柜内任意一个（一相）隔离开关/接地开关电机电源空气断路器偷跳或者人为断开后，相应空气断路器的辅助接点导通，发出“隔离开关/接地开关电机电源故障报警”信号。

（2）假信号含义：当汇控柜内所有隔离开关/接地开关电机电源空气断路器在合位时，由于绝缘不良、串电、小动物等原因导致信号回路导通时，发出“隔离开关/接地开关电机电源故障报警”信号。

2. 异常信号分析

隔离开关/接地开关电机电源故障报警二次回路图如图 5－37 所示。

（1）回路 1 分析：＋KM（测控屏信号正电源）→1K2－3（测控屏信号正电源空气断路器上端）→1K2－4（测控屏信号正电源空气断路器下端）→1YX－2（测控屏遥信端子排）→1YX－4（测控屏遥信端子排）→BJ－1（汇控柜端子排）→Q9（汇控柜故障继电器 30FJ 电机电源故障报警接点）→BJ－39（汇控柜端子排）→1YX－49（测控屏端子排）→1n522（测控装置）→光耦→1n417（测控装置）→1YX－17（测控屏遥信端子排）→1K2－2（测控屏信号负电源空气断路器下端）→1K2－1（测控屏信号负电源空气断路器上端）→－KM（测控屏信号负电源）。

（2）回路 2 分析：＋PI（汇控柜信号正电源）→8D7－8D12（汇控柜内所有隔离开关/接地开关电机电源空气断路器辅助接点）→30FL（故障显示器）→－NI（汇控柜信号负电源）。故障显示器通过 20 芯扁平电缆与故障继电器连接传输数据。

（3）回路 3 分析：测控装置（以太网 A 网、B 网）→监控网络屏（交换机 1、交换机 2）→远动网络屏（交换机 1、交换机 2）→监控机（操作员工作站 1、操作员工作站 2）。

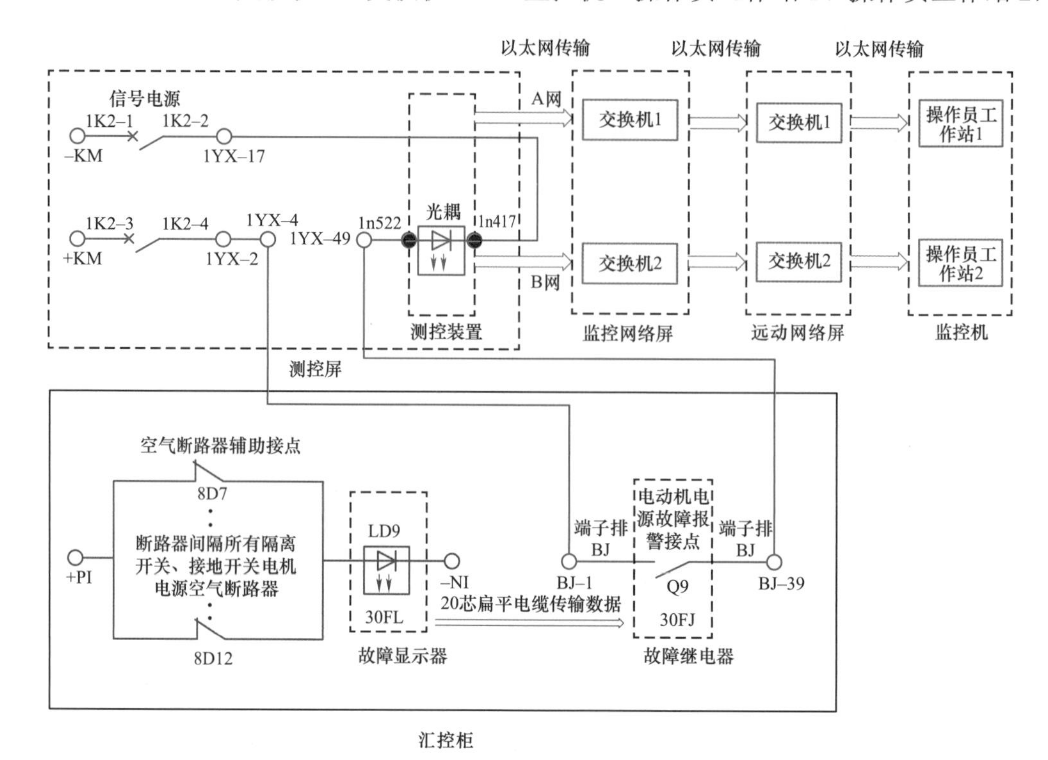

图 5-37　隔离开关/接地开关电机电源故障报警二次回路图

注：红色线条代表回路 1；蓝色线条代表回路 2；绿色线条代表回路 3。

（4）当汇控柜内任意一个（一相）隔离开关/接地开关电机电源空气断路器断开后，相应空气断路器的辅助接点 8DX（X 为 7－12）闭合，回路 2 导通，故障显示器 30FL 的发光二极管 LD9 点亮。故障显示器将信号传输至故障继电器 30FJ，使电机电源故障报警接点 Q9 闭合，回路 1 导通，测控装置中的光耦动作。回路 3 导通，最终监控机“隔离开关/接地开关电机电源故障报警”光字牌亮。

3. 现场设备分析

隔离开关/接地开关电机电源故障报警回路 1 现场设备分析如图 5－38 所示。

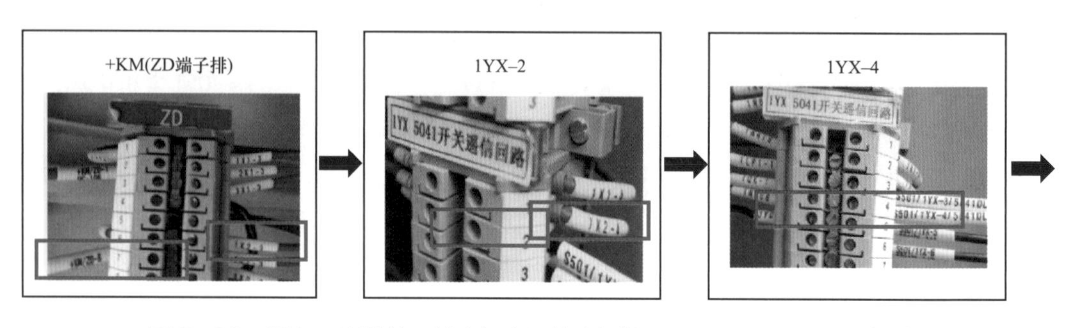

图 5-38　隔离开关/接地开关电机电源故障报警回路 1 现场设备分析（一）

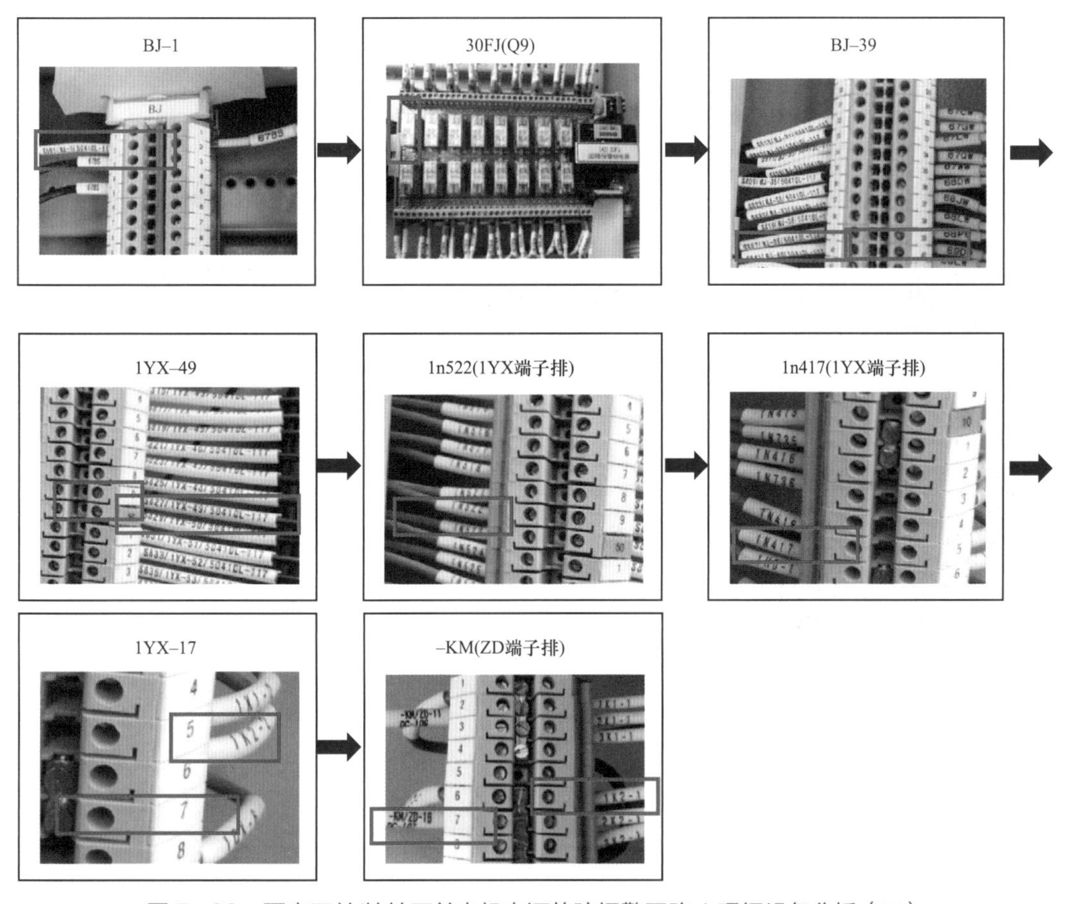

图 5–38　隔离开关/接地开关电机电源故障报警回路 1 现场设备分析（二）

隔离开关/接地开关电机电源故障报警回路 2 现场设备分析如图 5–39 所示。

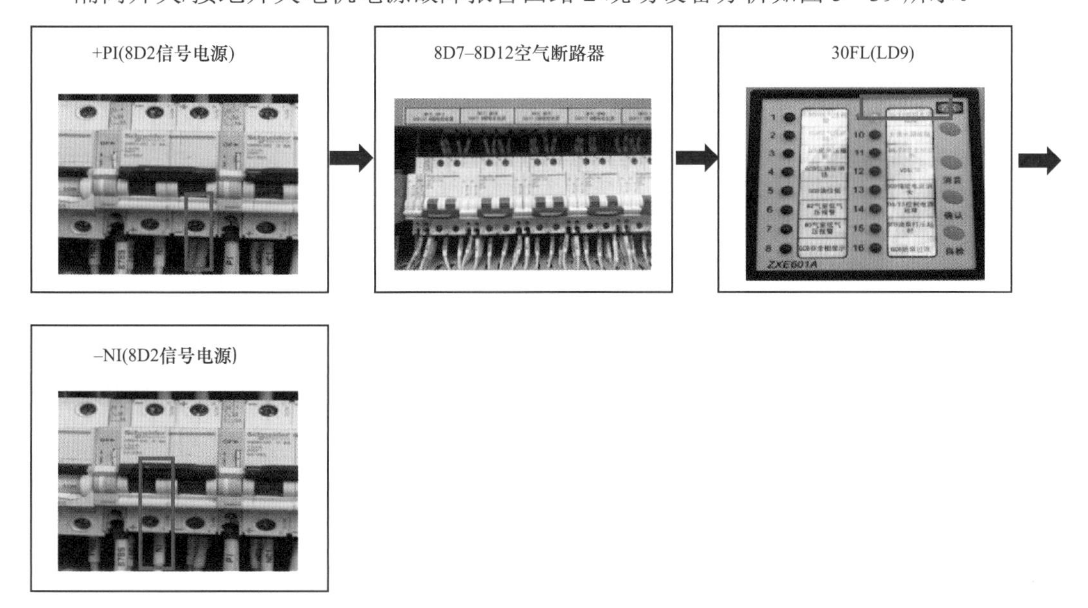

图 5–39　隔离开关/接地开关电机电源故障报警回路 2 现场设备分析

隔离开关/接地开关电机电源故障报警回路 3 现场设备分析如图 5–40 所示。

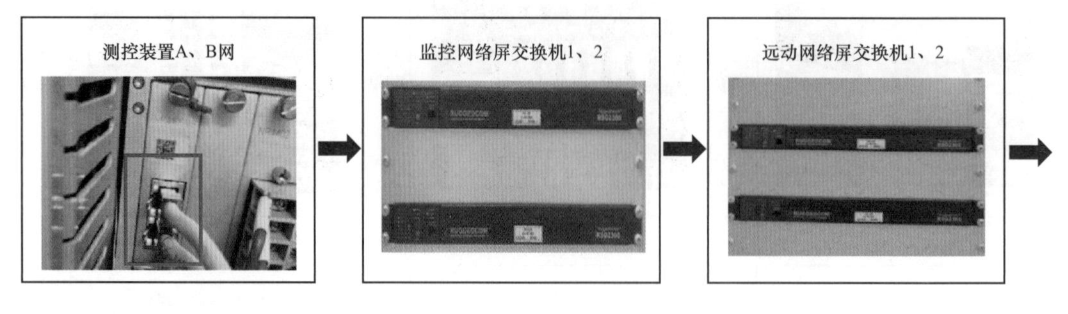

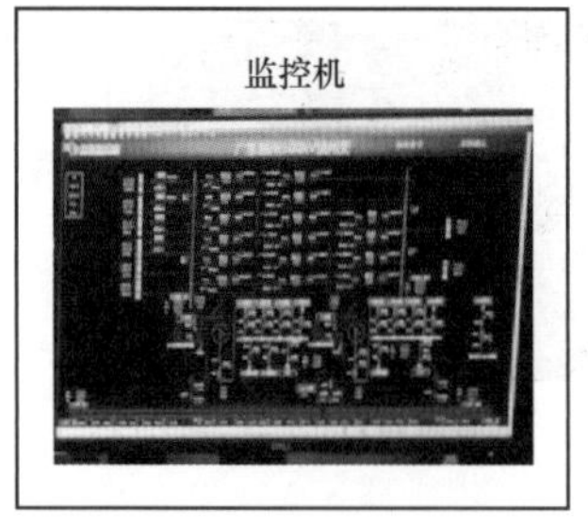

图 5–40　隔离开关/接地开关电机电源故障报警回路 3 现场设备分析

（1）原因分析。

1）电机回路负载太大，存在过载现象。

2）电机回路或电机本体存在短路故障，回路电流过大，导致空气断路器跳闸。

3）人为操作空气断路器使其分闸。

4）空气断路器存在质量问题，在运行过程中偷跳。

5）故障显示器及故障继电器发生故障，导致隔离开关/接地开关电机电源报警接点异常闭合。

6）故障显示器与故障继电器之间 20 芯扁平电缆芯之间绝缘不良串电，导致隔离开关/接地开关电机电源报警接点异常闭合。

7）空气断路器辅助接点粘死或者故障，在合上空气断路器后，辅助接点未同步变位。

8）汇控柜柜门及观察窗密封胶条老化，导致汇控柜密封不严，壁虎、蚂蚁等小动物进入汇控柜后，爬动或者是在接线端子筑窝，造成空气断路器辅助接点导通，误发信号。

9）汇控柜柜门及观察窗密封胶条老化，导致汇控柜密封不严，进水受潮导致回路绝缘能力降低，造成空气断路器辅助接点导通，误发信号。

10）阳光通过汇控柜观察窗长期对柜内元件直晒，造成柜内元器件老化故障，导致误发信号。

11）汇控柜加热器故障、加热器设置不合理，柜内湿度较大，造成空气断路器辅助接点或者故障继电器导通，误发信号。

12）信号电缆受外力破坏，如老鼠咬伤、碾压等原因导致信号回路导通，误发信号。

（2）处理过程。当“隔离开关/接地开关电机电源故障报警”光字牌亮时，运行人员应立即到现场检查汇控柜内所有刀闸和地刀电机电源空气断路器位置。注意身体与空气断路器保持安全距离，不要随意拉合、触摸空气断路器，根据空气断路器位置的不同情况进行处理。

1）空气断路器在断开位置。① 观察空气断路器是否有放电灼烧痕迹；② 检查二次回路接线，判断线头有没有明显脱落、接地及放电痕迹；③ 使用万用表测量空气断路器负荷侧整个二次回路及电机的绝缘情况；④ 初步处理和排除故障点后试合空气断路器，若试合不成功则须继续排查故障；⑤ 若空气断路器元件故障，则应该更换故障元件，更换前应检查元件的电压等级及其参数与现场一致，并对其进行试验，更换后检查接线情况，最后合上空气断路器。

2）空气断路器均在合上位置。则可能由于绝缘不良、串电、小动物等原因导致信号回路导通，误发信号。此时应尽快查明误发信号原因并消除故障。

4. 经验体会

（1）真信号：当隔离开关/接地开关电机电源空气断路器故障跳闸暂时无法恢复时，将导致需要操作刀闸或者地刀时无法快速操作，影响倒闸操作的效率，在电网发生故障时无法快速进行事故处理，有可能导致事故范围扩大，严重影响电力系统的安全稳定运行。

（2）假信号通常发生在汇控柜内空气断路器辅助接点、汇控柜端子排及继电器、二次电缆。

（3）运行专业可做以下改进：① 更换质量较好的空气断路器；② 空气断路器加装防护罩；③ 更换汇控柜及机构箱老化的胶条；④ 汇控柜观察窗加装遮阳挡板；⑤ 实时调整加热器的最佳工作模式；⑥ 更换故障加热器；⑦ 采用在汇控柜等地方放置粘鼠贴等防小动物措施；⑧ 更换汇控柜老化的防火泥或补充防火泥。

5.1.9　加热/照明电源故障报警

1. 异常信号情况

加热/照明电源故障报警光字牌如图 5－41 所示。

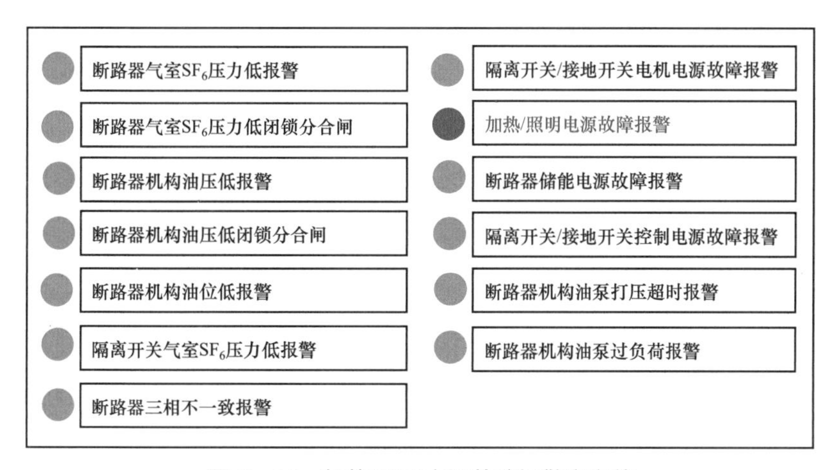

图 5－41　加热/照明电源故障报警光字牌

（1）真信号含义：当汇控柜内任意一个加热、照明电源空气断路器偷跳或者人为断开后，相应空气断路器的辅助接点导通，发出“加热/照明电源故障报警”信号。

（2）假信号含义：当汇控柜内所有加热照明、电源空气断路器在合上时，由于绝缘不良、串电、小动物等原因导致信号回路导通时，发出“加热/照明电源故障报警”信号。

2. 异常信号分析

加热/照明电源故障报警二次回路图如图 5－42 所示。

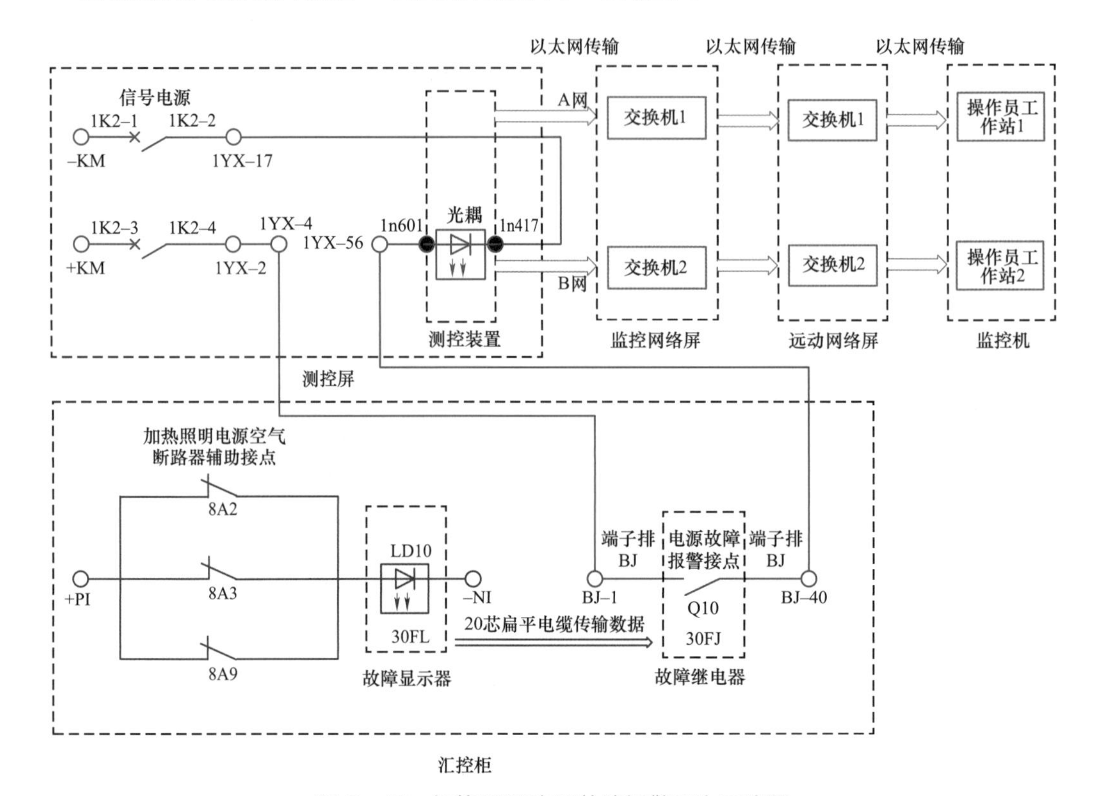

图 5－42　加热/照明电源故障报警二次回路图

注：红色线条代表回路 1；蓝色线条代表回路 2；绿色线条代表回路 3。

（1）回路 1 分析：+KM（测控屏信号正电源）→1K2－3（测控屏信号正电源空气断路器上端）→1K2－4（测控屏信号正电源空气断路器下端）→1YX－2（测控屏遥信端子排）→1YX－4（测控屏遥信端子排）→BJ－1（汇控柜端子排）→Q10（汇控柜故障继电器 30FJ 电源故障报警接点）→BJ－40（汇控柜端子排）→1YX－56（测控屏端子排）→1n601（测控装置）→光耦→1n417（测控装置）→1YX－17（测控屏遥信端子排）→1K2－2（测控屏信号负电源空气断路器下端）→1K2－1（测控屏信号负电源空气断路器上端）→－KM（测控屏信号负电源）。

（2）回路 2 分析：+PI（汇控柜信号正电源）→8A2/8A3/8A9（汇控柜内加热、照明电源空气断路器辅助接点）→30FL（故障显示器）→－NI（汇控柜信号负电源）。故障显示器通过 20 芯扁平电缆与故障继电器连接传输数据。

（3）回路 3 分析：测控装置（以太网 A 网、B 网）→监控网络屏（交换机 1、交换机 2）→远动网络屏（交换机 1、交换机 2）→监控机（操作员工作站 1、操作员工作站 2）。

（4）当汇控柜内任意一个加热、照明电源空气断路器断开后，相应空气断路器的辅助接点 8A2/8A3/8A9 闭合，回路 2 导通，故障显示器 30FL 的发光二极管 LD10 点亮。故障显示器将信号传输至故障继电器 30FJ，使电源故障报警接点 Q10 闭合，回路 1 导通，测控装置中的光耦动作。回路 3 导通，最终监控机“加热/照明电源故障报警”光字牌亮。

3. 现场设备分析

加热/照明电源故障报警回路 1 现场设备分析如图 5－43。

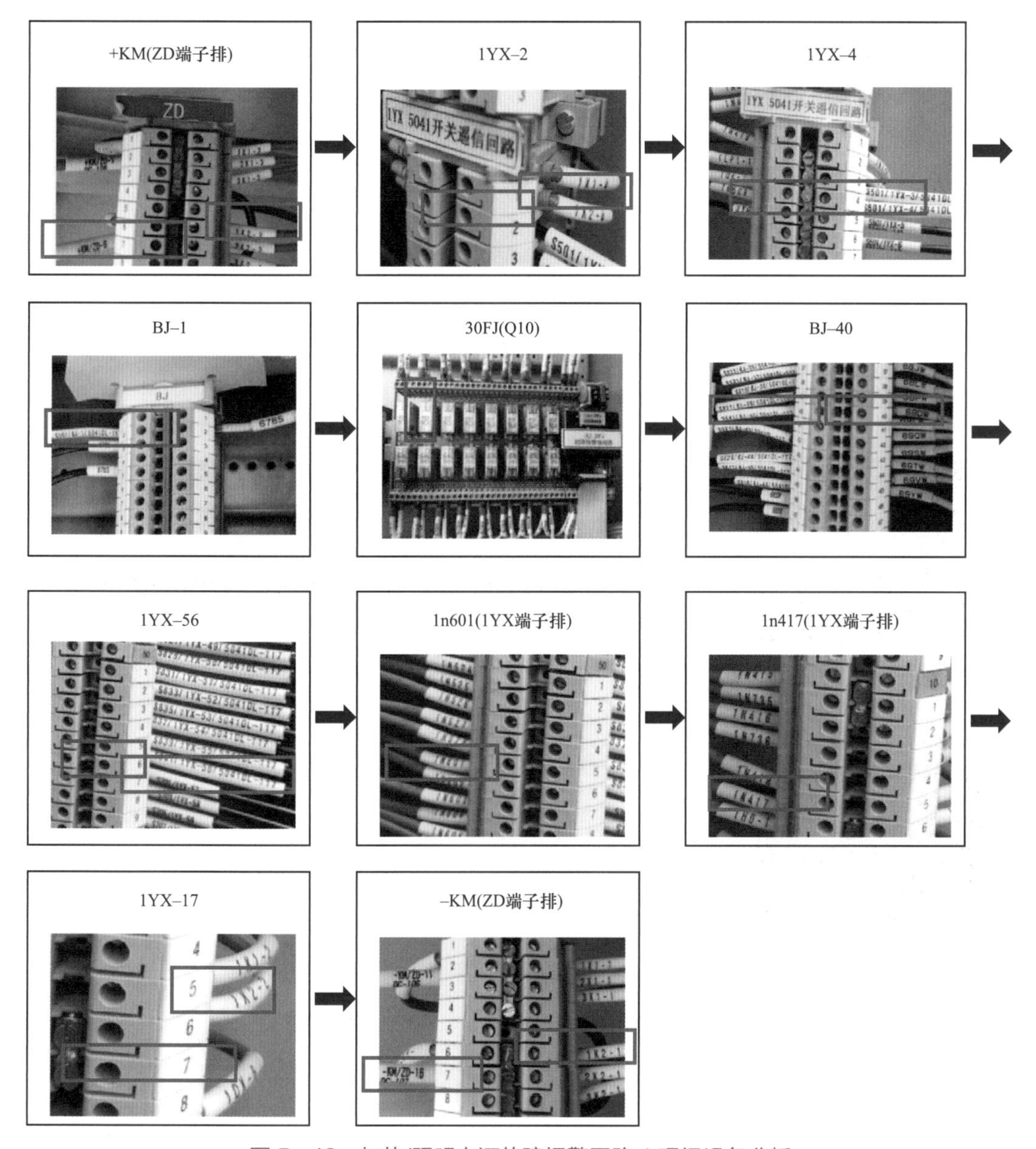

图 5－43　加热/照明电源故障报警回路 1 现场设备分析

加热/照明电源故障报警回路 2 现场设备分析如图 5 44。

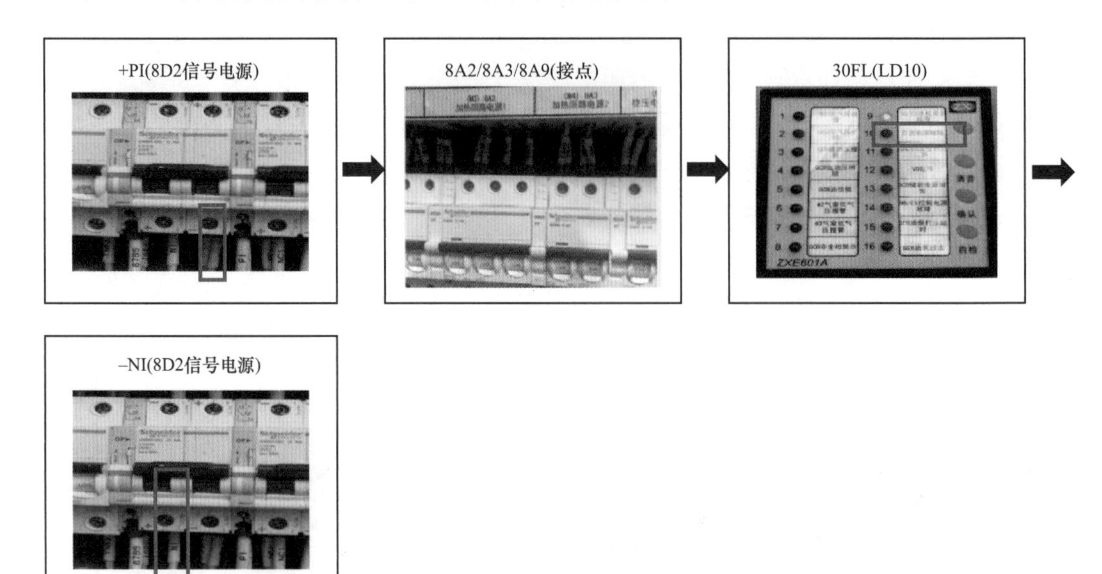

图 5-44　加热/照明电源故障报警回路 2 现场设备分析

加热/照明电源故障报警回路 3 现场设备分析如图 5-45。

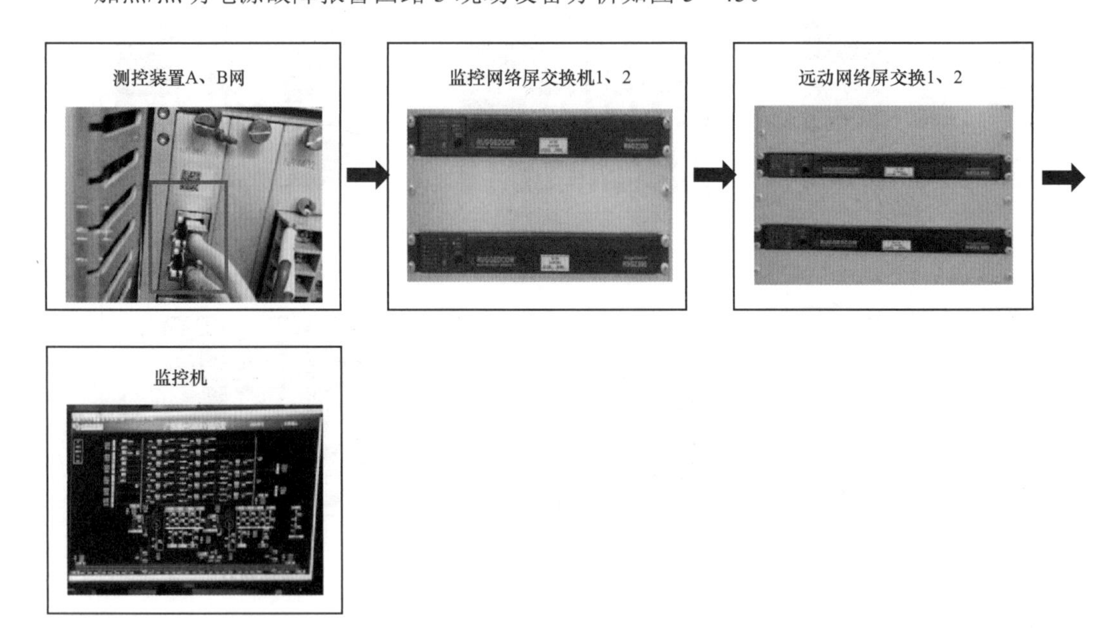

图 5-45　加热/照明电源故障报警回路 3 现场设备分析

（1）原因分析。

1）加热器或照明设备出现短路接地故障，导致空气断路器跳闸。

2）加热器或照明设备回路存在短路故障，回路电流过大，导致空气断路器跳闸。

3）人为操作空气断路器使其分闸。

4）空气断路器存在质量问题，在运行过程中偷跳。

5）故障显示器及故障继电器发生故障，导致电源报警接点异常闭合。

6）故障显示器与故障继电器之间 20 芯扁平电缆芯之间绝缘不良串电，导致电源报警接点异常闭合。

7）空气断路器辅助接点粘死或者故障，在合上空气断路器后，辅助接点未同步变位。

8）汇控柜柜门及观察窗密封胶条老化，导致汇控柜密封不严，壁虎、蚂蚁等小动物进入汇控柜后，爬动或者是在接线端子筑窝，造成空气断路器辅助接点导通，误发信号。

9）汇控柜柜门及观察窗密封胶条老化，导致汇控柜密封不严，进水受潮导致回路绝缘能力降低，造成空气断路器辅助接点导通，误发信号。

10）阳光通过汇控柜观察窗长期对柜内元件直晒，造成柜内元器件老化故障，导致误发信号。

11）汇控柜加热器故障、加热器设置不合理，柜内湿度较大，造成空气断路器辅助接点或者故障继电器导通，误发信号。

12）信号电缆受外力破坏，如老鼠咬伤、碾压等原因导致信号回路导通，误发信号。

（2）处理过程。当"加热/照明电源故障报警"光字牌亮时，运行人员应到现场检查汇控柜内所有加热、照明电源空气断路器位置。注意身体与空气断路器保持安全距离，不要随意拉合、触摸空气断路器，根据空气断路器位置的不同情况进行处理。

1）空气断路器在断开位置。① 观察空气断路器是否有放电灼烧痕迹；② 检查二次回路接线，检查线头有没有明显脱落、接地及放电痕迹；③ 使用万用表测量空气断路器负荷侧整个二次回路的绝缘情况；④ 初步处理和排除故障点后试合空气断路器，若试合不成功则须继续排查故障；⑤ 若是空气断路器元件故障，则应该更换故障元件，更换前应检查元件的电压等级及其参数与现场一致，并对其进行试验，更换后检查接线情况，最后合上空气断路器。

2）空气断路器均在合上位置。则可能由于绝缘不良、串电、小动物等原因导致信号回路导通，误发信号。此时应尽快查明误发信号原因并消除故障。

4. 经验体会

（1）真信号：当加热、照明电源空气断路器故障跳闸暂时无法恢复时，一方面将造成汇控柜内加热器无法正常工作，导致柜内湿度太大，进而造成元器件受潮、生锈、绝缘能力降低，甚至导致交直流接地和设备误动、拒动等后果，严重影响电力系统的安全稳定运行；另一方面将造成照明设备无法正常工作，影响夜间操作和事故处理速度。

（2）假信号通常发生在汇控柜内空气断路器辅助接点、汇控柜端子排及继电器、二次电缆。

（3）运行专业可做以下改进：① 更换质量较好的空气断路器；② 空气断路器加装防护罩；③ 更换汇控柜及机构箱老化的胶条；④ 汇控柜观察窗加装遮阳挡板；⑤ 实时调整加热器的最佳工作模式；⑥ 更换故障加热器；⑦ 采用在汇控柜等地方放置粘鼠贴等防小动物措施；⑧ 更换汇控柜老化的防火泥或补充防火泥。

5.1.10 断路器储能电源故障报警

1. 异常信号情况

断路器储能电源故障报警光字牌见图 5–46。

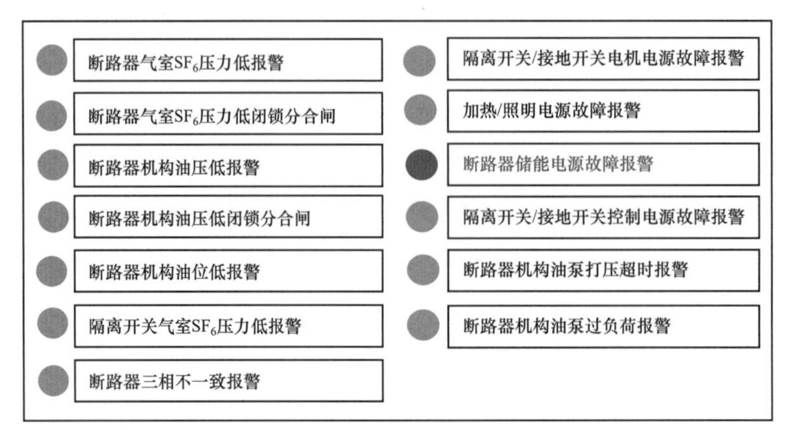

图 5–46 断路器储能电源故障报警光字牌

（1）真信号含义：当汇控柜内断路器储能电源空气断路器偷跳或者人为断开后，相应空气断路器的辅助接点导通，发出“断路器储能电源故障报警”信号。

（2）假信号含义：当汇控柜内断路器储能电源空气断路器在合上时，由于绝缘不良、串电、小动物等原因导致信号回路导通时，发出“断路器储能电源故障报警”信号。

2. 异常信号分析

断路器储能电源故障报警二次回路图见图 5–47。

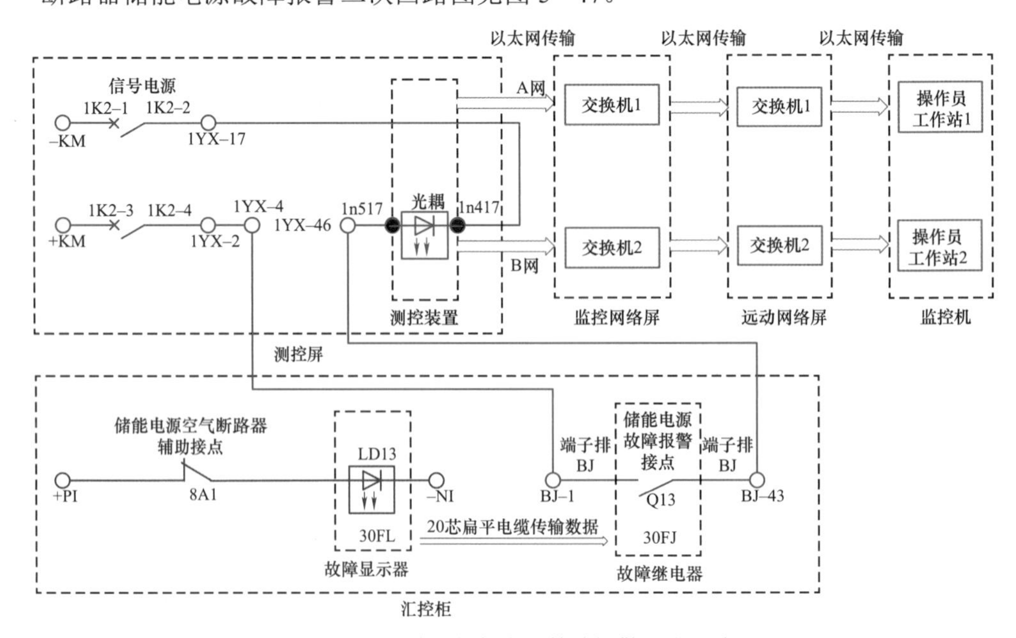

图 5–47 断路器储能电源故障报警二次回路图

注：红色线条代表回路 1；蓝色线条代表回路 2；绿色线条代表回路 3。

（1）回路 1 分析：+KM（测控屏信号正电源）→1K2－3（测控屏信号正电源空气断路器上端）→1K2－4（测控屏信号正电源空气断路器下端）→1YX－2（测控屏遥信端子排）→1YX－4（测控屏遥信端子排）→BJ－1（汇控柜端子排）→Q13（汇控柜故障继电器30FJ 储能电源故障报警接点）→BJ－43（汇控柜端子排）→1YX－46（测控屏端子排）→1n517（测控装置）→光耦→1n417（测控装置）→1YX－17（测控屏遥信端子排）→1K2－2（测控屏信号负电源空气断路器下端）→1K2－1（测控屏信号负电源空气断路器上端）→－KM（测控屏信号负电源）。

（2）回路 2 分析：+PI（汇控柜信号正电源）→8A1（汇控柜内断路器储能电源空气断路器辅助接点）→30FL（故障显示器）→－NI（汇控柜信号负电源）。故障显示器通过 20 芯扁平电缆与故障继电器连接传输数据。

（3）回路 3 分析：测控装置（以太网 A 网、B 网）→监控网络屏（交换机 1、交换机 2）→远动网络屏（交换机 1、交换机 2）→监控机（操作员工作站 1、操作员工作站 2）。

（4）当汇控柜内断路器储能电源空气断路器断开后，相应空气断路器的辅助接点 8A1 闭合，回路 2 导通，故障显示器 30FL 的发光二极管 LD13 点亮。故障显示器将信号传输至故障继电器 30FJ，使断路器储能电源故障报警接点 Q13 闭合，回路 1 导通，测控装置中的光耦动作。回路 3 导通，最终监控机“断路器储能电源故障报警”光字牌亮。

3. 现场设备分析

断路器储能电源故障报警回路 1 现场设备分析见图 5－48。

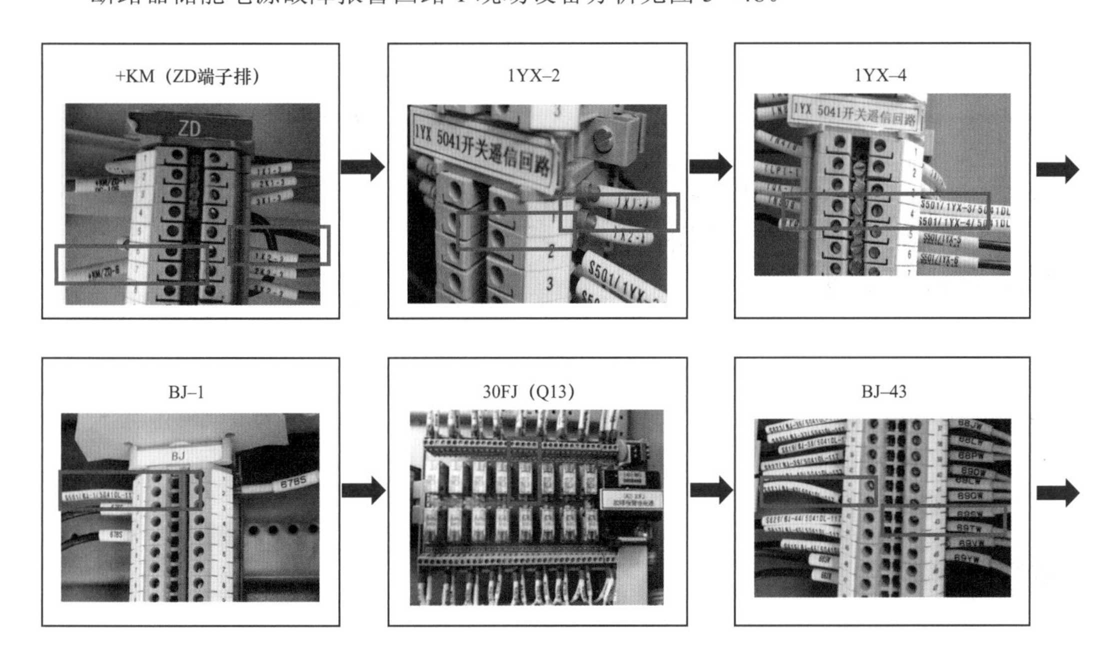

图 5－48　断路器储能电源故障报警回路 1 现场设备分析（一）

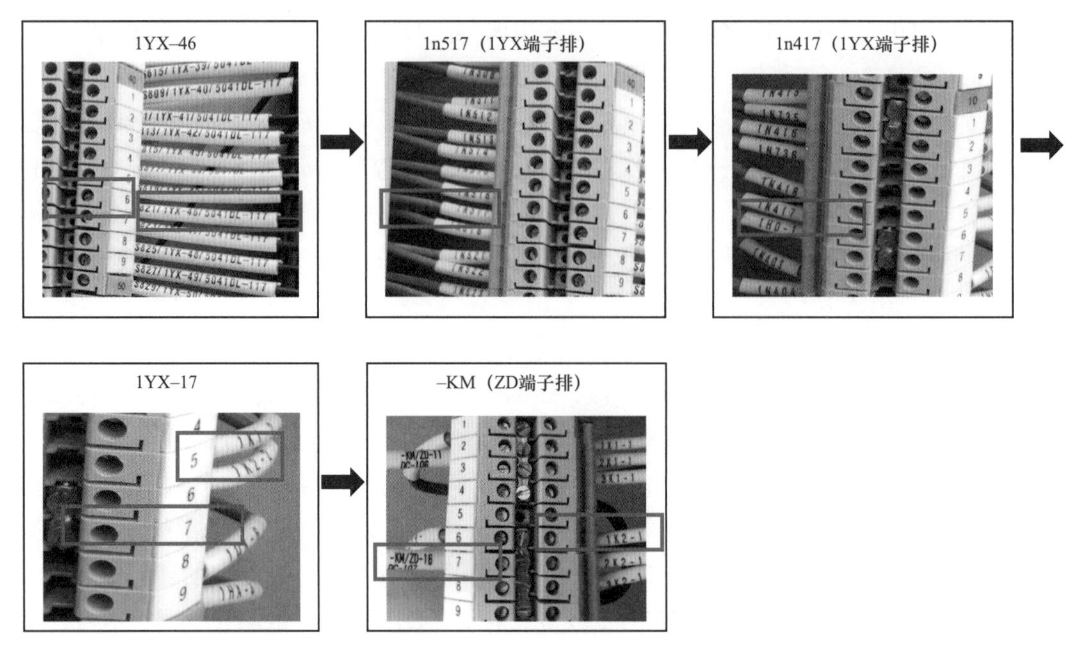

图 5–48　断路器储能电源故障报警回路 1 现场设备分析（二）

断路器储能电源故障报警回路 2 现场设备分析见图 5–49。

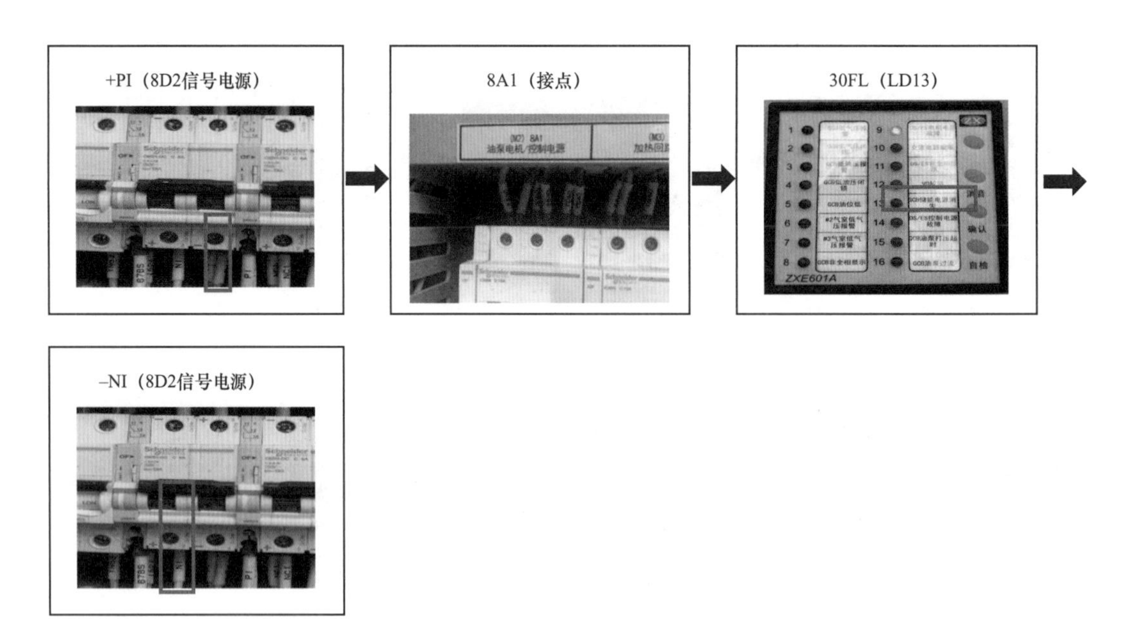

图 5–49　断路器储能电源故障报警回路 2 现场设备分析

断路器储能电源故障报警回路 3 现场设备分析见图 5–50。

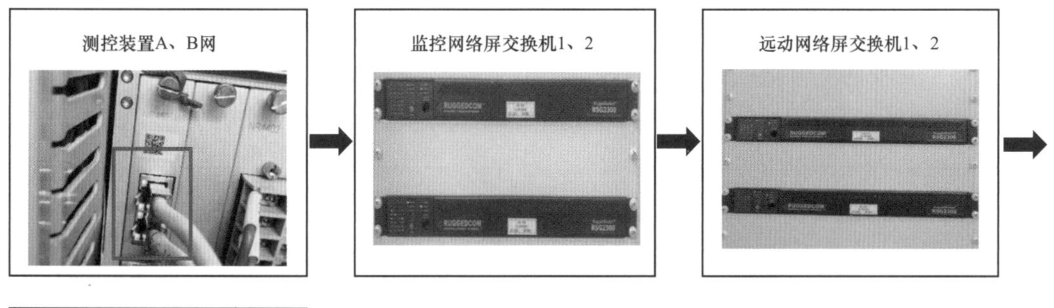

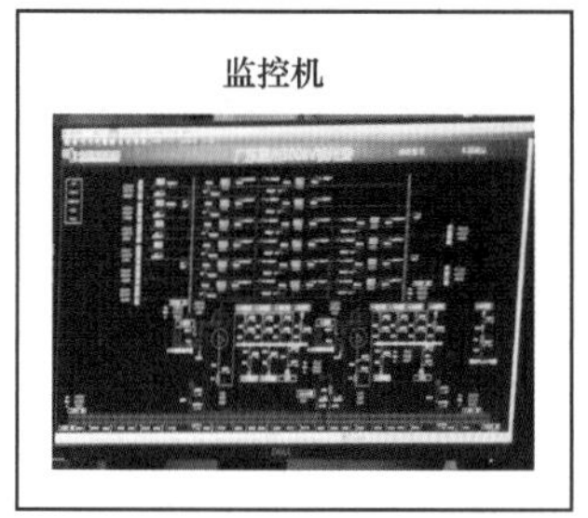

图5-50 断路器储能电源故障报警回路3现场设备分析

（1）原因分析。

1）电机回路负载太大，存在过载现象。

2）电机回路或电机本体存在短路故障，回路电流过大，导致空气断路器跳闸。

3）人为操作空气断路器使其分闸。

4）空气断路器存在质量问题，在运行过程中偷跳。

5）故障显示器及故障继电器发生故障，导致储能电源报警接点异常闭合。

6）故障显示器与故障继电器之间20芯扁平电缆芯之间绝缘不良串电，导致储能电源报警接点异常闭合。

7）空气断路器辅助接点粘死或者故障，在合上空气断路器后，辅助接点未同步变位。

8）汇控柜柜门及观察窗密封胶条老化，导致汇控柜密封不严，壁虎、蚂蚁等小动物进入汇控柜后，爬动或者是在接线端子筑窝，造成空气断路器辅助接点导通，误发信号。

9）汇控柜柜门及观察窗密封胶条老化，导致汇控柜密封不严，进水受潮导致回路绝缘能力降低，造成空气断路器辅助接点导通，误发信号。

10）阳光通过汇控柜观察窗长期对柜内元件直晒，造成柜内元器件老化故障，导致误发信号。

11）汇控柜加热器故障、加热器设置不合理，柜内湿度较大，造成空气断路器辅助接点或者故障继电器导通，误发信号。

12）信号电缆受外力破坏，如老鼠咬伤、碾压等原因导致信号回路导通，误发信号。

（2）处理过程。当“断路器储能电源故障报警”光字牌亮时，运行人员应立即到现场检查汇控柜内储能电源空气断路器位置以及情况。注意身体与空气断路器保持安全距离，不要随意拉合、触摸空气断路器，根据空气断路器位置的不同情况进行处理。

1）空气断路器在断开位置。① 观察空气断路器是否有放电灼烧痕迹；② 检查二次回路接线，检查线头有没有明显脱落、接地及放电痕迹；③ 使用万用表测量空气断路器负荷侧整个二次回路及电机的绝缘情况；④ 初步处理和排除故障点后试合空气断路器，若试合不成功则须继续排查故障；⑤ 若是空气断路器元件故障，则应该更换故障元件，更换前应检查元件的电压等级及其参数与现场一致，并对其进行试验，更换后检查接线情况，最后合上空气断路器；⑥ 同时查看液压机构油压压力值，若由于储能电源故障导致断路器暂时无法储能时，运行人员应密切监视油压值，若油压降低至闭锁分合闸时，运行人员应立即断开断路器控制电源，按照相关规程规定的处置方法，将断路器进行停电隔离处理。

2）空气断路器在合上位置。则可能由于绝缘不良、串电、小动物等原因导致信号回路导通，误发信号。此时应尽快查明误发信号原因并消除故障。

4. 经验体会

（1）真信号：当断路器储能电源空气断路器故障，将造成断路器无法正常储能。当发生油压低时，若液压操动机构的压力达不到规定值，操作断路器时会使分合闸时间过长，灭弧室气压过大会引起断路器爆炸，进而波及相关设备，事故扩大，严重威胁电网安全和稳定性。当油压降低至闭锁分合闸时，会在电网发生事故时造成断路器拒动从而导致事故范围扩大。

（2）假信号通常发生在汇控柜内储能电源空气断路器辅助接点、汇控柜端子排及继电器、二次电缆。

（3）运行专业可做以下改进：① 更换质量较好的空气断路器；② 空气断路器加装防护罩；③ 更换汇控柜及机构箱老化的胶条；④ 汇控柜观察窗加装遮阳挡板；⑤ 实时调整加热器的最佳工作模式；⑥ 更换故障加热器；⑦ 采用在汇控柜等地方放置粘鼠贴等防小动物措施；⑧ 更换汇控柜老化的防火泥或补充防火泥。

5.1.11 隔离开关/接地开关控制电源故障报警

1. 异常信号情况

隔离开关/接地开关控制电源故障报警光字牌如图 5－51 所示。

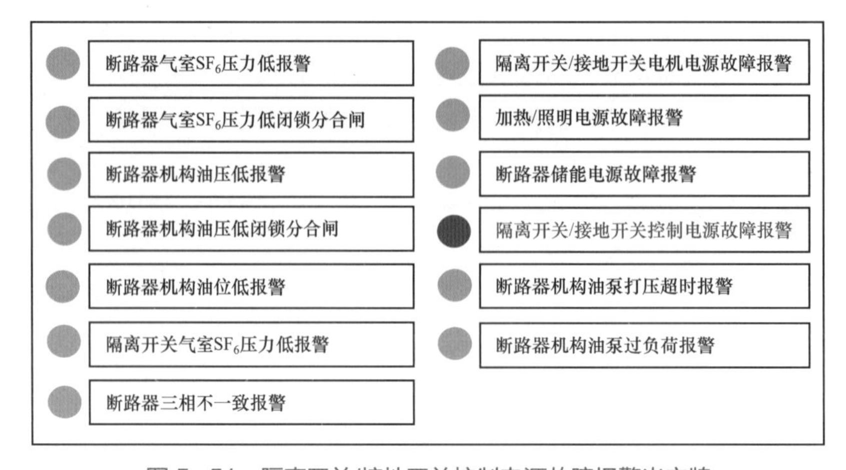

图 5－51 隔离开关/接地开关控制电源故障报警光字牌

（1）真信号含义：当汇控柜内隔离开关/接地开关控制电源空气断路器偷跳或者人为断开后，相应空气断路器的辅助接点导通，发出“隔离开关/接地开关控制电源故障报警”信号。

（2）假信号含义：当汇控柜内隔离开关/接地开关控制电源空气断路器在合上时，由于绝缘不良、串电、小动物等原因导致信号回路导通时，发出“隔离开关/接地开关控制电源故障报警”信号。

2. 异常信号分析

隔离开关/接地开关控制电源故障报警二次回路图如图 5－52 所示。

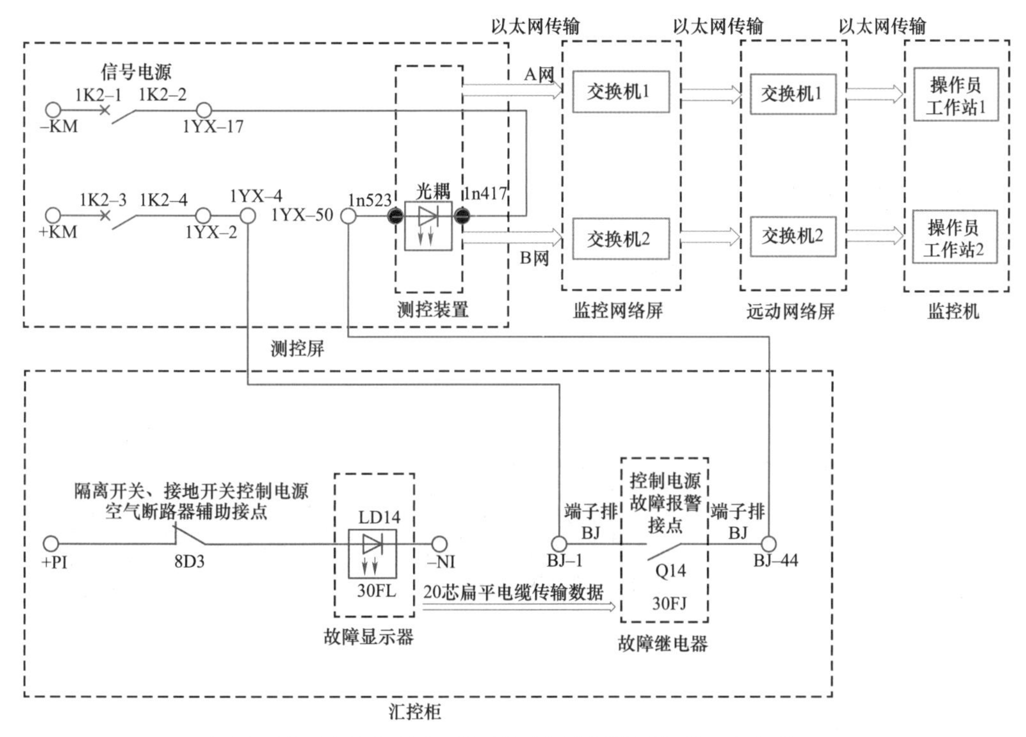

图 5－52　隔离开关/接地开关控制电源故障报警二次回路图

注：红色线条代表回路 1；蓝色线条代表回路 2；绿色线条代表回路 3。

（1）回路 1 分析：＋KM（测控屏信号正电源）→1K2－3（测控屏信号正电源空气断路器上端）→1K2－4（测控屏信号正电源空气断路器下端）→1YX－2（测控屏遥信端子排）→1YX－4（测控屏遥信端子排）→BJ－1（汇控柜端子排）→Q14（汇控柜故障继电器 30FJ 控制电源故障报警接点）→BJ－44（汇控柜端子排）→1YX－50（测控屏端子排）→1n523（测控装置）→光耦→1n417（测控装置）→1YX－17（测控屏遥信端子排）→1K2－2（测控屏信号负电源空气断路器下端）→1K2－1（测控屏信号负电源空气断路器上端）→－KM（测控屏信号负电源）。

（2）回路 2 分析：＋PI（汇控柜信号正电源）→8D3（汇控柜内隔离开关/接地开关控制电源空气断路器辅助接点）→30FL（故障显示器）→－NI（汇控柜信号负电源）。故障显示器通过 20 芯扁平电缆与故障继电器连接传输数据。

（3）回路 3 分析：测控装置（以太网 A 网、B 网）→监控网络屏（交换机 1、交换机

2）→远动网络屏（交换机 1、交换机 2）→监控机（操作员工作站 1、操作员工作站 2)。

（4）当汇控柜内隔离开关/接地开关电机控制空气断路器断开后，相应空气断路器的辅助接点 8D3 闭合，回路 2 导通，故障显示器 30FL 的发光二极管 LD14 点亮。故障显示器将信号传输至故障继电器 30FJ，使控制电源故障报警接点 Q14 闭合，回路 1 导通，测控装置中的光耦动作。回路 3 导通，最终监控机“隔离开关/接地开关控制电源故障报警”光字牌亮。

3. 现场设备分析

隔离开关/接地开关控制电源故障报警回路 1 现场设备分析如图 5－53 所示。

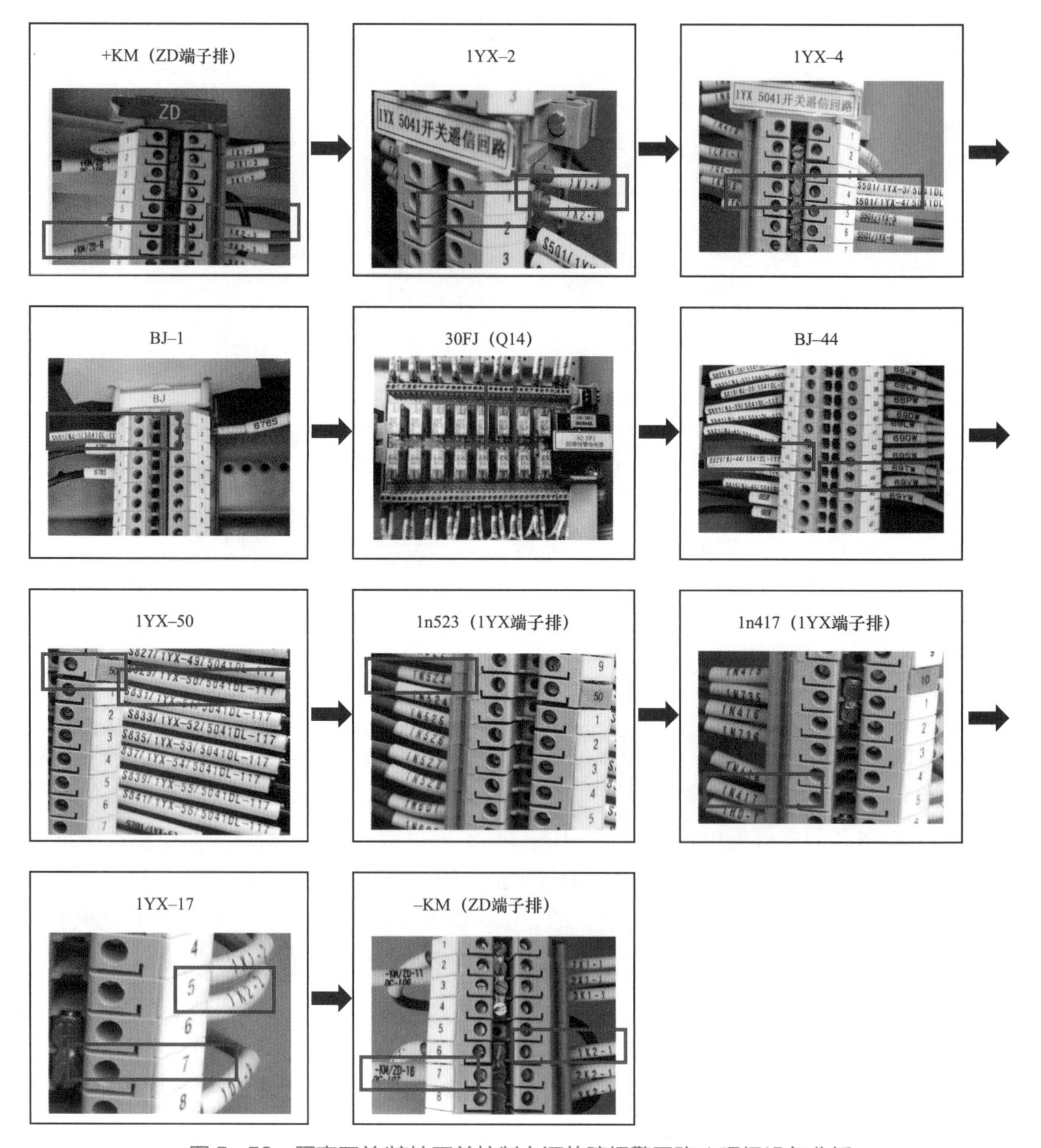

图 5－53 隔离开关/接地开关控制电源故障报警回路 1 现场设备分析

隔离开关/接地开关控制电源故障报警回路 2 现场设备分析见图 5－54。

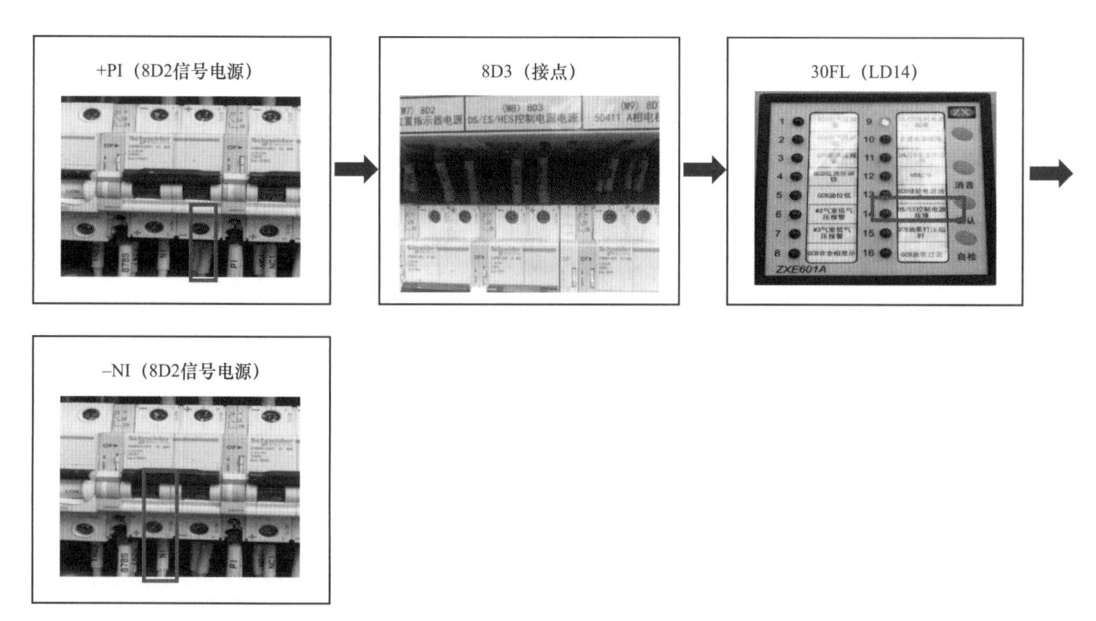

图 5－54　隔离开关/接地开关控制电源故障报警回路 2 现场设备分析

隔离开关/接地开关控制电源故障报警回路 3 现场设备分析见图 5－55。

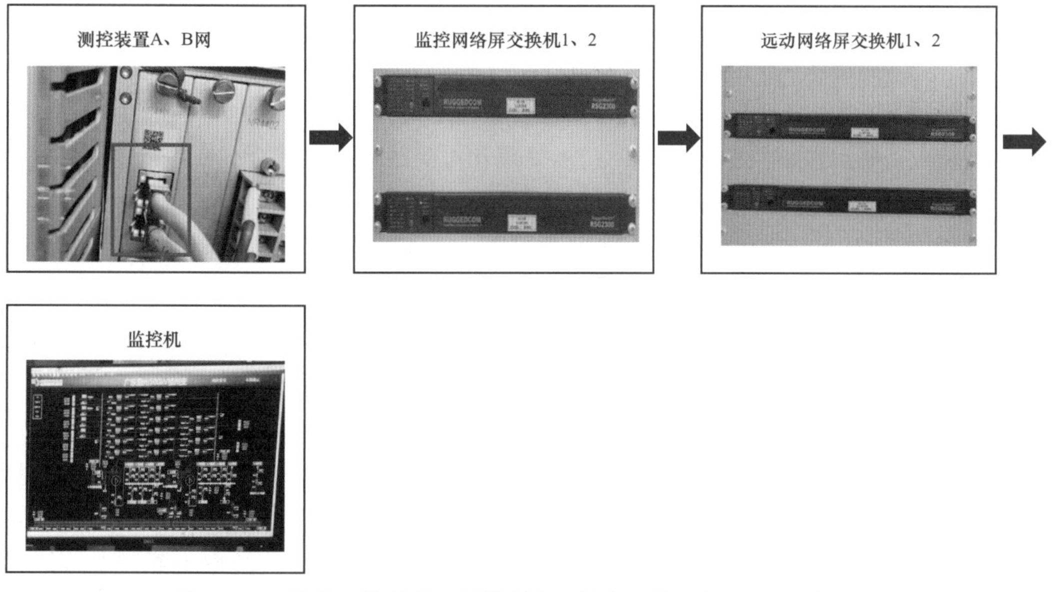

图 5－55　隔离开关/接地开关控制电源故障报警回路 3 现场设备分析

（1）原因分析。

1）控制回路存在短路故障，回路电流过大，导致空气断路器跳闸。

2）人为操作空气断路器使其分闸。

3）故障显示器及故障继电器发生故障，导致隔离开关/接地开关控制电源报警接点异常闭合。

4）故障显示器与故障继电器之间 20 芯扁平电缆电缆芯之间绝缘不良串电，导致隔离开关/接地开关控制电源报警接点异常闭合。

5）空气断路器辅助接点粘死或者故障，在合上空气断路器后，辅助接点未同步变位。

6）汇控柜柜门及观察窗密封胶条老化，导致汇控柜密封不严，壁虎、蚂蚁等小动物进入汇控柜后，爬动或者是在接线端子筑窝，造成空气断路器辅助接点导通，误发信号。

7）汇控柜柜门及观察窗密封胶条老化，导致汇控柜密封不严，进水受潮导致回路绝缘降低，造成空气断路器辅助接点导通，误发信号。

8）阳光通过汇控柜观察窗长期对柜内元件直晒，造成柜内元器件老化故障，导致误发信号。

9）汇控柜加热器故障、加热器设置不合理，柜内湿度较大，造成空气断路器辅助接点或者故障继电器导通，误发信号。

10）信号电缆受外力破坏，如老鼠咬伤、碾压等原因导致信号回路导通，误发信号。

（2）处理过程。当“隔离开关/接地开关控制电源故障报警”光字牌亮时，运行人员应立即到现场检查汇控柜内隔离开关/接地开关控制电源空气断路器位置。注意身体与空气断路器保持安全距离，不要随意拉合、触摸空气断路器，根据空气断路器位置的不同情况进行处理。

1）空气断路器在断开位置。① 观察空气断路器是否有放电灼烧痕迹；② 检查二次回路接线，检查线头有没有明显脱落、接地及放电痕迹；③ 使用万用表测量空气断路器负荷侧整个二次回路的绝缘情况；④ 初步处理和排除故障点后试合空气断路器，若试合不成功则须继续排查故障；⑤ 若是空气断路器元件故障，则应该更换故障元件，更换前应检查元件的电压等级及其参数与现场一致，并对其进行试验，更换后检查接线情况，最后合上空气断路器。

2）空气断路器在合上位置。则可能由于绝缘不良、串电、小动物等原因导致信号回路导通，误发信号。此时应尽快查明误发信号原因并消除故障。

4. 经验体会

（1）真信号：当隔离开关/接地开关控制电源空气断路器故障跳闸暂时无法恢复时，将导致需要操作刀闸或者地刀时无法快速操作，影响倒闸操作的效率，在电网发生故障时无法快速进行事故处理，有可能导致事故范围扩大，严重影响电力系统的安全稳定运行。

（2）假信号通常发生在汇控柜内空气断路器辅助接点、汇控柜端子排及继电器、二次电缆。

（3）运行专业可做以下改进：① 更换质量较好的空气断路器；② 空气断路器加装防护罩；③ 更换汇控柜及机构箱老化的胶条；④ 汇控柜观察窗加装遮阳挡板；⑤ 实时调整加热器的最佳工作模式；⑥ 更换故障加热器；⑦ 采用在汇控柜等地方放置粘鼠贴等防小动物措施；⑧ 更换汇控柜老化的防火泥或补充防火泥。

5.1.12 断路器机构油泵打压超时报警

1. 异常信号情况

断路器机构油泵打压超时报警光字牌如图 5－56 所示。

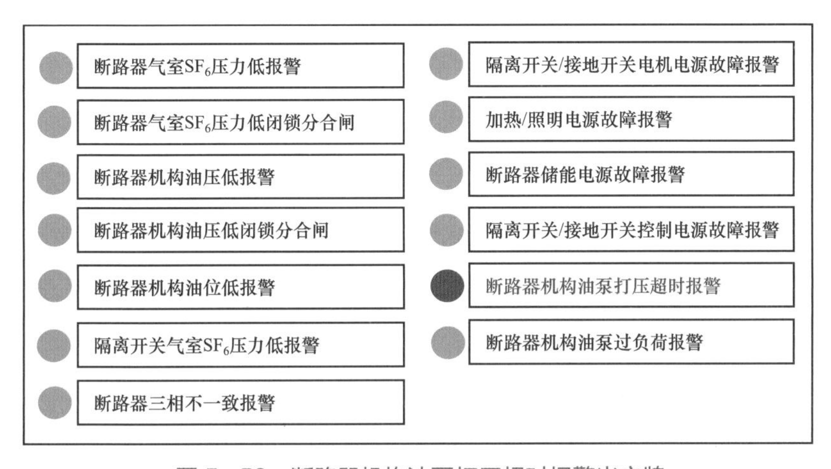

图 5－56 断路器机构油泵打压超时报警光字牌

（1）真信号含义：断路器液压操动机构利用液体不可压缩原理，以液压油作为传递介质，将高压油送入工作缸两侧来实现断路器分、合操作。正常情况下油压在额定值（假设为 32MPa）之上，当由于断路器分闸、合闸或机构漏油、氮气损失等原因导致油压下降至一定值（假设为 31.8MPa）时，油泵启动进行加压。油泵启动后，油泵运行时间继电器开始计时。当油泵连续运行超过设定值（假设为 3min）时，发出“断路器机构油泵打压超时报警”信号。

（2）假信号含义：断路器液压机构油泵连续打压未超过 3min 或油泵未启动打压的情况下，由于回路绝缘不良、串电、小动物等原因导致信号回路导通时，发出“断路器机构油泵打压超时报警”信号。

2. 异常信号分析

断路器机构油泵打压超时报警二次回路图如图 5－57 所示。

（1）回路 1 分析：＋KM（测控屏信号正电源）→1K2－3（测控屏信号正电源空气断路器上端）→1K2－4（测控屏信号正电源空气断路器下端）→1YX－2（测控屏遥信端子排）→1YX－4（测控屏遥信端子排）→BJ－1（汇控柜端子排）→Q15（汇控柜故障继电器 30FJ 油泵打压超时报警接点）→BJ－45（汇控柜端子排）→1YX－44（测控屏端

子排）→1n515（测控装置）→光耦→1n417（测控装置）→1YX－17（测控屏遥信端子排）→1K2－2（测控屏信号负电源空气断路器下端）→1K2－1（测控屏信号负电源空气断路器上端）→－KM（测控屏信号负电源）。

（2）回路 2 分析：+PI（汇控柜信号正电源）→TG－39（汇控柜端子排）→48T（汇控柜油泵运行时间继电器辅助接点）→TG－40（汇控柜端子排）→30FL（故障显示器）→－NI（汇控柜信号负电源）。故障显示器通过 20 芯扁平电缆与故障继电器连接传输数据。

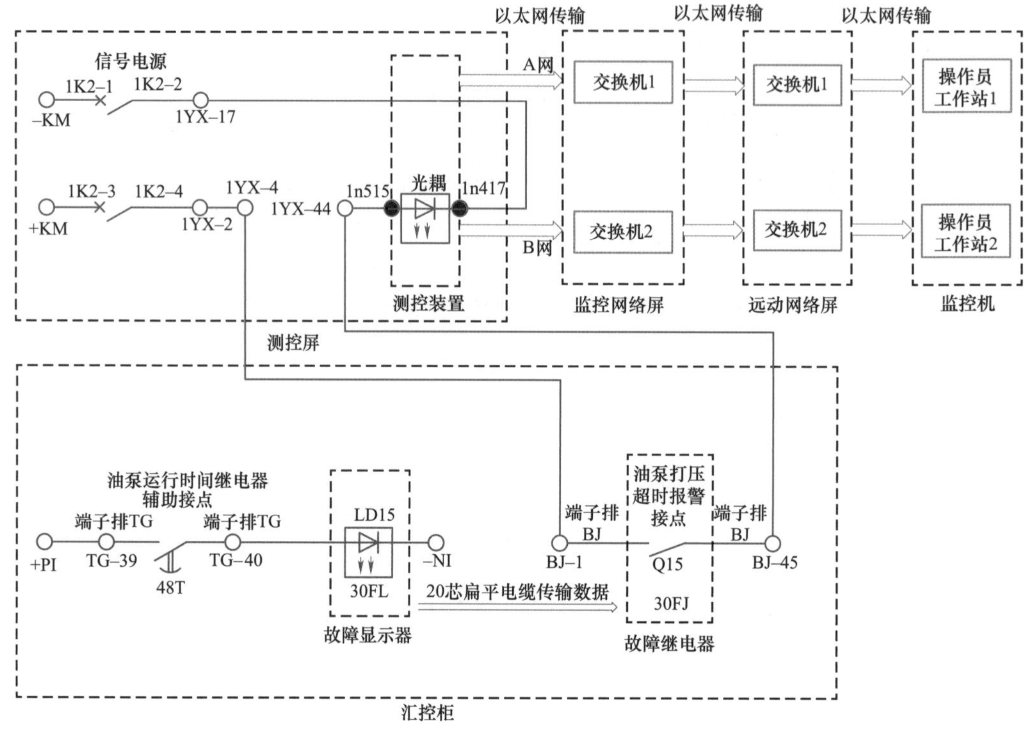

图 5－57　断路器机构油泵打压超时报警二次回路图

注：红色线条代表回路 1；蓝色线条代表回路 2；绿色线条代表回路 3。

（3）回路 3 分析：测控装置（以太网 A 网、B 网）→监控网络屏（交换机 1、交换机 2）→远动网络屏（交换机 1、交换机 2）→监控机（操作员工作站 1、操作员工作站 2）。

（4）当断路器油泵连续打压时间超过设定的定值时，油泵运行时间继电器辅助接点 48T 闭合，回路 2 导通，故障显示器 30FL 的发光二极管 LD15 点亮。故障显示器将信号传输至故障继电器 30FJ，使油泵打压超时报警接点 Q15 闭合，回路 1 导通，测控装置中的光耦动作。回路 3 导通，最终监控机“油泵打压超时报警”光字牌亮。

3. 现场设备分析

回路 1 现场设备分析见图 5－58。

回路 2 现场设备分析见图 5－59。

回路 3 现场设备分析见图 5－60。

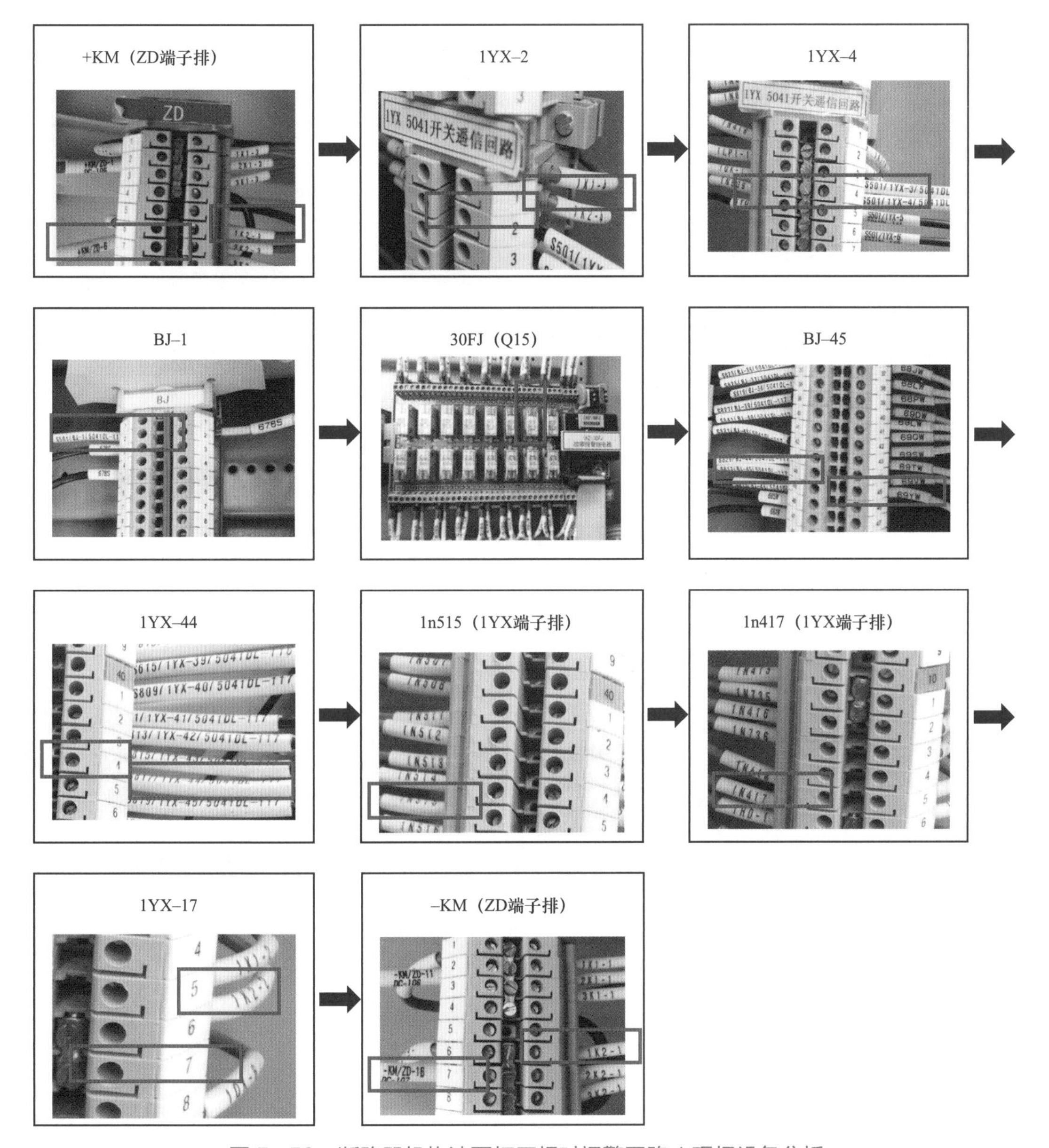

图 5－58　断路器机构油泵打压超时报警回路 1 现场设备分析

（1）原因分析。

1）油泵启动、停止微动开关接点故障，使电机不断运转，导致打压超时。

2）油泵启停的压力值调整错误，使电机不断运转，导致打压超时。

3）油泵电机缺相，使电机输出功率下降，导致打压超时。

4）微动开关工作不可靠，不能正确检测实际油压或受到外力误碰时，导致油泵持续打压。

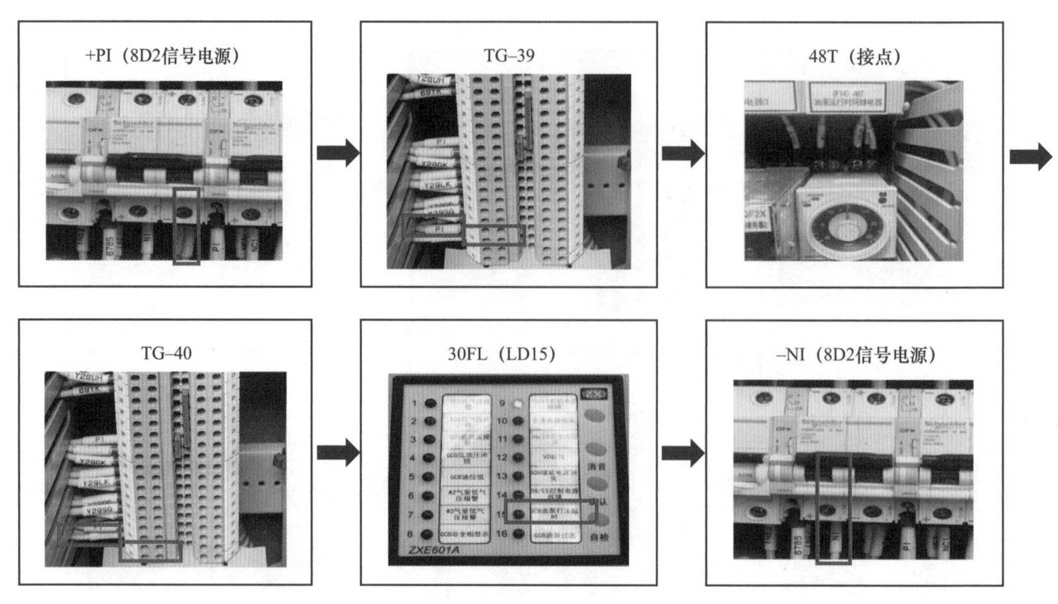

图 5–59　断路器机构油泵打压超时报警回路 2 现场设备分析

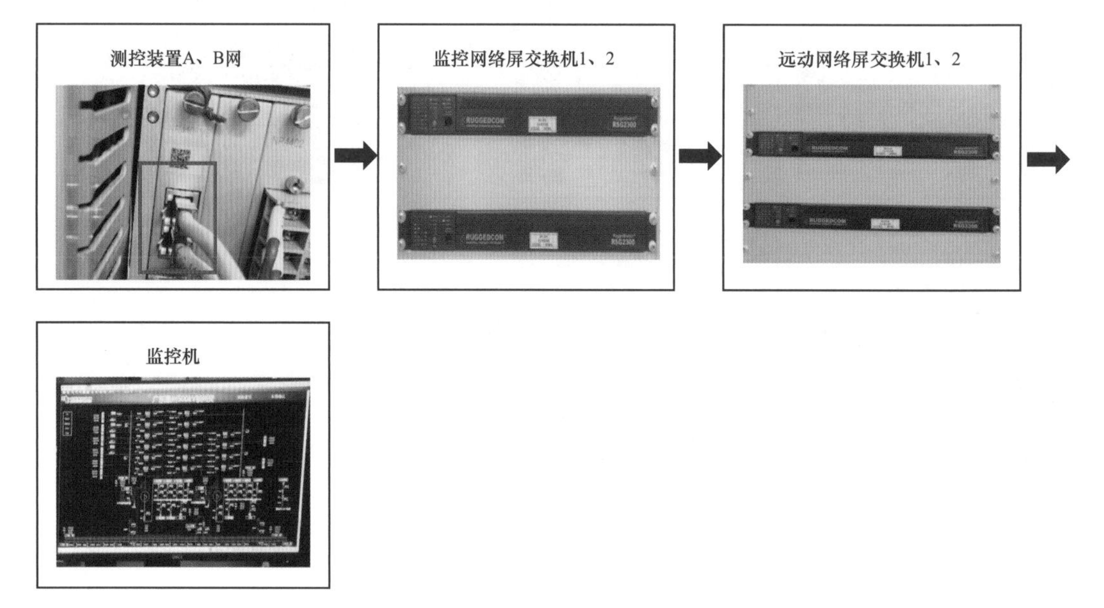

图 5–60　断路器机构油泵打压超时报警回路 3 现场设备分析

5）液压系统外部油路渗漏油，如油管、放油阀、密封圈等部位存在泄漏，导致油泵持续打压。

6）汇控柜油泵打压超时报警继电器发生故障，导致其接点异常闭合。

7）故障显示器及故障继电器发生故障。

8）故障显示器与故障继电器之间 20 芯扁平电缆电缆芯之间绝缘不良串电，导致油泵打压超时报警接点异常闭合。

9）机构箱密封不严，小动物进入或进水受潮导致微动开关二次回路导通，误发信号。

10）汇控柜门及观察窗密封胶条老化，导致汇控柜密封不严，壁虎、蚂蚁等小动物进入汇控柜后，爬动或者是在接线端子筑窝，造成油泵打压超时报警继电器的辅助接点导通，误发信号。

11）阳光通过汇控柜观察窗长期对柜内元件直晒，造成柜内元器件老化故障，导致误发信号。

12）汇控柜加热器故障、加热器设置不合理，柜内湿度较大，造成油泵打压超时报警的辅助接点导通，误发信号。

13）信号电缆受外力破坏，如老鼠咬伤、碾压等原因导致信号回路导通，误发信号。

（2）处理过程。当“断路器机构油泵打压超时报警”光字牌亮时，运行人员应立即到现场检查断路器油压，以及油泵运转情况。根据压力情况作不同处理。

1）液压机构压力值在额定值以上：说明液压机构打压不能自动停止，此时若油泵还在打压，则应断开油泵储能电源。稍释放压力至正常工作压力，检查微动开关是否返回、卡涩，机构油压微动开关及电机控制启停继电器是否损坏，如果损坏则应立即断开机构储能电源，防止机构的压力过高，长时间打压损坏电机，并且更换备品，如果没有备品，则考虑现场调整启停回路油压接点，重新整定其动作压力值，同时加强巡视及时掌握设备状态。

2）液压机构压力值未达到额定压力值：说明液压机构打压，压力不上升，此时将油泵电源断开一下，使时间继电器返回，再启动油泵重新打压。并检查机构有无严重渗漏油、高压放油阀是否关严、油泵是否损坏、储能电源是否有故障。此类问题不能立即恢复，应通知专业人员处理，运行人员要加强巡视，密切关注机构的压力值。若由于机构严重漏油使油压降低至闭锁分合闸时，则应按照相关规程规定的处置方法，将断路器进行停电隔离处理。

3）若液压机构油压正常，检查未发现其他异常情况，则可能由于汇控柜内绝缘不良、串电、小动物等原因导致信号回路 2 导通而误发信号，应尽快查明误发信号原因并消除故障。

4. 经验体会

（1）真信号：当液压机构无渗漏时，将导致机构的压力过高，长时间打压损坏电机，影响液压机构的正常运行。当液压机构存在渗漏打不上压时，如果油泵不能正常工作，有可能会导致断路器因油压低而闭锁分合闸，在电网发生事故时造成断路器拒动从而导致事故范围扩大。若液压操动机构的压力达不到规定，操作断路器时会使分合闸时间过长，灭弧室气压过大会引起断路器爆炸，进而波及相关设备，事故扩大，严重威胁电网安全和稳定性。

（2）假信号通常发生在机构箱微动开关、二次回路及端子排及汇控柜端子排、继电器及二次回路。

（3）运行专业可做以下改进：① 微动开关加装防误碰挡板；② 更换汇控柜及机构箱老化的胶条；③ 汇控柜观察窗加装遮阳挡板；④ 实时调整加热器的最佳工作模式；⑤ 更换故障加热器；⑥ 采用在汇控柜等地方放置粘鼠贴等防小动物措施；⑦ 更换汇控柜老化的防火泥或补充防火泥。

5.1.13 断路器机构油泵过负荷报警

1. 异常信号情况

断路器机构油泵过负荷报警光字牌如图 5－61 所示。

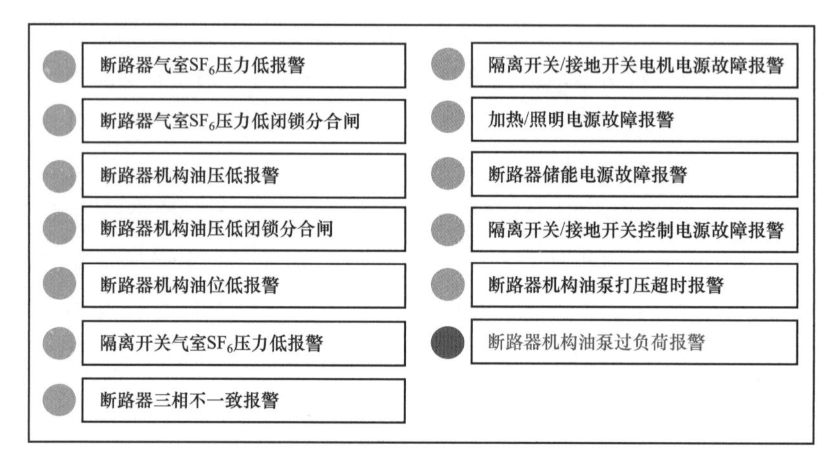

图 5－61 断路器机构油泵过负荷报警光字牌

（1）真信号含义：断路器油泵电机在运行时电流流过热继电器，当由于机械出现不正常的情况或电路异常使电机遇到过负荷时，电流值到达热继电器设定值时，热继电器动作，断开油泵电机控制回路并发出“断路器机构油泵过负荷报警”信号。

（2）假信号含义：断路器油泵电机的热继电器未动作的情况下，由于回路绝缘不良、串电、小动物等原因导致信号回路导通时，发出“断路器机构油泵过负荷报警”信号。

2. 异常信号分析

断路器机构油泵过负荷报警二次回路图如图 5－62 所示。

（1）回路 1 分析：+KM（测控屏信号正电源）→1K2－3（测控屏信号正电源空气断路器上端）→1K2－4（测控屏信号正电源空气断路器下端）→1YX－2（测控屏遥信端子排）→1YX－4（测控屏遥信端子排）→BJ－1（汇控柜端子排）→Q16（汇控柜故障继电器 30FJ 油泵过负荷报警接点）→BJ－46（汇控柜端子排）→1YX－43（测控屏端子排）→1n514（测控装置）→光耦→1n417（测控装置）→1YX－17（测控屏遥信端子排）→1K2－2（测控屏信号负电源空气断路器下端）→1K2－1（测控屏信号负电源空气断路器上端）→－KM（测控屏信号负电源）。

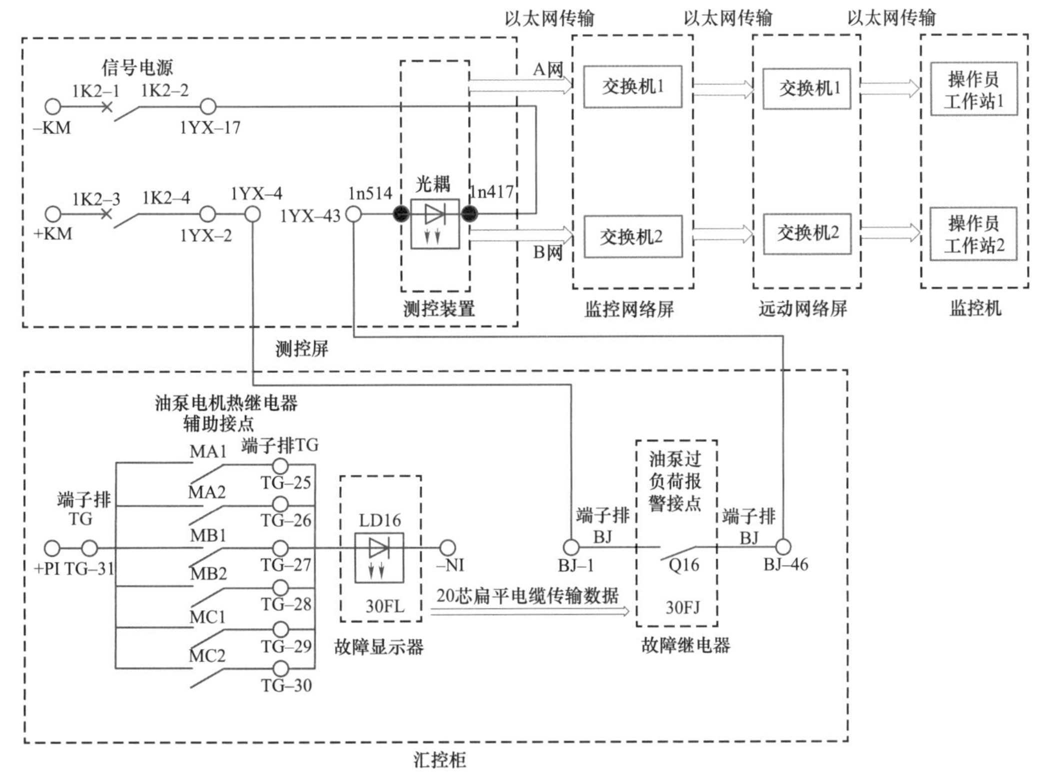

图5–62　断路器机构油泵过负荷报警二次回路图

注：红色线条代表回路1；蓝色线条代表回路2；绿色线条代表回路3。

（2）回路2分析：+PI（汇控柜信号正电源）→TG–31（汇控柜端子排）→MA1/MA2/MB1/MB2/MC1/MC2（汇控柜油泵电机热继电器辅助接点）→TG–25/26/27/28/29/30（汇控柜端子排）→30FL（故障显示器）→–NI（汇控柜信号负电源）。故障显示器通过20芯扁平电缆与故障继电器连接传输数据。

（3）回路3分析：测控装置（以太网A网、B网）→监控网络屏（交换机1、交换机2）→远动网络屏（交换机1、交换机2）→监控机（操作员工作站1、操作员工作站2）。

（4）当断路器任意一相的油泵电机出现过负荷时，油泵电机热继电器动作，热继电器辅助接点MA1/MA2/MB1/MB2/MC1/MC2闭合，回路2导通，故障显示器30FL的发光二极管LD16点亮。故障显示器将信号传输至故障继电器30FJ，使油泵过负荷报警接点Q16闭合，回路1导通，测控装置中的光耦动作。回路3导通，最终监控机“断路器机构油泵过负荷报警”光字牌亮。

3. 现场设备分析

回路1现场设备分析见图5–63。

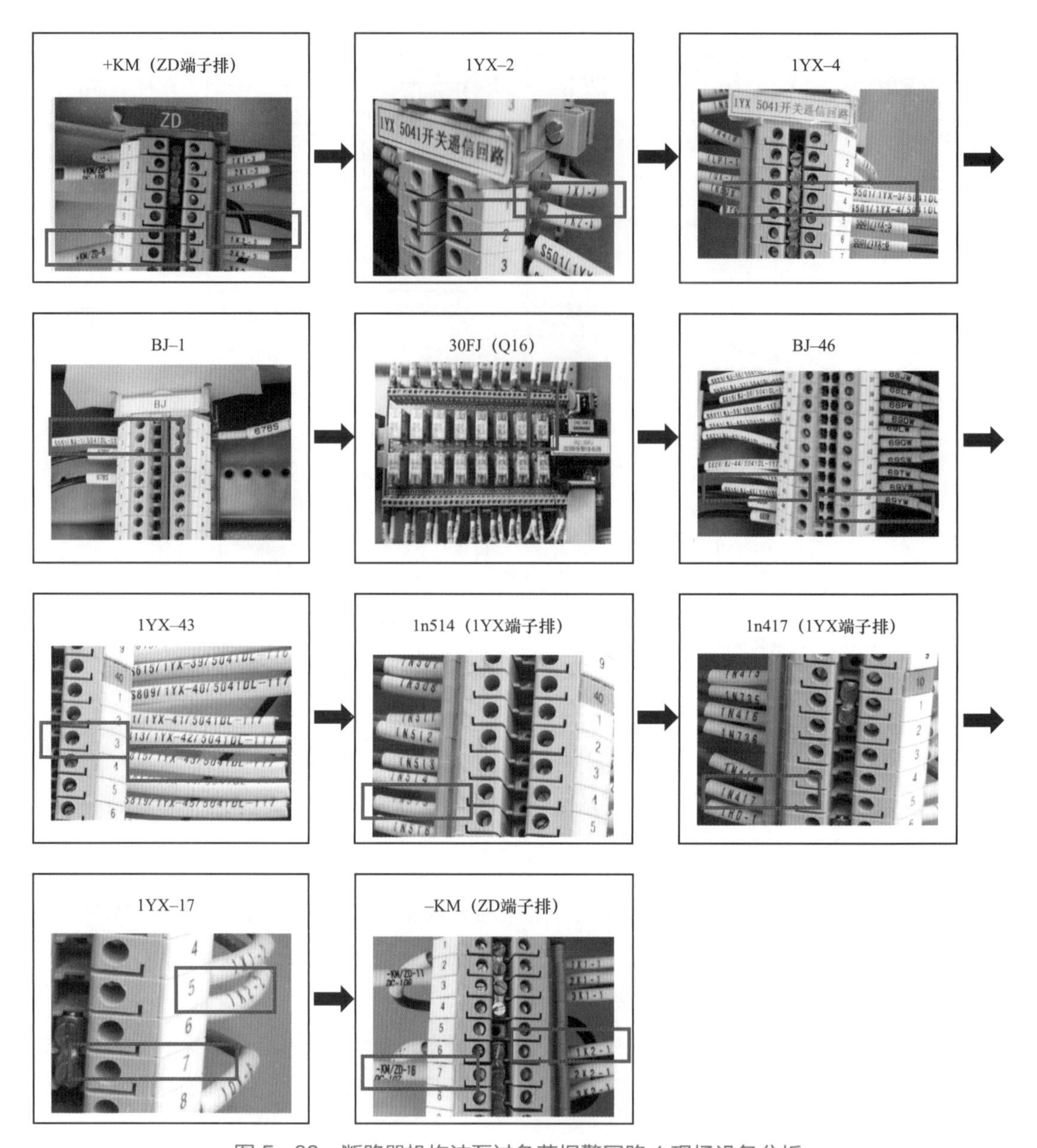

图5–63　断路器机构油泵过负荷报警回路1现场设备分析

回路2现场设备分析见图5–64。

回路3现场设备分析见图5–65。

（1）原因分析。

1）机械部分出现不正常使电机过载。

2）工作环境温度高于热继电器正常工作的温度上限，导致动作。

3）电机启动时间过长，导致动作。

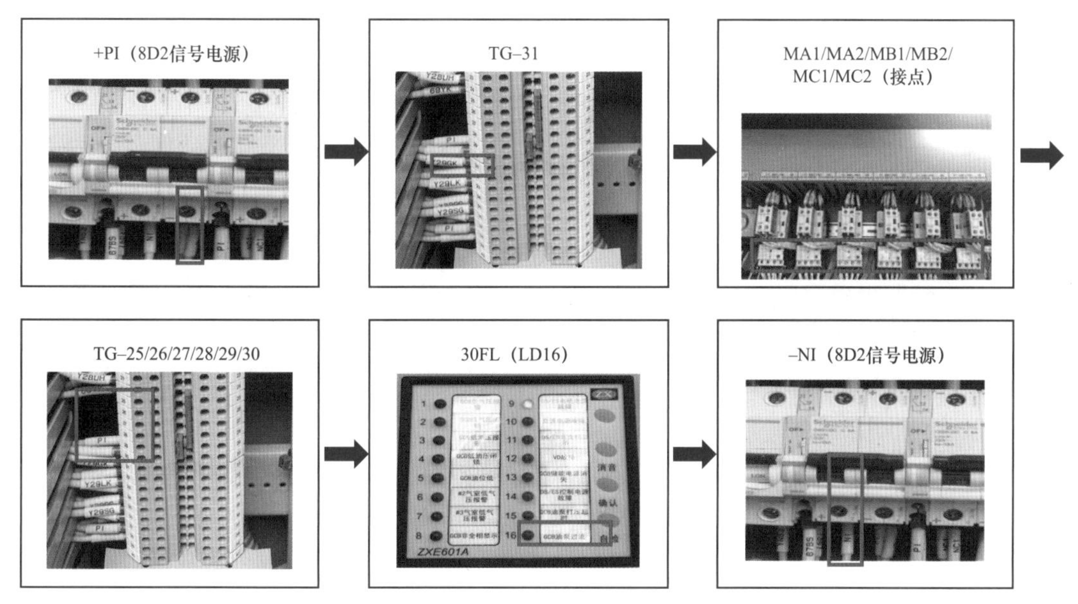

图 5–64　断路器机构油泵过负荷报警回路 2 现场设备分析

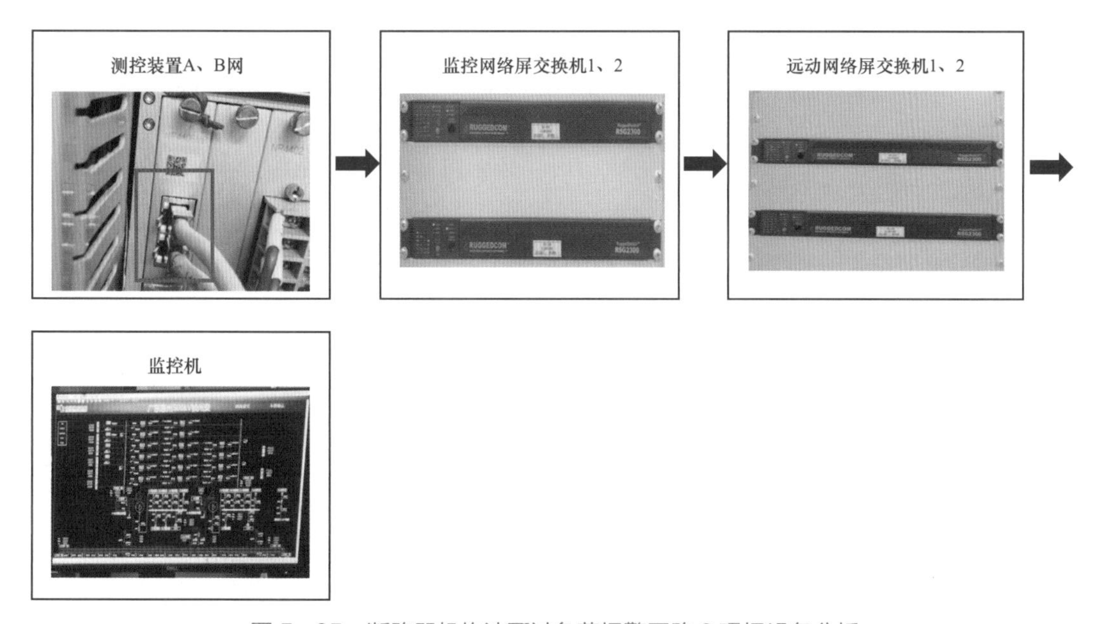

图 5–65　断路器机构油泵过负荷报警回路 3 现场设备分析

4）电机的启动太频繁，由于电机的启动电流比较大，热能的累加，抬高了热继电器双金属片的温度，导致动作。

5）连接导线没有拧紧，使导线与接线端子之间的接触电阻偏大，从而引起接线端子的温度偏高，抬高了热继电器双金属片的温度，导致动作。

6）连接的导线极细，细导线散热慢，引起接线端子的温度偏高，抬高了热继电器双金属片的温度，导致动作。

7）热继电器工作不可靠，出现误动作情况。

8）回路中三相电流严重不平衡，热继电器检测到三相严重不平衡后动作。

9）热继电器电流整定值过小，导致热继电器误动作。

10）故障显示器及故障继电器发生故障，导致油泵过负荷报警接点异常闭合。

11）故障显示器与故障继电器之间20芯扁平电缆电缆芯之间绝缘不良串电，导致油泵过负荷报警接点异常闭合。

12）机构箱密封不严，小动物进入或进水受潮导致热继电器辅助接点导通，误发信号。

13）汇控柜门及观察窗密封胶条老化，导致汇控柜密封不严，壁虎、蚂蚁等小动物进入汇控柜后，爬动或者是在接线端子筑窝，造成信号回路导通，误发信号。

14）阳光通过汇控柜观察窗长期对柜内元件直晒，造成柜内元器件老化故障，导致误发信号。

15）汇控柜加热器故障、加热器设置不合理，柜内湿度较大，造成信号回路导通，误发信。

16）信号电缆受外力破坏，如老鼠咬伤、碾压等原因导致信号回路导通，误发信号。

（2）处理过程。当“断路器机构油泵过负荷报警”光字牌亮时，运行人员应立即到现场检查断路器油压，以及油泵运转情况。根据实际情况做不同处理。

1）热继电器已动作。断开油泵电机电源，检查电机是否烧坏、热继电器动作原因并消除故障，复归热继电器。重新合上油泵电机电源使油泵打压。若热继电器再次动作或者电机烧坏，此时应断开油泵电机电源，通知专业人员检查处理。

2）热继电器未动作。检查油压、电机、热继电器及二次回路，若检查未发现明显异常情况，则可能由于机构箱或者汇控柜内绝缘不良、串电、小动物等原因导致信号回路导通而误发信号，应尽快查明误发信号原因并消除故障。

3）若现场热继电器动作故障暂时无法消除，导致油泵无法打压，造成液压机构压力值低于额定压力值，应立即通知专业人员处理，同时运行人员要加强巡视，密切关注液压值。若出现油压低闭锁分合闸时，则应按照相关规程规定的处置方法，将断路器进行停电隔离处理。

4. 经验体会

（1）真信号：断路器机构油泵过负荷报警，可能由于机械出现不正常的情况或电路异常使电机遇到过载而将电机控制电源回路断开。此时油泵不能正常工作，若不及时处理有可能会导致断路器因油压低而闭锁分合闸，在电网发生事故时造成断路器拒动从而导致事故范围扩大。若液压操动机构的压力达不到规定，操作断路器时会使分合闸时间过长，灭弧室气压过大会引起断路器爆炸，进而波及相关设备，事故扩大，严重威胁电网安全和稳定性。

（2）假信号通常发生在机构箱微动开关、热继电器、二次回路及端子排，以及汇控柜端子排、继电器及二次回路。

（3）运行专业可做以下改进：① 更换质量较好的热继电器；② 更换汇控柜及机构箱老化的胶条；③ 汇控柜观察窗加装遮阳挡板；④ 实时调整加热器的最佳工作模式；⑤ 更换故障加热器；⑥ 采用在汇控柜等地方放置粘鼠贴等防小动物措施；⑦ 更换汇控柜老化的防火泥或补充防火泥。

5.2　220kV GIS 设备异常信号分析

5.2.1　断路器机构油压低闭锁分闸

1. 异常信号情况

断路器机构油压低闭锁分闸光字牌如图 5－66 所示。

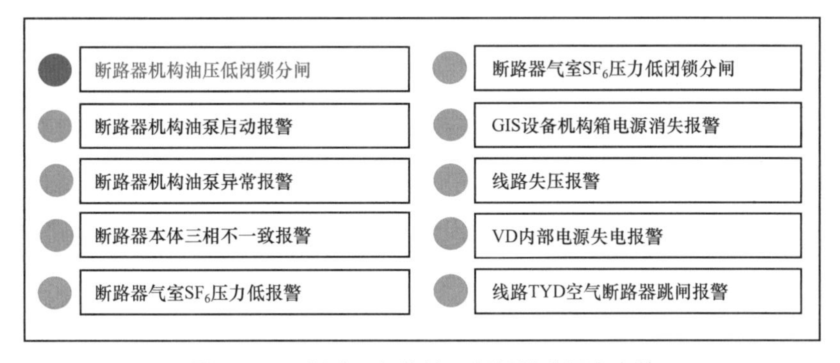

图 5－66　断路器机构油压低闭锁分闸光字牌

（1）真信号含义：断路器液压操作机构利用液体不可压缩原理，以液压油作为传递介质，将高压油送入工作缸两侧来实现断路器分、合操作。正常情况下，油泵会对液压油进行打压，使油压在额定值（假设为 26MPa）之上，当油压下降至一定值（假设为 25.5MPa）时，油泵启动进行加压，但是当油泵损坏、机构漏油、氮气损失等原因导致液压继续下降，到达闭锁值（假设为 21MPa，闭锁分闸 1）或闭锁值（假设为 20MPa，闭锁分闸 2）时，发出“断路器机构油压低闭锁分闸”信号，同时断开断路器分闸控制回路，闭锁断路器分闸。

（2）假信号含义：断路器油压正常时，由于微动开关故障、回路绝缘不良、串电、小动物等原因导致信号回路导通时，发出“断路器机构油压低闭锁分闸”信号，同时可能断开断路器分闸控制回路，闭锁断路器分闸。

2. 异常信号分析

断路器机构油压低闭锁分闸报警二次回路图如图 5－67 所示。

（1）回路 1 分析：＋KM（测控屏信号正电源）→1K2－3（测控屏信号正电源空气断路器上端）→1K2－4（测控屏信号正电源空气断路器下端）→1YX－2（测控屏遥信端子排）→1YX－6（测控屏遥信端子排）→4Z－40（汇控柜端子排）→KA2（油压低闭锁中间继电器报警继电器接点）→4Z－41（汇控柜端子排）→1YX－42（测控屏端子排）→1n513（测控装置）→光耦→1n417（测控装置）→1YX－17（测控屏遥信端子排）→1K2－2（测控屏信号负电源空气断路器下端）→1K2－1（测控屏信号负电源空气断路器上端）→－KM（测控屏信号负电源）。

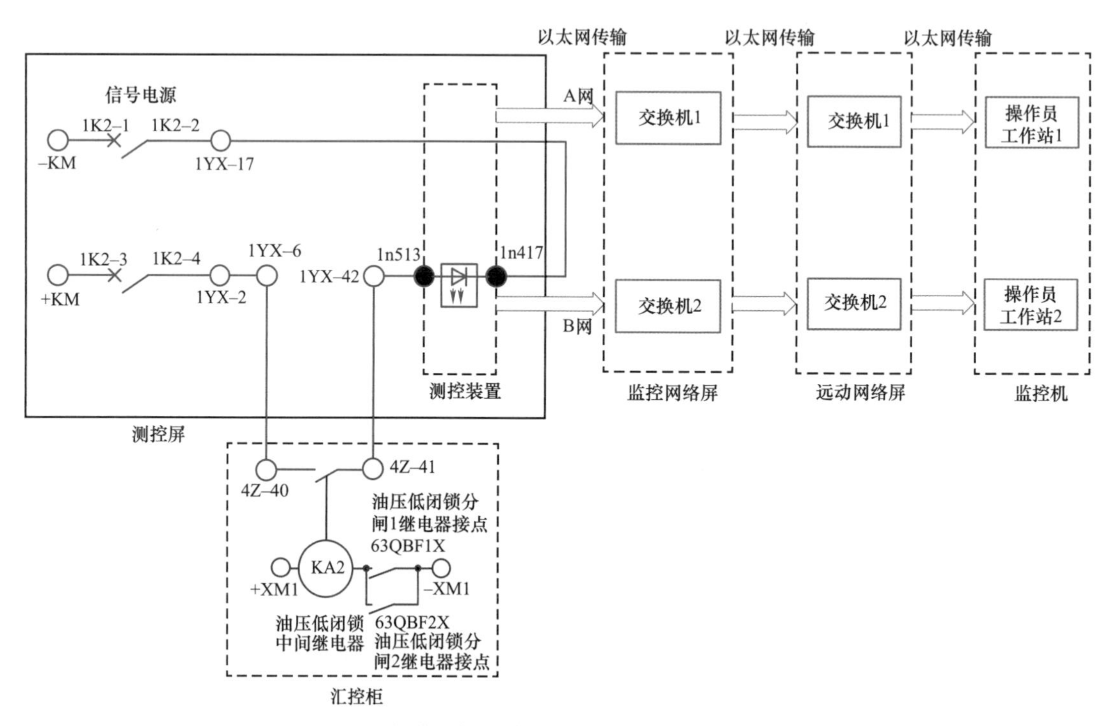

图 5－67　断路器机构油压低闭锁分闸报警二次回路图

注：红色线条代表回路 1；蓝色线条代表回路 2；绿色线条代表回路 3。

（2）回路 2 分析：＋XM1（汇控柜信号正电源）→KA2（油压低闭锁中间继电器）→63QBF1X/63QBF2X（油压低闭锁分闸 1、2 继电器接点）→－XM1（汇控柜信号负电源）。

（3）回路 3 分析：测控装置（以太网 A 网、B 网）→监控网络屏（交换机 1、交换机 2）→远动网络屏（交换机 1、交换机 2）→监控机（操作员工作站 1、操作员工作站 2）。

（4）当断路器任意一相油压下降至闭锁分闸值（21MPa，闭锁分闸 1）或闭锁值（20MPa，闭锁分闸 2）时，油压低闭锁分闸 1 继电器接点 63QBF1X、油压低闭锁分闸 2 继电器接点 63QBF2X 闭合，回路 2 导通，油压低闭锁中间继电器 KA2 励磁，回路 1 导通，测控装置中的光耦动作。回路 3 导通，最终监控机“断路器机构油压低闭锁分闸”光字牌亮。

3. 现场设备分析

断路器机构油压低闭锁分闸报警回路 1 现场设备分析见图 5－68。

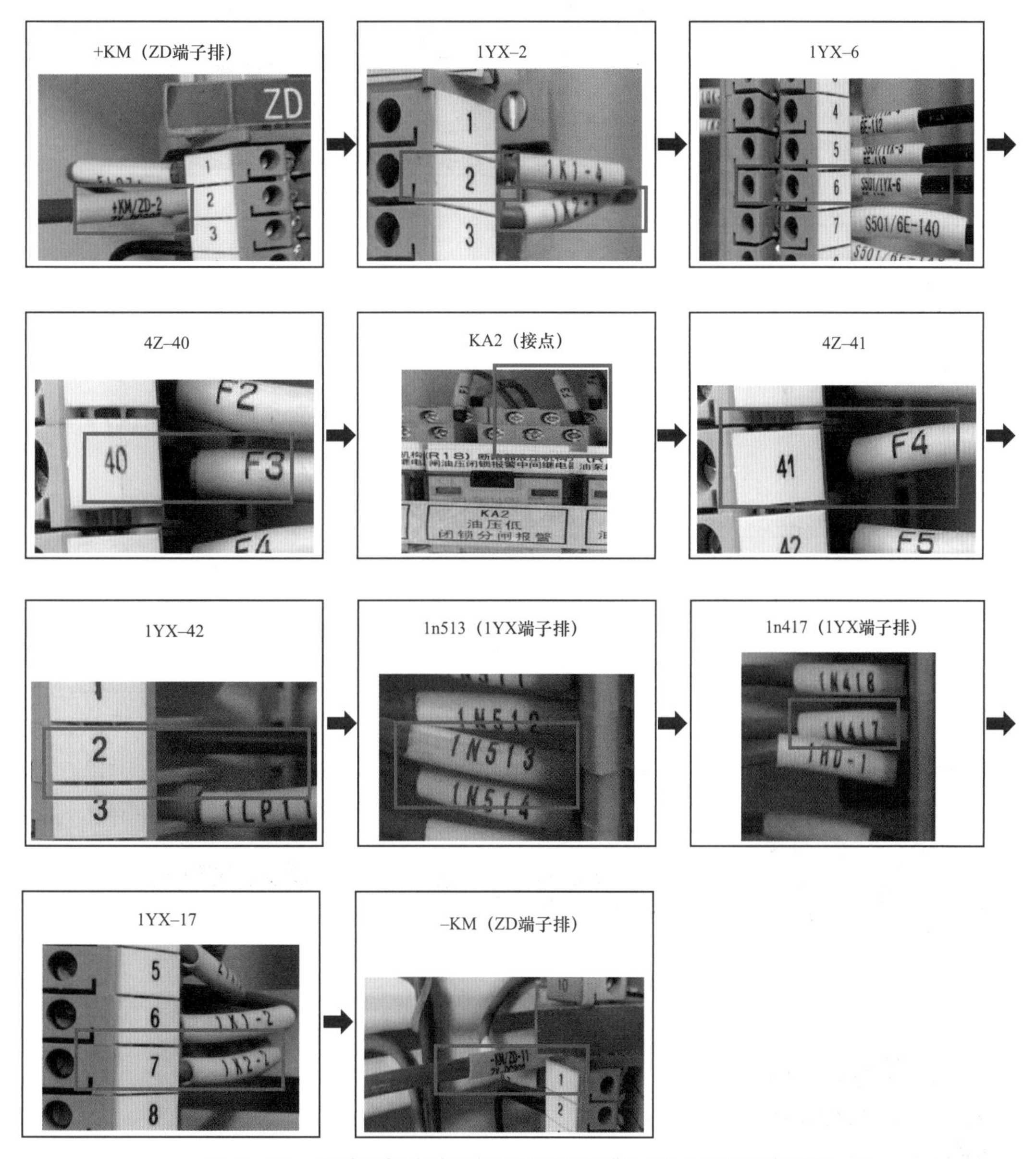

图 5－68　断路器机构油压低闭锁分闸报警回路 1 现场设备分析

断路器机构油压低闭锁分闸报警回路 2 现场设备分析见图 5－69。

断路器机构油压低闭锁分闸报警回路 3 现场设备分析见图 5－70。

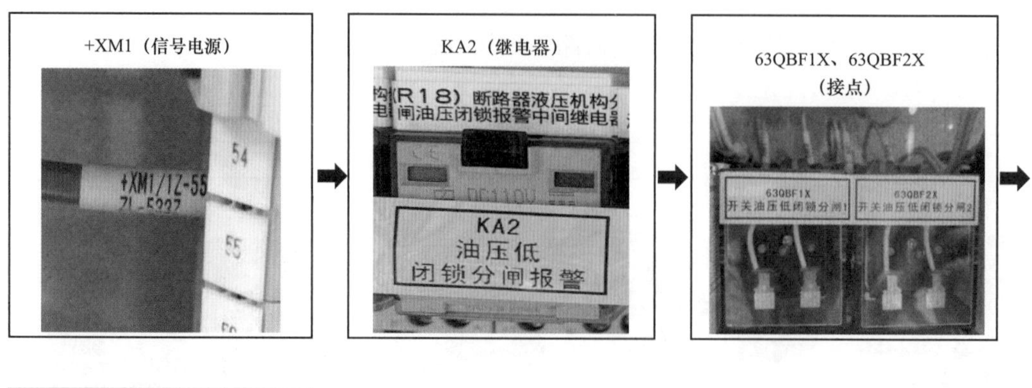

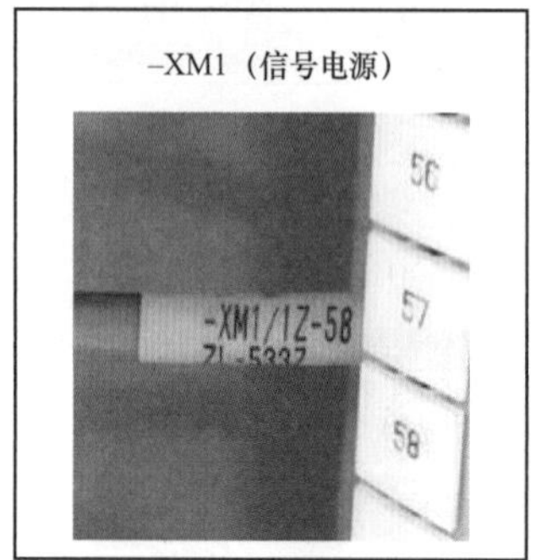

图 5-69　断路器机构油压低闭锁分闸报警回路 2 现场设备分析

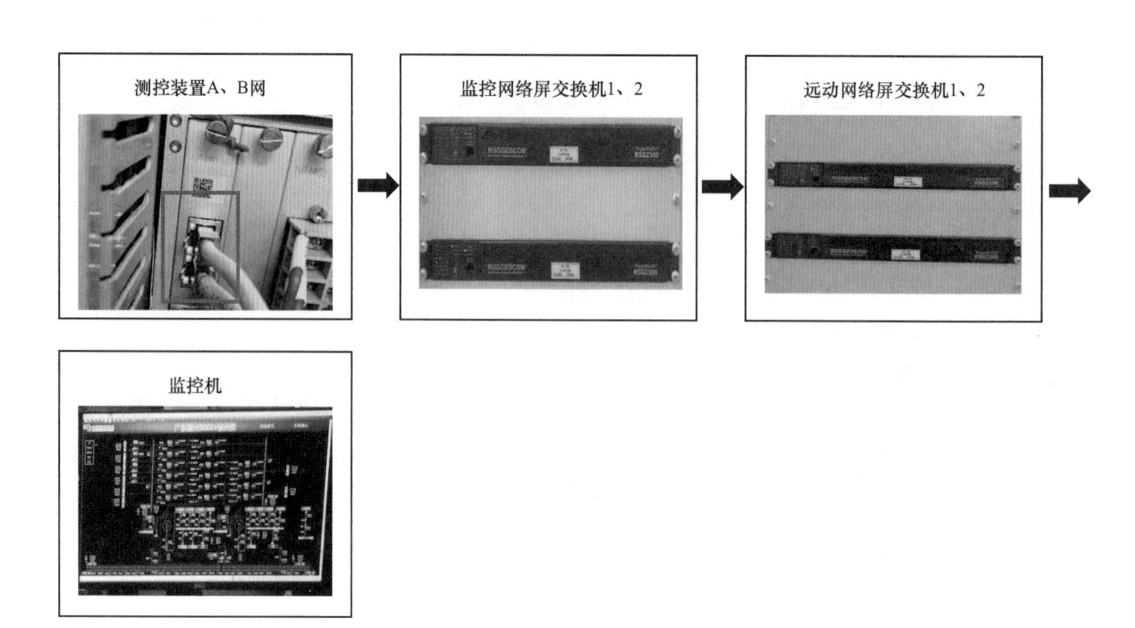

图 5-70　断路器机构油压低闭锁分闸报警回路 3 现场设备分析

（1）原因分析。

1）油泵储能电机电源、控制电源故障、电机热继电器动作未复归，使电机不能启动打压。

2）电机烧坏、缺相、回路元件故障，导致电机无法正常启动打压。

3）液压系统外部油路渗漏油，如油管、放油阀、密封圈等部位存在泄漏，导致油泵打不上压。

4）液压系统内部控制阀无法将高压油完全密封，使高压油向低压油渗漏，高压油压力降低，即使油泵打压也无法建压。

5）微动开关工作不可靠，不能正确检测实际油压或受到外力误碰时，在油压正常的情况下异常闭合。

6）汇控柜油压低闭锁中间继电器发生故障，导致其接点异常闭合。

7）机构箱密封不严，小动物进入或进水受潮导致微动开关二次回路导通，误发信号。

8）汇控柜门及观察窗密封胶条老化，导致汇控柜密封不严，壁虎、蚂蚁等小动物进入汇控柜后，爬动或者是在接线端子筑窝，造成油压低闭锁中间继电器的辅助接点导通，误发信号。

9）阳光通过汇控柜观察窗长期对柜内元件直晒，造成柜内元器件老化故障，导致误发信号。

10）汇控柜加热器故障、加热器设置不合理，柜内湿度较大，造成油压低闭锁中间继电器的辅助接点导通，误发信号。

11）信号电缆受外力破坏，如老鼠咬伤、碾压等原因导致信号回路导通，误发信号。

（2）处理过程。当“断路器机构油压低闭锁分闸”光字牌亮时，运行人员应立即到现场检查断路器油压，根据压力情况作不同处理。

1）断路器机构油压确实已降到闭锁分闸值。立即检查油压、油位、油泵及机构的渗漏油情况。如果是油泵电机储能电源、控制电源故障引起，运行人员应及时恢复油泵电源，使电机打压至正常值；若是热继电器动作引起的，则应手动复归热继电器，使电机打压至正常值。若电源故障、电机烧坏、机构严重漏油等问题不能立即恢复，应通知专业人员处理。此时，运行人员应立即断开断路器控制电源，按照相关规程规定的处置方法，将断路器进行停电隔离处理。

2）断路器机构油压正常，同时伴有“控制回路断线”信号，则可能由于机构箱微动开关故障、绝缘不良、小动物等原因导致微动开关导通。此时虽然断路器液压机构油压正常，但由于出现“控制回路断线”信号，断路器控制回路故障，则应按照相关规程规定的处置方法，将断路器进行停电隔离处理。

3）断路器机构油压正常，无“控制回路断线”信号，则可能由于汇控柜内绝缘不良、串电、小动物等原因导致信号回路导通。此时，由于断路器控制回路正常，无须立即将断路器停电隔离处理，但应尽快查明误发信号原因并消除故障。

4. 经验体会

（1）真信号：断路器机构油压低闭锁分闸故障，将导致电网短路时断路器拒动无法快速切除故障，从而导致事故范围扩大，严重威胁电网安全。若液压操作机构的压力达不到规定，操作断路器时会使分闸时间过长，灭弧室气压过大会引起断路器爆炸，进而波及相关设备，事故扩大，严重威胁电网安全和稳定性。

（2）假信号通常发生在机构箱微动开关、二次回路及端子排，以及汇控柜端子排、继电器及二次回路。

（3）运行专业可做以下改进：① 微动开关加装防误碰挡板；② 更换汇控柜及机构箱老化的胶条；③ 汇控柜观察窗加装遮阳挡板；④ 实时调整加热器的最佳工作模式；⑤ 更换故障加热器；⑥ 采用在汇控柜等地方放置粘鼠贴等防小动物措施；⑦ 更换汇控柜老化的防火泥或补充防火泥。

5.2.2 断路器机构油泵启动报警

1. 异常信号情况

断路器机构油泵启动报警光字牌如图 5－71 所示。

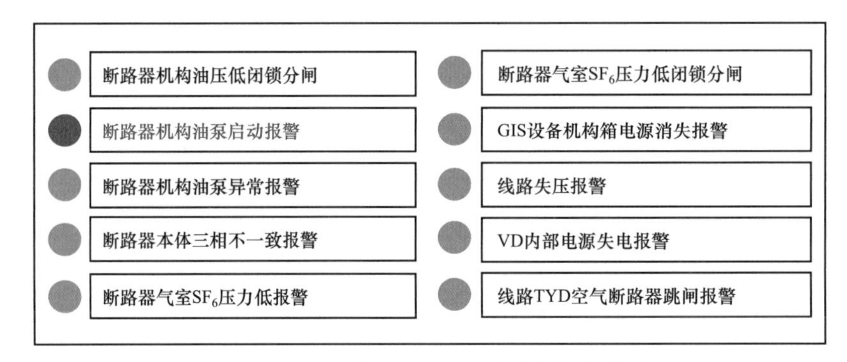

图 5－71 断路器机构油泵启动报警光字牌

（1）真信号含义：断路器液压操作机构利用液体不可压缩原理，以液压油作为传递介质，将高压油送入工作缸两侧来实现断路器分、合操作。正常情况下，油泵会对液压油进行打压，使油压在额定值（假设为 26MPa）之上，当油压下降至一定值（假设为 25.5MPa）时，油泵启动进行加压。当油泵打压时，油泵电机接触器接点闭合，油泵启动中间继电器励磁，信号回路导通，发出“断路器机构油泵启动报警”信号。

（2）假信号含义：油泵未启动，由于回路绝缘不良、串电、小动物等原因导致信号回路导通时，发出“断路器机构油泵启动报警”信号。

2. 异常信号分析

断路器机构油泵启动报警二次回路图如图 5－72 所示。

（1）回路 1 分析：+KM（测控屏信号正电源）→1K2－3（测控屏信号正电源空气断

路器上端）→1K2－4（测控屏信号正电源空气断路器下端）→1YX－2（测控屏遥信端子排）→1YX－6（测控屏遥信端子排）→4Z－42（汇控柜端子排）→KA3（油泵启动中间继电器接点）→4Z－43（汇控柜端子排）→1YX－43（测控屏端子排）→1n514（测控装置）→光耦→1n417（测控装置）→1YX－17（测控屏遥信端子排）→1K2－2（测控屏信号负电源空气断路器下端）→1K2－1（测控屏信号负电源空气断路器上端）→－KM（测控屏信号负电源）。

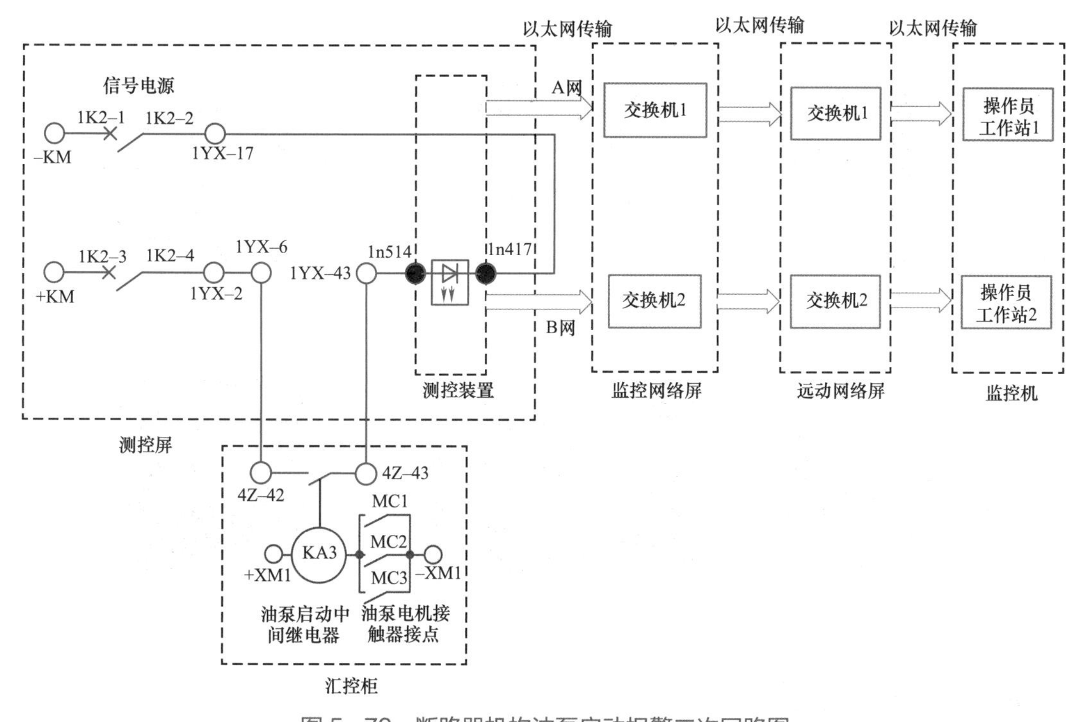

图 5－72 断路器机构油泵启动报警二次回路图

注：红色线条代表回路 1；蓝色线条代表回路 2；绿色线条代表回路 3。

（2）回路 2 分析：+XM1（汇控柜信号正电源）→KA3（油泵启动中间继电器）→MC1/MC2/MC3（油泵电机接触器接点）→－XM1（汇控柜信号负电源）。

（3）回路 3 分析：测控装置（以太网 A 网、B 网）→监控网络屏（交换机 1、交换机 2）→远动网络屏（交换机 1、交换机 2）→监控机（操作员工作站 1、操作员工作站 2）。

（4）当油泵启动时，油泵电机接触器接点 MC1/MC2/MC3 闭合，回路 2 导通，油泵启动中间继电器 KA3 励磁，辅助接点闭合，回路 1 导通，测控装置中的光耦动作。回路 3 导通，最终监控机“断路器机构油泵启动报警”光字牌亮。

3. 现场设备分析

断路器机构油泵启动报警回路 1 现场设备分析见图 5－73。

断路器机构油泵启动报警回路 2 现场设备分析见图 5－74。

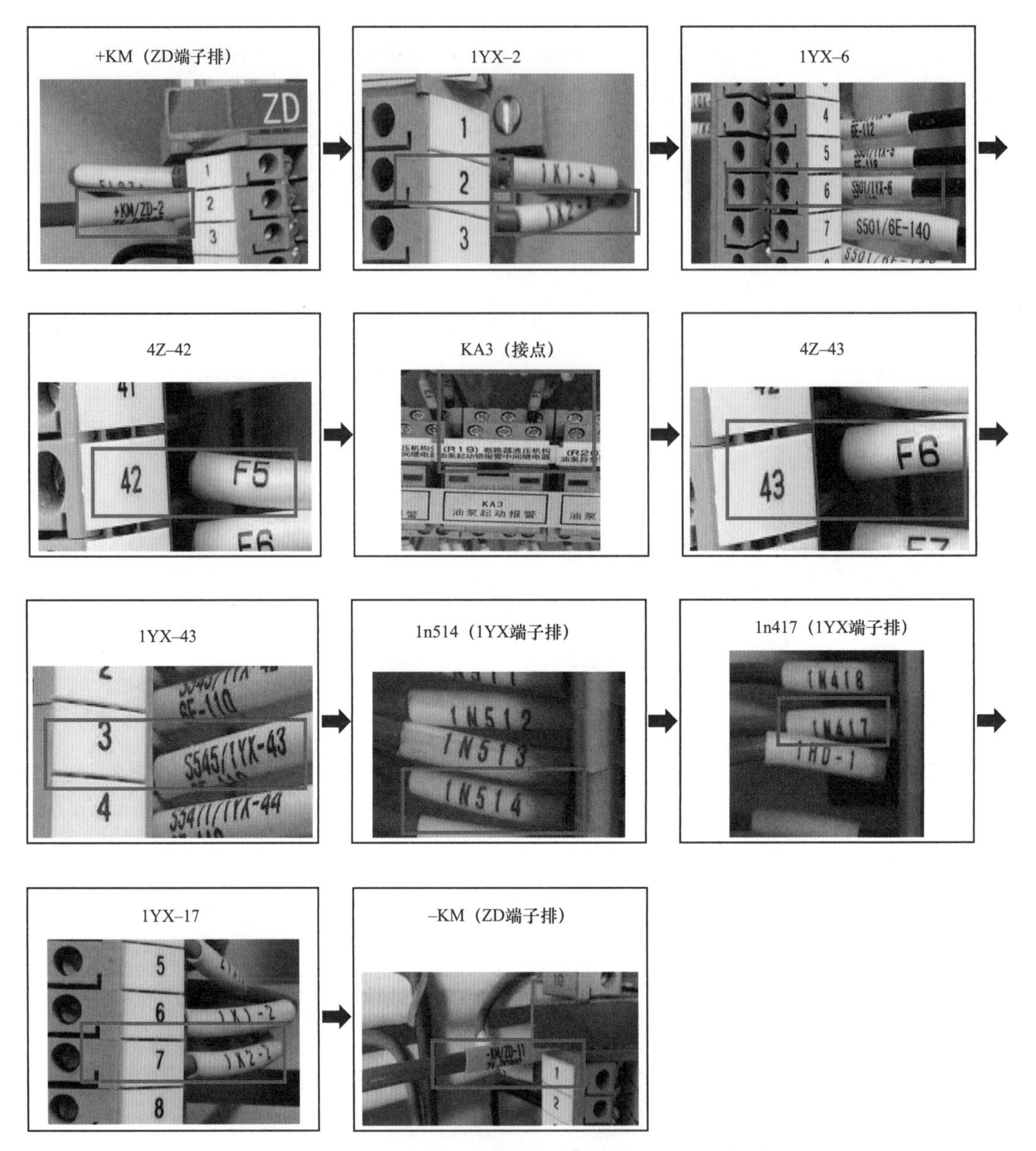

图 5－73　断路器机构油泵启动报警回路 1 现场设备分析

断路器机构油泵启动报警回路 3 现场设备分析见图 5－75。

（1）原因分析。

1）断路器分合闸操作能量消耗，使油压降低至启动值，油泵启动。

2）液压系统外部油路渗漏油，如油管、放油阀、密封圈等部位存在泄漏导致油压确实低于额定值，油泵启动，达到额定值后停止打压。

3）微动开关工作不可靠，不能正确检测实际油压或受到外力误碰时，在油压正常的情况下异常闭合。

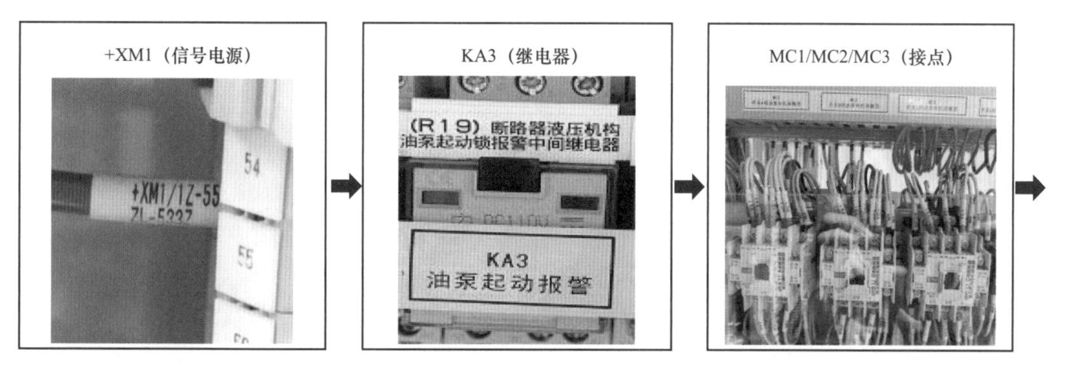

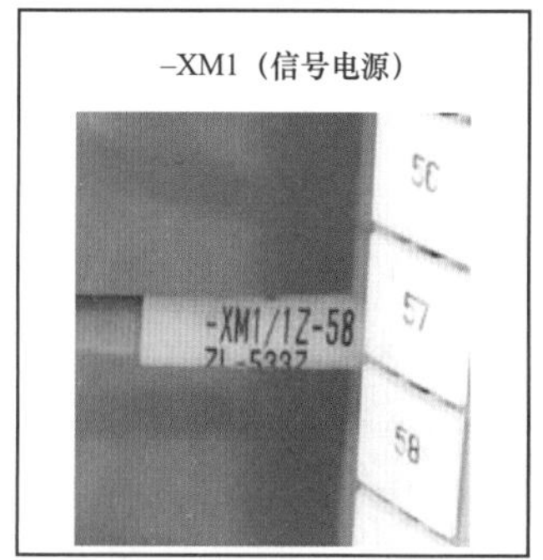

图 5-74　断路器机构油泵启动报警回路 2 现场设备分析

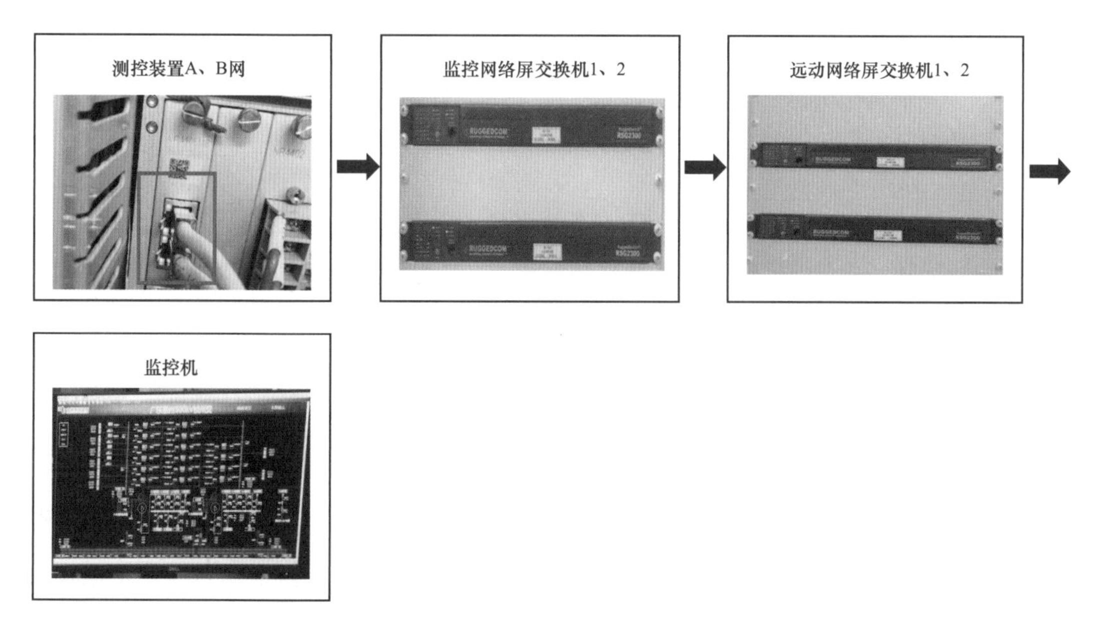

图 5-75　断路器机构油泵启动报警回路 3 现场设备分析

4）汇控柜油泵启动中间继电器发生故障，导致其接点异常闭合。

5）汇控柜柜门及观察窗密封胶条老化，导致汇控柜密封不严，壁虎、蚂蚁等小动物进入汇控柜后，爬动或者是在接线端子筑窝，造成油泵启动中间继电器或油泵电机接触器的辅助接点导通，误发信号。

6）阳光通过汇控柜观察窗长期对柜内元件直晒，造成柜内元器件老化故障，导致误发信号。

7）汇控柜加热器故障、加热器设置不合理，柜内湿度较大，造成油泵启动中间继电器或油泵电动机接触器的辅助接点导通，误发信号。

8）信号电缆受外力破坏，如老鼠咬伤、碾压等原因导致信号回路导通，误发信号。

（2）处理过程。当"断路器机构油泵启动报警"光字牌亮时，运行人员应到现场检查断路器油压，油泵运转情况及记录油泵启动次数。根据相关技术要求，液压操动机构无分合闸操作情况下，在24h内启动不超过2次。

1）液压操动机构24h内启动不超过2次时，说明油泵属于正常启动。

2）液压操动机构24h内启动超过2次时，说明油泵打压频繁，此时应检查微动开关工作是否可靠，能否正确检测实际油压或是因受到外力误碰时，才导致油泵启动频繁。此外应检查机构有无严重渗漏、高压放油阀是否关严、油泵是否损坏。若此类问题不能立即恢复，应通知专业人员处理，运行人员要加强巡视，密切关注机构的压力值以及油泵启动次数。若由于机构严重漏油使油压降低至闭锁分闸时，则应按照相关规程规定的处置方法，将断路器进行停电隔离处理。

3）若现场检查油泵未启动，油压正常，检查未发现其他异常情况，则可能由于汇控柜内绝缘不良、串电、小动物等原因导致信号回路2导通而误发信号，应尽快查明误发信号原因并消除故障。

4. 经验体会

（1）真信号：油泵启动报警，如果油泵正常运转，并且在油压达到额定值时能停止打压，则说明断路器液压机构无异常；如果油泵频繁打压，则说明液压机构存在泄漏点或者微动开关故障，此时若不及时处理故障点会越来越严重，油泵启动次数将越来越频繁，最后导致油泵损坏。当液压机构存在渗漏打不上压时，有可能会导致断路器因油压低而闭锁分闸，在电网发生事故时造成断路器拒动从而导致事故范围扩大。若液压操动机构的压力达不到规定，操作断路器时会使分闸时间过长，灭弧室气压过大会引起断路器爆炸，进而波及相关设备，事故扩大，严重威胁电网安全和稳定性。

（2）假信号通常发生在机构箱二次回路及端子排，以及汇控柜端子排、继电器及二次回路。

（3）运行专业可做以下改进：① 微动开关加装防误碰挡板；② 更换汇控柜及机构箱老化的胶条；③ 汇控柜观察窗加装遮阳挡板；④ 实时调整加热器的最佳工作模式；⑤ 更换故障加热器；⑥ 采用在汇控柜等地方放置粘鼠贴等防小动物措施；⑦ 更换汇控柜老化的防火泥或补充防火泥。

5.2.3 断路器机构油泵异常报警

1. 异常信号情况

断路器机构油泵异常报警光字牌如图5-76所示。

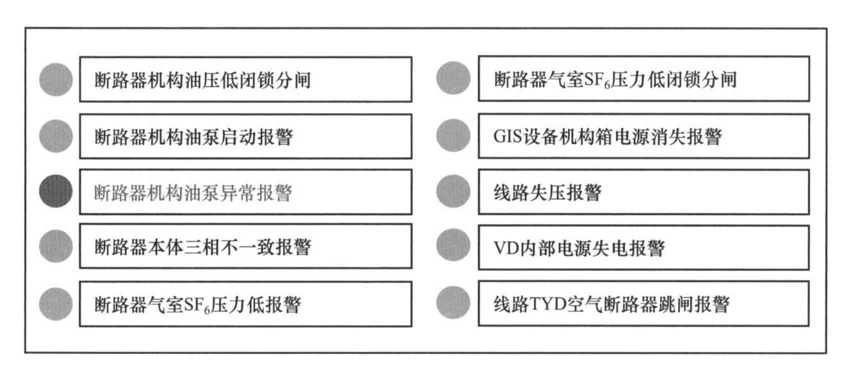

图5-76 断路器机构油泵异常报警光字牌

（1）真信号含义：断路器液压操动机构利用液体不可压缩原理，以液压油作为传递介质，将高压油送入工作缸两侧来实现断路器分、合操作。正常情况下，油泵会对液压油进行打压，使油压在额定值（假设为26MPa）之上，当由于断路器分闸、合闸或机构漏油、氮气损失等原因导致油压下降至一定值（假设为25.5MPa）时，油泵启动进行加压。油泵启动后，油泵运行时间继电器开始计时。当油泵连续运行超过设定值（假设为3min）或油泵电机热继电器动作时，发出“断路器机构油泵异常报警”信号。

（2）假信号含义：断路器液压机构油泵连续打压未超过3min或油泵未启动打压或热继电器未动作的情况下，由于微动开关故障、回路绝缘不良、串电、小动物等原因导致信号回路导通时，发出“断路器机构油泵异常报警”信号。

2. 异常信号分析

断路器机构油泵异常报警二次回路图如图5-77所示。

（1）回路1分析：+KM（测控屏信号正电源）→1K2-3（测控屏信号正电源空气断路器上端）→1K2-4（测控屏信号正电源空气断路器下端）→1YX-2（测控屏遥信端子排）→1YX-6（测控屏遥信端子排）→4Z-44（汇控柜端子排）→KA4（油泵异常中间继电器接点）→4Z-45（汇控柜端子排）→1YX-44（测控屏端子排）→1n515（测控装置）→光耦→1n417（测控装置）→1YX-17（测控屏遥信端子排）→1K2-2（测控屏信号负电源空气断路器下端）→1K2-1（测控屏信号负电源空气断路器上端）→-KM（测控屏信号负电源）。

（2）回路2分析：+XM1（汇控柜信号正电源）→KA4（油泵异常中间继电器）→49M1/49M2/49M3（油泵电机热继电器接点）、TRX（油泵打压时间重动继电器接点）→-XM1（汇控柜信号负电源）。

（3）回路3分析：测控装置（以太网A网、B网）→监控网络屏（交换机1、交换机2）→远动网络屏（交换机1、交换机2）→监控机（操作员工作站1、操作员工作站2）。

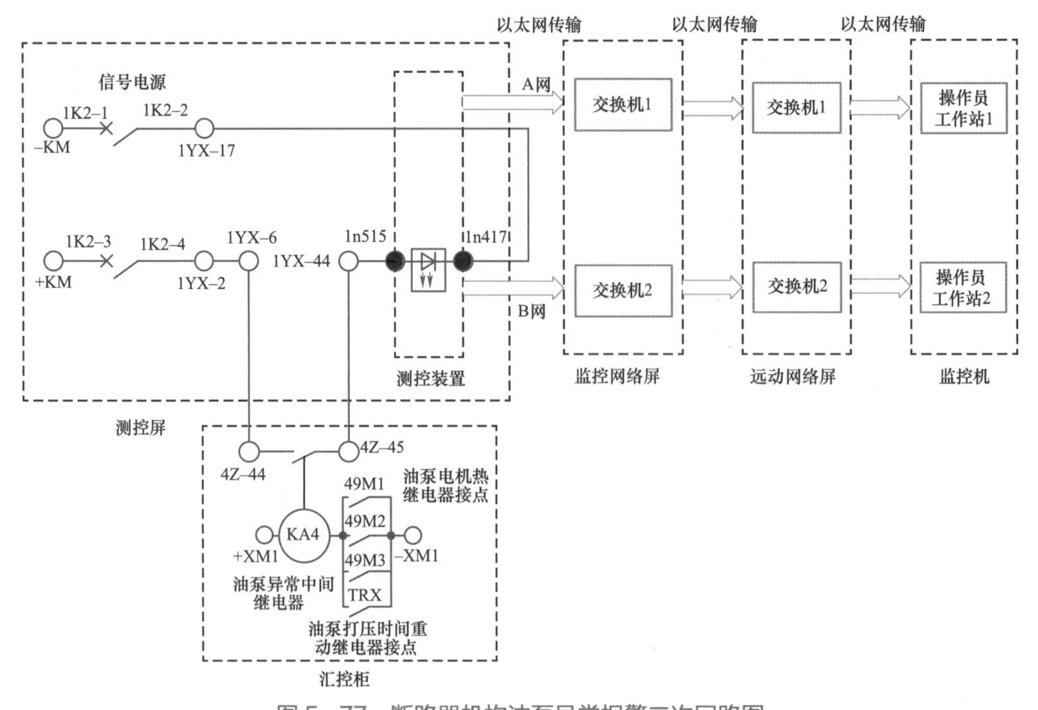

图 5-77　断路器机构油泵异常报警二次回路图

注：红色线条代表回路 1；蓝色线条代表回路 2；绿色线条代表回路 3。

（4）当电机过载、缺相导致电机热继电器动作或者油泵连续打压时间超过设定的定值时，油泵电机热继电器接点 49M1/49M2/49M3、油泵打压时间重动继电器接点 TRX 闭合，回路 2 导通，油泵异常中间继电器 KA4 励磁，回路 1 导通，测控装置中的光耦动作。回路 3 导通，最终监控机“断路器机构油泵异常报警”光字牌亮。

3. 现场设备分析

断路器机构油泵异常报警回路 1 现场设备分析见图 5-78。

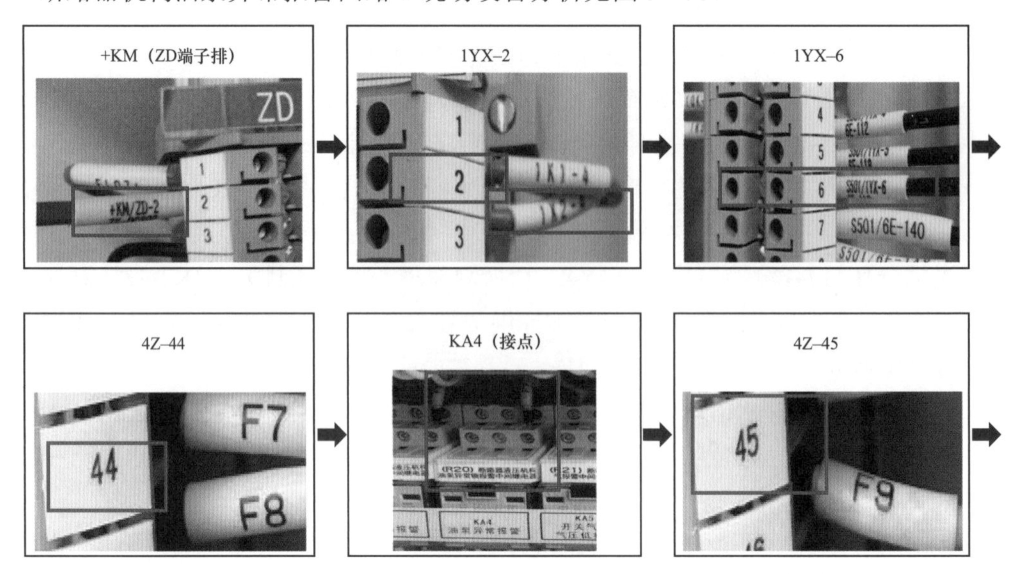

图 5-78　断路器机构油泵异常报警回路 1 现场设备分析（一）

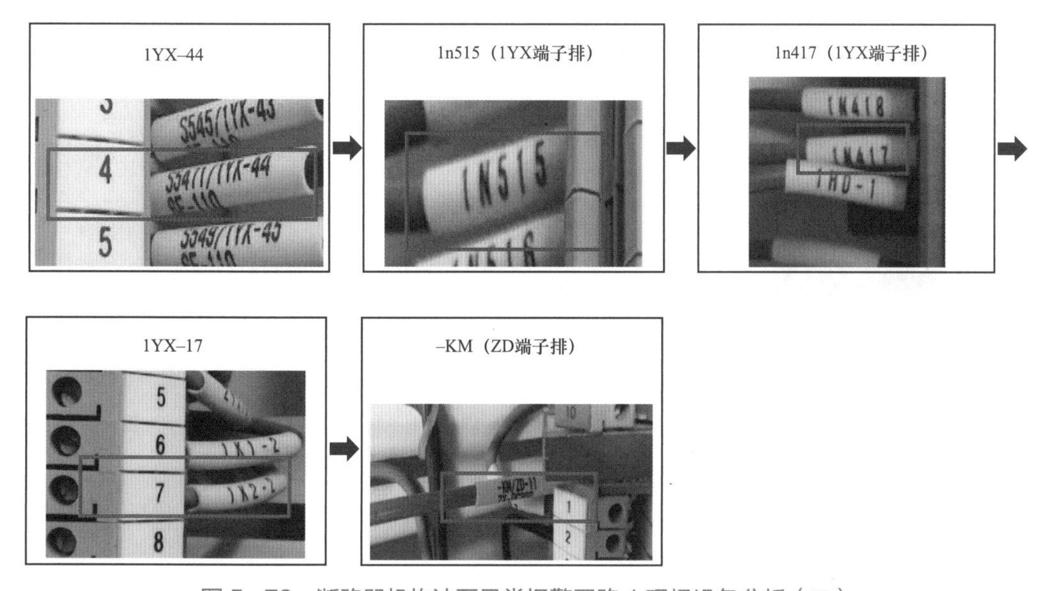

图 5–78　断路器机构油泵异常报警回路 1 现场设备分析（二）

断路器机构油泵异常报警回路 2 现场设备分析见图 5–79。

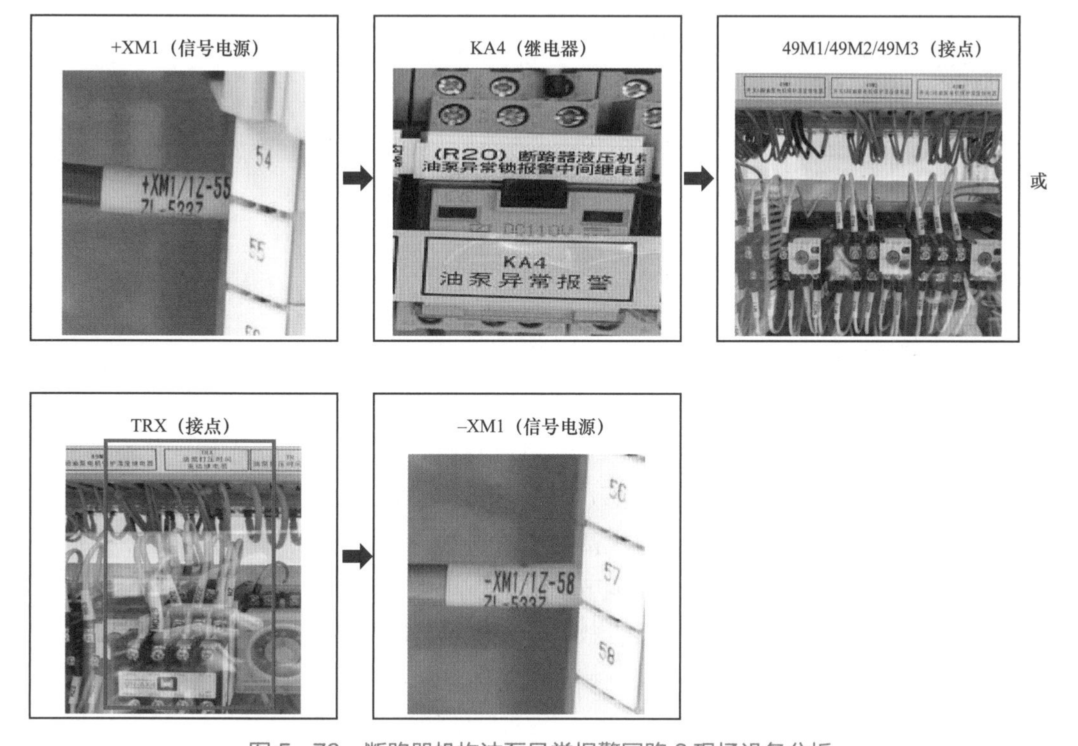

图 5–79　断路器机构油泵异常报警回路 2 现场设备分析

断路器机构油泵异常报警回路 3 现场设备分析见图 5-80。

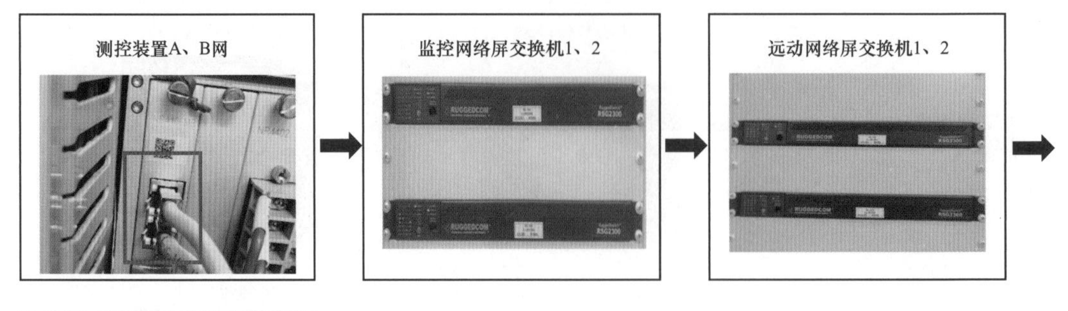

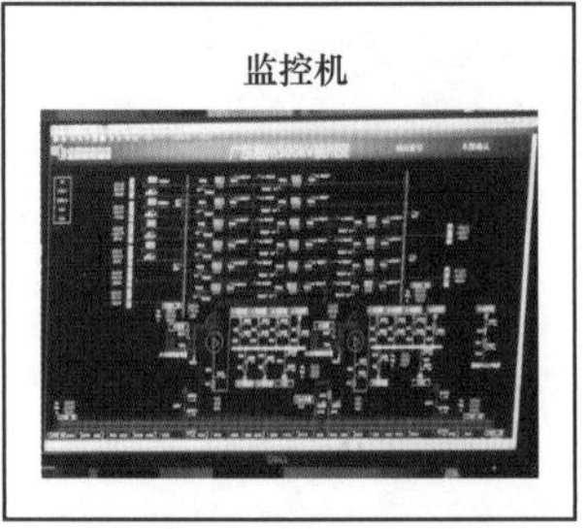

图 5-80 断路器机构油泵异常报警回路 3 现场设备分析

（1）原因分析。

1）机械部分出现不正常使电机过载。

2）工作环境温度高于热继电器正常工作的温度上限，导致动作。

3）电机启动时间过长，导致动作。

4）电机的启动太频繁，由于电机的启动电流比较大，热能的累加，抬高了热继电器双金属片的温度，导致动作。

5）连接导线没有拧紧，使导线与接线端子之间的接触电阻偏大，从而引起接线端子的温度偏高，抬高了热继电器双金属片的温度，导致动作。

6）连接的导线极细，细导线散热慢，引起接线端子的温度偏高，抬高了热继电器双金属片的温度，导致动作。

7）热继电器工作不可靠，出现误动作情况。

8）回路中三相电流严重不平衡，热继电器检测到三相严重不平衡后动作。

9）热继电器电流整定值过小，导致热继电器误动作。

10）油泵电机过载、缺相导致电机热继电器动作。

11）油泵电机热继电器过载电流调节设置偏小。

12）油泵启动、停止微动开关接点故障，使电机不断运转，导致油泵打压超时。

13）油泵启停的压力值调整错误，使电机不断运转，导致油泵打压超时。

14）微动开关工作不可靠，不能正确检测实际油压或受到外力误碰时，导致油泵持续打压。

15）液压系统外部油路渗漏油，如油管、放油阀、密封圈等部位存在泄漏，导致油泵持续打压。

16）汇控柜油泵异常中间继电器发生故障，导致其接点异常闭合。

17）机构箱密封不严，小动物进入或进水受潮导致微动开关二次回路导通，误发信号。

18）汇控柜门及观察窗密封胶条老化，导致汇控柜密封不严，壁虎、蚂蚁等小动物进入汇控柜后，爬动或者是在接线端子筑窝，造成柜油泵异常报警继电器或油泵电机热继电器或油泵打压时间重动继电器的辅助接点导通，误发信号。

19）阳光通过汇控柜观察窗长期对柜内元件直晒，造成柜内元器件老化故障，导致误发信号。

20）汇控柜加热器故障、加热器设置不合理，柜内湿度较大，造成油泵异常中间继电器或油泵电机热继电器或油泵打压时间重动继电器的辅助接点的辅助接点导通，误发信号。

（2）处理过程。当“油泵异常报警”光字牌亮时，运行人员应立即到现场检查断路器油压，以及油泵运转情况。

1）检查油泵电机、二次回路及热继电器动作情况。若是热继电器动作引起的，则应手动复归热继电器，使储能回路恢复正常。若电机烧坏、缺相运行、元器件等问题不能立即恢复，应通知专业人员处理。运行人员要加强巡视，密切关注设备的压力值。若油压降低至闭锁分合闸时，则应按照相关规程规定的处置方法，将断路器进行停电隔离处理。

2）热继电器未动作，液压机构压力值在额定值以上。说明液压机构打压不能自动停止，此时若油泵还在打压，则应断开油泵储能电源。稍释放压力至正常工作压力，检查微动开关是否返回、卡涩，机构油压微动开关及电机控制启停继电器是否损坏，如果损坏则应立即断开机构储能电源，防止机构的压力过高，长时间打压损坏电机，并且更换备品，如果没有备品，则考虑现场调整启停回路油压接点，重新整定其动作压力值，同时加强巡视及时掌握设备状态。

3）热继电器未动作，液压机构压力值未达到额定压力值。说明液压机构打压，压力不上升，此时将油泵电源断开一下，使时间继电器返回，再启动油泵重新打压。并检查机构有无严重渗漏、高压放油阀是否关严、油泵是否损坏、储能电源是否有故障。若此类问题不能立即恢复，应通知专业人员处理，运行人员要加强巡视，密切关注机构的压力值。若由于机构严重漏油使油压降低至闭锁分合闸时，则应按照相关规程规定的处置方法，将断路器进行停电隔离处理。

4）若液压机构油压、电动机回路正常，检查未发现其他异常情况，则可能由于汇控柜内绝缘不良、串电、小动物等原因导致信号回路 2 导通而误发信号，应尽快查明误发信号原因并消除故障。

4. 经验体会

（1）当液压机构无渗漏时，将导致机构的压力过高，长时间打压损坏电机，影响液压机构的正常运行。当液压机构存在渗漏打不上压、油泵电机或二次回路故障无法打压时，有可能会使断路器因油压低而闭锁分合闸，在电网发生事故时造成断路器拒动从而导致事故范围扩大。若液压操动机构的压力达不到规定，操作断路器时会使分合闸时间过长，灭弧室气压过大会引起断路器爆炸，进而波及相关设备，事故扩大，严重威胁电网安全和稳定性。

（2）假信号通常发生在机构箱微动开关、热继电器、二次回路及端子排及汇控柜端子排、继电器及二次回路。

（3）运行专业可做以下改进：① 微动开关加装防误碰挡板；② 更换汇控柜及机构箱老化的胶条；③ 汇控柜观察窗加装遮阳挡板；④ 实时调整加热器的最佳工作模式；⑤ 更换故障加热器；⑥ 采用在汇控柜等地方放置粘鼠贴等防小动物措施；⑦ 更换汇控柜老化的防火泥或补充防火泥。

5.2.4 断路器本体三相不一致报警

1. 异常信号情况

断路器本体三相不一致报警光字牌如图 5－81 所示。

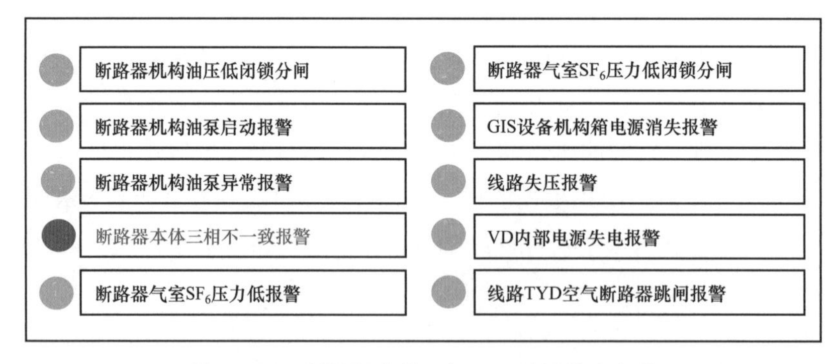

图 5－81　断路器本体三相不一致报警光字牌

（1）真信号含义：断路器在正常时 A、B、C 三相位置应同时为分闸或者合闸状态，断路器三相不一致报警接线是将 A、B、C 三相开关的动合、动断辅助接点分别并联后再串联。当断路器断开一相或两相导致三相位置不一致时，发出“断路器本体三相不一致报警”信号，同时接通断路器跳闸回路，将断路器三相跳开。

（2）假信号含义：当断路器 A、B、C 三相位置一致时，由于绝缘不良、串电、小动物等原因导致信号回路导通时，发出“断路器本体三相不一致报警”信号。

2. 异常信号分析

断路器本体三相不一致报警二次回路图见图 5－82。

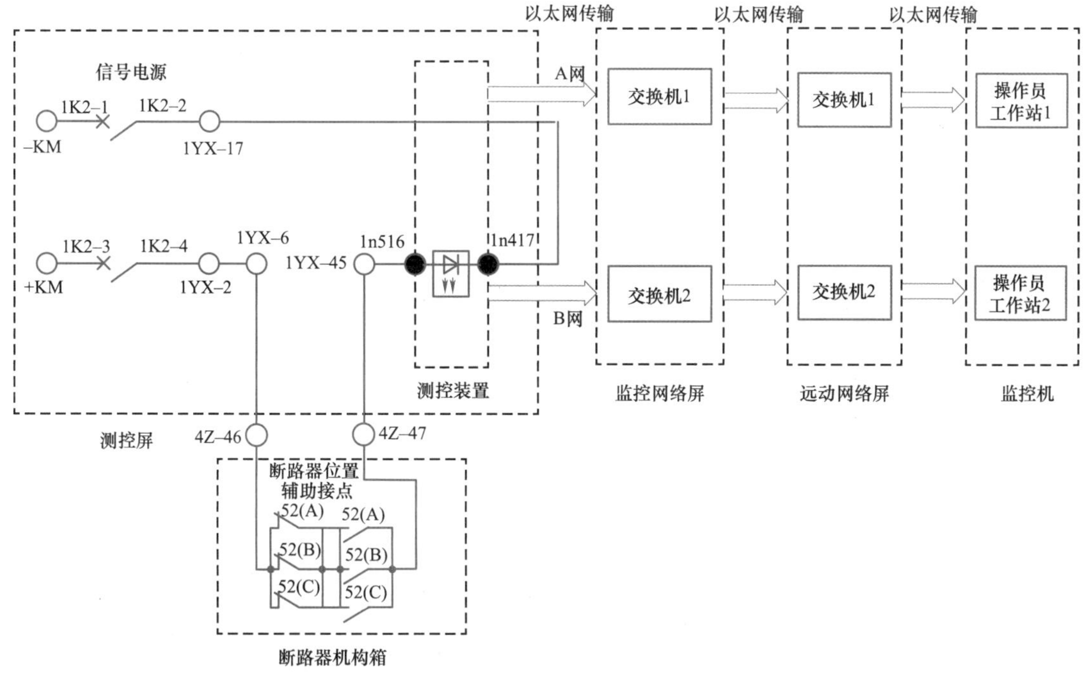

图 5－82　断路器本体三相不一致报警二次回路图

注：红色线条代表回路 1；绿色线条代表回路 2。

（1）回路 1 分析：+KM（测控屏信号正电源）→1K2－3（测控屏信号正电源空气断路器上端）→1K2－4（测控屏信号正电源空气断路器下端）→1YX－2（测控屏遥信端子排）→ 1YX－6（测控屏遥信端子排）→4Z－46（汇控柜端子排）→52（A）/52（B）/52（C）断路器三相动断辅助接点和 52（A）/52（B）/52（C）断路器三相动合辅助接点（断路器机构箱）→4Z－47（汇控柜端子排）→1YX－45（测控屏端子排）→1n516（测控装置）→光耦→1n417（测控装置）→1YX－17（测控屏遥信端子排）→1K2－2（测控屏信号负电源空气断路器下端）→1K2－1（测控屏信号负电源空气断路器上端）→－KM（测控屏信号负电源）。

（2）回路 2 分析：测控装置（以太网 A 网、B 网）→监控网络屏（交换机 1、交换机 2）→远动网络屏（交换机 1、交换机 2）→监控机（操作员工作站 1、操作员工作站 2）。

（3）当断路器三相位置出现不一致时，断路器三相动断辅助接点 52（A）/52（B）/52（C）和断路器三相动合辅助接点 52（A）/52（B）/52（C）均至少有一个闭合，回路 1 导通，测控装置中的光耦动作。回路 2 导通，最终监控机“断路器本体三相不一致报警”光字牌亮。

3. 现场设备分析

断路器本体三相不一致报警回路 1 现场设备分析见图 5－83。

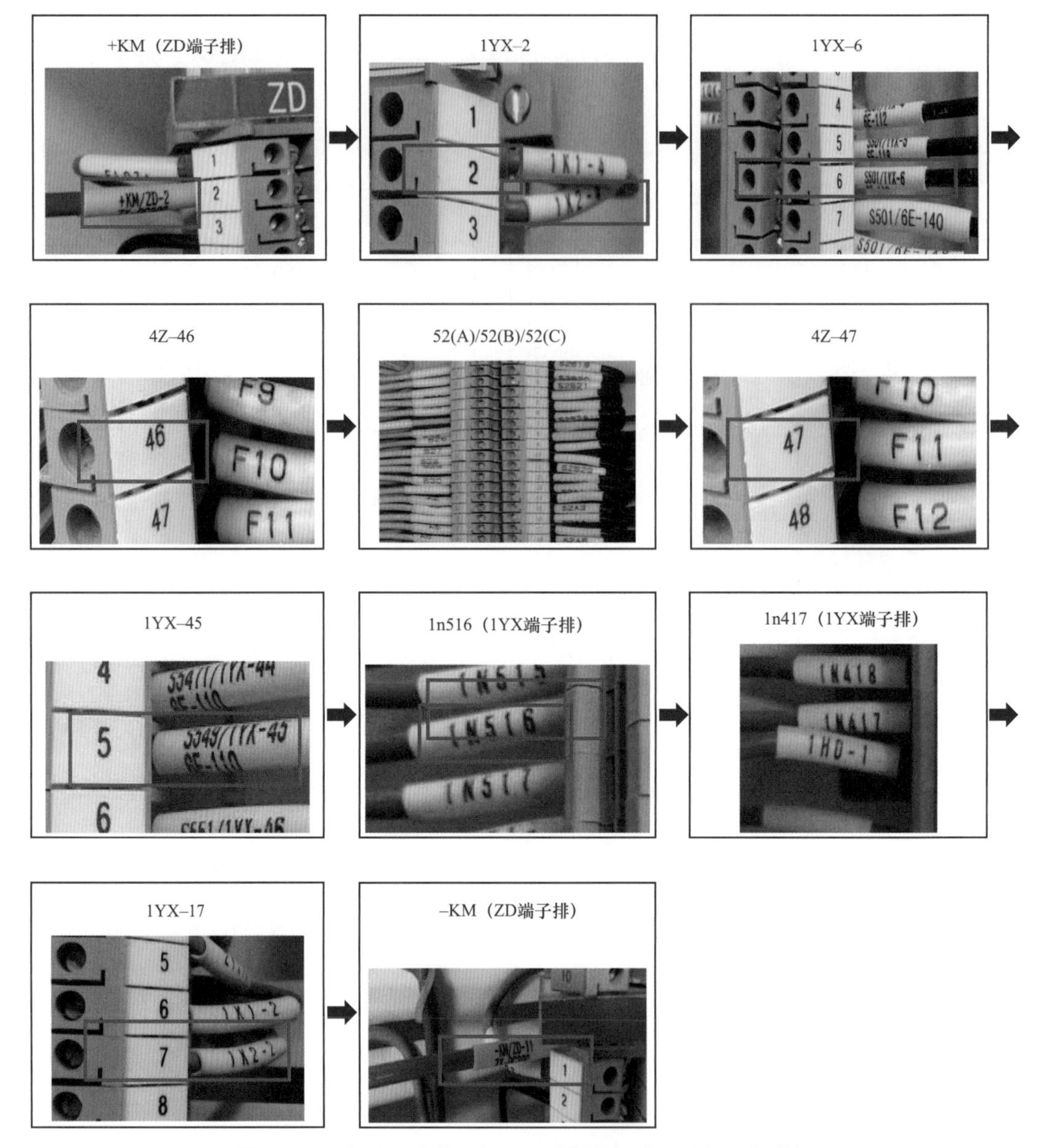

图 5–83　断路器本体三相不一致报警回路 1 现场设备分析

断路器本体三相不一致报警回路 2 现场设备分析见图 5–84。

（1）原因分析。

1）断路器其中一相或者两相跳闸回路绝缘不良，导致一相或者两相跳闸回路导通，造成断路器一相或者两相跳闸。

2）断路器机械传动部分故障导致一相或者两相分闸。

3）机构箱内断路器辅助接点粘死或者故障。

4）机构箱及观察窗密封胶条老化，导致机构箱密封不严，壁虎、蚂蚁等小动物进入汇控柜后，爬动造成断路器辅助接点导通，误发信号。

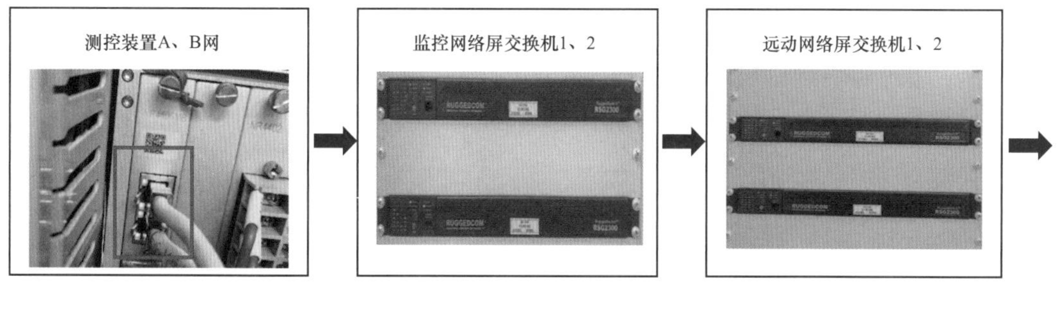

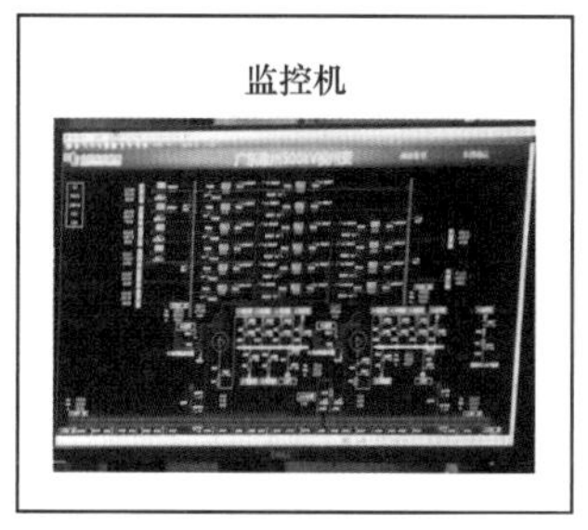

图5-84 断路器本体三相不一致报警回路2现场设备分析

5）阳光通过汇控柜观察窗长期对柜内元件直晒，造成柜内元器件老化故障，导致误发信号。

6）汇控柜加热器故障、加热器设置不合理，柜内湿度较大，造成断路器的辅助接点导通，误发信号。

7）信号电缆受外力破坏，如老鼠咬伤、碾压等原因导致信号回路导通，误发信号。

（2）处理过程。当“断路器本体三相不一致报警”光字牌亮时，运行人员应立即到现场检查三相分合闸状态。根据保护动作情况和断路器三相实际位置的状态做出相应不同处理。

1）断路器本体三相不一致保护动作，断路器三相均在分闸位置。运行人员应将断路器转检修，联系专业班组进行检查，找出三相不一致动作的原因并进行处理。

2）断路器本体三相不一致保护未动作，断路器三相处于不一致位置。运行人员应立即检查三相不一致保护等相关动作情况并及时汇报相关值班调度员，手动分一次断路器。若断路器无法分闸，则按照相关规程规定的处置方法，尽快消除断路器三相不平衡电流，将断路器进行停电隔离处理。

3）断路器本体三相不一致保护未动作，断路器三相均在合闸位置。则可能由于绝缘不良、串电、小动物等原因导致信号回路导通，误发信号。此时应尽快查明误发信号原因并消除故障。

4. 经验体会

（1）真信号：断路器本体三相不一致报警，同时三相不一致保护又未能跳开运行相开关时，则会导致断路器非全相运行，电网中出现三相不平衡电流会对线路零序等保护产生影响，威胁电网安全运行。

（2）假信号通常发生在机构箱断路器辅助接点、汇控柜端子排、二次电缆。

（3）运行专业可做以下改进：① 更换汇控柜及机构箱老化的胶条；② 汇控柜观察窗加装遮阳挡板；③ 实时调整加热器的最佳工作模式；④ 更换故障加热器；⑤ 采用在汇控柜等地方放置粘鼠贴等防小动物措施；⑥ 更换汇控柜老化的防火泥或补充防火泥。

5.2.5 断路器气室 SF_6压力低报警

1. 异常信号情况

断路器气室 SF_6压力低报警光字牌如图 5－85 所示。

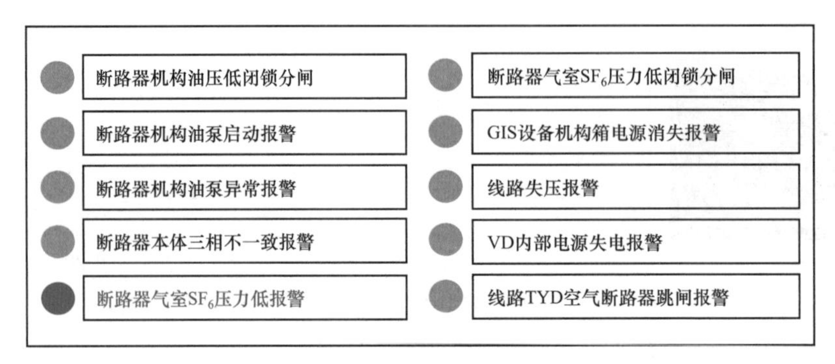

图 5－85 断路器气室 SF_6压力低报警光字牌

（1）真信号含义：GIS 设备断路器气室内充满 SF_6气体，其作用为绝缘和灭弧。正常情况下，SF_6气体的压力在额定值（假设为 0.65MPa）之上，当断路器气室漏气导致 SF_6气体压力下降至报警值（假设为 0.60MPa）以下时，SF_6表计相应的报警接点导通，发出“断路器气室 SF_6压力低报警”信号。

（2）假信号含义：GIS 设备断路器气室压力正常时，由于绝缘不良、串电、小动物等原因导致信号回路导通时，发出“断路器气室 SF_6压力低报警”信号。

2. 异常信号分析

断路器气室 SF_6压力低报警二次回路图如图 5－86 所示。

（1）回路 1 分析：+KM（测控屏信号正电源）→1K2－3（测控屏信号正电源空气断路器上端）→1K2－4（测控屏信号正电源空气断路器下端）→1YX－2（测控屏遥信端子排）→1YX－6（测控屏遥信端子排）→ 4Z－48（汇控柜端子排）→KA5（气室气压低报警继电器接点）→4Z－49（汇控柜端子排）→1YX－46（测控屏端子排）→1n517（测控装置）→光耦→1n417（测控装置）→1YX－17（测控屏遥信端子排）→1K2－2（测控屏信号负电源空气断路器下端）→1K2－1（测控屏信号负电源空气断路器上端）→－KM（测控屏信号负电源）。

（2）回路 2 分析：+XM1（汇控柜信号正电源）→KA5（气压低报警中间继电器）→63GL（气压低报警接点）→－XM1（汇控柜信号负电源）。

（3）回路 3 分析：测控装置（以太网 A 网、B 网）→监控网络屏（交换机 1、交换机 2）→远动网络屏（交换机 1、交换机 2）→监控机（操作员工作站 1、操作员工作站 2）。

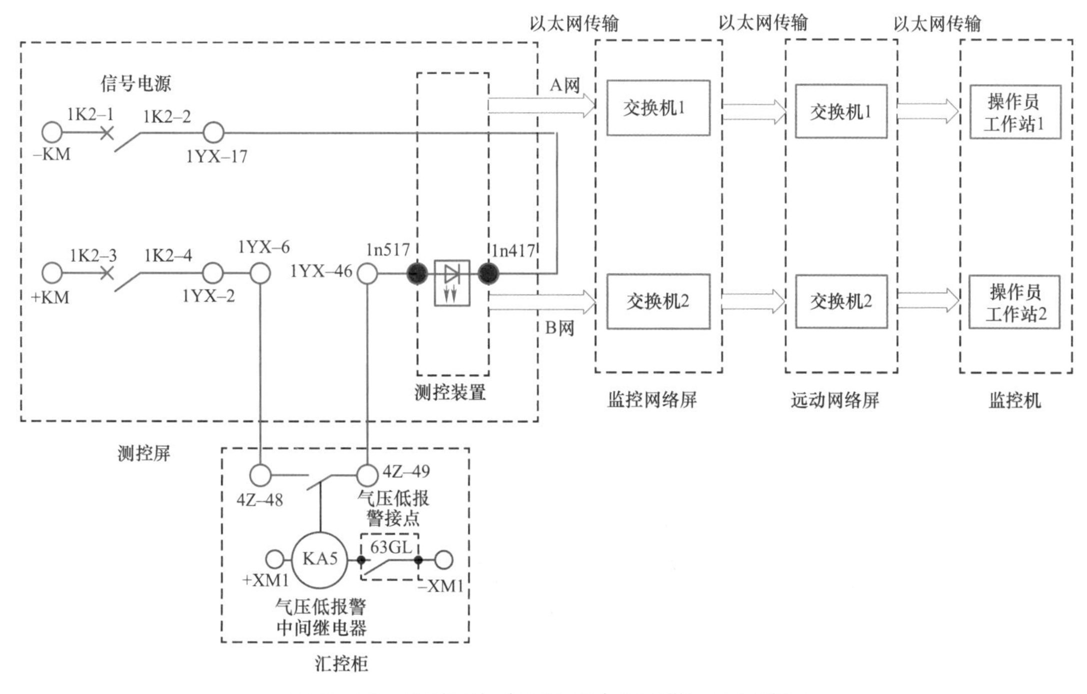

图5–86 断路器气室 SF_6 压力低报警二次回路图

注：红色线条代表回路1；蓝色线条代表回路2；绿色线条代表回路3。

（4）当断路器气室 SF_6 压力低于报警值时，气压低报警接点63GL闭合，回路2导通，气压低报警中间继电器KA5励磁，其常开接点闭合，回路1导通，测控装置中的光耦动作。回路3导通，最终监控机“断路器气室 SF_6 压力低报警”光字牌亮。

3. 现场设备分析

断路器气室 SF_6 压力低报警回路1现场设备分析见图5–87。

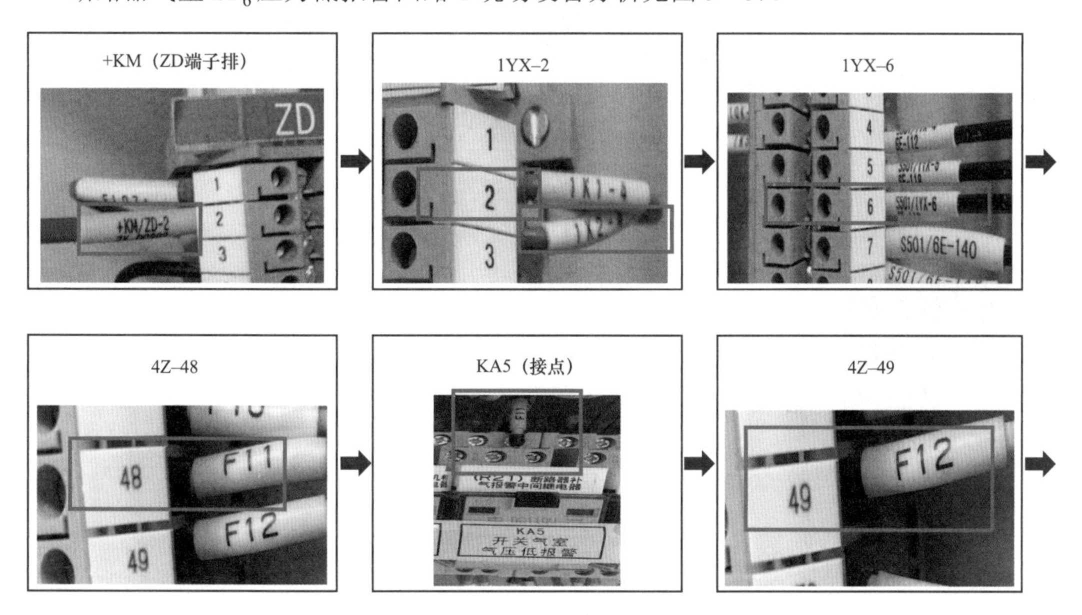

图5–87 断路器气室 SF_6 压力低报警回路1现场设备分析（一）

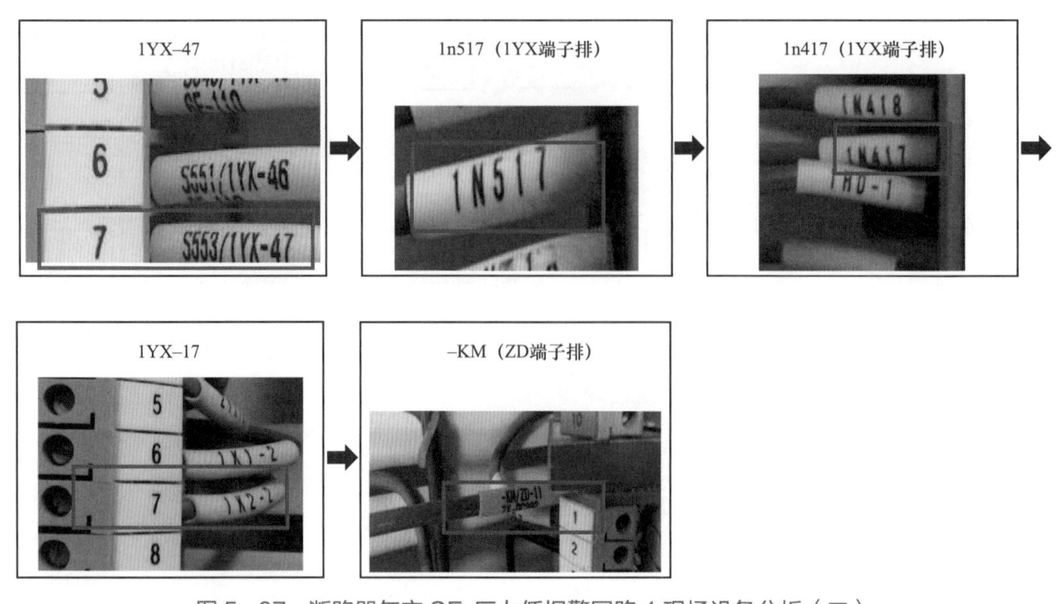

图 5–87 断路器气室 SF_6压力低报警回路 1 现场设备分析（二）

断路器气室 SF_6 压力低报警回路 2 现场设备分析见图 5–88。

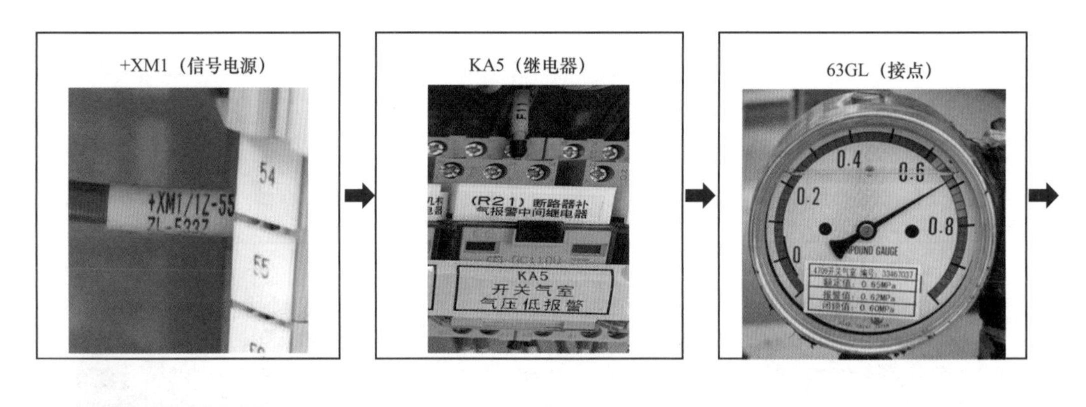

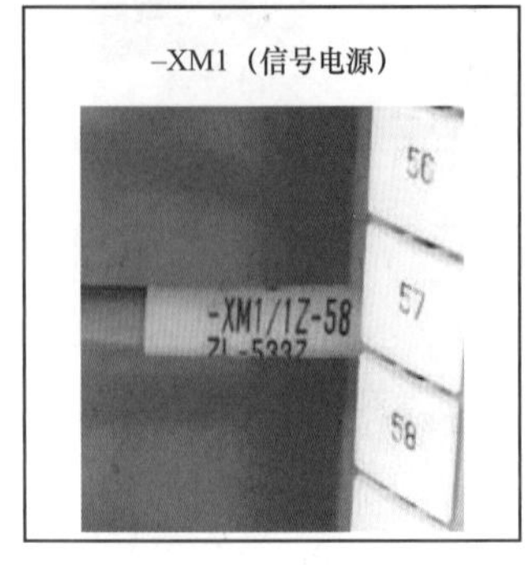

图 5–88 断路器气室 SF_6压力低报警回路 2 现场设备分析

断路器气室 SF_6 压力低报警回路 3 现场设备分析见图 5–89。

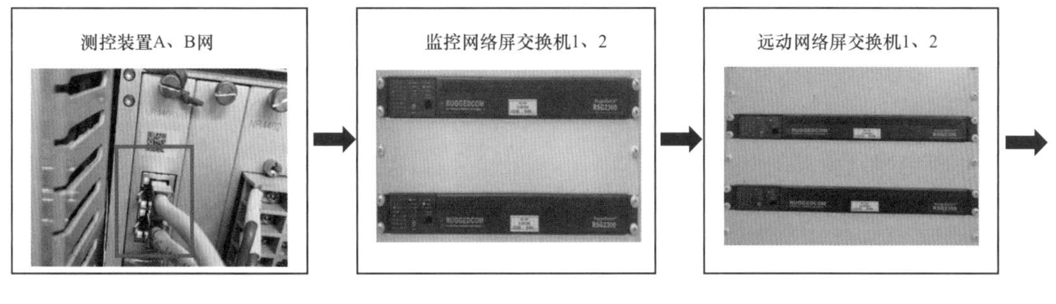

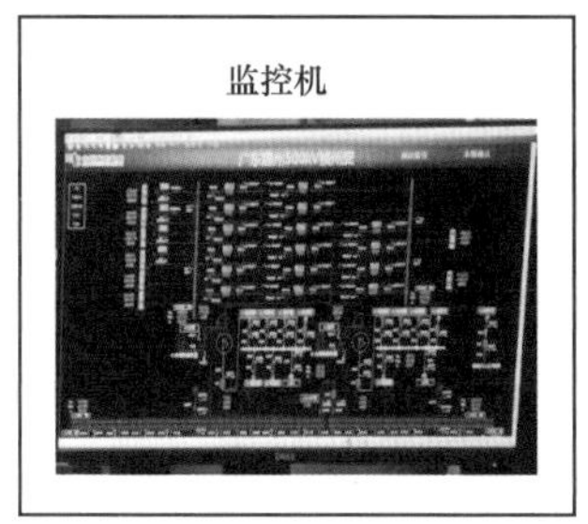

图 5-89　断路器气室 SF_6 压力低报警回路 3 现场设备分析

（1）故障原因分析。

1）断路器气室罐体砂眼、法兰面胶圈老化、表计阀门及连接处密封不良等原因导致 SF_6 泄漏。

2）表计二次接线盒密封不良，进水或进小动物导致接点绝缘水平降低，造成直流接地误导通，误发信号。

3）气压低报警中间继电器发生故障，导致接点异常闭合。

4）汇控柜柜门及观察窗密封胶条老化，导致汇控柜密封不严，壁虎、蚂蚁等小动物进入汇控柜后，爬动或者是在接线端子筑窝，造成气压低报警中间继电器的辅助接点导通，误发信号。

5）阳光通过汇控柜观察窗长期对柜内元件直晒，造成柜内元器件老化故障，导致误发信号。

6）汇控柜加热器故障、加热器设置不合理，柜内湿度较大，造成气压低报警中间继电器的辅助接点导通，误发信号。

7）信号电缆受外力破坏，如老鼠咬伤、碾压等原因导致信号回路导通，误发信号。

8）当表计压力数值在报警值附近且长时间在阳光的直射下，由于表计本体和气室温度不一致，表计在负补偿的作用下，数值有可能会到达报警值导致回路导通，误发信号。

（2）故障处理过程。

当“断路器气室 SF_6 压力低报警”光字牌亮时，运行人员应立即到现场检查断路器气室实际气体压力，根据压力情况作不同处理。

1）断路器气室 SF_6 压力确实已降至报警值，但未达到闭锁值时。运行人员应立即联系专业班组进行补气，并密切关注压力变化情况。若气室压力后续仍然存在下降趋势，则应尽快申请停电找出漏气的原因并进行处理。

2）断路器气室 SF_6 压力确实已降到闭锁分闸值，同时伴随有“断路器气室 SF_6 压力低闭锁”信号。这是断路器气室存在泄漏导致的，应按照相关规程规定的处置方法，将断路器进行停电隔离处理。

3）断路器气室 SF_6 压力正常，则可能由于绝缘不良、串电、小动物等原因导致信号回路导通，误发信号。此时应尽快查明误发信号原因并消除故障。

4. 经验体会

（1）断路器气室 SF_6 压力低将导致气室绝缘性能和灭弧性能降低，当压力低至闭锁分合闸时，将会导致电网短路故障时无法快速切除，严重威胁电网安全，若不及时处理将有可能发生断路器爆炸、设备损坏以及影响电力系统的稳定性。

（2）假信号通常发生在表计本体、表计二次接线盒、汇控柜端子排及继电器、二次电缆。

（3）运行专业可做以下改进：① 表计底座涂抹中性硅酮结构胶密封；② 气室罐体法兰面涂抹中性硅酮结构胶密封；③ 表计加装遮阳罩；④ 表计加装防雨罩；⑤ 表计二次接线盒涂抹中性硅酮结构胶密封；⑥ 更换汇控柜及机构箱老化的胶条；⑦ 汇控柜观察窗加装遮阳挡板；⑧ 实时调整加热器的最佳工作模式；⑨ 更换故障加热器；⑩ 采用在汇控柜等地方放置粘鼠贴等防小动物措施；⑪更换汇控柜老化的防火泥或补充防火泥。

5.2.6 断路器气室 SF_6 压力低闭锁分闸

1. 异常信号情况

断路器气室 SF_6 压力低闭锁报警光字牌如图 5-90 所示。

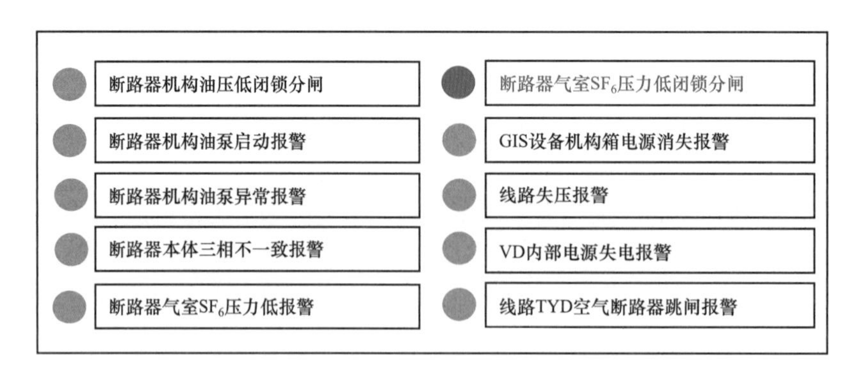

图 5-90 断路器气室 SF_6 压力低闭锁报警光字牌

（1）真信号含义：GIS 设备断路器气室内充满 SF_6 气体，其作用为绝缘和灭弧。正常情况下，SF_6 气体的压力在额定值（假设为 0.65MPa）之上，当断路器气室漏气导致 SF_6 气体压力下降至闭锁值（假设为 0.60MPa）时，SF_6 压力表计相应的闭锁接点导通，发出“断路器气室 SF_6 压力低闭锁分闸”信号，同时断开断路器分闸控制回路，闭锁断路器分闸。

（2）假信号含义：GIS设备断路器气室压力正常时，当由于绝缘不良、串电、小动物等原因导致信号回路导通时，发出“断路器气室SF_6压力低闭锁分闸”信号，同时有可能断开断路器分闸控制回路，闭锁断路器分闸。

2. 异常信号分析

断路器气室SF_6压力低闭锁分闸二次回路图如图5–91所示。

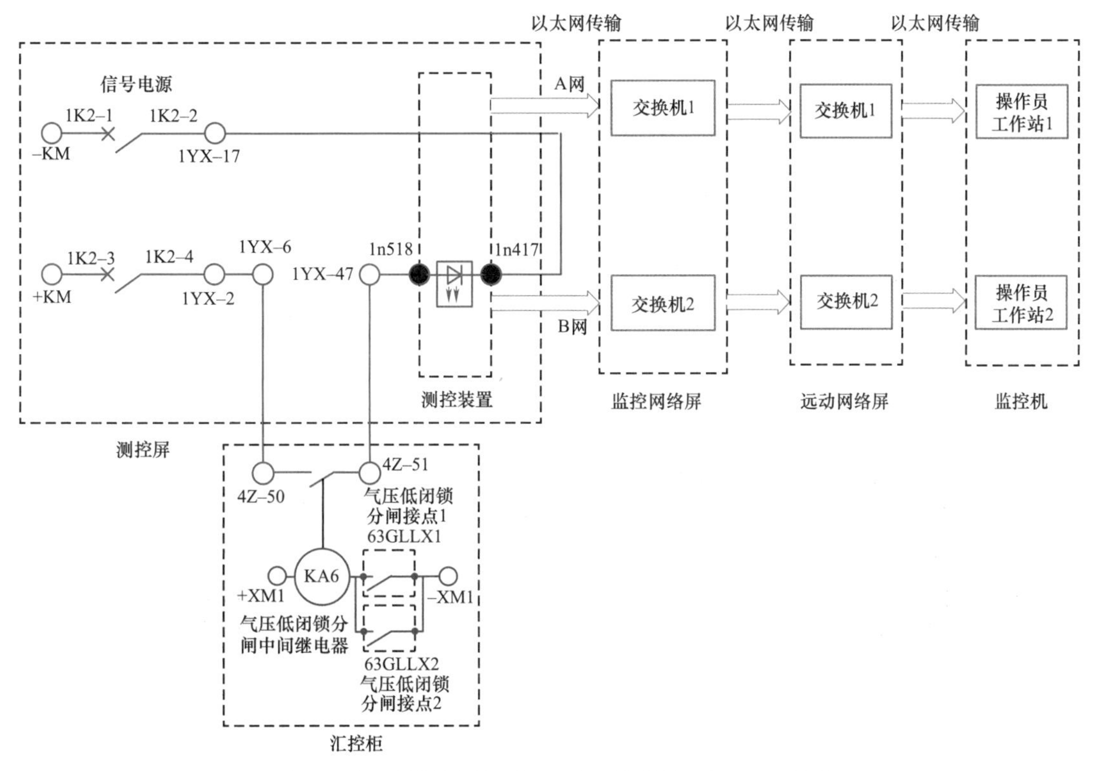

图5–91 断路器气室SF_6压力低闭锁分闸二次回路图

注：红色线条代表回路1；蓝色线条代表回路2；绿色线条代表回路3。

（1）回路1分析：+KM（测控屏信号正电源）→1K2–3（测控屏信号正电源空气断路器上端）→1K2–4（测控屏信号正电源空气断路器下端）→1YX–2（测控屏遥信端子排）→1YX–6（测控屏遥信端子排）→4Z–50（汇控柜端子排）→KA6（气压低闭锁报警继电器接点）→4Z–51（汇控柜端子排）→1YX–47（测控屏端子排）→1n518（测控装置）→光耦→1n417（测控装置）→1YX–17（测控屏遥信端子排）→1K2–2（测控屏信号负电源空气断路器下端）→1K2–1（测控屏信号负电源空气断路器上端）→–KM（测控屏信号负电源）。

（2）回路2分析：+XM1（汇控柜信号正电源）→KA6（气压低闭锁分闸中间继电器）→63GLLX1/63GLLX2（气压低闭锁分闸接点1、2）→–XM1（汇控柜信号负电源）。

（3）回路3分析：测控装置（以太网A网、B网）→监控网络屏（交换机1、交换机2）→远动网络屏（交换机1、交换机2）→监控机（操作员工作站1、操作员工作站2）。

（4）当断路器气室 SF_6 气体压力下降至闭锁值（0.60MPa）时，气压低闭锁分闸接点 1 63GLLX1、接点 2 63GLLX2 闭合，回路 2 导通，气压低闭锁分闸中间继电器 KA6 励磁，回路 1 导通，测控装置中的光耦动作。回路 3 导通，最终监控机“断路器气室 SF_6 压力低闭锁分闸”光字牌亮。

3. 现场设备分析

断路器气室 SF_6 压力低闭锁分闸回路 1 现场设备分析见图 5-92。

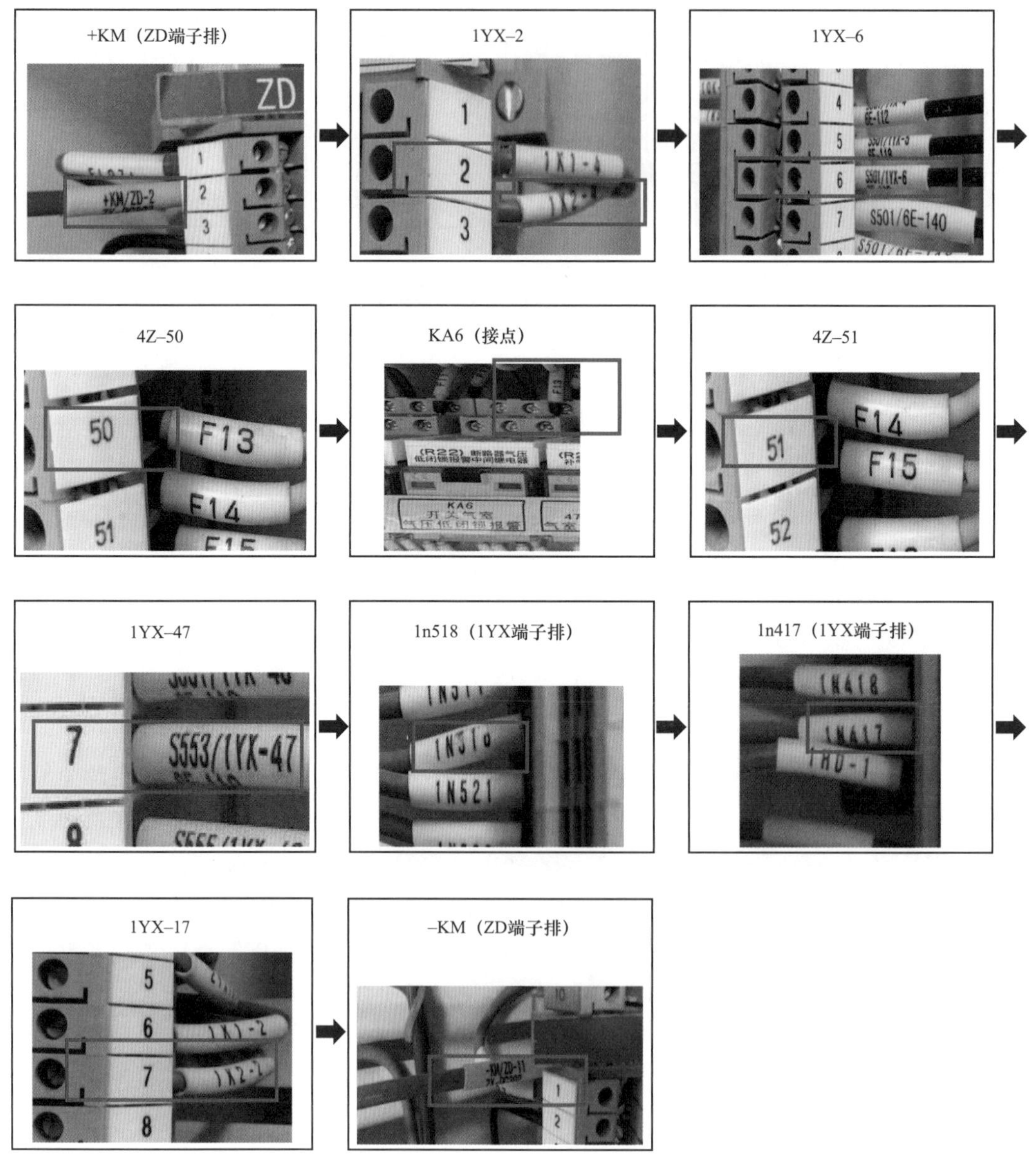

图 5-92　断路器气室 SF_6 压力低闭锁分闸回路 1 现场设备分析

断路器气室 SF_6 压力低闭锁分闸回路 2 现场设备分析见图 5-93。

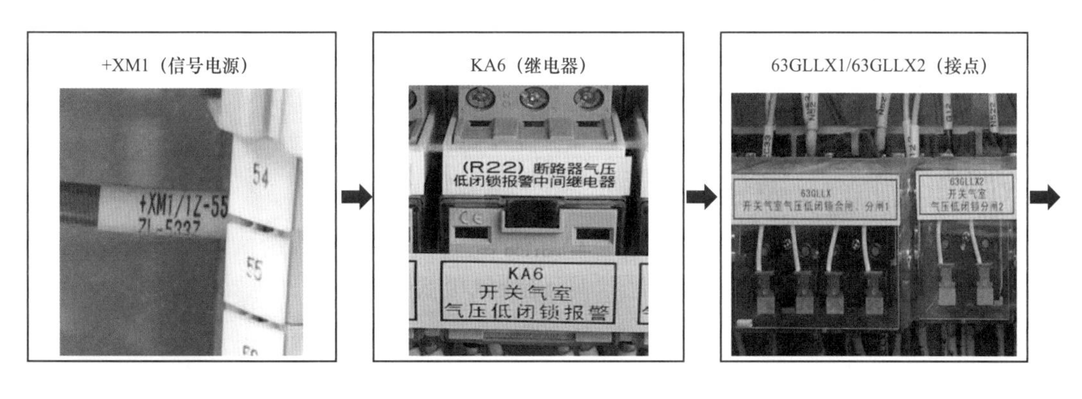

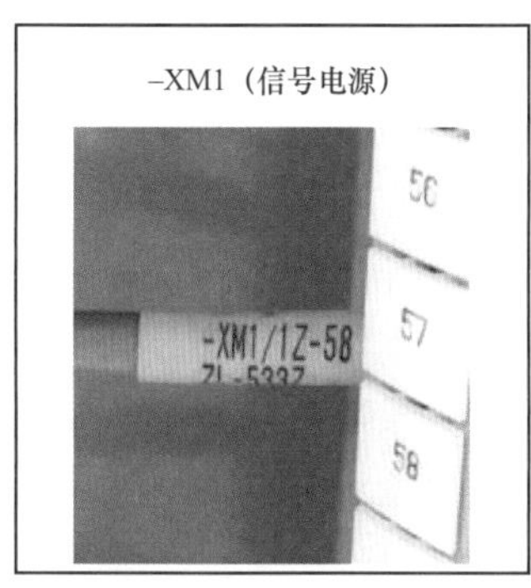

图 5–93　断路器气室 SF_6 压力低闭锁分闸回路 2 现场设备分析

断路器气室 SF_6 压力低闭锁分闸回路 3 现场设备分析见图 5–94。

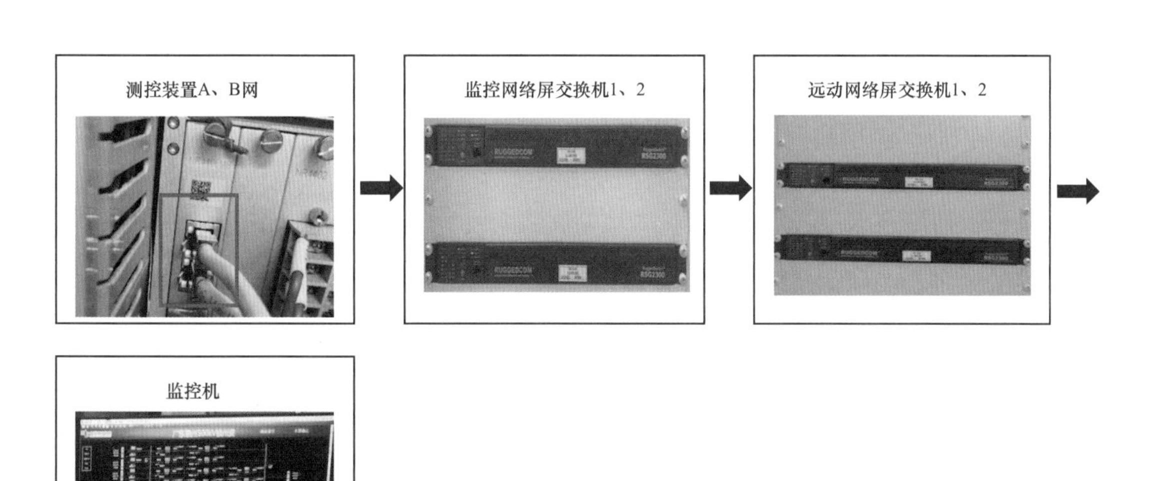

图 5–94　断路器气室 SF_6 压力低闭锁分闸回路 3 现场设备分析

（1）原因分析。

1）断路器气室罐体砂眼、法兰面胶圈老化、表计阀门及连接处密封不良等原因导致SF_6泄漏。

2）表计二次接线盒密封不良，进水或进小动物导致接点绝缘水平降低，造成直流接地误导通，误发信号。

3）气压低闭锁分闸中间继电器发生故障，导致接点异常闭合。

4）汇控柜柜门及观察窗密封胶条老化，导致汇控柜密封不严，壁虎、蚂蚁等小动物进入汇控柜后，爬动或者是在接线端子筑窝，造成气压低闭锁中间继电器的辅助接点导通，误发信号。

5）阳光通过汇控柜观察窗长期对柜内元件直晒，造成柜内元器件老化故障，导致误发信号。

6）汇控柜加热器故障、加热器设置不合理，柜内湿度较大，造成气压低闭锁分闸中间继电器的辅助接点导通，误发信号。

7）信号电缆受外力破坏，如老鼠咬伤、碾压等原因导致信号回路导通，误发信号。

8）当表计压力数值在闭锁值附近且长时间在阳光的直射下，由于表计本体和气室温度不一致，表计在负补偿的作用下，数值有可能会到达报警值导致回路导通，误发信号。

（2）处理过程。当“断路器气室SF_6压力低闭锁分闸”光字牌亮时，运行人员应立即到现场检查断路器实际气体压力，根据压力情况作不同处理。

1）断路器气室SF_6压力确实已降至闭锁分闸值。这是由于断路器气室存在泄漏导致的，应按照相关规程规定的处置方法，将断路器进行停电隔离处理。

2）断路器气室SF_6压力正常，同时伴有“控制回路断线”信号，则可能由于绝缘不良、小动物等原因导致表计二次接线盒内接点导通。此时，虽然断路器气室SF_6压力正常，但由于出现“控制回路断线”信号，断路器控制回路故障，则应按照相关规程规定的处置方法，将断路器进行停电隔离处理。

3）断路器气室SF_6压力正常，无“控制回路断线”信号，则可能由于绝缘不良、串电、小动物等原因导致信号回路2导通。此时由于断路器控制回路正常，无须立即将断路器停电隔离处理，但应尽快查明误发信号原因并消除故障。

4. 经验体会

（1）真信号：断路器气室SF_6压力低闭锁分闸将导致电网短路故障时无法快速切除，严重威胁电网安全，若不及时处理将有可能发生断路器爆炸、设备损坏以及影响电力系统的稳定性。

（2）假信号通常发生在表计本体、表计二次接线盒、汇控柜端子排及继电器、二次电缆损伤。

（3）运行专业可做以下改进：① 表计底座涂抹中性硅酮结构胶密封；② 气室罐体法兰面涂抹中性硅酮结构胶密封；③ 表计加装遮阳罩；④ 表计加装防雨罩；⑤ 表计

二次接线盒涂抹中性硅酮结构胶密封；⑥ 更换汇控柜及机构箱老化的胶条；⑦ 汇控柜观察窗加装遮阳挡板；⑧ 实时调整加热器的最佳工作模式；⑨ 更换故障加热器；⑩ 采用在汇控柜等地方放置粘鼠贴等防小动物措施；⑪更换汇控柜老化的防火泥或补充防火泥。

5.2.7　GIS 设备机构箱电源消失报警

1. 异常信号情况

GIS 设备机构箱电源消失报警光字牌如图 5－95 所示。

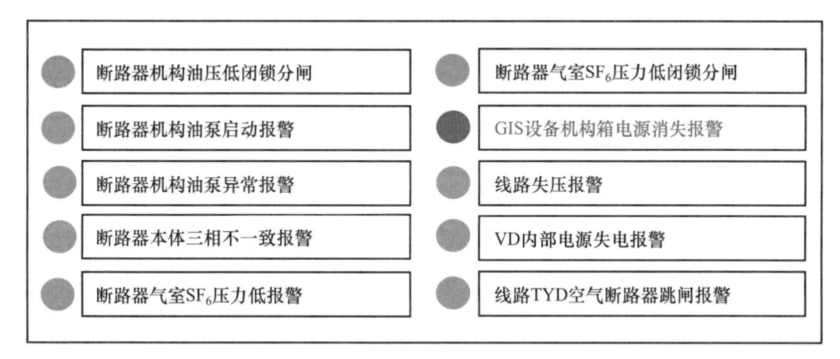

图 5－95　GIS 设备机构箱电源消失报警光字牌

（1）真信号含义：当汇控柜内的断路器储能电机控制电源 MCB1、断路器储能电机电源 MCB2、隔离开关/接地开关控制电源 MCB3、隔离开关/接地开关电机总电源 MCB4、信号电源 MCB5 空气断路器中任意一个偷跳或者人为断开后，相应空气断路器的辅助接点 MCB1SD、MCB2SD、MCB3SD、MCB4SD、MCB5SD 导通，发出“GIS 设备机构箱电源消失报警”信号。

（2）假信号含义：汇控柜内的断路器储能电机控制电源 MCB1、断路器储能电机电源 MCB2、隔离开关/接地开关控制电源 MCB3、隔离开关/接地开关电机总电源 MCB4、信号电源 MCB5 空气断路器均在合位时，当由于绝缘不良、串电、小动物等原因导致信号回路导通时，发出“GIS 设备机构箱电源消失报警”信号。

2. 异常信号分析

GIS 机构箱电源消失报警二次回路图如图 5－96 所示。

（1）回路 1 分析：+KM（测控屏信号正电源）→1K2－3（测控屏信号正电源空气断路器上端）→1K2－4（测控屏信号正电源空气断路器下端）→1YX－2（测控屏遥信端子排）→1YX－6（测控屏遥信端子排）→4Z－64（汇控柜端子排）→KA13（空气断路器跳闸报警继电器接点）（汇控柜）→4Z－65（汇控柜端子排）→1YX－48（测控屏端子排）→1n521（测控装置）→光耦→1n417（测控装置）→1YX－17（测控屏遥信端子排）→1K2－2（测控屏信号负电源空气断路器下端）→1K2－1（测控屏信号负电源空气断路器上端）→－KM（测控屏信号负电源）。

（2）回路 2 分析：+XM1（汇控柜信号正电源）→KA13（空气断路器跳闸报警继电器）→MCB1SD/MCB2SD/MCB3SD/MCB4SD/MCB5SD（空气断路器的辅助接点）→－XM1（汇控柜信号负电源）。

（3）回路 3 分析：测控装置（以太网 A 网、B 网）→监控网络屏（交换机 1、交换机 2）→远动网络屏（交换机 1、交换机 2）→监控机（操作员工作站 1、操作员工作站 2）。

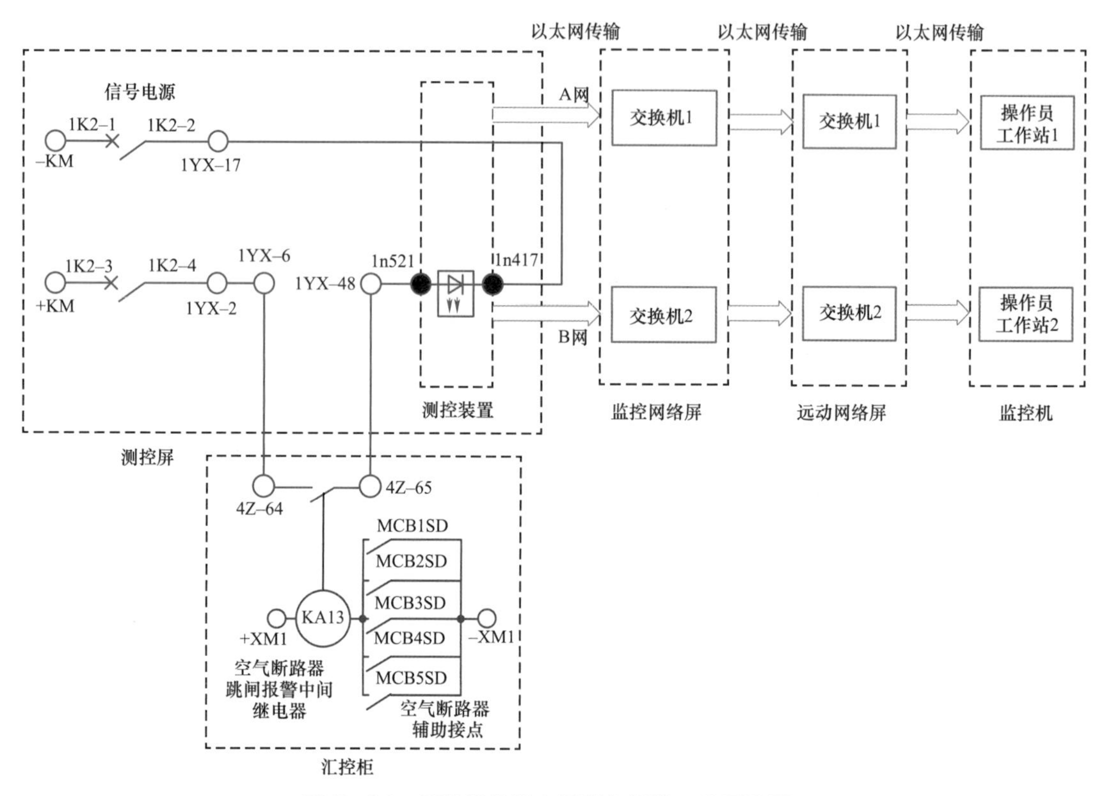

图 5–96　GIS 机构箱电源消失报警二次回路图

注：红色线条代表回路 1；蓝色线条代表回路 2；绿色线条代表回路 3。

（4）当汇控柜内的断路器储能电机控制电源 MCB1、断路器储能电机电源 MCB2、隔离开关/接地开关控制电源 MCB3、隔离开关/接地开关电机总电源 MCB4、信号电源 MCB5 空气断路器任意一个偷跳或者人为断开后，相应空气断路器的辅助接点 MCB1SD、MCB2SD、MCB3SD、MCB4SD、MCB5SD 闭合，回路 2 导通，空气断路器跳闸报警中间继电器 KA13 励磁，其辅助接点闭合，回路 1 导通，测控装置中的光耦动作。回路 3 导通，最终监控机“GIS 设备机构箱电源消失报警”光字牌亮。

3. 现场设备分析

GIS 机构箱电源消失报警回路 1 现场设备分析如图 5–97 所示。

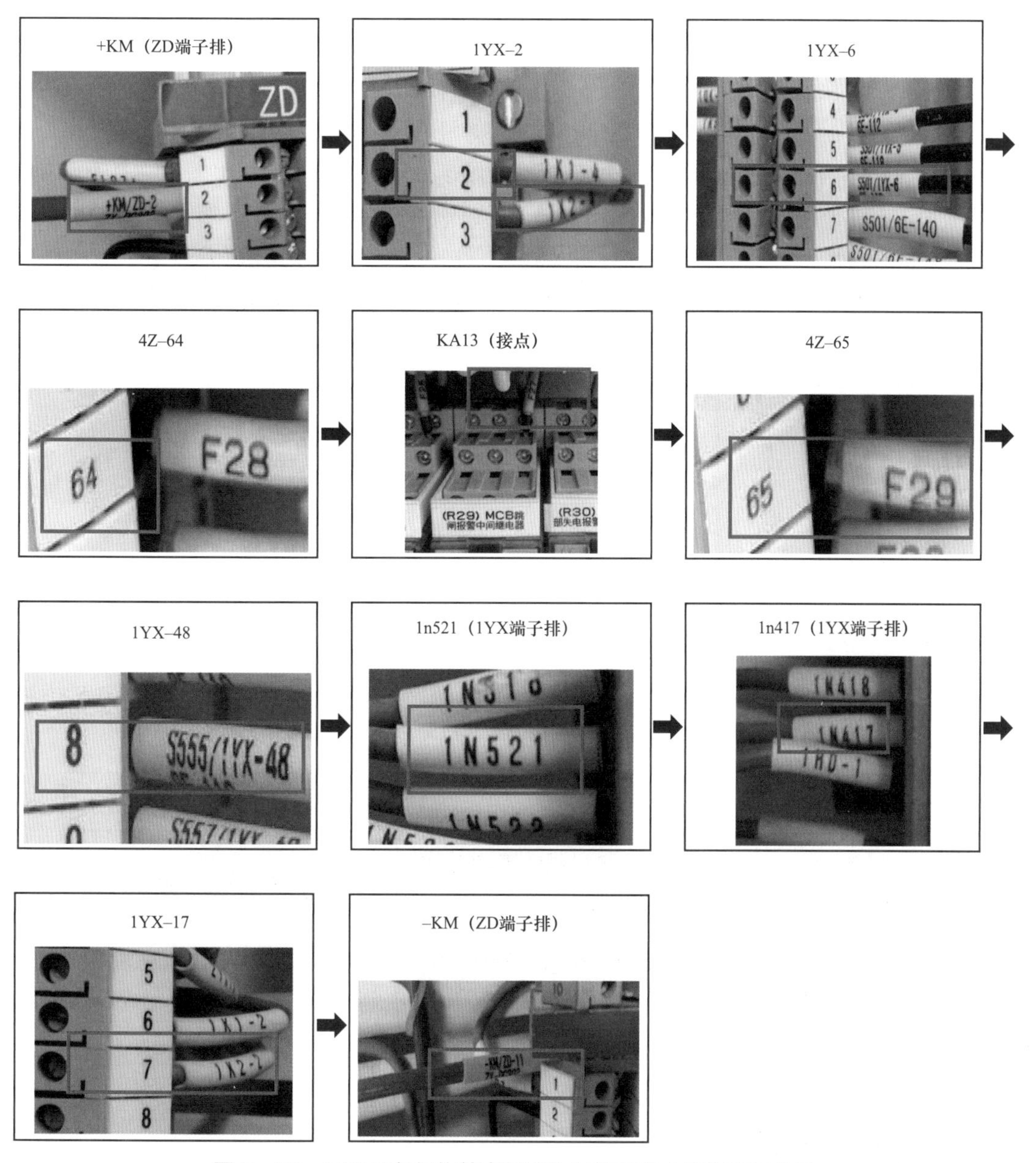

图 5–97　GIS 设备机构箱电源消失报警回路 1 现场设备分析

GIS 设备机构箱电源消失报警回路 2 现场设备分析如图 5–98 所示。

GIS 设备机构箱电源消失报警回路 3 现场设备分析如图 5–99 所示。

（1）原因分析。

1）电机回路负载太大，存在过载现象。

2）电机回路或电机本体存在短路故障，回路电流过大，导致空气断路器跳闸。

3）控制、信号回路存在短路故障，回路电流过大，导致空气断路器跳闸。

4）空气断路器存在质量问题，在运行过程中偷跳。

5）人为操作空气断路器使其分闸。

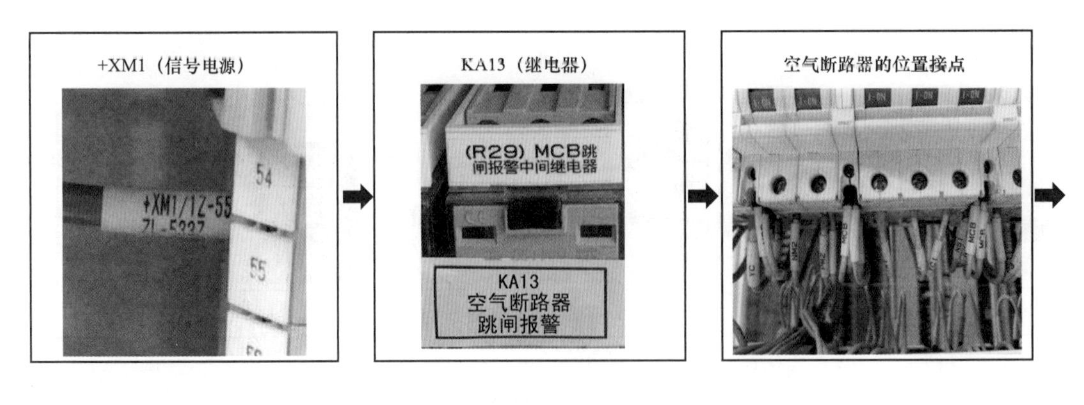

图 5-98　GIS 设备机构箱电源消失报警回路 2 现场设备分析

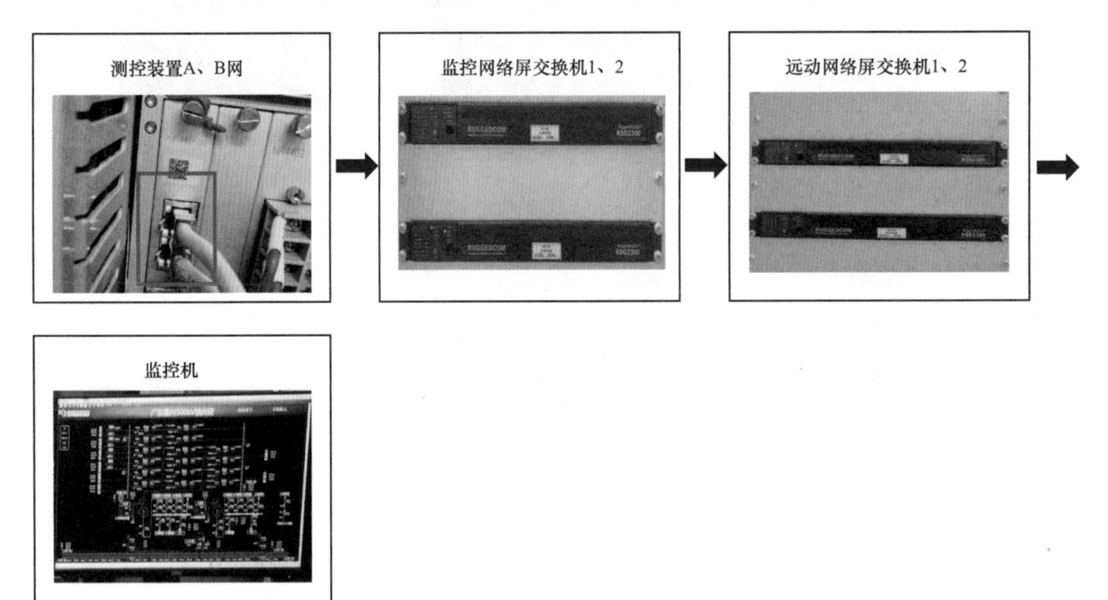

图 5-99　GIS 设备机构箱电源消失报警回路 3 现场设备分析

6）空气断路器辅助接点粘死或者故障，在合上空气断路器后，辅助接点未同步变位。

7）汇控柜柜门及观察窗密封胶条老化，导致汇控柜密封不严，壁虎、蚂蚁等小动物进入汇控柜后，爬动或者是在接线端子筑窝，造成空气断路器辅助接点导通，误发信号。

8）汇控柜柜门及观察窗密封胶条老化，导致汇控柜密封不严，进水受潮导致回路绝缘能力降低，造成空气断路器辅助接点导通，误发信号。

9）阳光通过汇控柜观察窗长期对柜内元件直晒，造成柜内元器件老化故障，导致误发信号。

10）汇控柜加热器故障、加热器设置不合理，柜内湿度较大，造成空气断路器辅助接点导通，误发信号。

11）信号电缆受外力破坏，如老鼠咬伤、碾压等原因导致信号回路导通，误发信号。

（2）处理过程。当“GIS 设备机构箱电源消失报警”光字牌亮时，运行人员应立即到现场检查断路器储能电机控制电源 MCB1、断路器储能电机电源 MCB2、隔离开关/接地开关控制电源 MCB3、隔离开关/接地开关电机总电源 MCB4、信号电源 MCB5 空气断路器位置，注意身体与空气断路器保持安全距离，不要随意拉合、触摸空气断路器，根据空气断路器位置的不同情况进行处理。

1）空气断路器存在偷跳情况。① 观察空气断路器是否有放电灼烧痕迹；② 检查二次回路接线，判断线头有没有明显脱落、接地及放电痕迹；③ 使用万用表测量空气断路器负荷侧整个二次回路及电机的绝缘情况；④ 初步处理和排除故障点后试合空气断路器，若试合不成功则须继续排查故障；⑤ 若空气断路器元件故障，则应该更换故障元件，更换前应检查元件的电压等级及其参数与现场一致，并对其进行试验，更换后检查接线情况，最后合上空气断路器。

2）所有空气断路器均在合上位置。则可能由于绝缘不良、串电、小动物等原因导致信号回路导通，误发信号。此时应尽快查明误发信号原因并消除故障。

4. 经验体会

（1）真信号：当断路器储能电机控制电源 MCB1、断路器储能电机电源 MCB2 空气断路器故障时，将造成断路器无法正常储能。当存在油压低的情况，若液压操作机构的压力达不到规定，操作断路器时会使分合闸时间过长，灭弧室气压过大会引起断路器爆炸，进而波及相关设备，事故扩大，严重威胁电网安全和稳定性。当油压降低至闭锁分闸时，会在电网发生事故时造成断路器拒动从而导致事故范围扩大。当隔离开关/接地开关控制电源 MCB3、隔离开关/接地开关电机总电源 MCB4 空气断路器跳闸暂时无法恢复时，将导致需要操作隔离开关或者接地开关时无法快速操作，影响倒闸操作的效率，在电网发生故障时无法快速进行事故处理，有可能导致事故范围扩大，严重影响电力系统的安全稳定运行。当信号电源 MCB5 空气断路器跳闸暂时无法恢复时，将导致信号回路不通，无法将故障信号上送至后台监控机，影响运行人员的监盘。

（2）假信号通常发生在汇控柜内空气断路器辅助接点、汇控柜端子排及继电器、二次电缆。

（3）运行专业可做以下改进：① 更换质量较好的空气断路器；② 空气断路器加装防护罩；③ 更换汇控柜及机构箱老化的胶条；④ 汇控柜观察窗加装遮阳挡板；⑤ 实时调整加热器的最佳工作模式；⑥ 更换故障加热器；⑦ 采用在汇控柜等地方放置粘鼠贴等防小动物措施；⑧ 更换汇控柜老化的防火泥或补充防火泥。

5.2.8 线路失压报警

1. 异常信号情况

线路失压报警光字牌如图 5-100 所示。

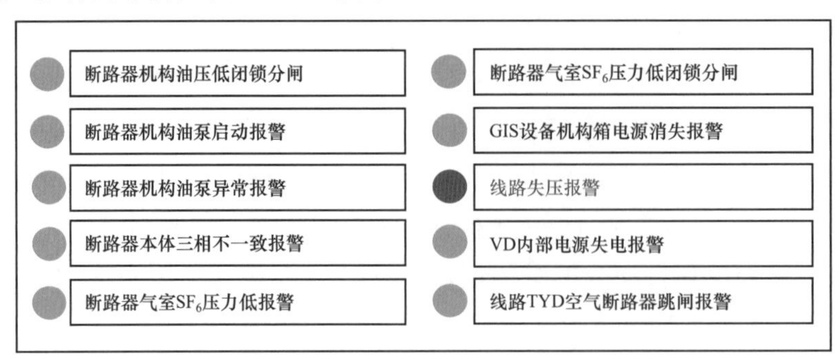

图 5-100 线路失压报警光字牌

信号含义：

（1）真信号含义：线路操作停电或者事故跳闸后，线路失压，电压监视继电器 YJS 的动断辅助接点或带电显示装置（VD）的电压接点 AVDL、BVDL、CVDL 闭合，发出“线路失压报警”信号。

（2）假信号含义：线路电压正常时，当由于绝缘不良、串电、小动物等原因导致信号回路导通，或者电压监视继电器 YJS、带电显示装置（VD）出现故障时发出“线路失压报警”信号。

2. 异常信号分析

线路失压报警二次回路图如图 5-101 所示。

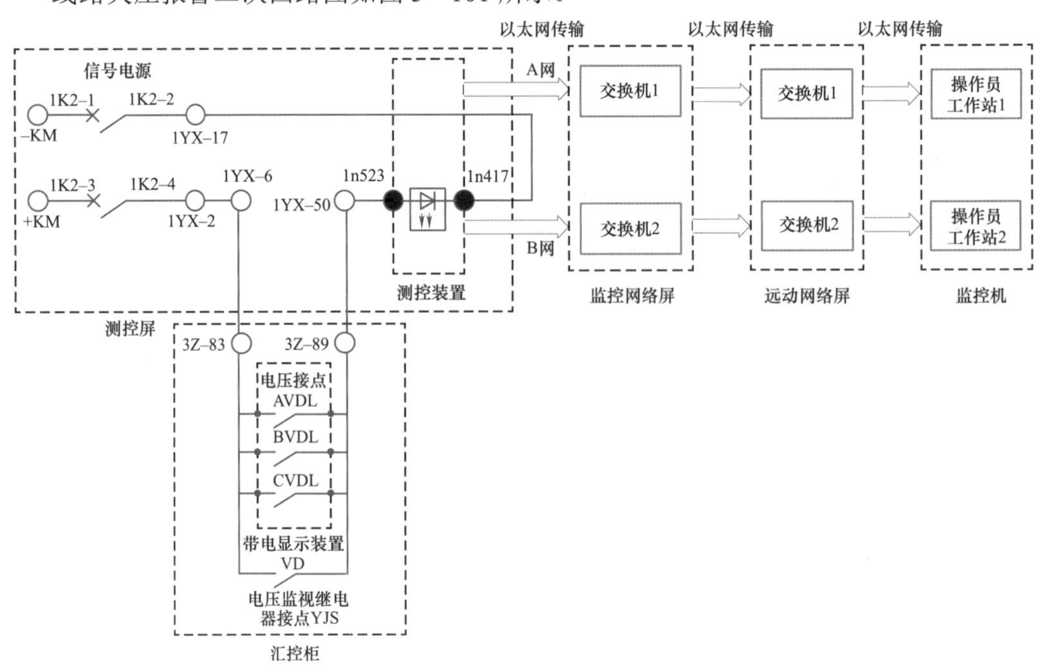

图 5-101 线路失压报警二次回路图

注：红色线条代表回路 1；绿色线条代表回路 2。

（1）回路 1 分析：+KM（测控屏信号正电源）→1K2－3（测控屏信号正电源空气断路器上端）→1K2－4（测控屏信号正电源空气断路器下端）→1YX－2（测控屏遥信端子排）→1YX－6（测控屏遥信端子排）→3Z－83（汇控柜端子排）→带电显示装置（VD）/ 电压监视继电器 YJS（汇控柜）→3Z－89（汇控柜端子排）→1YX－50（测控屏端子排）→1n523（测控装置）→光耦→1n417（测控装置）→1YX－17（测控屏遥信端子排）→1K2－2（测控屏信号负电源空气断路器下端）→1K2－1（测控屏信号负电源空气断路器上端）→－KM（测控屏信号负电源）。

（2）回路 2 分析：测控装置（以太网 A 网、B 网）→监控网络屏（交换机 1、交换机 2）→远动网络屏（交换机 1、交换机 2）→监控机（操作员工作站 1、操作员工作站 2）。

（3）当电压监视继电器 YJS 失磁其动合辅助接点闭合，或者带电显示装置（VD）的电压接点 AVDL、BVDL、CVDL 闭合时，回路 1 导通，测控装置中的光耦动作。回路 2 导通，最终监控机“线路失压报警”光字牌亮。

3. 现场设备分析

线路失压报警回路 1 现场设备分析见图 5－102。

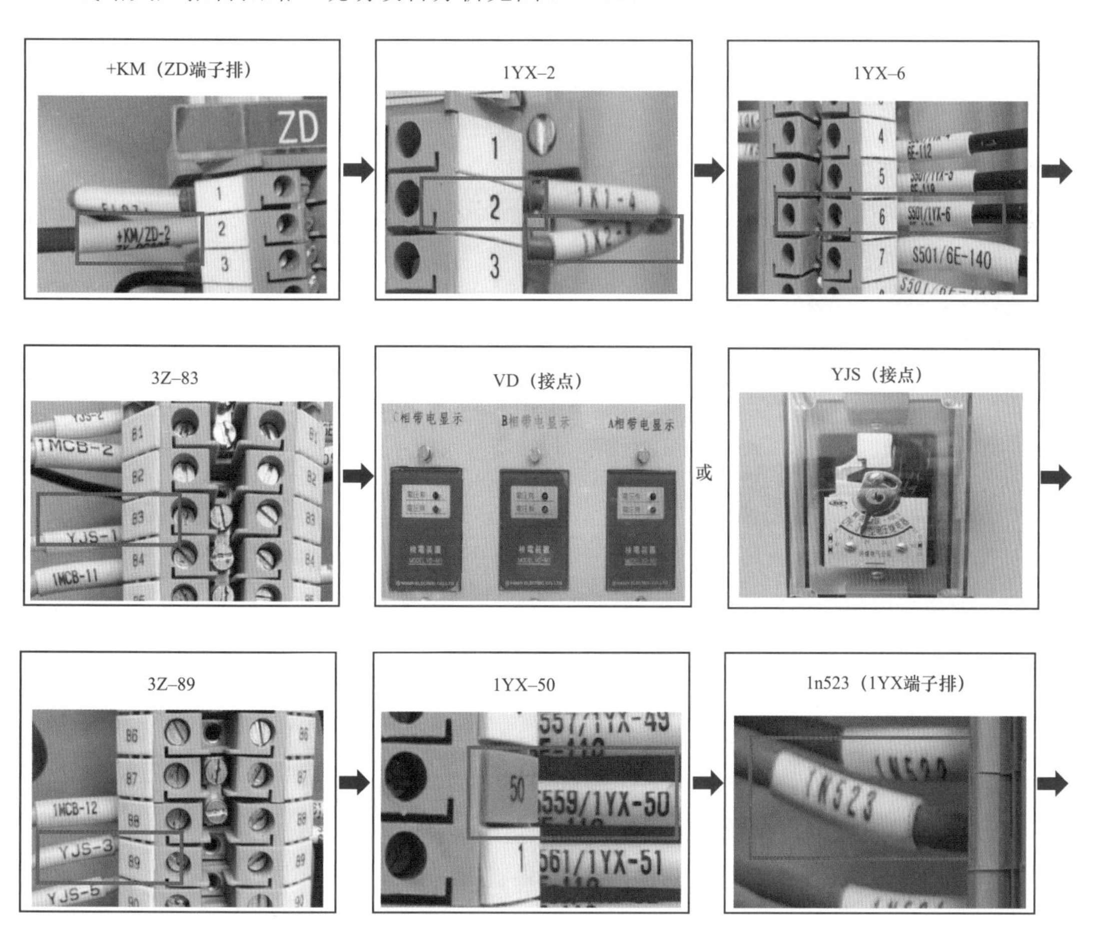

图 5－102　线路失压报警回路 1 现场设备分析（一）

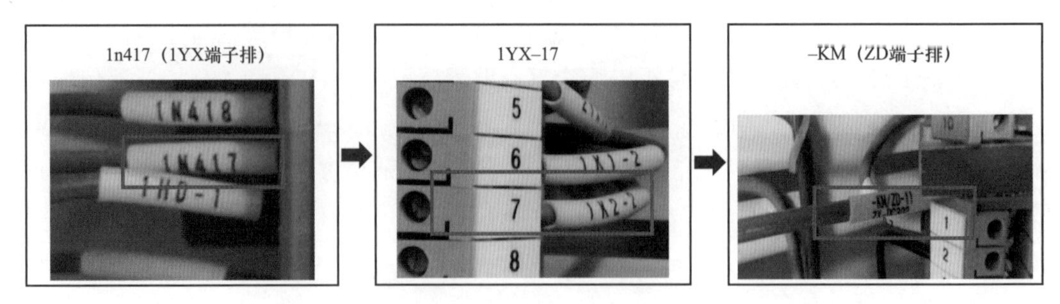

图 5-102 线路失压报警回路 1 现场设备分析（二）

线路失压报警回路 2 现场设备分析见图 5-103。

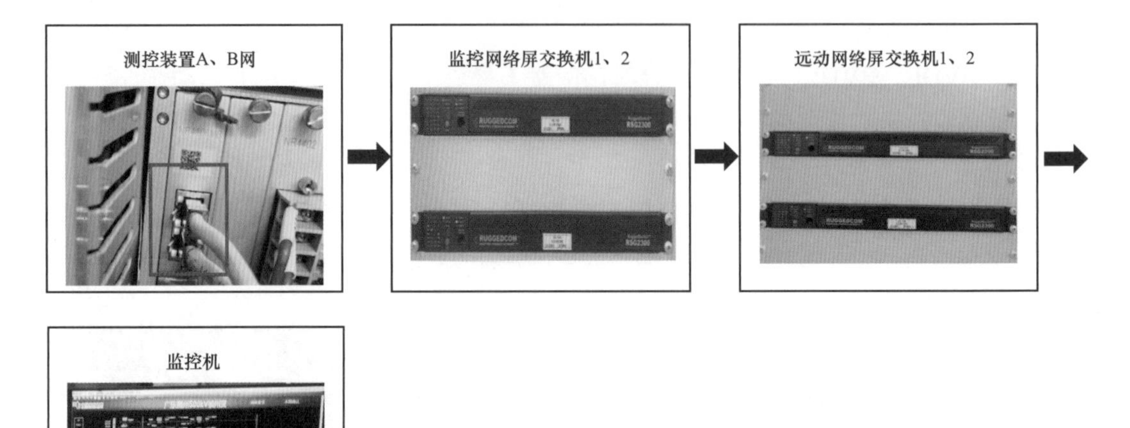

图 5-103 线路失压报警回路 2 现场设备分析

（1）原因分析。

1）线路操作停电或者事故跳闸后，线路失压，电压监视继电器的动断辅助接点或带电显示装置（VD）的电压接点闭合，信号回路导通，发出“线路失压报警”信号。

2）线路交流电压回路因端子松动或电压监视继电器故障导致继电器无法正常励磁，其动断接点闭合，信号回路导通误发信。

3）带电显示装置（VD）故障导致其内部的电压接点闭合，回路导通，误发信号。

4）线路 TYD 二次电压空气断路器偷跳。

5）汇控柜柜门及观察窗密封胶条老化，导致汇控柜密封不严，壁虎、蚂蚁等小动物进入汇控柜后，爬动或在接线端子筑窝，造成造成直流接地或者是串电，误发信号。

6）阳光通过汇控柜观察窗长期对柜内元件直晒，造成柜内元器件老化故障，导致误发信号。

7）汇控柜加热器故障、加热器设置不合理，柜内湿度较大，造成电压监视继电器的常闭辅助接点或带电显示装置（VD）的电压接点导通，误发信号。

8）信号电缆受外力破坏，如老鼠咬伤、碾压等原因导致信号回路导通，误发信号。

（2）处理过程。当“线路失压报警”光字牌亮时，运行人员应立即检查监控后台线路电流、电压、现场断路器位置、带电显示装置（VD）以及线路A相TYD二次电压空气断路器位置，根据线路是否真的失压作不同处理。

1）线路跳闸重合闸不成功导致失压，则应尽快将保护动作情况、安自装置动作情况、故障测距以及现场一次设备与天气情况汇报给调度，由调度员决定是否强送。

2）线路电压正常，线路TYD二次电压空开在断开位置。① 观察空气断路器是否有放电灼烧痕迹；② 检查二次回路接线，判断线头有没有明显脱落、接地及放电痕迹；③ 使用万用表测量空气断路器负荷侧整个二次回路的绝缘情况；④ 初步处理和排除故障点后试合空气断路器，若试合不成功则须继续排查故障；⑤ 若空气断路器元件故障，则应该更换故障元件，更换前应检查元件的电压等级及其参数与现场一致，并对其进行试验，更换后检查接线情况，最后合上空气断路器。

3）线路电压正常，带电显示装置（VD）显示无电压。① 检查装置接线，判断线头有没有明显脱落，正确用手拨动接线，判断有没有明显位移，检查时不误碰其他接线端子，不要将松动的线直接拉出端子，拨动时一次只拨一根线；② 根据图纸紧固松脱的端子；③ 若是装置故障，则应通知班组进行更换。

4. 经验体会

（1）线路跳闸导致失压轻则降低电网供电可靠性、引起电厂窝电、造成电网局部供电紧张，或直接造成用户停电，重则进一步引起电网事故，触发系统振荡、电网解裂，从而造成全城甚至更大范围停电。

（2）假信号通常发生在TYD二次交流电压回路端子松脱、电压监视继电器故障、带电显示装置（VD）故障，线路TYD二次电压空气断路器偷跳、直流接地串电等原因。

（3）运行专业可做以下改进：① 更换质量较好的空气断路器；② 空气断路器加装防护罩；③ 更换汇控柜及机构箱老化的胶条；④ 汇控柜观察窗加装遮阳挡板；⑤ 实时调整加热器的最佳工作模式；⑥ 更换故障加热器；⑦ 采用在汇控柜等地方放置粘鼠贴等防小动物措施；⑧ 更换汇控柜老化的防火泥或补充防火泥。

5.2.9 VD内部电源失电报警

1. 异常信号情况

VD内部电源失电报警光字牌如图5－104所示。

（1）真信号含义：带电显示装置（VD）是一种将高压设备是否带电的信号正确的显示出来，防止误操作，确保人身安全。当VD内部电源电压异常或断路时，装置内部的电源失电接点VDA、VDB、VDC导通，发出“VD内部电源失电报警”信号。

（2）假信号含义：VD内部电源正常时，当由于绝缘不良、串电、小动物等原因导致信号回路导通，发出“VD内部电源失电报警”信号。

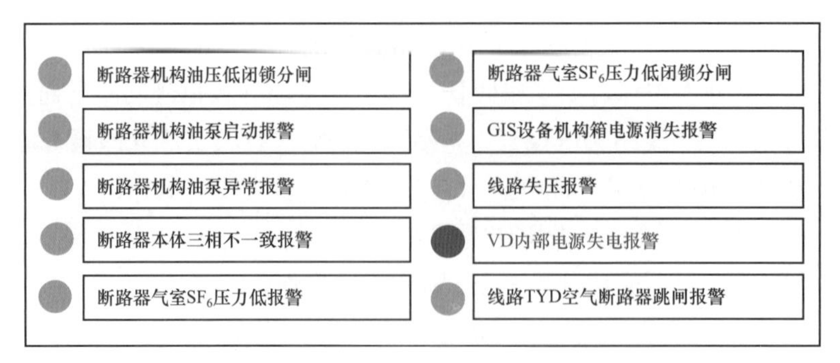

图 5-104 VD 内部电源失电报警光字牌

2. 异常信号分析

VD 内部电源失电报警二次回路图如图 5-105 所示。

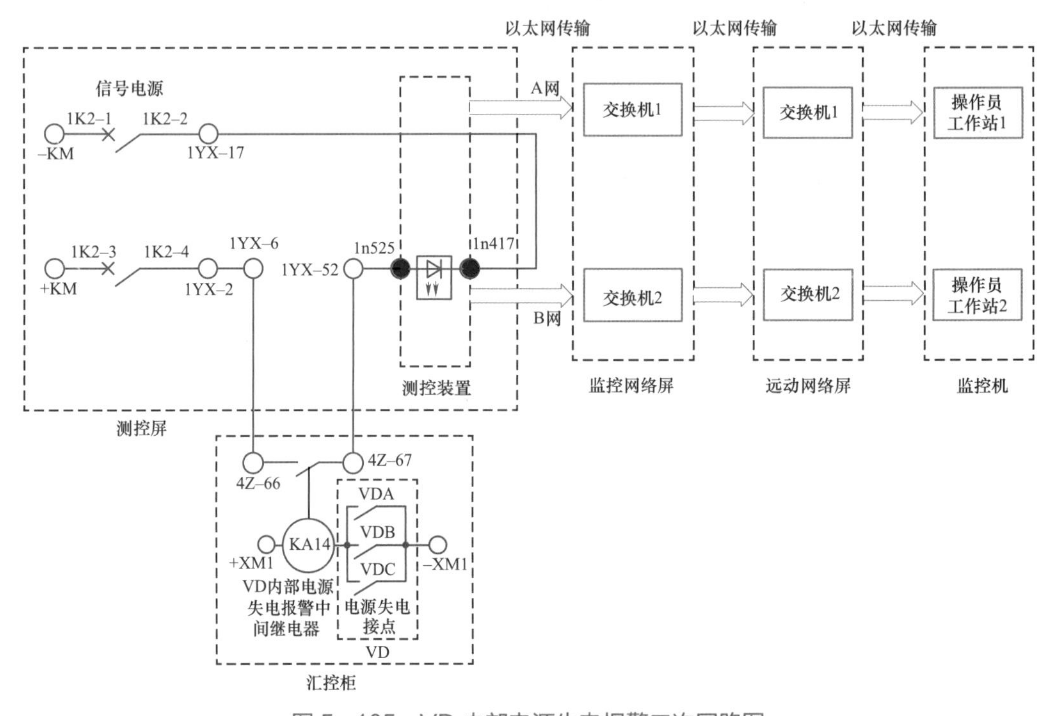

图 5-105 VD 内部电源失电报警二次回路图

注：红色线条代表回路 1；蓝色线条代表回路 2；绿色线条代表回路 3。

（1）回路 1 分析：+KM（测控屏信号正电源）→1K2-3（测控屏信号正电源空气断路器上端）→1K2-4（测控屏信号正电源空气断路器下端）→1YX-2（测控屏遥信端子排）→1YX-6（测控屏遥信端子排）→4Z-66（汇控柜端子排）→KA14（VD 内部电源失电报警中间继电器接点）→4Z-67（汇控柜端子排）→1YX-52（测控屏端子排）→1n525（测控装置）→光耦→1n417（测控装置）→1YX-17（测控屏遥信端子排）→1K2-2（测控屏信号负电源空气断路器下端）→1K2-1（测控屏信号负电源空气断路器上端）→-KM（测控屏信号负电源）。

（2）回路 2 分析：+XM1（汇控柜信号正电源）→KA14（VD 内部电源失电报警中

间继电器）→VDA/VDB/VDC（VD 内部电源失电接点）→－XM1（汇控柜信号负电源）。

（3）回路 3 分析：测控装置（以太网 A 网、B 网）→监控网络屏（交换机 1、交换机 2）→远动网络屏（交换机 1、交换机 2）→监控机（操作员工作站 1、操作员工作站 2）。

（4）当 VD 内部电源失电时，装置内部的电源失电接点 VDA/VDB/VDC 导通，回路 2 导通，VD 内部电源失电报警中间继电器 KA14 励磁，回路 1 导通，测控装置中的光耦动作。回路 3 导通，最终监控机“VD 内部电源失电报警”光字牌亮。

3. 现场设备分析

VD 内部电源失电报警回路 1 现场设备分析见图 5－106。

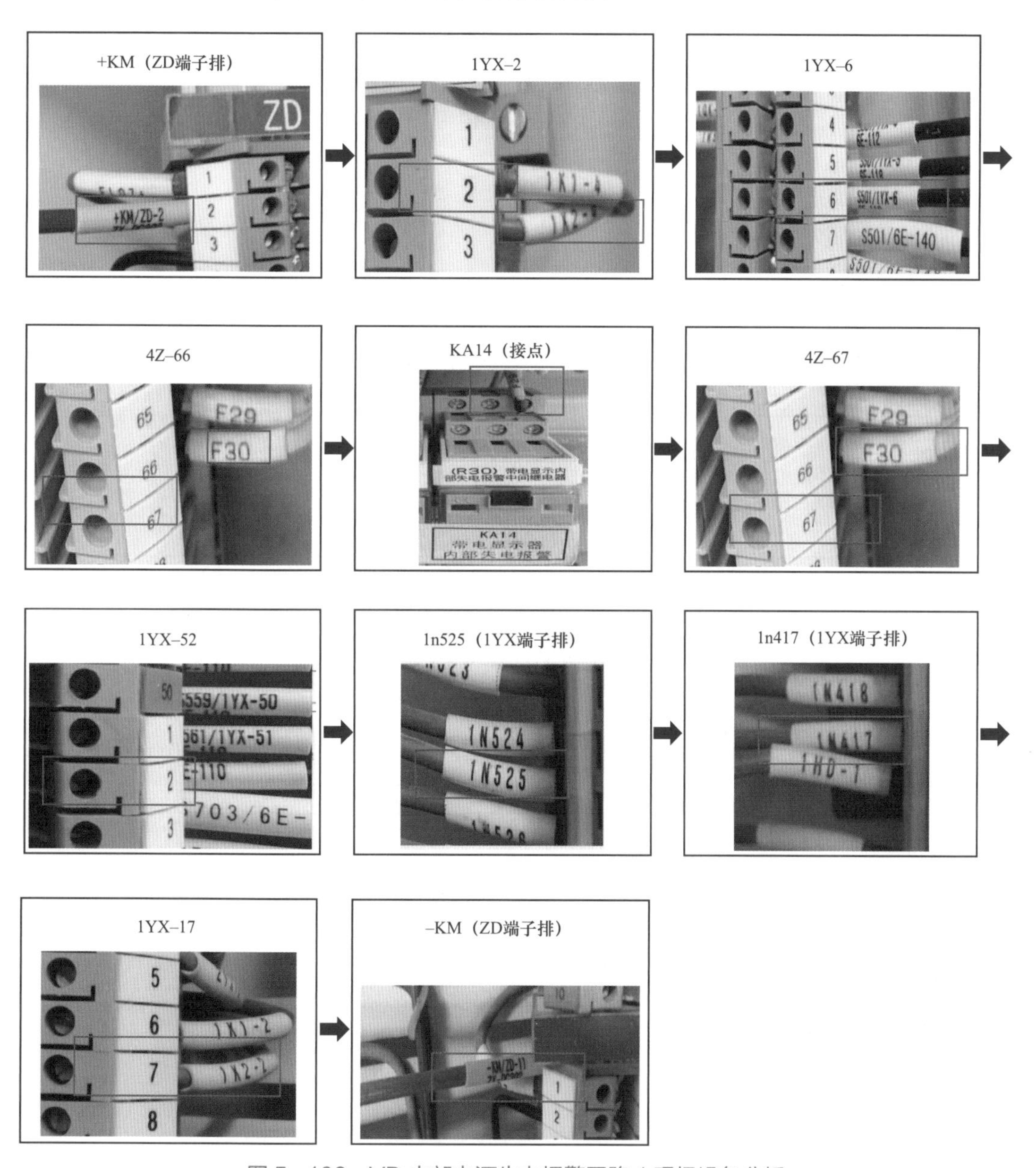

图 5－106　VD 内部电源失电报警回路 1 现场设备分析

VD 内部电源失电报警回路 2 现场设备分析见图 5－107。

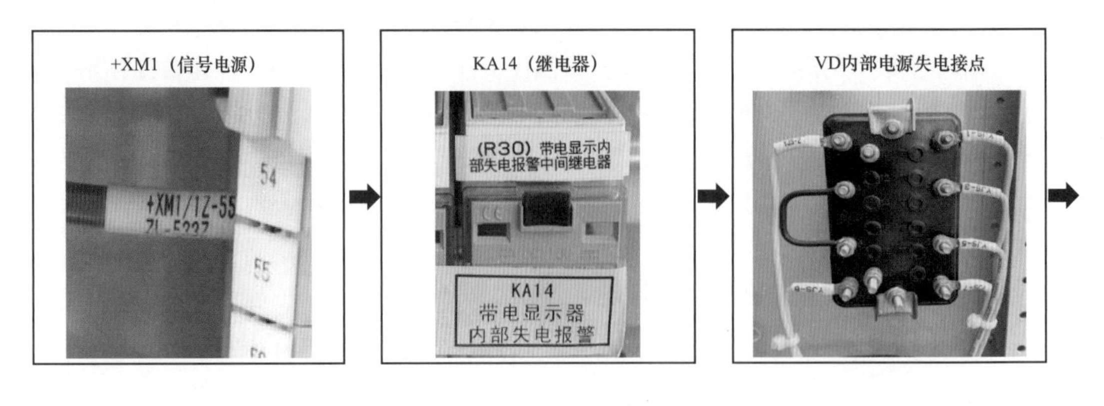

图 5－107　VD 内部电源失电报警回路 2 现场设备分析

VD 内部电源失电报警回路 3 现场设备分析见图 5－108。

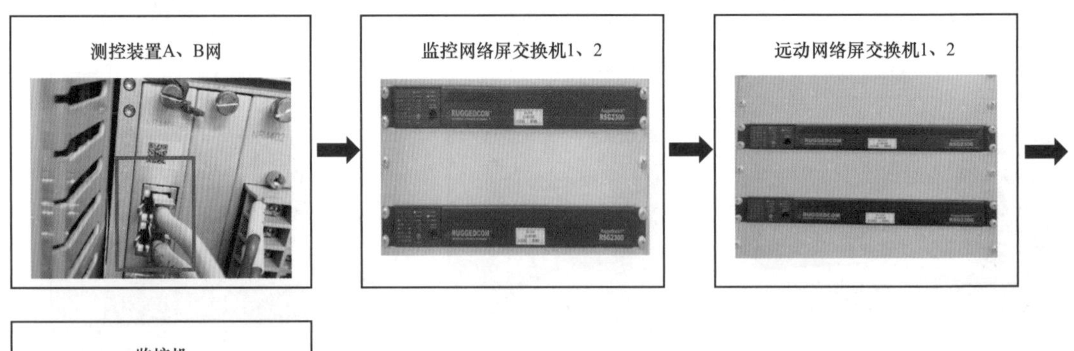

图 5－108　VD 内部电源失电报警回路 3 现场设备分析

（1）原因分析。

1）当 VD 内部电源电压异常或断路时，导致内部电源失电接点 VDA/VDB/VDC 导通误发信号。

2）VD 故障导致内部电源失电接点 VDA/VDB/VDC 导通，误发信号。

3）汇控柜加热器故障、加热器设置不合理，柜内湿度较大，造成 VD 内部电源失电接点 VDA/VDB/VDC 因受潮导通，误发信号。

4）空气断路器存在质量问题，在运行过程中偷跳。

5）汇控柜柜门及观察窗密封胶条老化，导致汇控柜密封不严，壁虎、蚂蚁等小动物进入汇控柜后，爬动或者是在接线端子筑窝，造成 VD 内部电源失电报警中间继电器的辅助接点导通，误发信号。

6）汇控柜柜门及观察窗密封胶条老化，导致汇控柜密封不严，进水受潮导致回路绝缘降低，VD 内部电源失电接点 VDA/VDB/VDC 因受潮导通，误发信号。

7）阳光通过汇控柜观察窗长期对柜内元件直晒，造成柜内元器件老化故障，导致误发信号。

8）汇控柜加热器故障、加热器设置不合理，柜内湿度较大，造成 VD 内部电源失电报警中间继电器的辅助接点导通，误发信号。

9）信号电缆受外力破坏，如老鼠咬伤、碾压等原因导致信号回路导通，误发信号。

（2）处理过程。当“VD 内部电源失电报警”光字牌亮时，运行人员应到现场检查 VD 工作是否正常，根据不同情况处理。

1）VD 工作不正常。

a. VD 装置电源空气断路器在断开位置。① 观察空气断路器是否有放电灼烧痕迹；② 检查二次回路接线，检查线头有没有明显脱落、接地及放电痕迹；③ 使用万用表测量空气断路器负荷侧整个二次回路的绝缘情况；④ 初步处理和排除故障点后试合空气断路器，若试合不成功则须继续排查故障；⑤ 若空气断路器元件故障，则应该更换故障元件，更换前应检查元件的电压等级及其参数与现场一致，并对其进行试验，更换后检查接线情况，最后合上空气断路器。检查 VD 工作情况。

b. VD 装置电源空气断路器在合闸位置。检查 VD 内部电源输入接线端子是否松动，使用万用表欧姆挡测量是否有断点，紧固端子后故障仍未消失，则需要更换备件。

2）VD 工作正常。则可能由于绝缘不良、串电、小动物等原因导致信号回路导通，误发信号。此时应尽快查明误发信号原因并消除故障。

4. 经验体会

（1）VD 能将高压设备是否带电的信号正确的显示出来，防止误操作，确保人身安全。如果 VD 内部电源失电，运行人员将无法监视线路电压，相当于失去了其中一种判断线路是否带电压的手段，降低了倒闸操作效率，增加了误操作的风险。

（2）假信号：通常发生在汇控柜内空气断路器辅助接点、VD 装置内部接线、汇控柜端子排及继电器、二次电缆。

（3）运行专业可做以下改进：① 更换质量较好的空气断路器；② 空气断路器加装防护罩；③ 更换汇控柜及机构箱老化的胶条；④ 汇控柜观察窗加装遮阳挡板；⑤ 实时调整加热器的最佳工作模式；⑥ 更换故障加热器；⑦ 采用在汇控柜等地方放置粘鼠贴等防小动物措施；⑧ 更换汇控柜老化的防火泥或补充防火泥。

5.2.10 线路 TYD 空气断路器跳闸报警

1. 异常信号情况

线路 TYD 空气断路器跳闸报警光字牌如图 5－109 所示。

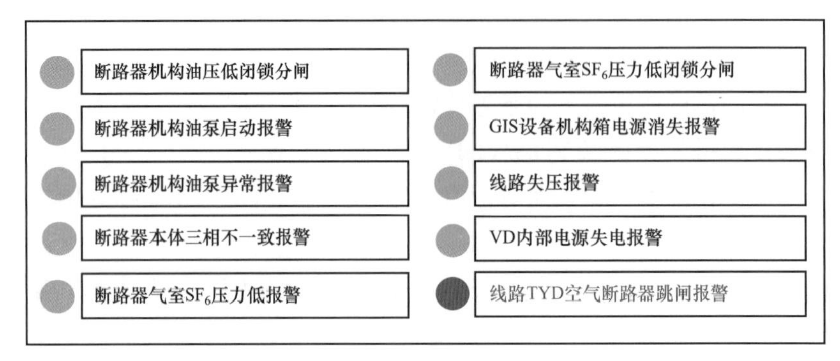

图 5－109 线路 TYD 空气断路器跳闸报警光字牌

（1）真信号含义：TYD 用于检测线路电压，配合检无压或检同期重合闸，以及送电时检测线路电压与母线电压进行比较，以便同期合闸。线路正常运行时，TYD 空气断路器应该在合上位置，当线路 TYD 空气断路器跳闸后，其辅助接点导通，发出“线路 TYD 空气断路器跳闸报警”信号。

（2）假信号含义：线路 TYD 空气断路器在合位时，当由于绝缘不良、串电、小动物等原因导致信号回路导通时，发出“线路 TYD 空气断路器跳闸报警”信号。

2. 异常信号分析

线路 TYD 空气断路器跳闸报警二次回路图见图 5－110。

（1）回路 1 分析：+KM（测控屏信号正电源）→1K2－3（测控屏信号正电源空气断路器上端）→1K2－4（测控屏信号正电源空气断路器下端）→1YX－2（测控屏遥信端子排）→1YX－6（测控屏遥信端子排）→4Z－84（汇控柜端子排）→KA15（TYD 空开跳闸报警中间继电器接点）（汇控柜）→4Z－88（汇控柜端子排）→1YX－51（测控屏端子排）→1n524（测控装置）→1n417（测控装置）→1YX－17→1K2－2（测控屏信号负电源空气断路器下端）→1K2－1（测控屏信号负电源空气断路器上端）→－KM（测控屏信号负电源）。

（2）回路 2 分析：+XM1（汇控柜信号正电源）→KA15（TYD 空气断路器跳闸报警中间继电器）→1MCBSD（TYD 空气断路器辅助接点）→－XM1（汇控柜信号负电源）。

（3）回路 3 分析：测控装置（以太网 A 网、B 网）→监控网络屏（交换机 1、交换机 2）→远动网络屏（交换机 1、交换机 2）→监控机（操作员工作站 1、操作员工作站 2）。

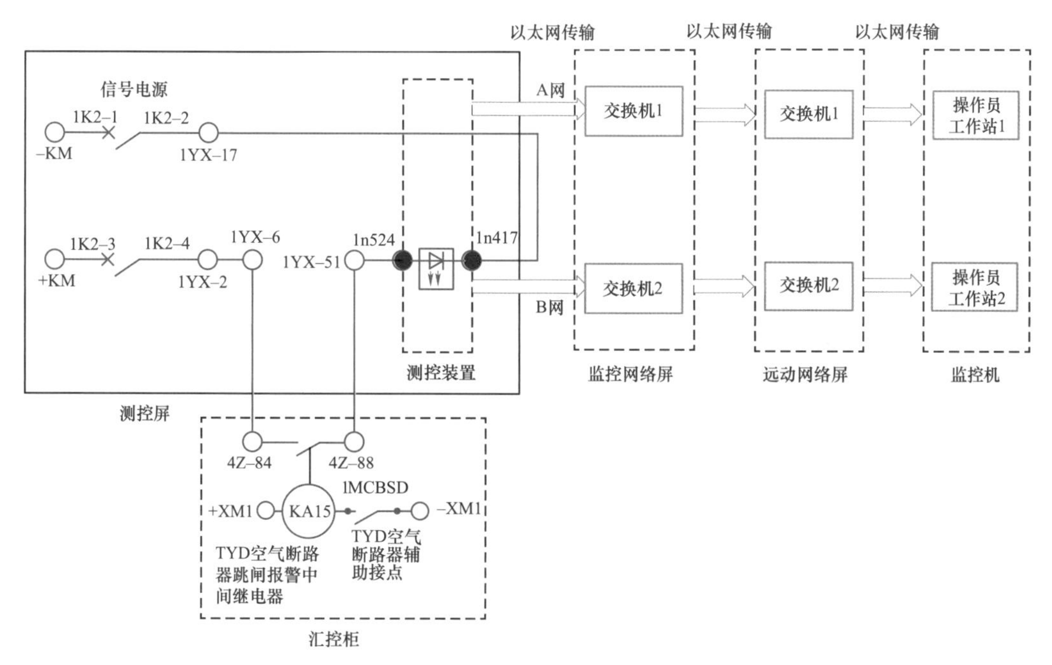

图 5–110　线路 TYD 空气断路器跳闸报警二次回路图

注：红色线条代表回路 1；蓝色线条代表回路 2；绿色线条代表回路 3。

（4）当线路 TYD 空气断路器断开，其辅助接点 1MCBSD 闭合，回路 2 导通，TYD 空气断路器跳闸报警中间继电器 KA15 励磁，回路 1 导通，测控装置中的光耦动作。回路 3 导通，最终监控机“线路 TYD 空气断路器跳闸报警”光字牌亮。

3. 现场设备分析

线路 TYD 空气断路器跳闸报警回路 1 现场设备分析如图 5–111 所示。

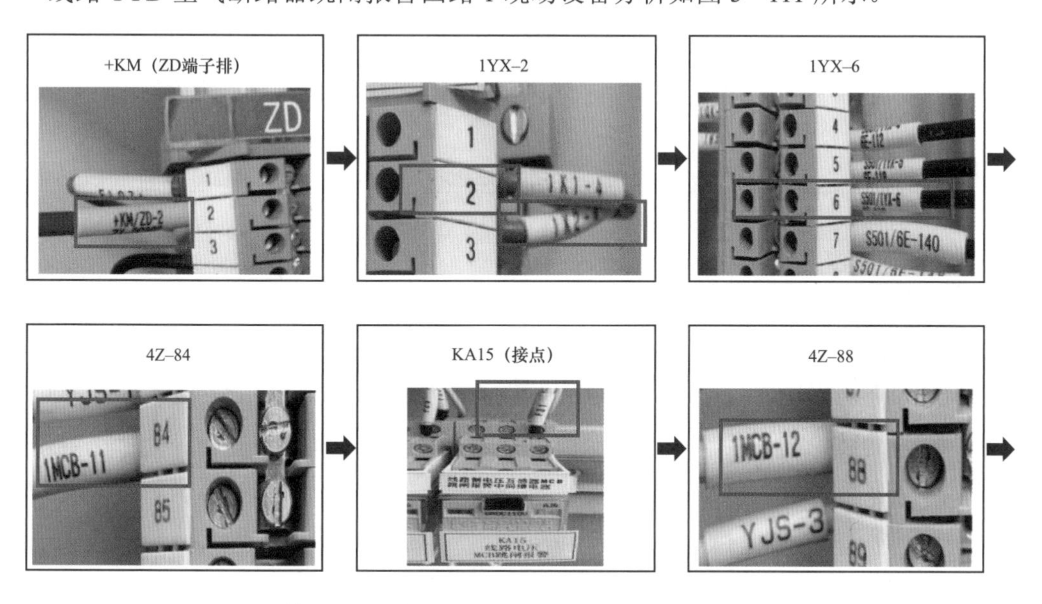

图 5–111　线路 TYD 空气断路器跳闸报警回路 1 现场设备分析（一）

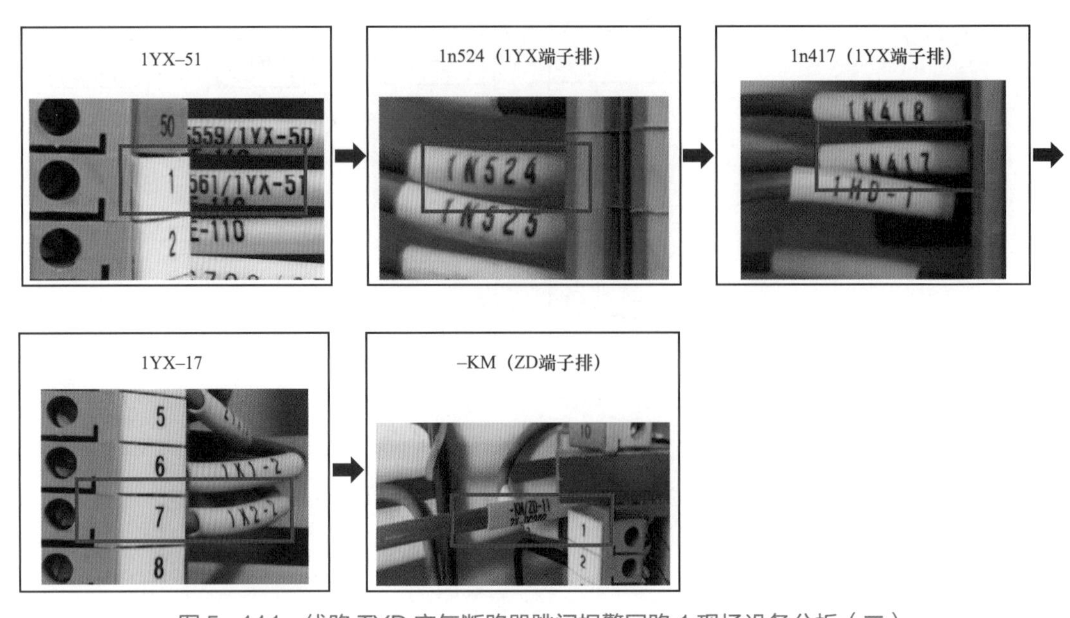

图 5–111 线路 TYD 空气断路器跳闸报警回路 1 现场设备分析（二）

线路 TYD 空气断路器跳闸报警回路 2 现场设备分析如图 5–112 所示。

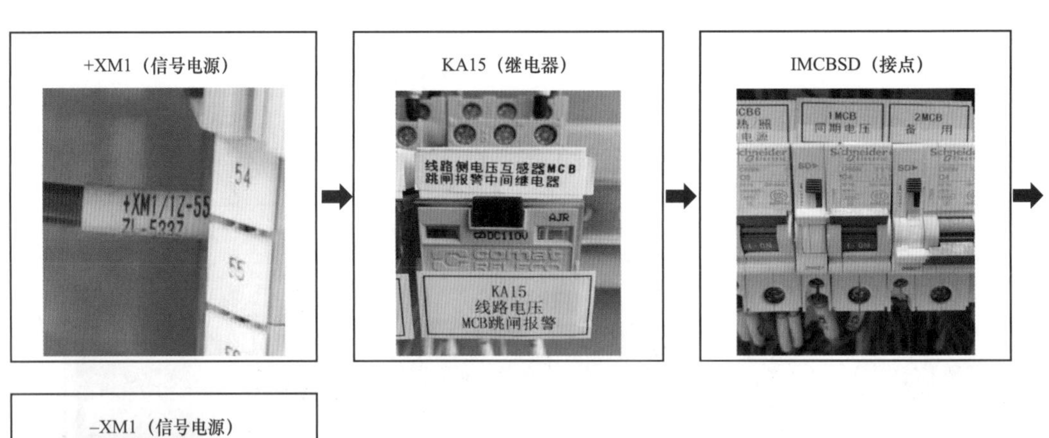

图 5–112 线路 TYD 空气断路器跳闸报警回路 2 现场设备分析

线路 TYD 空气断路器跳闸报警回路 3 现场设备分析见图 5–113。

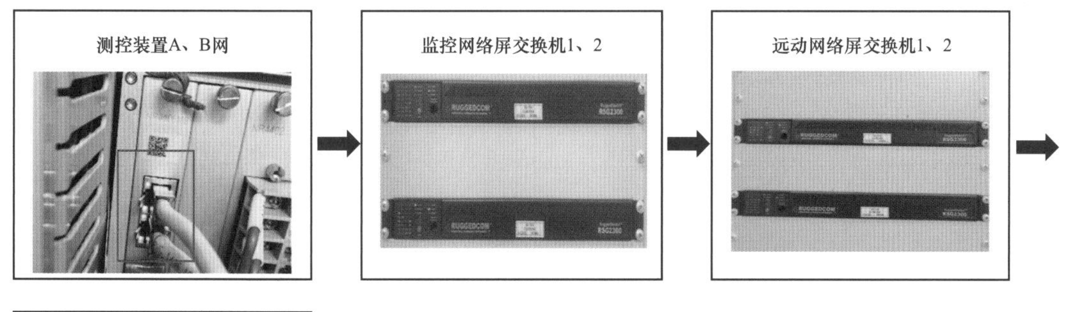

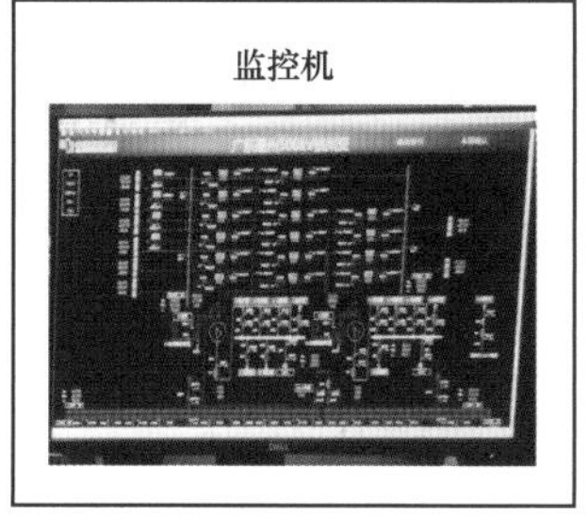

图 5－113　线路 TYD 空气断路器跳闸报警回路 3 现场设备分析

（1）原因分析。

1）TYD 二次交流电压回路存在短路故障，回路电流过大，导致空气断路器跳闸。

2）人为操作空气断路器使其分闸。

3）空气断路器存在质量问题，在运行过程中偷跳。

4）空气断路器辅助接点粘死或者故障，在合上空气断路器后，辅助接点未同步变位。

5）汇控柜柜门及观察窗密封胶条老化，导致汇控柜密封不严，壁虎、蚂蚁等小动物进入汇控柜后，爬动或者是在接线端子筑窝，造成 TYD 空气断路器跳闸报警中间继电器的辅助接点导通，误发信号。

6）汇控柜柜门及观察窗密封胶条老化，导致汇控柜密封不严，进水受潮导致回路绝缘降低，造成空气断路器辅助接点导通，误发信号。

7）阳光通过汇控柜观察窗长期对柜内元件直晒，造成柜内元器件老化故障，导致误发信号。

8）汇控柜加热器故障、加热器设置不合理，柜内湿度较大，造成空气断路器辅助接点导通，误发信号。

9）信号电缆受外力破坏，如老鼠咬伤、碾压等原因导致信号回路导通，误发信号。

（2）处理过程。当“线路 TYD 空气断路器跳闸报警”光字牌亮时，运行人员应立即到现场线路 TYD 空气断路器位置，根据空气断路器位置的不同情况进行处理。

1）线路 TYD 空气断路器在断开位置。① 观察空气断路器是否有放电灼烧痕迹；② 检查二次回路接线，判断线头有没有明显脱落、接地及放电痕迹；③ 使用万用表测量空气断路器负荷侧整个二次回路的绝缘情况；④ 初步处理和排除故障点后试合空气断路器，若试合不成功则须继续排查故障；⑤ 若空气断路器元件故障，则应该更换故障元件，更换前应检查元件的电压等级及其参数与现场一致，并对其进行试验，更换后检查接线情况，最后合上空气断路器。

2）线路 TYD 空气断路器在合上位置。则可能由于绝缘不良、串电、小动物等原因导致信号回路导通，误发信号。此时应尽快查明误发信号原因并消除故障。

4. 经验体会

（1）真信号：线路 TYD 空气断路器跳闸，运行人员将无法监视线路电压，相当于失去了其中一种判断线路是否带电压的手段，降低了倒闸操作效率，增加了误操作的风险。同时 TYD 将无法提供线路电压信息给重合闸，可能导致重合闸无法正确动作。

（2）假信号：通常发生在汇控柜内空气断路器辅助接点、汇控柜端子排及继电器、二次电缆。

（3）运行专业可做以下改进：① 更换质量较好的空气断路器；② 空气断路器加装防护罩；③ 更换汇控柜及机构箱老化的胶条；④ 汇控柜观察窗加装遮阳挡板；⑤ 实时调整加热器的最佳工作模式；⑥ 更换故障加热器；⑦ 采用在汇控柜等地方放置粘鼠贴等防小动物措施；⑧ 更换汇控柜老化的防火泥或补充防火泥。

第6章

GIS 设备运维注意事项

6.1 GIS 设备运行维护

为保证设备正常运行，需对其定期进行巡视维护，随时掌握设备运行、变化情况，发现设备异常情况，确保设备及电网安全可靠运行。GIS 设备的巡视维护工作是针对运行中 GIS 设备工况进行检查，检查设备有无异常情况，并做好记录，如有异常情况应按规定及时上报并处理。同时，在设备不需要停电状态下，开展 GIS 设备日常检查、试验、维护工作，保障设备的健康运行。

6.1.1 设备巡视一般要求

（1）变电站设备巡视根据性质通常分为日常巡视、特殊巡视两类。应做到正常运行按时巡视，高峰、高温认真查，天气突变及时查，重点设备重点查，薄弱设备仔细查。

（2）设备运行维护部门应结合设备差异化情况，按照现场运行规程合理制定设备的巡视检查周期及项目，编制巡视计划并严格执行。

（3）当值人员必须认真地按时巡视设备，对设备异常状态做到及时发现，认真分析，正确处理，做好记录，并向有关上级汇报。

（4）设备巡视内容，按本站现场运行规程及设备巡视工作规范执行。当值人员巡视设备后，须将巡视结果录入生产管理信息系统，值班负责人负责审核巡视质量。

（5）必须按照设备巡视路线进行巡视，防止漏巡。巡视时，不得移开遮栏或进行其他额外工作。

（6）每次巡视后，应将发现的缺陷立即报告值班负责人，并经确认后，填报设备缺陷记录。

（7）设备巡视主要采取眼看、耳听、鼻嗅、手摸等方式来进行。高处设备、导线线夹设备在目测有可疑时，必须利用望远镜详细检查；针对导线线夹、电气接头发热缺陷、重负荷运行设备、超期未试设备，应使用红外或紫外成像进行辅助诊断。

6.1.2 特殊巡视

遇有下列情况，应进行特殊巡视，巡视频次按现场运行规程要求进行：

（1）设备过负荷时。

（2）特殊运行方式、调度部门发布电网风险时。

（3）设备经检修、改造或长期停用后重新投入系统运行，新安装设备加入系统运行。

（4）设备缺陷近期有发展时。

（5）雷雨、台风、雨雾、灰霾、冰冻等恶劣气候前后。

（6）事故跳闸和设备运行中有可疑现象时。

（7）重要节假日和启动特殊、特级及上级通知的其他保供电任务时。

6.1.3 GIS设备巡视注意要点

（1）在SF_6设备室低位区应安装能报警的氧量仪和SF_6气体泄漏警报仪。这些仪器应定期试验，保证完好。

（2）进入GIS设备室前，必须先通风15min，查看SF_6气体泄漏警报仪室内氧气含量和SF_6气体浓度，确认警报仪无报警信号方可进入GIS设备室。

（3）进入电缆沟内或低凹处工作时，应测含氧量及SF_6气体浓度，确认空气中含氧量不小于18%，空气中SF_6浓度不大于1000μL/L后方可进入。

（4）运行人员GIS设备巡视时，应两人进行，尽量避免一人进入GIS设备室进行巡视，不准一人进入其中从事检修工作。

（5）工作人员不准在GIS设备防爆膜附近停留，防止压力释放器突然动作，危及人身安全。

（6）在巡视检查中，若遇到GIS设备倒闸操作时，则应停止巡视并离开设备一定距离，操作完成后，再继续巡视检查。

（7）运行中GIS设备发生大量泄漏等紧急情况时，人员应迅速撤出现场。GIS设备室应开启所有排风机进行排风，未佩戴防毒面具或未佩戴正压式空气呼吸器的人员不得入内。

6.1.4 GIS设备巡视项目

1. HGIS设备巡视项目

（1）记录各气室SF_6压力表读数、油压表读数。

（2）检查汇控柜内各报警光字牌有无掉牌。

（3）油泵运转声音应正常，是否频繁启动。

（4）机构箱门关闭完好，无进水，底部无油迹。

（5）汇控柜门关闭完好，内部无受潮，各控制开关及电源开关位置正确。

（6）检查柜内照明应完好；检查各部分管道有无异常（漏油、漏气声、振动声）及异味，管道连接头完好正常。

（7）检查引线瓷套有无损伤、裂纹、放电闪络和严重污垢、锈蚀的现象。

（8）断路器、隔离开关、接地开关及快速接地开关分合闸位置指示与监控指示三相一致。

（9）检查引线接头接触处有无过热和变色发红现象，引线弛度适中。

（10）HGIS 基础杆件无下沉、移位，铁件无锈蚀、脱焊，接地装置连接可靠。

2. GIS 设备巡视项目

（1）检查运行中母线应无异响、异味、过热等现象。

（2）记录各气室的 SF_6 气体压力值。

（3）检查各部分管道无异常（漏气声、震动声）及异味，管道连接头完好正常。

（4）检查操动机构箱、控制箱内是否有凝露、锈蚀和渗水。

（5）断路器、隔离开关、接地开关等位置指示信号、告警信号正常，与实际运行方式一致。

（6）现场控制柜上各信号指示、控制开关的位置及柜内加热器的投切情况正常，照明完好。

（7）辅助开关触点转换正常。

（8）隔离开关、接地开关连杆和转轴等机械部分应无变形，各部件连接良好。

（9）避雷器的动作计数指示值，泄漏电流正常。

（10）出线套管无损伤裂纹、放电闪络痕迹和严重污垢。

（11）GIS 基础杆件无下沉、移位，支撑架无松动，各接地点连接牢固，金属部件无锈蚀、脱落。

（12）GIS 设备上无杂物。

（13）各种配管及阀门有无损伤，开闭位置是否正确，管道的绝缘法兰与绝缘支架是否良好。

（14）检查引线接头接触处有无过热和变色发红现象，引线弛度适中。

6.1.5 GIS 设备巡视实例

1. 标示牌

巡视检查标准：齐全、完好，标识清晰，如图 6－1 所示。

图 6－1　标示牌

2. 设备外观

巡视检查标准：无变形、锈蚀，连接无松动，无异常声音、气味，油漆完整、清洁，设备上无杂物，如图 6－2～图 6－4 所示。

3. 母线

巡视检查标准：无异响、异味、过热等现象，如图 6－5 所示。

图 6–2　监听设备异响

图 6–3　HGIS 设备外观

图 6–4　GIS 设备外观

图 6–5　GIS 母线

4. 出线套管

巡视检查标准：

（1）无损伤裂纹、放电闪络痕迹和严重污垢，接线牢固。

（2）引线接头接触处无过热和变色发红及氧化现象，引线弛度适中。

（3）夜巡时，重点引线接头接触处有无过热和变色发红现象；出线套管有无闪络爬电现象，如图6-6、图6-7所示。

图6-6 出线套管

图6-7 出线套管接线头

5. 避雷器

巡视检查标准：动作计数指示值，泄漏电流正常，如图6-8所示。

6. 互感器

巡视检查标准：二次接线盒表面无严重锈蚀和涂层脱落，应密封良好，无水迹，如图6-9所示。

图6-8 避雷器

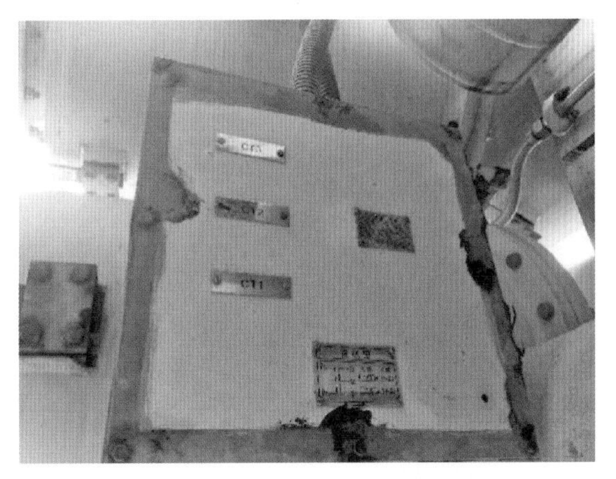

图6-9 互感器二次接线盒

7. 操动机构

巡视检查标准：储能电源开关位置正确，机构储能正常，无渗漏油，如图6-10所示。

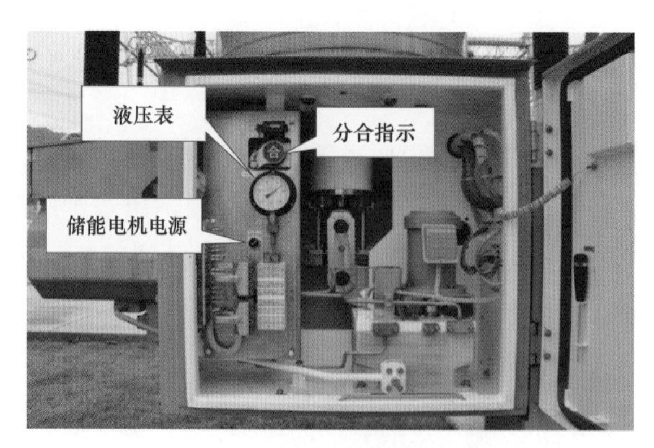

图 6-10 操动机构

8. 机构箱、控制箱

巡视检查标准：操动机构箱、控制箱内无凝露、锈蚀和渗水，如图 6-11 所示。

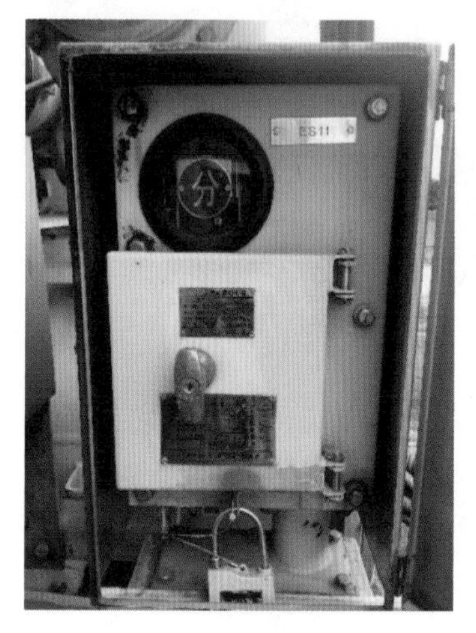

(a) 机构箱

(b) 控制箱

图 6-11 机构箱、控制箱

9. 表计

巡视检查标准：表计外观无污物、损伤痕迹，观察窗面清洁，压力指示应清晰可见，气室、液压机构压力正常；连通阀均开启，取气阀应关闭。SF_6 密度表与本体连接可靠，无渗漏油，如图 6-12、图 6-13 所示。

10. 气体管道

巡视检查标准：各部分管道无异常（漏气声、震动声）及异味，管道连接头完好正常，如图 6-14 所示。

11. 位置指示

巡视检查标准：断路器、隔离开关、接地开关的位置指示信号、告警信号正常，与实际运行方式一致。分合闸指示牌应到位，若分合闸指示牌倾斜过大，应查明原因，如图 6-15、图 6-16 所示。

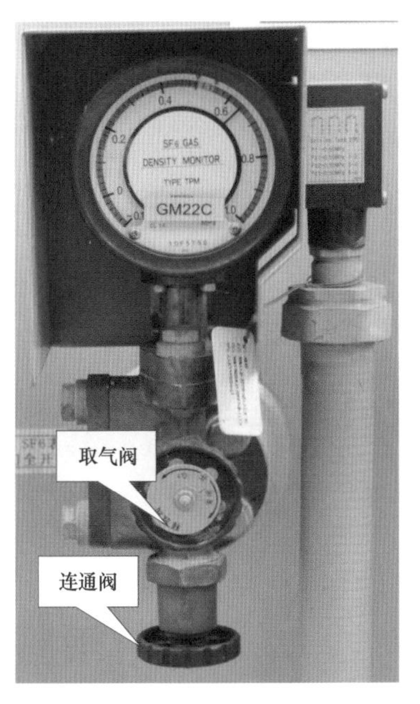

图6－12　气室压力表计

图6－13　液压机构压力表计

图6－14　气体管道

图6－15　断路器分合闸指示

图6－16　隔离开关、接地开关分合指示

12. 防爆装置

巡视检查标准：释放出口无障碍物，防爆膜无破裂锈蚀，如图 6－17 所示。

(a) 防爆装置整体

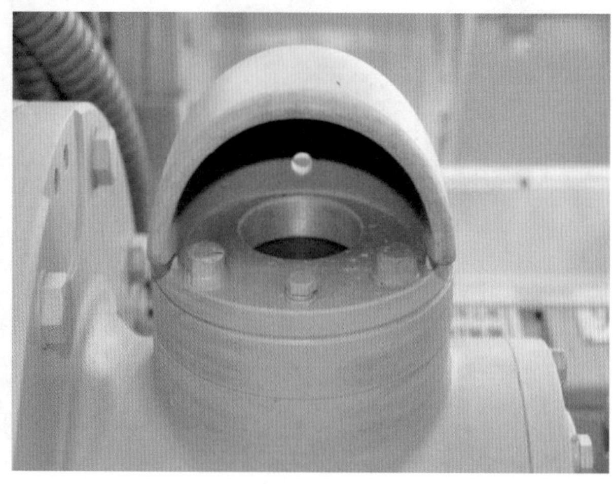

(b) 防爆装置内部

图 6－17 防爆装置

13. 设备基础

巡视检查标准：无下沉、移位，支撑架无松动，各接地点连接牢固，金属部件无锈蚀、脱落，如图 6－18 所示。

14. 接地

巡视检查标准：接地线、接地螺栓表面无锈蚀，压接牢固，油漆完好，如图 6－19 所示。

图 6－18 设备基础

图 6－19 接地

15. 汇控柜、机构箱

巡视检查标准：位置指示正确，箱门关闭严密、封堵良好，无异常信号，加热器工作正常，控制、电源开关位置正常，如图 6－20、图 6－21 所示。

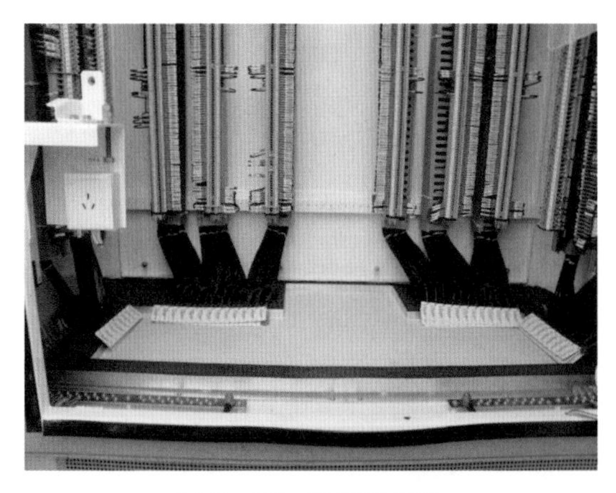

图 6-20　汇控柜内部

图 6-21 汇控柜空气断路器

16. 后台监控机

巡视检查标准：无报警信号，状态位置与实际设备一致，如图 6-22 所示。

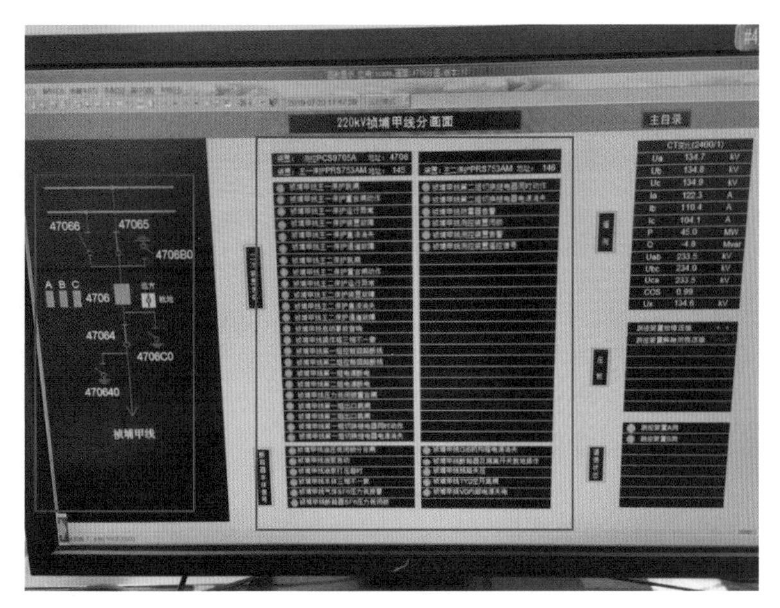

图 6-22　后台监控机

6.2　GIS 设备检修维护

检修是指为保障设备的健康运行，对其进行检查、检测、维护和修理的工作，设备的检修可分为 A、B、C 三类。原则上 A 类检修应包括所有 B 类检修项目，B 类检修应包含 C 类检修项目。

检修维护是指为保障设备的健康运行，在设备停电状态或不停电状态下，对设备开展的检查、试验、维护工作。在设备运行维护工作中必须坚持预防为主，积极地对设备进行检修维护，使其能长期安全、经济运行。

6.2.1 GIS 设备 A 类检修

A 类检修是指设备需要停电进行的整体检查、维修、更换、试验工作。

GIS 设备 A 类检修项目、周期及要求如表 6－1 所示。

表 6－1　　GIS 设备 A 类检修项目、周期及要求

序号	项目	周期	要求	说明
1	断路器大修	1. 24 年 2. 必要时	1. 对灭弧室进行解体检修。 （1）对弧触指进行清洁打磨；弧触头磨损量超过制造厂规定要求应予更换。 （2）清洁主触头并检查镀银层完好，触指压紧弹簧应无疲劳、松脱、断裂等现象。 （3）压气缸检查正常。 （4）喷口应无破损、堵塞等现象。 2. 绝缘件检查。 （1）检查绝缘拉杆、盆式绝缘子、支持绝缘台等外表无破损、变形，并清洁绝缘件表面。 （2）绝缘拉杆两头金属固定件应无松脱、磨损、锈蚀现象，绝缘电阻符合厂家技术要求。 （3）必要时进行干燥处理或更换。 3. 更换密封圈。 （1）清理密封面，更换 O 形密封圈及操动杆处直动轴密封。 （2）法兰对接紧固螺栓应全部更换。 4. 更换吸附剂。 （1）检查吸附剂罩有无破损、变形，安装应牢固。 （2）更换经高温烘焙后或真空包装的全新吸附剂。 5. 更换不符合厂家要求的部件	1. 抽检＋状态评估：每隔 24 年变电站同一批次中找运行状况最不良的一个间隔进行常规检修，根据其评估情况确定最终方案，该批次是否开展全部常规检修。 2. 必要时，如综合上一次定期检修结果与最近一次设备状态评估结果，由厂家制定本体常规检修方案，经运维单位综合评估后开展常规检修。 3. 设备本体故障后
2	其他气室检修	必要时	1. 对导体、开关装置的动静触头进行检查和清洁，检查螺栓力矩，更换不符合厂家要求的部件。 2. 对盆式绝缘子、绝缘拉杆等绝缘件进行检查和清洁，更换不符合厂家要求的部件。 3. 更换吸附剂和防爆膜；更换新的 O 形密封圈和全部法兰螺栓，按规定使用力矩扳手拧紧	必要时： 1. 综合上一次定期检修结果与最近一次设备状态评估结果，由厂家制定本体常规检修方案，经运维单位综合评估后开展常规检修。 2. 设备本体故障后
3	更换电器元件	必要时	更换 GIS 断路器、隔离开关、接地开关的机构箱、汇控箱内继电器、接触器、加热器等低压电气元件	必要时：机构箱及汇控柜内电器元件功能检查有异常或损坏时
4	隔离开关/接地开关外传动机构大修	12 年	拆卸传动连杆，清洁打磨，更换所有的轴、销、轴承等易损件	隔离开关/接地开关外传动机构大修
5	隔离开关/接地开关操动机构大修	1. 12 年 2. 必要时	拆卸齿轮、涡轮、蜗杆等机械部件，进行检查、清洁、打磨、润滑并复装	1. 因受现场条件限制时，送检修车间处理。根据运行状态及小修检查结果可缩短检修周期。 2. 必要时，如机构发生故障后

6.2.2　GIS 设备 B 类检修

B 类检修是指设备需要停电进行的局部检查、维修、更换、试验工作；需要停电或不停电进行周期性的试验工作。

GIS 设备 B 类检修项目、周期及要求如表 6–2 所示。

表 6–2　　GIS 设备 B 类检修项目、周期及要求

序号	项目	周期	要求	说明
1	外壳补漆	6 年	GIS 壳体应无锈蚀、变形，油漆应完好，补漆前应彻底除锈并刷防锈漆	
2	螺栓检查	6 年	目测 GIS 壳体螺栓紧固标识线应无移位，螺栓应紧固	
3	套管清洁	6 年	1. 接线板固定螺栓无锈蚀、松动，无过热现象。 2. 开展套管外表面清洁工作	积污严重的可考虑带电水冲洗
4	防爆膜检查	6 年	防爆膜应无严重锈蚀、氧化、裂纹及变形等异常现象	
5	对开关装置的各连接拐臂、联板、轴、销进行检查	6 年	1. 检查各开关装置及机构机械传动部分正常。 2. 对拐臂、联板、轴、销逐一检查位置及状态无异常，其固定的卡簧、卡销均稳固。 3. 检查机构所做标记位置应无变化。 4. 对联杆的紧固螺母检查无松动，划线标识无偏移。 5. 对各传动部位进行清洁及润滑，尤其是外露连杆部位。 6. 所使用的清洁剂和润滑剂必须符合厂家要求	
6	外传动部件检查	6 年	1. 各传动、转动部位应进行润滑。 2. 拐臂、轴承座及可见轴类零部件无变形、锈蚀。 3. 拉杆及连接头无损伤、锈蚀、变形，螺纹无锈蚀、滑扣。 4. 各相间轴承转动应在同一水平面。 5. 可见齿轮无锈蚀，丝扣完整，无严重磨损；齿条平直，无变形、断齿。 6. 各传动部件锁销齐全、无变形、脱落 7. 螺栓无锈蚀、断裂、变形，各连接螺栓规格及力矩符合厂家要求	/
7	SF_6 气体的湿度（20℃的体积分）μL/L	1. 投运前新充气 24h 后。 2. 投产及常规检修后 1 年 1 次，如无异常，其后 3 年 1 次。 3. 必要时	1. 断路器灭弧室气室大修后：≤150，运行中：≤300。 2. 其他气室大修后：≤250，运行中：≤1000	1. 按 DL/T 1366、DL/T 915 和 DL/T 506 进行。 2. 必要时，如新装及大修后 1 年内复测湿度不符合要求。 （1）漏气超过 SF_6 气体泄漏试验的要求。 （2）设备异常时
8	SF_6 气体泄漏试验	1. 常规检修后 2. 必要时	应无明显漏点	1. 参考 GB 11023 进行。 2. 对检测到的漏点可采用局部包扎法检漏，每个密封部位包扎后历时 5h，测得的 SF_6 气体含量（体积分数）不大于 15μL/L。 3. 必要时，如怀疑密封不良时

续表

序号	项目	周期	要求	说明
9	现场分解产物测试，μL/L	1. 投运前新充气4h后。 2. 投产及常规检修后1年1次，如无异常，其后3年1次。 3. 必要时	1. 断路器灭弧室气室 SO_2≤3（注意值），H_2S≤2。（注意值），CO≤300（注意值）。 2. 其他气室 SO_2≤1，H_2S≤1，CO≤300（注意值）	1. 建议结合现场湿度测试进行，参考DL/T 1359。 2. 必要时，如设备运行有异响，异常跳闸，开断短路电流异常时，局部放电监测发现异常，外壳温度异常，耐压击穿后。 3. 当发生近区短路故障引起断路器跳闸时，断路器气室的检测结果应包括开断48h后的检测数据。 4. GIS气室分解产物检测异常时，应结合局部放电检测结果进行综合判断。 5. 注意值不是判断断路器有无故障的唯一指标，当气体含量达到注意值时，应进行追踪分析查明原因。 6. 当连续切除短路电流（台风等特殊条件下），分解产物检测异常时，应结合回路电阻测试值及厂家意见确定跟踪试验周期
10	实验室分解产物测试	必要时	检测组分：SO_2、SOF_2、SO_2F_2、CO、CO_2、CS_2、CF_4、S_2OF_{10}	必要时，如现场分解产物测试超参考值或有增长时
11	耐压试验	1. 本体常规检修后。 2. 必要时	交流耐压或操作冲击耐压的试验电压为出厂试验电压的0.8倍	1. 试验在 SF_6 气体额定压力下进行。 2. 对GIS交流耐压试验时不包括其中的电磁式电压互感器及避雷器，但在投运前应对它们进行试验电压为 U_m/5min的耐压试验。 3. 耐压试验后的绝缘电阻值不应降低。 4. 必要时，如对绝缘性能有怀疑时
12	辅助回路和控制回路绝缘电阻	1. 110kV及以下：6年；220kV、500kV：3年；35kV及66kV补偿电容器/电抗器组断路器3年。 2. 必要时	不低于2MΩ	1. 采用500V或1000V绝缘电阻表。 2. 35kV及66kV补偿电容器/电抗器组断路器适用于500kV变电站变低侧无功补偿用断路器
13	辅助回路和控制回路交流耐压试验	1. 110kV及以下：6年；220kV、500kV：3年；35kV及66kV补偿电容器/电抗器组断路器3年。 2. 必要时	试验电压为2kV	可用2500V绝缘电阻表测量代替
14	断口间并联电容器的绝缘电阻、电容量和tanδ	1. 常规检修后 2. 必要时	按制造厂规定	1. 试验方法按制造厂规定。 2. 必要时，如对绝缘性能有怀疑时
15	合闸电阻值和合闸电阻的投入时间	常规检修后	1. 除制造厂另有规定外，阻值变化允许范围不得大于±5%。 2. 合闸电阻的有效接入时间按制造厂规定校核	GIS的合闸电阻只在解体常规检修时测量

续表

序号	项目	周期	要求	说明
16	断路器的速度特性	6 年	测量方法和测量结果应符合制造厂规定	1. 在额定操作电压（气压、液压）下进行。 2. 速度定义应根据厂家规定
17	断路器的时间参量	6 年	1. 断路器的分合闸时间、主辅触头的配合时间应符合制造厂规定。 2. 断路器的合－分闸时间应符合制造厂规定。 3. 除制造厂另有规定外，断路器的分、合闸同期性应满足下列要求： —相间合闸不同期不大于 5ms； —相间分闸不同期不大于 3ms； —同相各断口间合闸不同期不大于 3ms； —同相各断口间分闸不同期不大于 2ms	在额定操作电压（气压、液压）下进行
18	分、合闸电磁铁的动作电压	1. 110kV 及以下：6 年；220kV、500kV：3 年；35kV 及 66kV 补偿电容器/电抗器组断路器 3 年。 2. 必要时	1. 并联合闸脱扣器应能在其交流额定电压的 85%～110%范围或直流额定电压的 80%～110%范围内可靠动作；并联分闸脱扣器应能在其额定电源电压的 65%～120%范围内可靠动作，当电源电压低至额定值的 30%或更低时不应脱扣。 2. 在使用电磁机构时，合闸电磁铁线圈通流时的端电压为操作电压额定值的 80%（分合电流峰值等于及大于 50kA 时为 85%）时应可靠动作。 3. 按制造厂规定	
19	断路器导电回路电阻	1. 110kV：6 年；220kV、500kV：3 年；35kV、66kV 补偿电容器/电抗器组断路器 1 年。 2. B1 修后。 3. 必要时	试验结果应符合制造厂规定	1. 用直流压降法测量，电流不小于 100A。 2. 35kV 及 66kV 补偿电容器/电抗器组断路器适用于 500kV 变电站低压侧无功补偿用。 3. 必要时，如怀疑接触不良时
20	GIS 间隔及母线导电回路电阻	12 年	试验结果应符合制造厂规定	间隔及母线导电回路电阻需按其回路布置明确并固定测量点，记录实测值作为后续比对的基准值
21	分、合闸线圈直流电阻	1. 110kV：6 年；220kV、500kV：3 年；35kV、66kV 补偿电容器/电抗器组断路器 3 年。 2. B1 修后。 3. 更换线圈后	试验结果应符合制造厂规定	
22	SF_6 气体密度继电器（包括整定值）检验	1. 常规检修后 2. 必要时	试验结果应符合制造厂规定	必要时，如怀疑设备有异常时
23	压力表校验（或调整），机构操作压力（气压、液压）整定值校验	1. 常规检修后。 2. 必要时	试验结果应符合制造厂规定	1. 对气动机构应校验各级气压的整定值（减压阀及机械安全阀）。 2. 必要时，如怀疑压力表有问题或压力值不准确时

续表

序号	项目	周期	要求	说明
24	操动机构在分闸、合闸、重合闸操作下的压力（气压、液压）下降值	6年	试验结果应符合制造厂规定	
25	液（气）压操动机构的泄漏试验	1. 常规检修后。 2. 必要时	试验结果应符合制造厂规定	1. 应在分、合闸位置下分别试验。 2. 必要时，如怀疑操动机构液（气）压回路密封不良时
26	油（气）泵补压及零起打压的运转时间	1. 6年 2. 必要时	试验结果应符合制造厂规定	必要时，如怀疑操动机构液（气）压回路密封不良时
27	液压机构及采用差压原理的气动机构的防失压慢分试验	6年	试验结果应符合制造厂规定	
28	闭锁、防跳跃及防止非全相合闸等辅助控制装置的动作性能	6年	试验结果应符合制造厂规定	
29	GIS中的联锁和闭锁性能试验	6年	动作应准确可靠	具备条件时，检查GIS的电动、气动联锁和闭锁性能，以防止拒动或失效
30	GIS电流互感器绕组的绝缘电阻	1. 常规检修后 2. 必要时	一次绕组对地、各二次绕组间及其对地的绝缘电阻与出厂值及历次数据比较，不应有显著变化。 一般不低于出厂值或初始值的70%	1. 采用2500V绝缘电阻表。 2. 必要时，如：怀疑有故障时
31	GIS电流互感器极性检查	常规检修后	与铭牌标志相符合	
32	GIS电流互感器交流耐压试验	1. 常规检修后。 2. 必要时	1. 一次绕组按出厂值的0.8倍进行。 2. 二次绕组之间及对地的工频耐压试验电压为2kV，可用2500V绝缘电阻表代替。 3. 老练试验电压为运行电压	必要时，如： 1. 怀疑有绝缘故障。 2. 补气较多时（表压小于0.2MPa）。 3. 卧倒运输后
33	GIS电流互感器各分接头的变比试验	1. 常规检修后 2. 必要时	1. 与铭牌标志相符合。 2. 比值差和相位差与制造厂试验值比较应无明显变化，并符合等级规定	1. 对于计量计费用绕组应测量比值差和相位差。 2. 必要时，如改变变比分接头运行时
34	GIS电流互感器校核励磁特性曲线	必要时	1. 与同类互感器特性曲线或制造厂提供的特性曲线相比较，应无明显差别。 2. 多抽头电流互感器可在使用抽头或最大抽头测量	
35	GIS电压互感器绝缘电阻	1. 常规检修后。 2. 必要时	不应低于出厂值或初始值的70%	1. 采用2500V绝缘电阻表。 2. 必要时，如怀疑有故障时
36	GIS电压互感器交流耐压试验	1. 常规检修后。 2. 必要时	1. 一次绕组按出厂值的0.8倍进行。 2. 二次绕组之间及末屏对地的工频耐压试验电压为2kV，可用2500V绝缘电阻表代替	用倍频感应耐压试验时，应考虑互感器的容升电压。必要时，如： 1. 怀疑有绝缘故障； 2. 补气较多时（表压小于0.2MPa）

续表

序号	项目	周期	要求	说明
37	GIS 电压互感器空载电流和励磁特性	常规检修后	1. 在额定电压下，空载电流与出厂值比较无明显差别。 2. 在下列试验电压下，空载电流不应大于最大允许电流： 中性点非有效接地系统 $1.9U_n/3$； 中性点接地系统 $1.5U_n/3$	
38	GIS 电压互感器联结组别和极性	更换绕组后	与铭牌和端子标志相符	
39	GIS 电压互感器电压比	更换绕组后	与铭牌标志相符	
40	GIS 电压互感器绕组直流电阻	常规检修后	与初始值或出厂值比较，应无明显差别	
41	GIS 用金属氧化物避雷器运行电压的交流泄漏电流	1. 新投运后半年内测量一次，运行一年后每年雷雨季前 1 次。 2. 怀疑有缺陷时	1. 测量全电流、阻性电流或功率损耗，测量值与初始值比较，不应有明显变化。 2. 当阻性电流增加 50%时应分析原因，加强监测、缩短检测周期；当阻性电流增加 1 倍时必须停电检查	1. 采用带电测量方式，测量时应记录运行电压。 2. 避雷器（放电计数器）带有全电流在线检测装置的不能替代本项目试验，应定期记录读数（至少每 3 个月 1 次），发现异常应及时进行阻性电流测试
42	GIS 用金属氧化物避雷器检查放电计数器动作情况	怀疑有缺陷时	测试 3～5 次，均应正常动作	
43	GIS 隔离开关/接地开关操动机构的动作电压试验	常规检修后	电动机操动机构在其额定操作电压的 80%～110%范围内分、合闸动作应可靠	
44	GIS 隔离开关/接地开关操动机构的动作情况	常规检修后	1. 电动、气动或液压操动机构在额定操作电压（液压、气压）下分、合闸 5 次，动作应正常。 2. 手动操动机构操作时灵活，无卡涩。 3. 闭锁装置应可靠	
45	触头磨损量测量	必要时	试验结果按制造厂规定要求	必要时，如： 1. 投切频繁时； 2. 投切次数接近电寿命时； 3. 开断故障电流次数较多时
46	运行中局部放电测试	1. 投产 1 年内每 3 个月 1 次；如无异常，其后 1 年 1 次。 2. 必要时	应无明显局部放电信号	1. 只对运行中的 GIS 进行测量。 2. 必要时，如： （1）对绝缘性能有怀疑时； （2）巡检发现异常或 SF_6 气体成分分析结果异常时

6.2.3　GIS 设备 C 类检修

C 类检修是指设备不需要停电进行的检查、维修、更换、试验工作。GIS 设备 C 类检修项目、周期及要求如表 6－3 所示。

表 6-3　　GIS 设备 C 类检修项目、周期及要求

序号	项目	周期	要求
1	引线检查	1 个月	引线应连接可靠，自然下垂，三相松弛度一致，无断股、散股现象
2	套管检查	1 个月	1. 瓷套表面应无严重污垢沉积、破损伤痕。 2. 法兰处应无裂纹、闪络痕迹
3	外壳检查	1 个月	1. 检查 GIS 外壳表面无生锈、腐蚀、变形、松动等异常，油漆完整、清洁。 2. 外壳接地良好。 3. 运行过程 GIS 应无异响、异味等现象。 4. 伸缩节无生锈、腐蚀、变形、松动等异常
4	支架及基础检查	1 个月	1. 构架接地良好、紧固，无松动、锈蚀。 2. 基础应无裂纹、沉降。 3. 支架所有螺栓应无松动、锈蚀
5	SF_6 压力值及密度继电器检查	1 个月	1. 检查 SF_6 密度继电器观察窗面清洁情况，气压指示应清晰可见。检查外观无污物、损伤痕迹。 2. SF_6 密度表与本体连接可靠，无渗漏油。如果发现密度表渗漏油应对密度表进行更换。 3. 记录各气室的 SF_6 气体压力值，应符合铭牌要求，压力指示正常，在温度曲线合格范围内。并与上次记录的气室压力值进行比对，以提前发现 SF_6 是否存在泄漏
6	电流互感器及电压互感器检查	1 个月	1. 二次接线盒表面无严重锈蚀和涂层脱落。 2. 二次接线盒应密封良好，无水迹。 3. 外置式电流互感器应密封良好，无水迹
7	避雷器检查	1 个月	检查避雷器动作次数、泄漏电流，泄漏电流符合厂家要求
8	红外检测	1. 新投运 48h； 2. 1 个月； 3. 必要时	1. 用红外热成像仪，按 DL/T 664—2016《带电设备红外诊断应用规范》执行。 2. 外壳、套管出线及汇流排接头表面温度应无异常。 3. 户外安装 GIS 要求在夜间进行测量。 4. 重点测量母线、分支母线、合闸位置的隔离开关等部位。如发现同一站点同一间隔同一功能位置的三相共箱罐体表面或三相分箱相间罐体表面存在 2K 以上温差时应引起重视，并采用外因排除、X 光透视、带电局部放电测试、气体组分分析、空负载红外对比测试、回路电阻测试等手段对异常部位进行综合分析判断。对于经综合分析判断确定存在问题的 GIS 设备应进行解体检查确认，进一步确定问题原因并及时处理。 5. 对红外检测数据进行横向、纵向比较，判断是否存在发热发展的趋势
9	分合闸指示检查	1 个月	1. 各开关装置的分合闸指示牌应到位且与本体实际位置和分合闸指示灯显示一致，若分合闸指示牌倾斜过大，应查明原因。 2. 检查确认隔离开关/接地开关分合闸到位标识清晰可见，通过分合闸到位标识判断隔离开关操作到位
10	动作次数检查	1 个月	记录各开关装置的动作次数
11	机构箱及汇控柜检查	1 个月	检查各开关装置的机构箱及汇控柜： 1. 电器元件及其二次线应无锈蚀、破损、松脱，机构箱内无烧糊或异味。 2. 分合闸指示灯、储能指示灯及照明应完好；分合闸指示灯能正确指示各开关装置的位置状态。 3. 机构箱底部应无碎片、异物；二次电缆穿孔封堵应完好。 4. 呼吸孔无明显积污现象。 5. 动作计数器应正常工作。 6."就地 / 远方"切换开关应打在"远方"。 7. 储能电源空气断路器应处于合闸位置。 8. 密封应良好，达到防潮、防尘要求。密封条无脱落、破损、变形、失去弹性等异常。 9. 柜门无变形情况，能正常关闭。 10. 箱内应无水渍或凝露。

续表

序号	项目	周期	要求
11	机构箱及汇控柜检查	1 个月	11. 加热器（驱潮装置）、温控器应能正常工作：按要求应长期投入的加热器，在日常巡视时应利用红外或其他手段检测是否在工作状态；对于由环境控制的加热器，应检查温湿度控制器的设定值是否满足厂家要求，厂家无明确要求时，温度控制器动作值不应低于 10℃，湿度控制器动作值不应大于 80%
12	传动连杆检查	1 个月	1. 各开关装置的外部传动连杆外观正常，无变形、裂纹、锈蚀现象。 2. 连接螺栓无松动、锈蚀现象。各轴销外观检查正常。 3. 如果发现传动部件外观异常应查明原因
13	液压机构检查	1 个月	1. 读取表计压力指示值，应满足技术参数要求。 2. 液压系统各管路接头及阀门应无渗漏现象，各阀门位置、状态正确。 3. 观察油箱油位是否正常。液压系统储能到额定油压后，通过油箱上的油标观察油箱内的油位，应在最高与最低油位标识线之间。 4. 记录油泵电机打压次数
14	弹簧机构检查	1 个月	1. 检查机构外观，机构传动部件无锈蚀、裂纹。机构内轴、销无碎裂、变形，锁紧垫片有无松动，机构内所做标记位置无变化。 2. 检查缓冲器应无漏油痕迹，缓冲器的固定轴正常。 3. 分、合闸弹簧外观无裂纹、断裂、锈蚀等异常。 4. 机构储能指示应处于“储满能”状态
15	气动机构检查	1 个月	1. 检查压力值应无异常。 2. 空压系统各管路接头及阀门应无渗漏现象，各阀门位置、状态正确。 3. 空压系统储气罐排水：储气罐排水应排至排水口无水雾喷出为止。如排水过程中出现气压下降至气泵启动时，应停止排水，待气泵停止后再继续
16	伸缩节检查	必要时	伸缩节功能应无异常：安装调整用伸缩节连杆螺栓应紧固；温度补偿用伸缩节的调整螺栓应松开到制造厂规定位置
17	运行中局部放电测试	必要时	应无明显局部放电信号
18	SF_6 气体压力数据分析	必要时	通过运行记录、补气周期对 GIS 各气室 SF_6 气体压力值进行横向、纵向比较，对气室是否存在泄漏进行判断，必要时进行检漏，查找漏点
19	打压次数数据分析	必要时	1. 通过断路器运行记录的液压（包括液压碟簧）、气动操作机构的打压次数及操作机构压力值进行比较，进行操作机构是否存在泄漏的早期判断。 2. 如果发现打压次数出现增加，应结合专业巡视对相关高压管路进行重点关注

6.3　GIS 设备精细化运维实例

6.3.1　GIS 设备老化问题示例

某变电站投运年限较长，其户外 GIS 设备在大气环境的侵蚀作用下，出现以下多处影响设备运维人员对间隔设备的安全辨识的设备问题：

（1）外部结构的零部件普遍出现老化、生锈现象。

（2）机构箱、压力表二次接线盒、二次电缆敷管处的进出口两端老化形成缝隙，容易受潮、进水。

（3）GIS 设备外部器身脏污、表面油漆、标识等老化、脱落。如图 6－23～图 6－38 所示。

图 6-23　二次线槽进出口潮气进水现象

图 6-24　机构箱底部排气网有受潮气进水现象

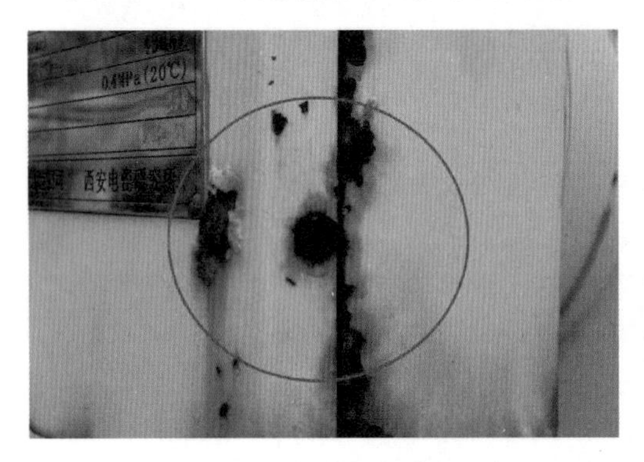

图 6-25　部分螺钉生锈

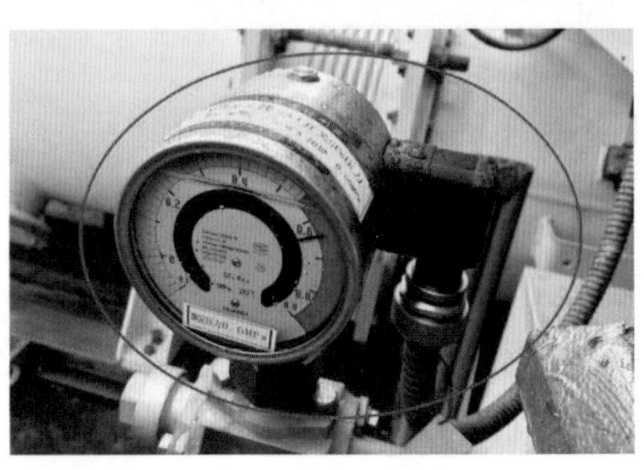

图 6-26　压力表二次线盒有受潮气进水现象

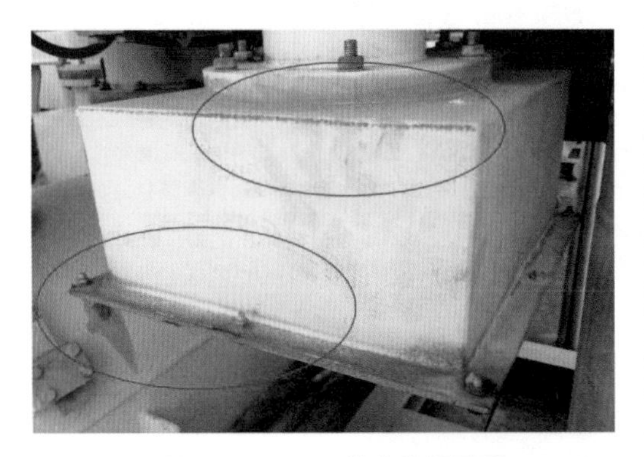

图 6-27　TA 线盒生锈严重

图 6-28　支架底座生锈

图 6-29　母线筒伸缩节生锈

图 6-30　机构箱外壳生锈

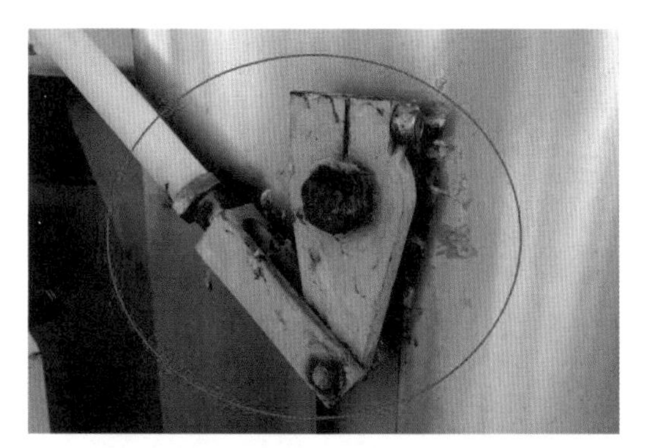

图 6－31　机构转动部位的黄油老化

图 6－32　母线筒气隔标识脱落、不清晰

图 6－33　设备外壳脏污

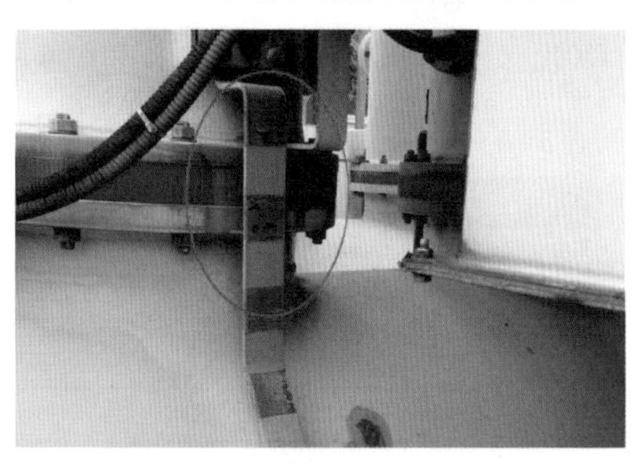

图 6－34　接地铜牌相色油漆脱落

图 6－35　SF_6 气管固定小抱箍生锈严重

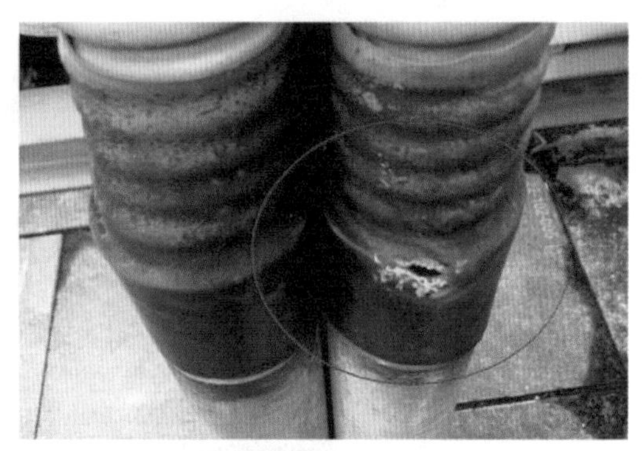

图 6－36　二次敷管驳接处破损易进水

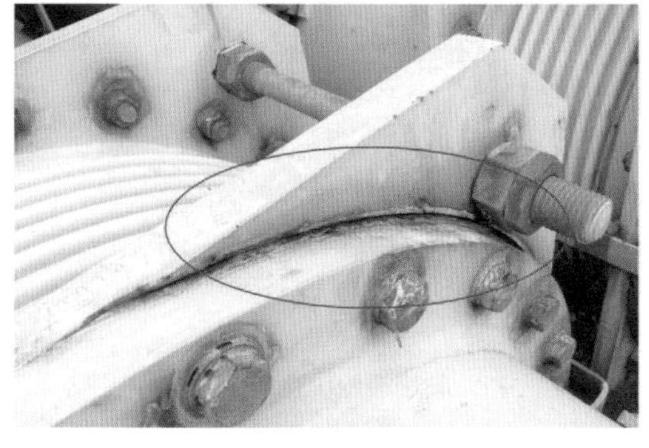

图 6－37　母线筒伸缩节处的旧密封胶不严密

图 6－38　气管外露部位无保护措施

该变电站值班人员结合日常维护工作，对 GIS 设备间隔开展精细化维护。维护内容包括：① 二次电缆槽盒入口封堵；② 锈蚀螺丝更换；③ SF_6压力表加装防雨罩；④ 二次接线盒外壳除锈上漆；⑤ 转动部位涂润滑脂；⑥ 母线筒气隔标识色带更新；⑦ 接地铜排标识更新；⑧ 对接面缝隙密封；⑨ SF_6 气管抱箍更换；⑩ 二次电缆护套驳接口密封；⑪ 机构箱内电缆入口密封；⑫ 母线筒伸缩节密封加固；⑬ 气管外露部分加装防踩踏保护外罩；⑭ 设备外壳清洁和地面整体清洁。

6.3.2 GIS 设备精细化运维示例

1. 二次电缆槽盒入口封堵

（1）工作步骤及内容如表 6-4 和图 6-39 所示。

表 6-4　　工作步骤及内容

步骤	工作内容
1	除去旧密封胶、打开槽盒
2	取出阻燃袋
3	注入泡沫填缝剂
4	将阻燃袋塞进槽盒
5	安装槽盒盖板，用中性硅酮耐候密封胶密封盖板驳接口

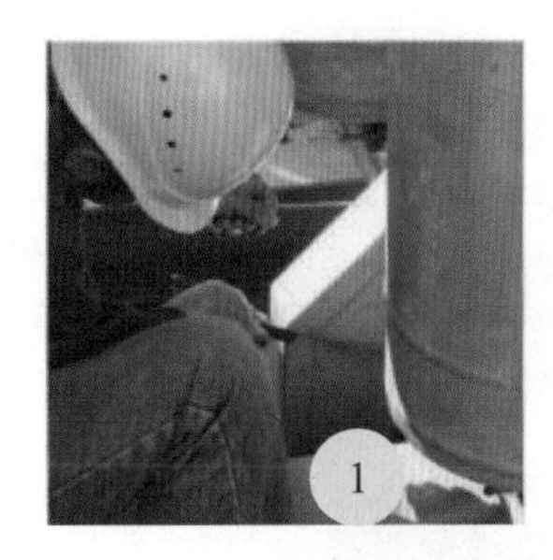

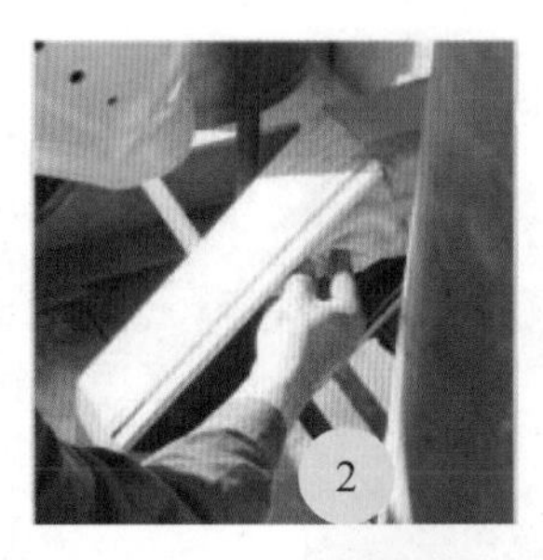

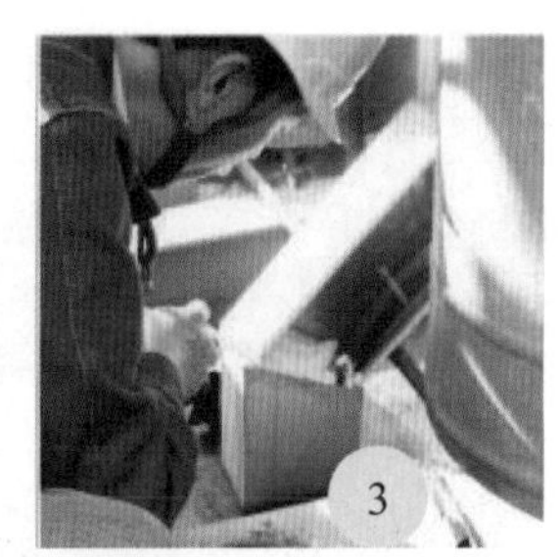

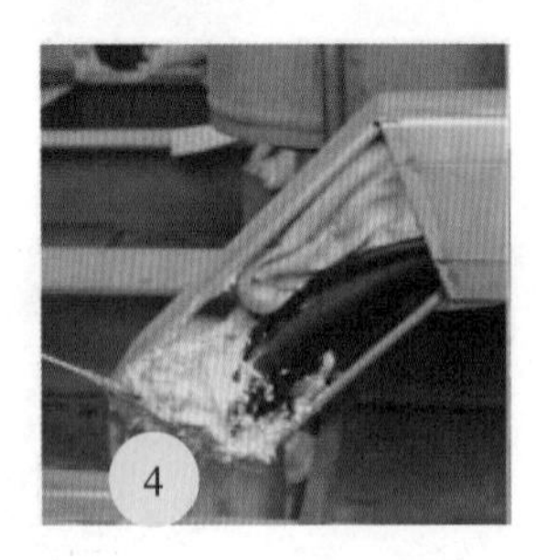

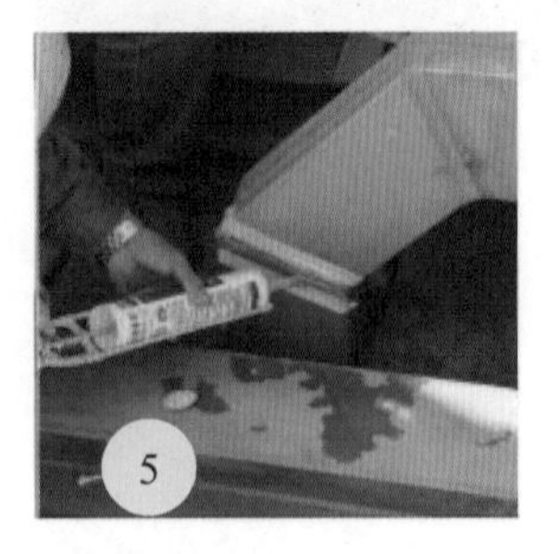

图 6-39　二次线槽口封堵

注：1～5 分别表示第 1～第 5 步骤。

（2）工艺要求。

1）若打开二次电缆槽盒困难，可选用撬开，通过导管把泡沫胶往电缆入口注射的方式封堵，如图 6-40 所示。

(a) 松开槽盒

(b) 填充泡沫胶

图6-40　二次电缆槽盒入口封堵

2）开启二次电缆槽盒时应注意撬棍插入方向，不得野蛮施工，防止损伤运行中二次电缆。

3）发泡胶填充应密实，不得留有缝隙。待发泡胶硬化后，将阻燃包恢复到原来的位置。

4）安装槽盒盖板后，用中性硅酮耐候密封胶密封盖板驳接口，再用胶纸条辅助抹胶，保证整洁美观，如图6-41所示。

(a) 涂抹密封胶前的准备

(b) 打发泡胶

(c) 涂抹密封胶后的效果

图6-41　中性硅酮耐候密封胶密封槽盒盖板驳接口

（3）维护效果。

1）防潮气。

2）防进水。

3）防小动物。

2. 锈蚀螺钉更换

（1）工作步骤及内容，如表6-5和图6-42所示。

表6-5　工作步骤及内容

步骤	工作内容
1	拆下旧螺钉
2	更换新螺钉，并涂抹二硫化钼润滑剂
3	安装新螺钉平垫、弹簧垫和螺母
4	拧紧新螺钉

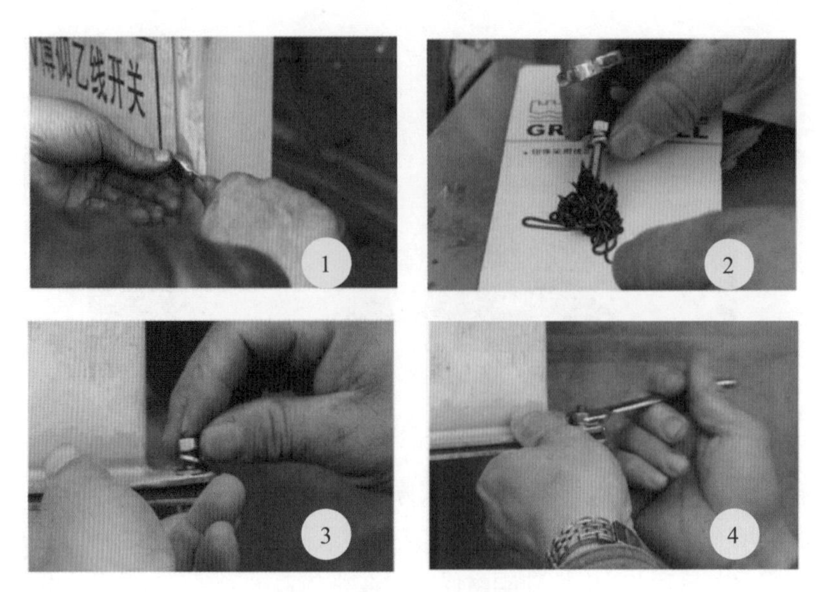

图 6-42　生锈螺钉更换

（2）工艺要求。

1）生锈的螺钉更换时必须逐个进行更换。

2）更换前新的螺钉涂抹二硫化钼润滑剂，并抹均匀，如图 6-43 所示。

图 6-43　螺钉涂抹二硫化钼润滑剂

3）螺钉安装必须配套平垫、弹簧垫，防止螺钉松动。

（3）施工前后对比图，如图 6-44 所示。

图 6-44　螺钉更换施工前后对比图

（4）维护效果。

1）防止潮气进入机构箱。

2）防止生锈螺钉进一步锈蚀箱体。

3. SF_6 压力表加装防雨罩

（1）工作步骤及内容，如表 6－6 和图 6－45 所示。

表 6－6　　工作步骤及内容

步骤	工作内容
1	核对防雨罩是否合适
2	套上防雨罩
3	扭紧防雨罩的底部螺钉

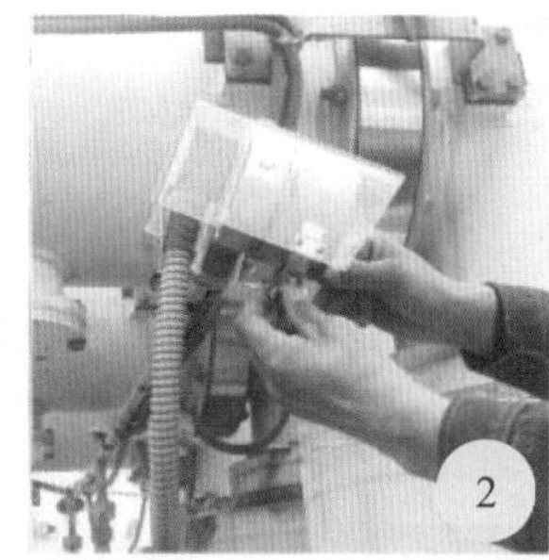

图 6－45　SF_6 压力表加装防雨罩

（2）工艺要求。

1）选配合适规格的防雨罩。

2）安装时注意力度，避免损坏压力表和气管。

3）防雨罩安装固定牢靠。

（3）施工前后对比图，如图 6－46 所示。

图 6－46　SF_6 压力表加装防雨罩施工前后对比图

（4）维护效果。

1）防止雨水直接淋到压力表上，造成压力表二次接线盒进水受潮。

2）阻挡外来物体直接击打压力表外壳。

3）避免酸雨、鸟屎等有腐蚀性的物体粘在压力表金属外壳上。

4. 设备外壳除锈及上漆

（1）工作步骤及内容，如表6-7和图6-47所示。

表6-7　　工作步骤及内容

步骤	工作内容
1	除锈清洁
2	刷底漆
3	刷中间漆
4	刷面漆

图6-47　设备外壳除锈上漆

（2）工艺要求，如图6-48所示。

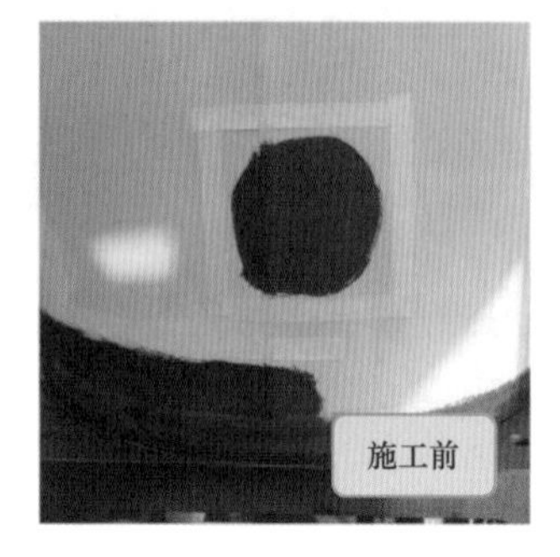

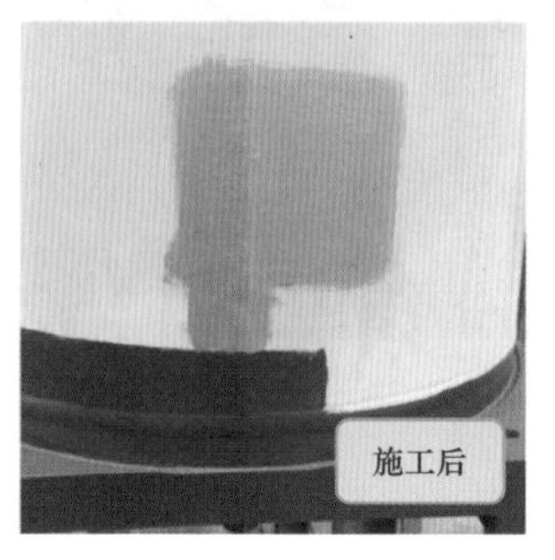

图6-48　贴胶纸辅助刷漆

1）必须将锈迹清除干净。

2）底漆选用环氧富锌漆，中间漆选用环氧云铁漆。

3）需待底漆干燥后刷中间漆，中间漆干燥后再刷面漆。

4）油漆要求厚度均匀、无断层、无褶皱、无流泪现象。

5）用贴胶纸的方式辅助刷漆，保证整洁美观。

（3）施工前后对比图。

1）TA 二次接线盒（如图 6－49 所示）。

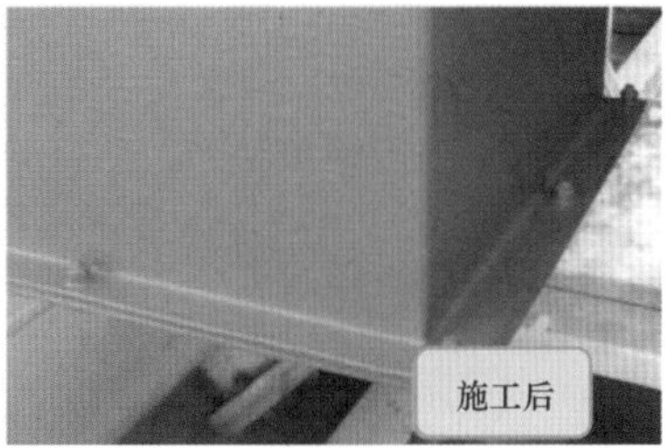

图 6－49　TA 二次接线盒施工前后对比图

2）设备底座（如图 6－50 所示）。

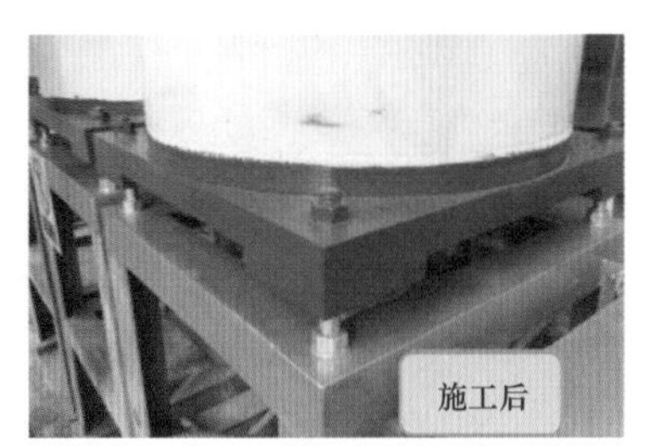

图 6－50　设备底座施工前后对比图

3）接地铜排（如图 6－51 所示）。

图 6－51　接地铜排施工前后对比图

4）筒体外壳（如图 6－52 所示）。

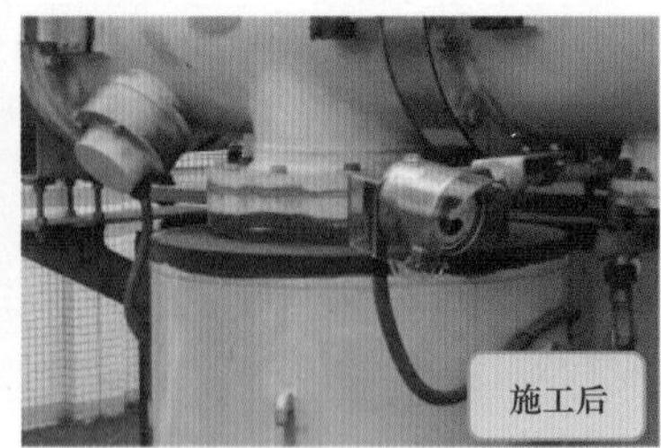

图 6-52　筒体外壳施工前后对比图

5）母线伸缩节法兰（如图 6-53 所示）。

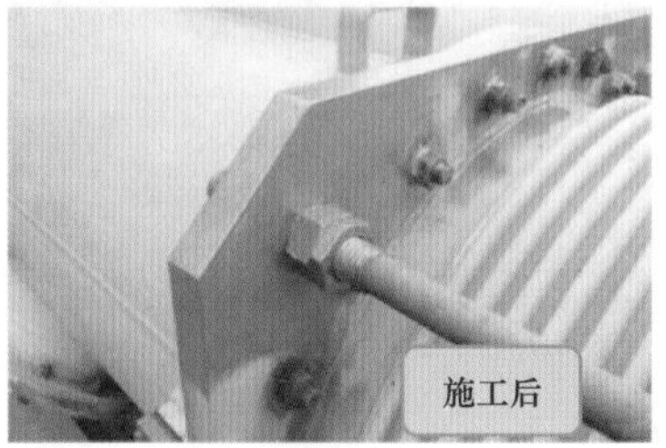

图 6-53　母线伸缩节施工前后对比图

6）设备支架焊接处（如图 6-54 所示）。

图 6-54　底架焊接处施工前后对比图

7）接地导线（如图 6-55 所示）。

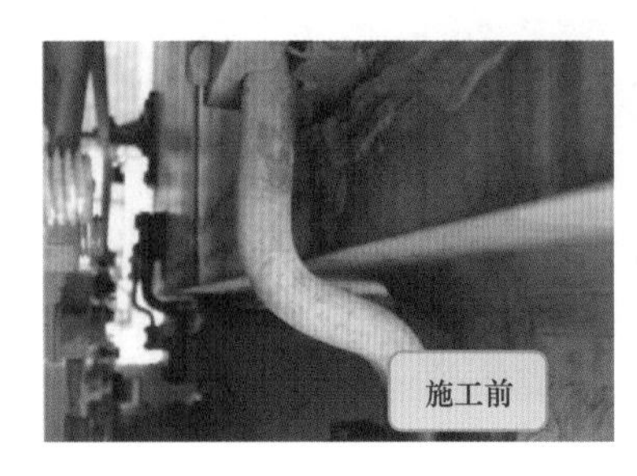

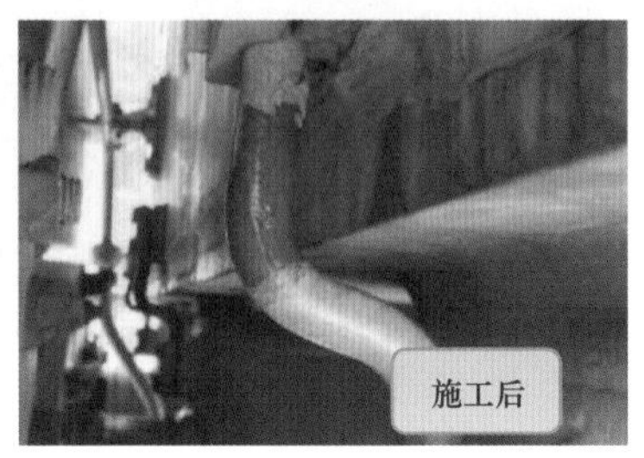

图 6-55　接地导线施工前后对比图

（4）维护效果。

1）除锈，防止进一步锈蚀机体。

2）防锈，延长设备使用寿命。

3）美观。

5. 转动部位涂润滑脂

（1）工作步骤及内容如表 6－8 和图 6－56 所示。

表 6－8　　工作步骤及内容

步骤	工作内容
1	用汽油清理旧油
2	喷防锈润滑剂
3	涂抹二硫化钼

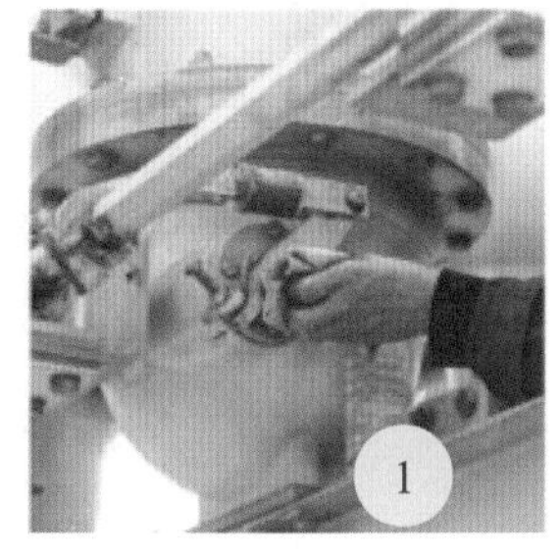

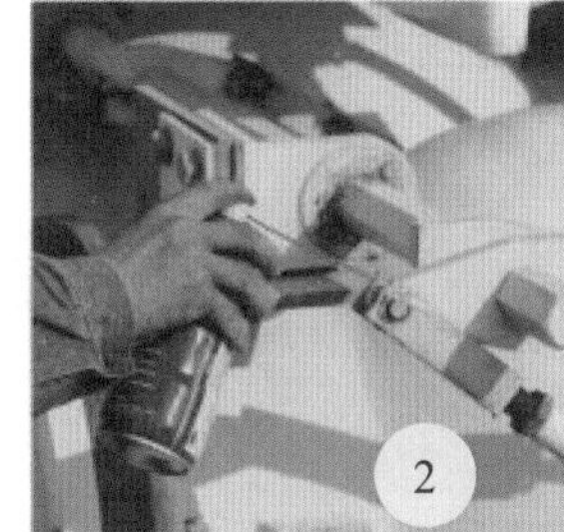

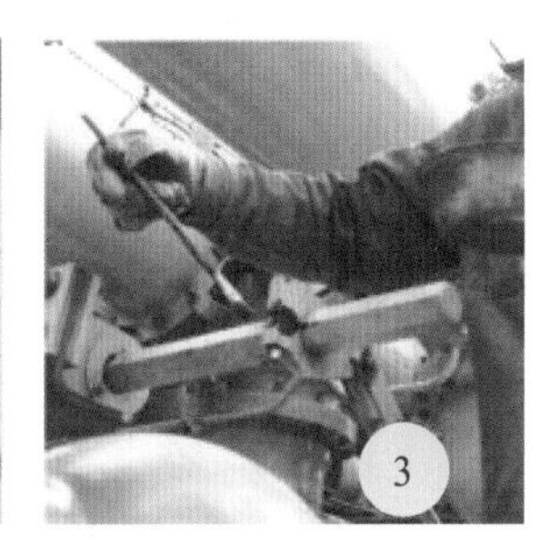

图 6－56　转动部位涂抹润滑脂

（2）工艺要求。

1）旧黄油要清除干净。

2）转动部位涂抹二硫化钼。

3）二硫化钼涂抹应饱满、平滑、无毛边。

（3）施工前后对比图如图 6－57 所示。

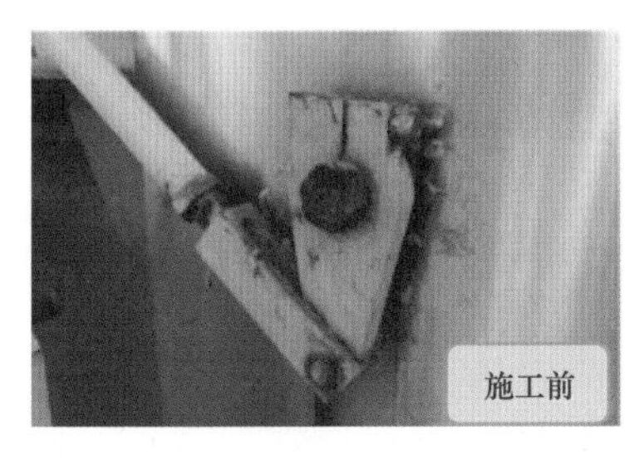

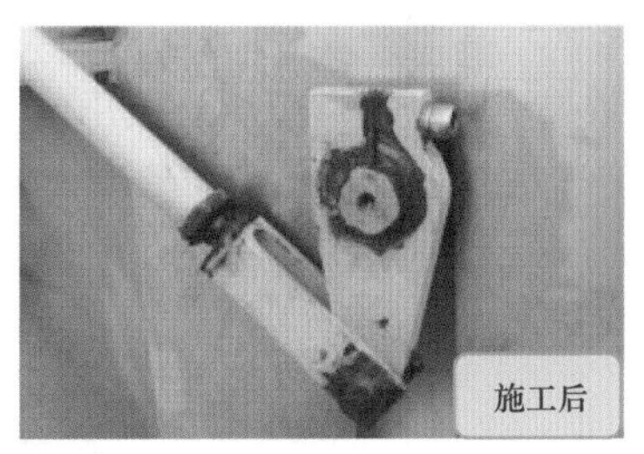

图 6－57　转动部位涂抹润滑脂施工前后对比

（4）维护效果。

1）对转动部位防锈处理。

2）润滑转动部位，提高动作灵活性。

6. 母线筒气隔标识色带更新

（1）工作步骤及内容如表 6-9 和图 6-58 所示。

表 6-9　　工 作 步 骤 及 内 容

步骤	工作内容
1	去除旧标识色带
2	贴上新的标识色带

图 6-58　母线筒气隔色带更新

（2）工艺要求。

1）新标识色带要与旧标识色带宽度一致。

2）贴色带要平直，无明显褶皱，不留气泡。

（3）施工前后对比图如图 6-59 所示。

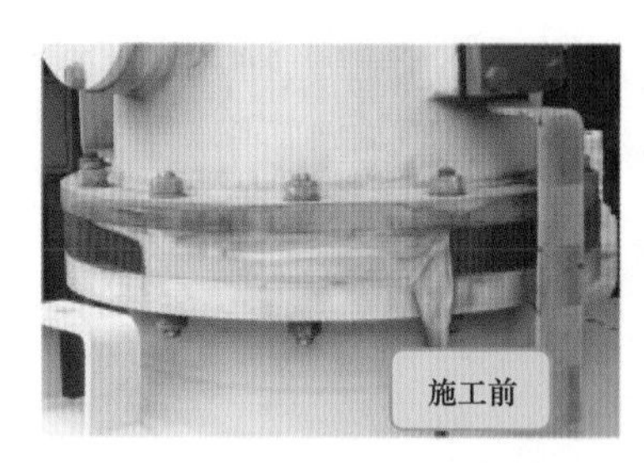

图 6-59　母线筒气隔标识色带施工前后对比图

（4）维护效果。气隔标识色带清晰明显，有利于巡视维护和操作。

7. 接地铜排标识更新

（1）工作步骤及内容如表 6-10 和图 6-60 所示。

表 6-10　　工 作 步 骤 及 内 容

步骤	工作内容
1	裁剪反光纸
2	除去接地铜排旧油漆
3	粘贴反光纸

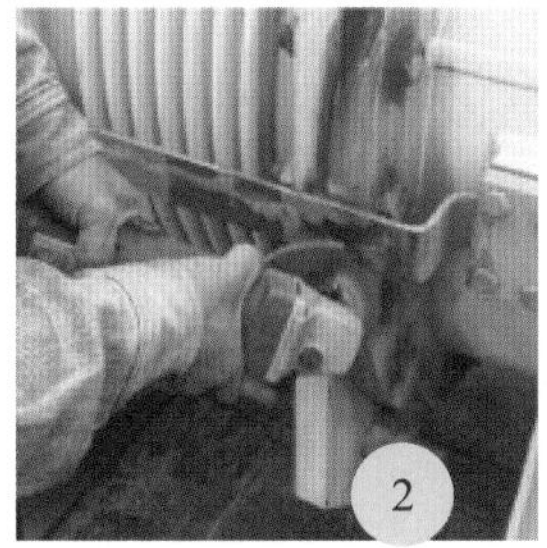
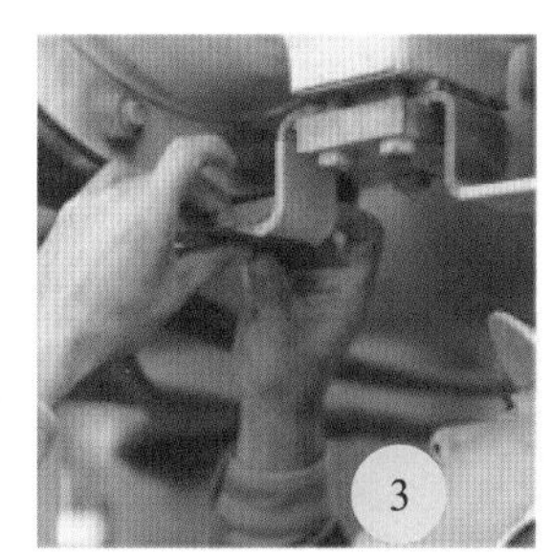

图6-60　接地铜牌反光纸更新

（2）工艺要求。

1）黄绿反光纸按照接地铜排尺寸裁剪。

2）用手持打磨机打磨铜排外表层去除老旧油漆。

3）反光纸要和铜排紧密粘贴，不得留有缝隙和起气泡。

（3）施工前后对比图如图6-61所示。

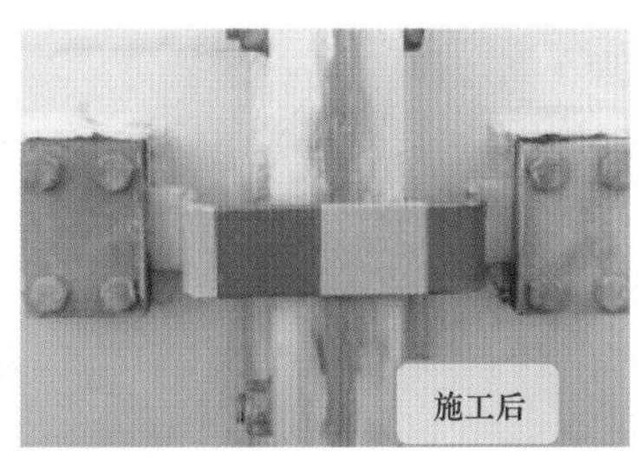

图6-61　接地铜排标识更新对比图

（4）维护效果。标识清楚方便运行人员识别以及运行维护。

8. 设备对接面缝隙密封

（1）工作步骤及内容如表6-11所示。

表6-11　工作步骤及内容

步骤	工作内容
1	清洁对接面缝隙
2	用中性硅酮耐候密封胶密封对接面缝隙

（2）工艺要求。

1）如果缝隙附近脏污、有异物，则先进行清洁再封堵。

2）要简洁、美观。

（3）施工前后对比图。

1）断路器顶部缝隙密封（如图6-62所示）。

2）TA与断路器连接处缝隙密封（如图6-63所示）。

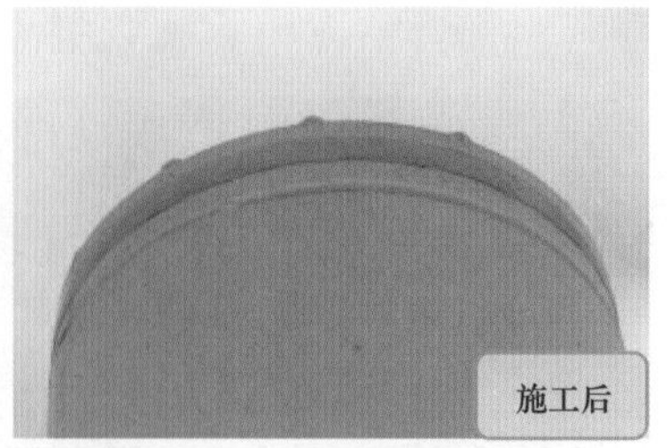

图 6-62 断路器顶部缝隙密封施工前后对比图

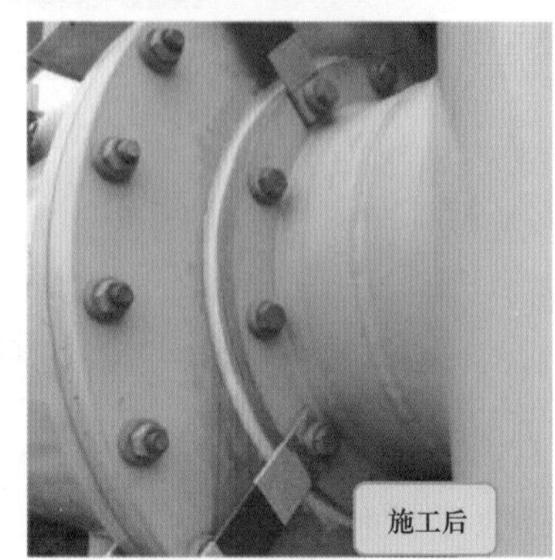

图 6-63 TA 与断路器连接处缝隙密封施工前后对比图

3）SF_6气管连接处缝隙密封（如图 6-64 所示）。

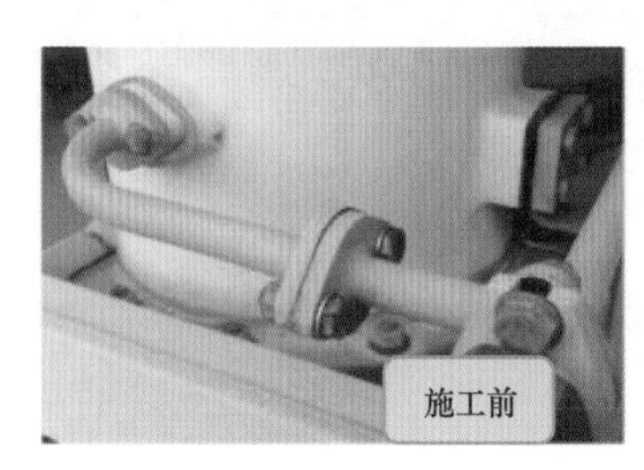

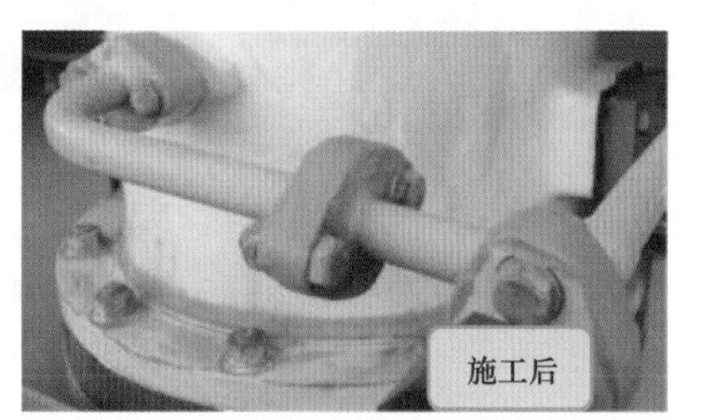

图 6-64 SF_6气管连接处缝隙密封施工前后对比图

（4）维护效果。使设备对接面密封严密，达到阻隔雨水侵蚀的效果。

9. SF_6气管抱箍更换

（1）工作步骤及内容。

1）抱箍制作流程如表 6-12 和图 6-65 所示。

表 6-12 工作步骤及内容

步骤	工作内容
1	在 304 不锈钢条上划线打点
2	在打点处钻孔
3	用铁锤敲打，钳子扭弯成拱桥形
4	沿划线处将不锈钢条剪断

图 6－65　SF_6 气管抱箍制作

2）小抱箍更换流程如表 6－13 和图 6－66 所示。

表 6－13　工作步骤及内容

步骤	工作内容
1	现场制作小抱箍
2	拆下旧抱箍
3	装上新抱箍

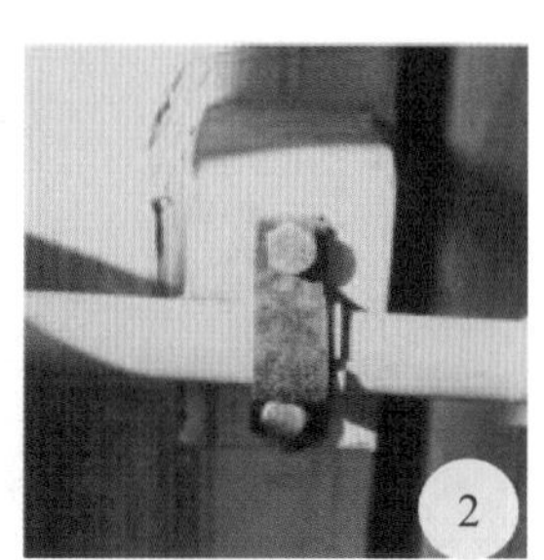
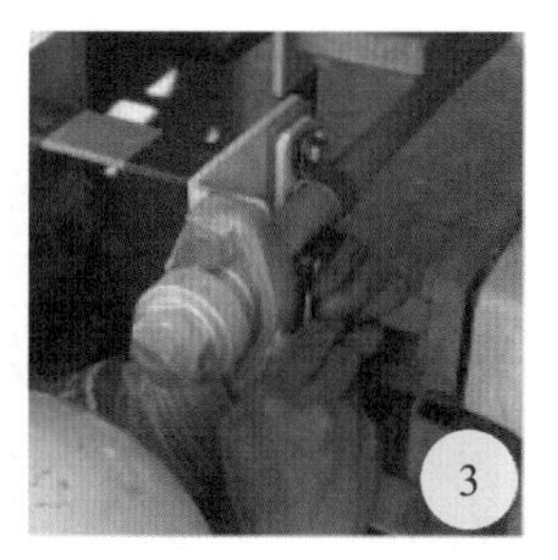

图 6－66　小抱箍更换

（2）工艺要求。

1）不锈钢条要用 304 材质。

2）小抱箍的大小要合适，过小会挤压 SF_6 气管，过大起不到固定效果。

3）更换过程注意控制施工力度和动作幅度，切勿损坏 SF_6 气管。

4）逐个更换小抱箍，装螺钉注意加上弹圈和垫圈。

（3）施工前后对比图（如图 6－67 所示）。

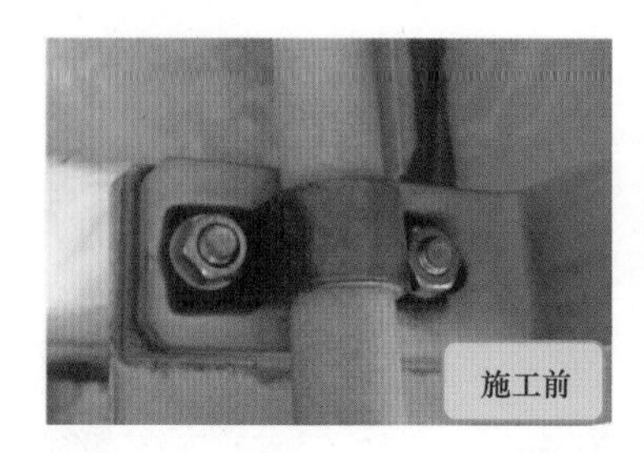

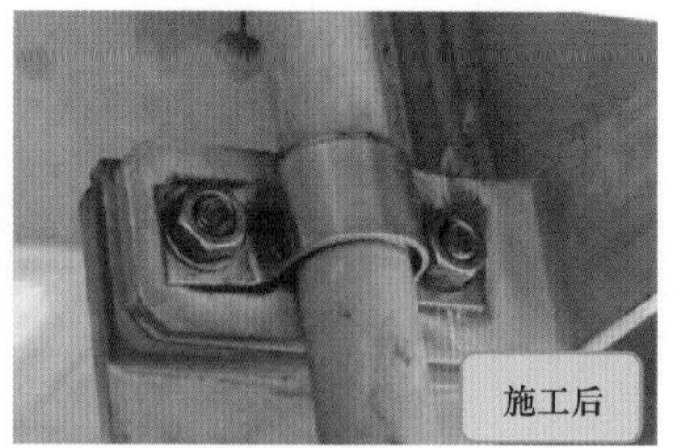

图 6-67　SF_6气管抱箍更换施工前后对比图

（4）维护效果。

1）防止生锈抱箍锈蚀损坏 SF_6 气管。

2）更好地固定 SF_6 气管。

10. 二次电缆护套驳接口密封

（1）工作步骤及内容如表 6-14 和图 6-68 所示。

表 6-14　　　　工作步骤及内容

步骤	工作内容
1	开孔除去旧热缩套
2	注入中性泡沫填缝剂
3	红泥封堵
4	涂抹中性硅酮耐候密封胶
5	抹平中性硅酮耐候密封胶

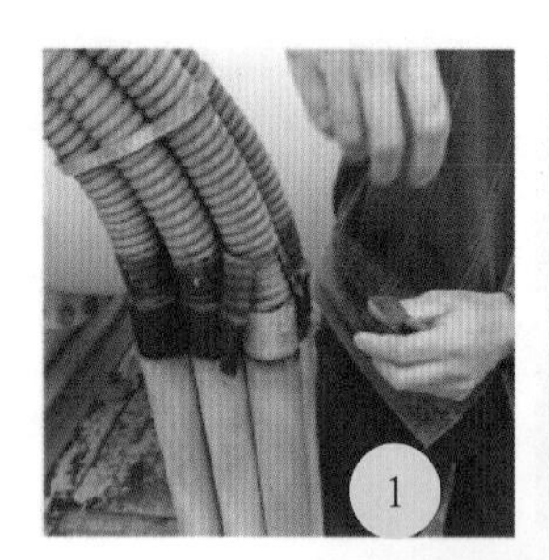

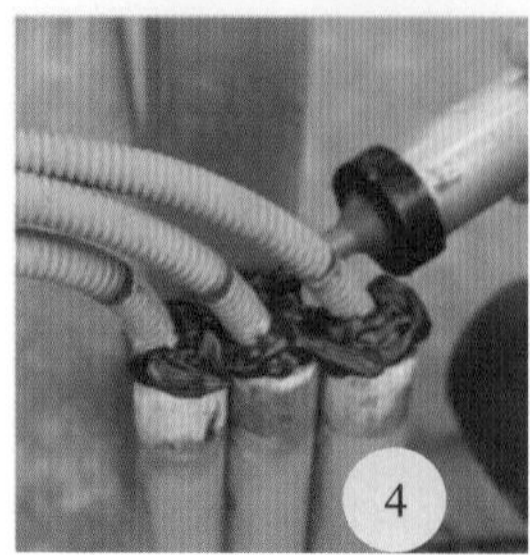

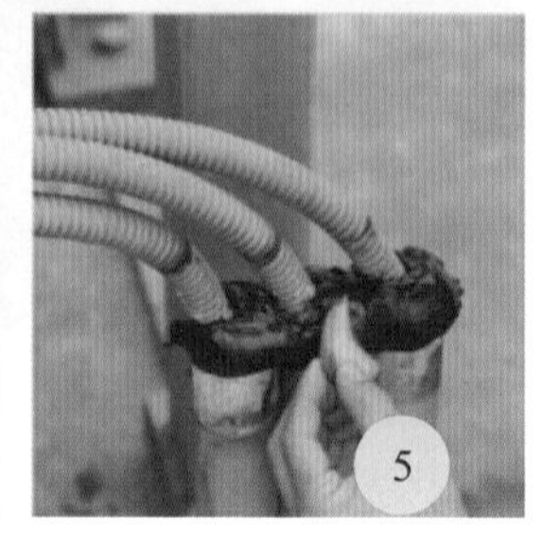

图 6-68　二次电缆护套驳接口密封

（2）工艺要求。

1）泡沫填缝剂要注满，不留缝隙，待泡沫填缝剂风干固化后方可进行下一道工序。

2）中性硅酮耐候密封胶应涂抹饱满、平滑、无毛边。

3）抹平密封胶。

（3）施工前后对比图如图 6－69 所示。

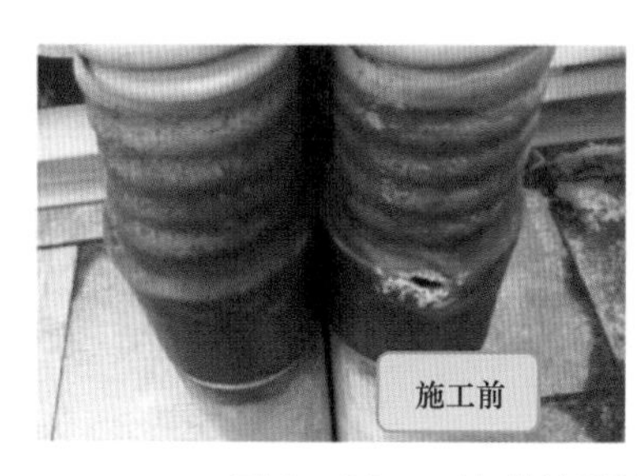

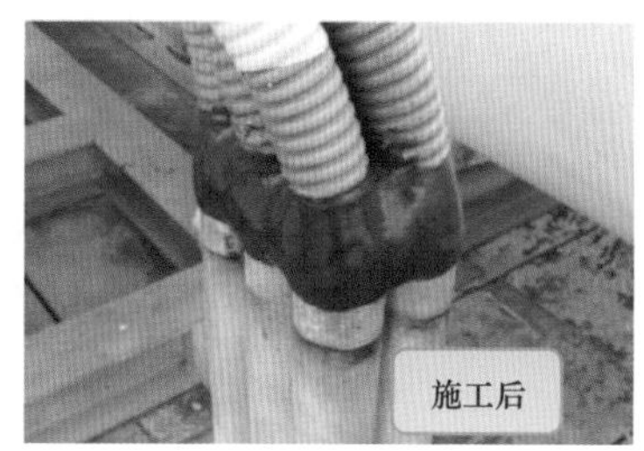

图 6－69　二次敷管驳接处密封施工前后对比图

（4）维护效果。

1）防潮气。

2）防进水。

3）防小动物。

11. 机构箱内电缆入口密封

（1）工作步骤及内容如表 6－15 和图 6－70 所示。

表 6－15　工作步骤及内容

步骤	工作内容
1	取走电缆入口旧红泥
2	涂上密封胶
3	抹平填实

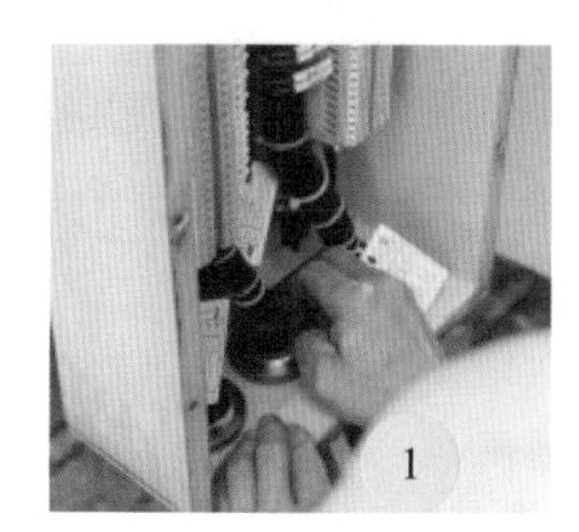

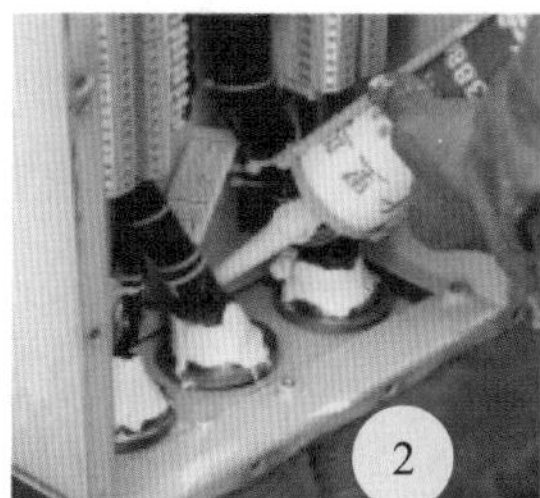

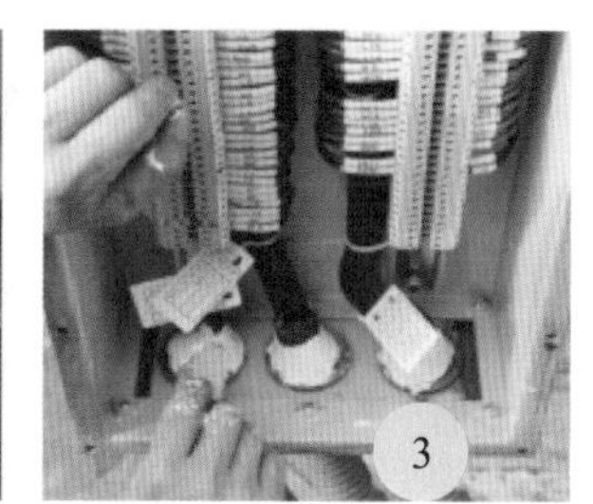

图 6－70　隔离开关机构箱内电缆出口密封

（2）工艺要求。

1）红泥要清理干净。

2）中性耐候密封胶要完全密封，不留缝隙。

（3）施工前后对比图如图 6－71 所示。

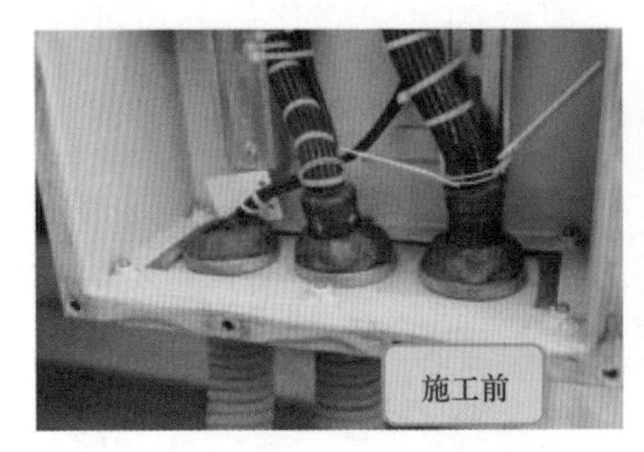

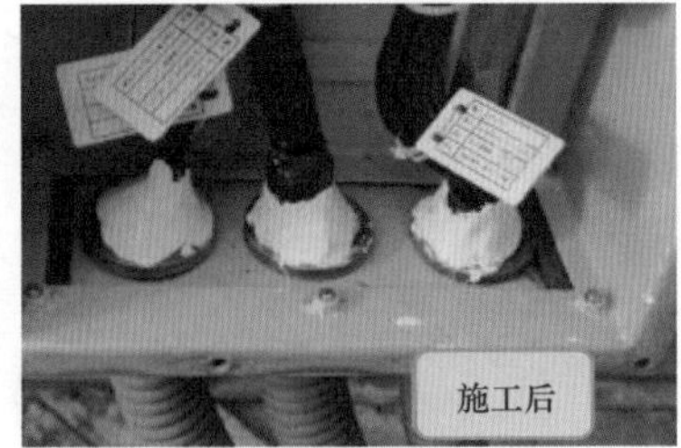

图 6－71　隔离开关机构箱内电缆出口密封对比图

（4）维护效果。

1）防潮。

2）防小动物。

12. 母线筒伸缩节密封加固

（1）工作步骤及内容如表 6－16 和图 6－72 所示。

表 6－16　工作步骤及内容

步骤	工作内容
1	清除老旧密封胶
2	涂上密封胶
3	抹平抹匀中性硅酮耐候密封胶

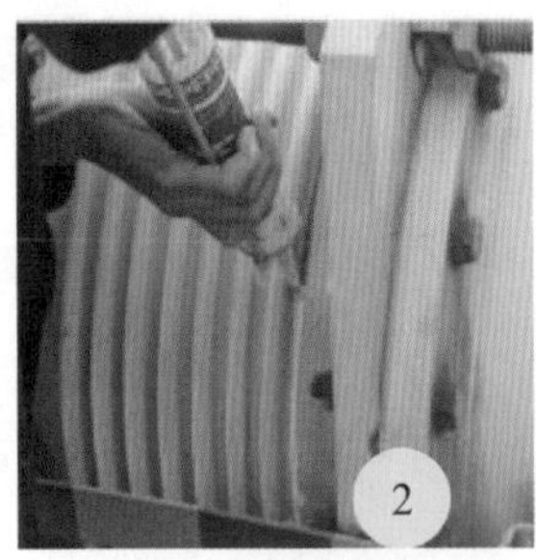

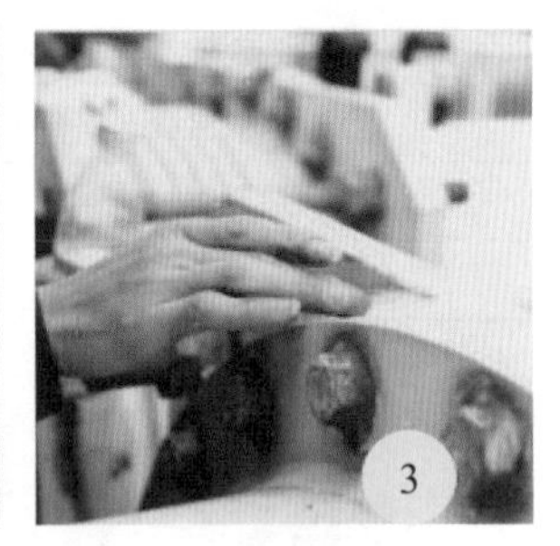

图 6－72　母线筒伸缩节密封

（2）工艺要求。

1）不可使用金属刮刀，旧密封胶必须清除干净。

2）密封胶要涂抹均匀。

（3）施工前后对比图如图 6－73 所示。

（4）维护效果。保护母线筒伸缩节，保证密封性，延长使用寿命。

13. 气管外露部分加装防踩踏保护外罩

（1）工作步骤及内容如表 6－17 和图 6－74 所示。

图 6–73　主母线筒伸缩节密封对比图

表 6–17　　工作步骤及内容

步骤	工作内容
1	将防护垫塞进间隙
2	剪切成适合的宽度
3	用中性硅酮耐候密封胶固定防护
4	气管上涂上 PRTV 漆
5	在外罩内垫防护垫
6	加装槽钢保护外罩

图 6–74　气管外露部分加装防踩踏保护外罩

（2）工艺要求。

1）防护垫需有一定的弹性。

2）刷涂 PRTV 涂料，防止气管锈蚀。

3）保护外罩需有一定的硬度，踩踏不变形。

（3）施工前后对比图如图 6–75 所示。

图 6－75　气管外露部分加装防踩踏保护外罩对比图

（4）维护效果。

1）气管和金属架构间做防摩擦处理。

2）刷涂 PRTV 涂料，有效防止气管锈蚀。

3）保护外露气管免受外力破坏。

14. 设备外壳清洁和地面整体清洁

（1）工作步骤及内容如表 6－18 和图 6－76 所示。

表 6－18　工作步骤及内容

步骤	工作内容
1	用无水乙醇或洗洁精水对设备外壳进行清洁
2	打扫地面、铲除青苔

图 6－76　设备外壳清洁和地面整体清洁

（2）工艺要求。

1）清洁高处时要注意安全，施工高度超过 2m 时要系安全带。

2）要求清洁干净，设备死角部位无积水。

（3）施工前后对比图如图 6－77 所示。

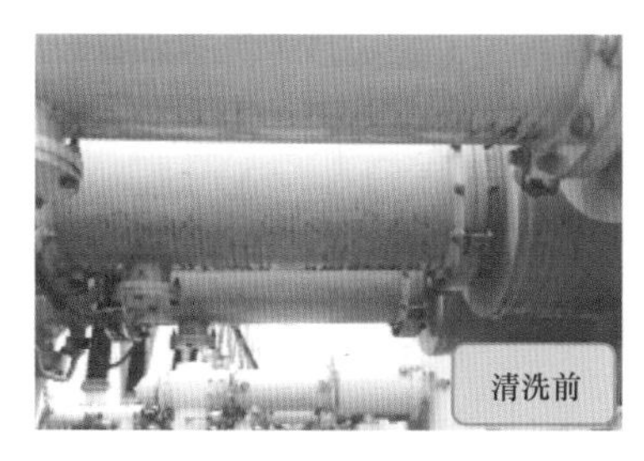

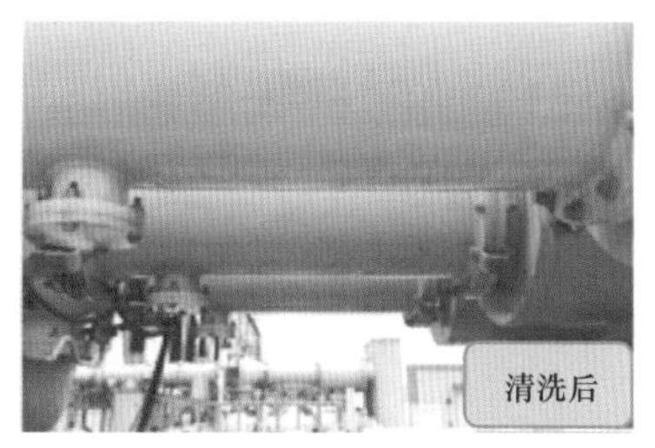

图 6－77　设备外壳清洁施工前后对比图

（4）维护效果。

1）保证干净美观，同时清除外壳的腐蚀物，延长使用寿命。

2）设备干净有利于巡视维护和寻找故障点。

第7章

GIS 设备常见异常及分析

7.1 GIS 设备缺陷情况统计

随着电网中使用的 GIS 设备越来越多，GIS 设备的缺陷也逐渐凸显出来。根据某地区供电企业历年来运行总体情况来看，户外设备比户内设备可靠性低，户外设备缺陷占比 61.7%；投产 5 年内发生的设备缺陷占比比较高，达 70%；因设备质量不良、安装质量不良导致的设备缺陷占比比较高，达 61.7%。

2015－2020 年期间，该地区供电企业 GIS 设备共发生 81 起设备缺陷，其中紧急缺陷 8 起，重大缺陷 41 起，一般缺陷 32 起。

按类型分别统计如下：

（1）按电压等级统计，110kV 33 起，220kV 45 起，500kV 3 起。

（2）按缺陷类型统计，二次系统 34 起，机械系统 23 起，密封系统 20 起，一次绝缘系统 4 起。

（3）按缺陷原因统计，设备质量 28 起，安装质量 22 起，设备老化 28 起，自然损耗 3 起。

（4）按厂家类型统计，进口 4 起，合资 22 起，国产 55 起。

（5）按投运后发生年限统计，0 年 6 起，1～5 年 51 起，6～10 年 12 起，11～15 年 12 起。

具体设备缺陷分布情况如表 7－1～表 7－4 所示。

表 7－1　　GIS 设备缺陷按电压等级分布表

序号	电压等级 缺陷类型	110kV			220kV			500kV			总计
		紧急	重大	一般	紧急	重大	一般	紧急	重大	一般	
1	二次系统	1	1	7	2	17	5	0	0	1	34
2	机械系统	1	7	7	1	5	2	0	0	0	23
3	密封系统	1	3	2	0	6	6	0	0	2	20
4	一次绝缘系统	1	2	0	1	0	0	0	0	0	4
5	总计	4	13	16	4	28	13	0	0	3	81

表7-2 GIS设备缺陷按缺陷类型分布表

序号	缺陷类型	缺陷类别	电压等级			总计
			110kV	220kV	500kV	
1	二次系统	隔离开关拒动	3	17	0	20
2		二次元器件损坏	6	5	1	12
3		开关机构异常	0	2	0	2
4	机械系统	隔离开关拒动	3	1	0	4
5		机械损坏	0	1	0	1
6		开关机构异常	8	5	0	13
7		接头发热	1	1	0	2
8		空气压缩机油位低	3	0	0	3
9	密封系统	SF_6气体湿度超标	1	3	0	4
10		SF_6气体压力低	5	7	0	12
11		机构箱进水	0	0	2	2
12		空气压缩机管路漏气	0	2	0	2
13	一次绝缘系统	局部放电测试异常	2	0	0	2
14		局部放电，故障停运	1	1	0	2
15	总计		33	45	3	81

表7-3 GIS设备缺陷按缺陷原因分布表

序号	缺陷原因	缺陷类别	110kV	220kV	500kV	总计
1	设备质量	开关机构异常	4	5	0	9
2		二次元器件损坏	2	3	0	5
3		SF_6气体湿度超标	1	3	0	4
4		隔离开关拒动	2	1	0	3
5		局部放电测试异常	2	0	0	2
6		密封不良，SF_6气体压力低	1	1	0	2
7		局部放电，故障停运	1	1	0	2
8		机械损坏	0	1	0	1
9	安装质量	密封不良，SF_6气体压力低	4	6	0	10
10		隔离开关拒动	3	1	0	4
11		二次元器件损坏	1	1	1	3
12		密封不良，机构箱进水	0	0	2	2
13		接头发热	1	1	0	2
14		开关机构异常	0	1	0	1
15	设备老化	隔离开关拒动	1	16	0	17
16		开关机构异常	4	1	0	5

续表

序号	缺陷原因	缺陷类别	110kV	220kV	500kV	总计
17	设备老化	二次元器件损坏	3	1	0	4
18		空气压缩机管路漏气	0	2	0	2
19	正常消耗	空气压缩机油位低	3	0	0	3
20	总计		33	45	3	81

表 7-4　　GIS 设备缺陷按发生年限分布表

序号	投运年限	110kV	220kV	500kV	小计	总计
1	0	1	3	2	6	6
2	1	6	8	1	15	51
3	2	2	4	0	6	
4	3	3	4	0	7	
5	4	7	6	0	13	
6	5	1	9	0	10	
7	6	0	3	0	3	12
8	7	0	4	0	4	
9	8	0	1	0	1	
10	9	1	3	0	4	
11	12	5	0	0	5	12
12	13	2	0	0	2	
13	14	2	0	0	2	
14	15	3	0	0	3	
总计		33	45	3	81	81

7.2　GIS 设备常见缺陷及分析

7.2.1　设备锈蚀

1. 异常分析及处理

设备锈蚀问题一直是困扰 GIS 设备运维工作的一大难题，尤其是布置户外的设备，它会导致设备健康水平每况愈下。户外运行的 GIS 设备，受当地气候条件影响，锈蚀情况主要集中在管母伸缩节、避雷器底座、传动部件、二次接线盒、二次电缆保护铠甲、箱体外壳和二次元器件等（如图 7-1～图 7-5 所示），通常是由于设备部件受潮和进水导致。设备锈蚀可能会造成严重后果，如隔离开关拐臂锈蚀后断裂导致拒分合（如图 7-6 和图 7-7 所示）、法兰密封面也会因锈蚀导致密封不良，引发大量漏气等。

(a) 铠甲表面锈蚀

(b) 铠甲破损

图 7–1　二次电缆保护铠甲破损、锈蚀情况

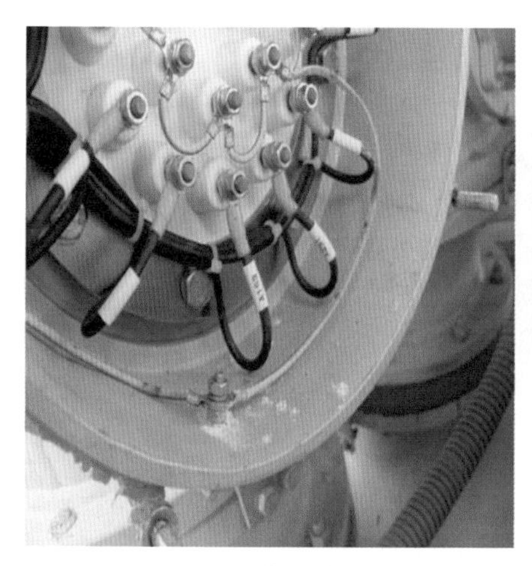

(a) 接线盒内部受潮

(b) 接线盒密封不严

图 7–2　TA 二次接线盒进水

(a) 盖板渗水痕迹

(b) 接点出现锈迹和铜绿

图 7–3　SF_6 表计信号二次接线盒进水受潮

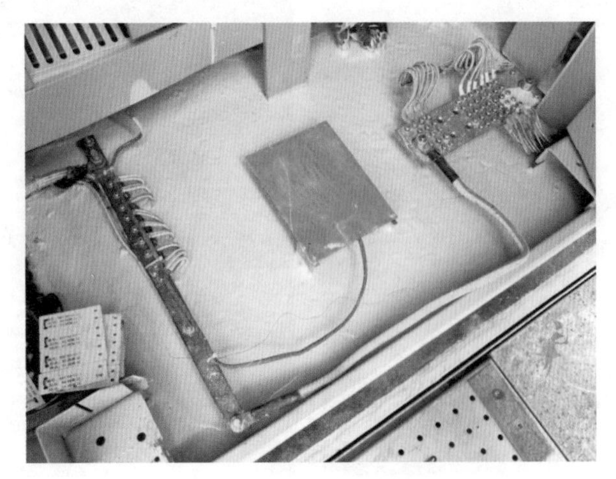

图 7-4　汇控柜内部进水

图 7-5　GIS 开关机构箱顶部锈蚀

图 7-6　GIS 隔离开关拐臂拉杆锈蚀严重，操作过程中断裂

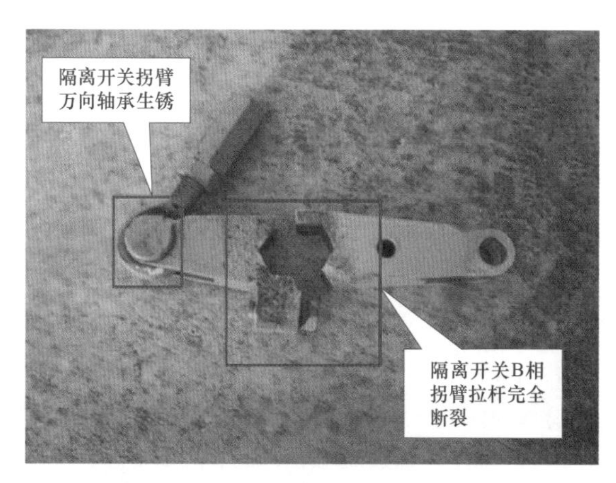

图7－7 锈蚀隔离开关拐臂拉杆拆卸

针对设备锈蚀问题，现场通常采取封堵防潮、除锈、涂抹中性硅酮结构胶、更换部件等检修手段提高设备健康水平，具体处理步骤在本书第6章已详细写出，此处不再赘述。

2. 预防和建议

（1）传动部件、二次电缆保护铠甲等材质宜选用经过防锈处理及不易生锈的材质。

（2）要关注螺栓的选择，因为设备生锈大部分都是由螺栓生锈引起，从而造成法兰面、微动开关、传动轴等生锈而不可修复。

（3）设备就位后，机构箱底部一、二次电缆不能及时接入时，为防止箱内二次元件受潮，宜及时引入外部电源，为加热器通电。

（4）实践证明，机械拐臂与传动轴接口处涂抹凡士林，母线法兰面连接处涂抹防水型密封胶，隔离开关操作连杆各连接处涂抹二硫化钼润滑脂等措施可以大大降低设备的锈蚀（如图7－8所示）。

(a) 机械拐臂与传动轴接口处涂抹凡士林

图7－8 现场防锈蚀改进措施（一）

(b) 母线法兰面连接处涂抹防水型密封胶

(c) 隔离开关操作连杆各连接处涂抹二硫化钼润滑脂

图 7-8 现场防锈蚀改进措施（二）

（5）改进箱体及二次接线盒的设计结构，避免箱体及二次接线盒积水。

（6）GIS 设备变电站最好采用全室内变电站，可以使 GIS 设备免于受日晒雨淋的侵蚀，提高设备的运行寿命和安全性。

7.2.2 SF_6气体泄漏

1. 异常分析及处理

GIS 设备内部充满一定压力的 SF_6 气体，设备中的焊接点、法兰密封面以及气路管道处都有可能发生 SF_6 气体泄漏现象。SF_6 气体的持续泄漏将降低设备的绝缘能力，导致击穿放电、设备停运甚至造成人身伤害等，因此，对 GIS 设备的密封性能有极高要求，需现场配置多种手段对气室的压力进行检测。从现场运行经验来看，GIS 设备气体泄漏的原因主要涉及设备零部件制造缺陷、安装工艺不良、密封材料老化破损及设备生锈漏气等（如图 7-9 所示）。

图 7－9　表计接头与三通阀连接处有 SF_6 气体漏出

某 500kV 变电站在监盘过程中发现 220kV GIS 设备 5 号母线 G21 气室压力低告警，现场人员检漏后发现 5 号母线 G21 气室靠 2608 断路器备用间隔处法兰螺栓处出现漏气情况（如图 7－10 所示）。

图 7－10　现场漏气部位

检修人员对该法兰进行拆卸，检查后发现法兰面螺栓、螺孔及伸缩节内部均出现不同程度锈蚀情况（如图 7－11 所示），初步判断主要是法兰面螺孔处锈蚀导致的密封不严，造成的气体泄漏。该法兰面 1/3 的螺孔均出现生锈现象，若清洁后继续运行，内部生锈发展情况无法直观判断，将会埋下巨大隐患。因此，检修人员对法兰面进行整体更换，并进行清洁、安装和充气，经检漏和试验合格后，恢复设备运行。后期巡视跟踪的过程中，未发现此部位再次出现漏气问题。

(a) 螺栓生锈

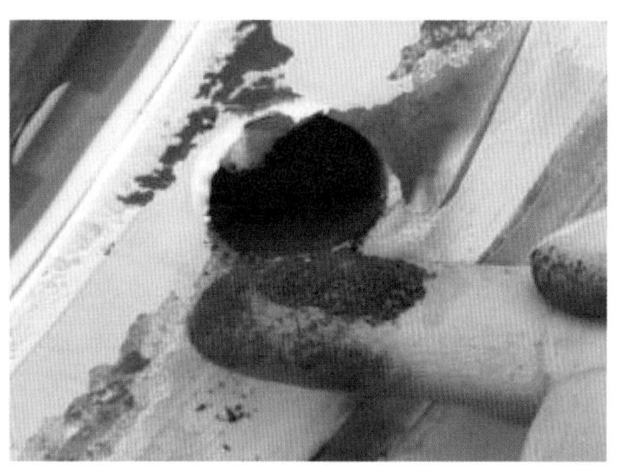

(b) 螺孔严重锈蚀

图 7－11　现场设备检查情况（一）

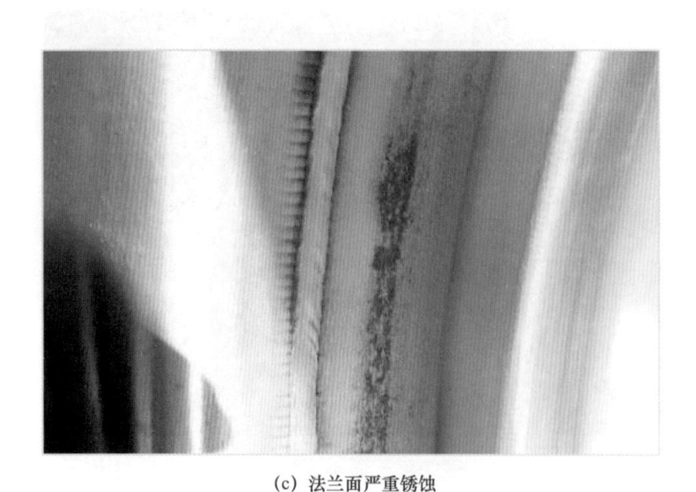

(c) 法兰面严重锈蚀

图 7-11　现场设备检查情况（二）

2. 预防和建议

（1）加强设备巡视，每月对各气室压力表进行拍照，并与历史的压力值进行对比分析，发现压力低的及时处理，发现有下降趋势的重点关注和跟踪。

（2）加强现场安装质量管控，重点关注法兰面表面的处理和法兰面对接，采取适当的防水防锈手段。

（3）对气体下降较快或频繁出现漏气的部位要加强跟踪，按照现场情况及时安排停电处理。

（4）定期采用 X 射线无损探伤和激光检测等手段，判断设备内部锈蚀和漏气情况。

7.2.3　隔离开关分合不到位

1. 异常分析及处理

因隔离开关分合闸不到位引起 GIS 设备异常的情况时有发生，合闸不到位时，动静触头无法良好接触，导致接触面持续发热造成触头烧蚀；分闸不到位时，容易导致绝缘击穿，发生对外壳放电等。日常巡视不能直观看到隔离开关是否分合到位，需借助辅助手段进行判断。

某变电站 500kV 线路间隔完成失灵保护改造后，按启动方案将该线路边断路器 5011 转至冷备用状态，随后合上 50111 隔离开关后，1 号母线母差保护一、母差保护二动作跳开 500kV 1 号母线侧所有断路器，500kV 1 号母线跳闸。故障发生后，现场人员检查 50111 隔离开关和 501117 接地开关，发现 501117 接地开关操动机构 A 相与 B、C 相连接的齿轮位置异常，但位置指示却显示分闸到位，随后用内窥镜通过接地开关观察孔检查发现 501117 接地开关 A 相处于分闸位置，B、C 相接地开关触头均在合闸位置，具体如图 7-12 所示。

(a) 操动机构连接齿轮异常

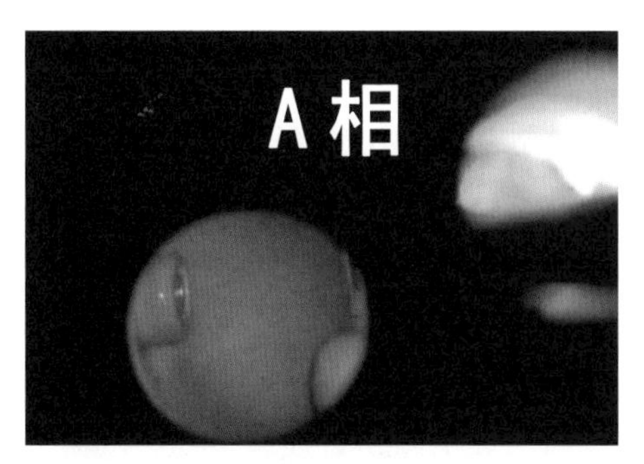

(b) 接地开关 A 相

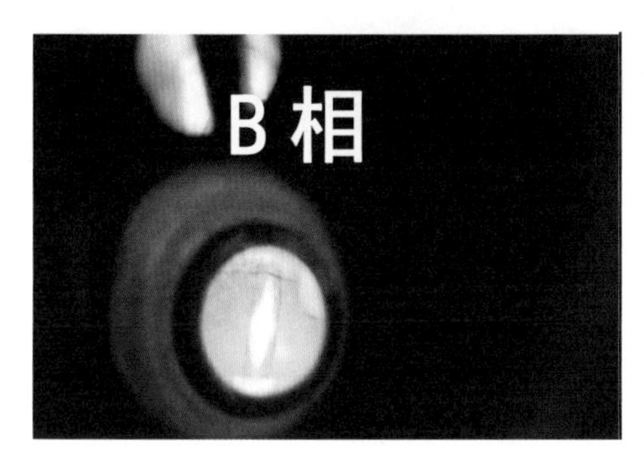

(c) 接地开关 B 相

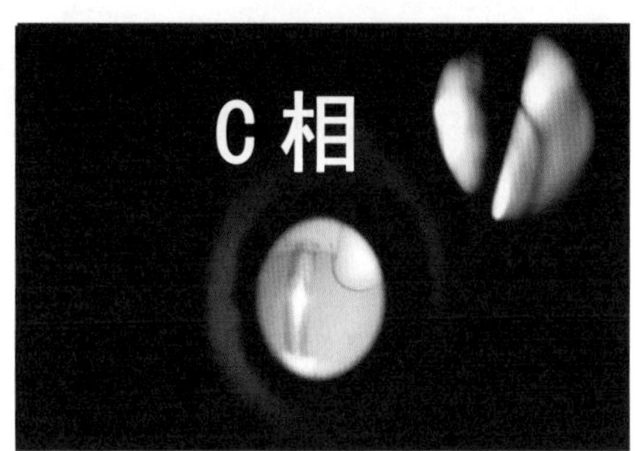

(d) 接地开关 C 相

图 7－12 501117 接地开关三相实际情况

原因分析：5011 断路器靠 1 号母线侧的 501117 接地开关操动机构正常情况下操作模式为操作电机直接驱动 501117 接地开关 A 相分闸，并通过传动机构由 A 相传动接地开关 B、C 相分闸。此次由于传动机构传动杆故障脱落，在操作拉开 501117 接地开关后，接地开关 A 相正常分闸，但 B、C 相未能分闸。由于接地开关位置状态取 A 相状态信息，501117 接地开关操作完毕后台显示及现场检查均显示接地开关在分位，后续在操作合上 50111 隔离开关后，导致 500kV 1 号母线 BC 相接地造成母线两套母差保护动作跳闸。现场故障原因查明后，将 500kV 1 号母线及 5011 断路器转检修处理。

2. 预防和建议

（1）对 GIS 隔离开关分合闸位置进行划线标识。

（2）倒闸操作中严格执行隔离开关分合闸位置核对工作：

1）通过“检查 6 步法”（如图 7－13 所示），明确隔离开关分合闸状态；

2）在 GIS 设备倒母操作前、后，均应检查是否存在差流越限和 TA 断线告警信号、母线保护差流（小差）值情况、母联开关三相电流变化情况，作为操作隔离开关是否分合闸到位的辅助判据。

1 后台监控机 位置指示	2 监控系统 变位报文	3 汇控箱位置 指示灯	4 机构箱分合闸 位置指示	5 传动机构连杆 分合位置指针指示	6 隔离开关、接地 开关连杆摆向

图 7－13 隔离开关位置检查 6 步法

注：有隔离开关观察孔时也要进行可视化确认。

（3）加强X光检测技术的应用。回路电阻测试需将设备进行停电，并且在无接地引出端时无法进行测量；触头、导体在接触不良的前期过程仅发生微小放电或根本没有放电现象，局放测试也存在局限性，难以及时发现问题；红外成像测温灵敏度较低，测温结果易受操作人员技术水平、环境因素与检测距离的影响；因此，需采用新技术、新方法保障设备可靠运行。X射线DR检测技术作为一种新的测试方法，在GIS设备运行或停运状态下，不解体设备、不破坏环境下，利用X射线实时成像检测仪器对设备内部情况进行可视化无损检测并拍照，直观、可靠、准确地评价GIS设备内部情况，为设备状态检修及辅助决策提供依据。

GIS设备无异常时，X射线无损探伤结果呈现以下特征（如图7－14所示）：

1）部件完整性：检测区域内设备部件齐全，不存在缺失现象。

2）部件外形：检测区域内部件形状均符合设计，未见变形。

3）部件表面裂纹、划伤或毛刺：检测区域各部件表面图像灰度一致，无线形或点状显示。

4）异物：图像上无亮点显示，无金属微粒存在，检测区域内除设备部件外无其他异物显示。

5）屏蔽罩：屏蔽罩安装到位，无松脱现象，屏蔽罩无歪斜现象。

6）隔离开关闭合状态：动触头和静触头在闭合后，触头均接触到位且触头完全在屏蔽罩内。

7）隔离开关分离状态：动触头和静触头在分离后，触头均分离到位且触头完全在屏蔽罩内。

(a) 隔离开关合上状态

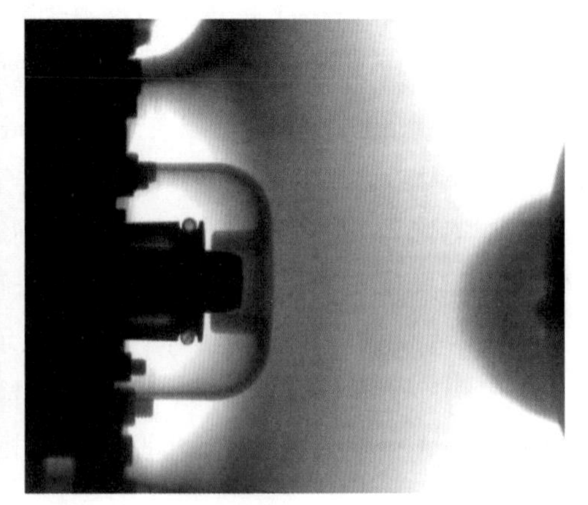

(b) 隔离开关拉开状态

图7－14　GIS隔离开关正常时X射线成像图

图7－15展示了几种异常状态下GIS隔离开关X射线成像图情况。

(a) 存在问题 1：动触头和静触头在闭合后，触头接触不到位

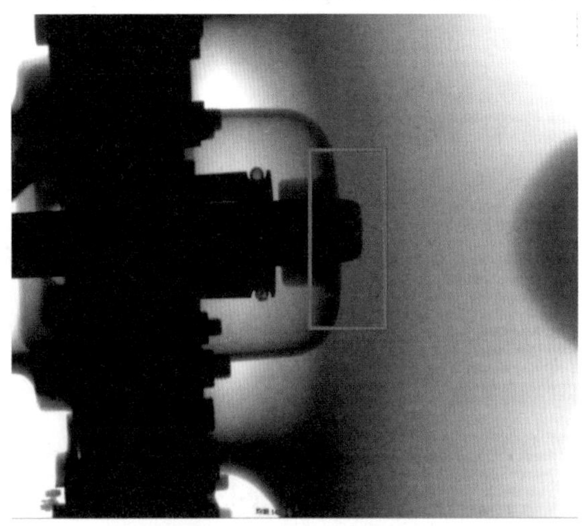

(b) 存在问题 2：动触头和静触头在分离后，动触头未分离到位且触头在屏蔽罩外

(c) 存在问题 3：图像上存在亮点显示，表示有金属微粒存在

图 7-15　GIS 隔离开关异常时 X 射线成像图（一）

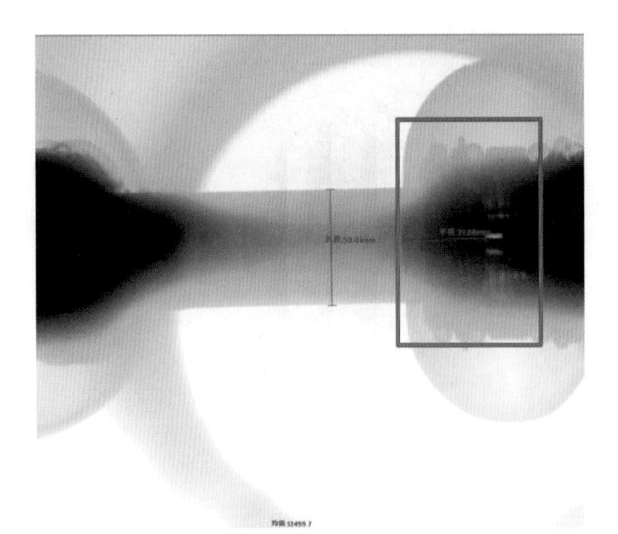

（d）存在问题 4：动触头和静触头在合闸后，触头插入深度不足

图 7－15　GIS 隔离开关异常时 X 射线成像图（二）

7.2.4　绝缘故障

绝缘击穿是 GIS 的常见故障之一，一旦发生此类故障，后果十分严重，对 GIS 的安全运行和电网的可靠性造成巨大影响。该故障产生原因往往涉及设备生产质量、部件的选材、安装工艺，还有日常维护等几方面，只有在每个过程中认真把关，才能把 GIS 设备安全更好地落实到位。

设备生产质量方面，绝缘件空穴、气泡、裂纹等制造缺陷对其绝缘性能影响很大；安装工艺方面，由于工厂及现场装配时未清洁彻底、运行过程中导体的磨损及振动产生的粉尘有可能导致绝缘故障；日常维护方面，随着 GIS 设备运行年限增长，紧固件、导体松动及导体严重磨损产生的金属粉末也会导致局部放电，进而发展为绝缘故障，如图 7－16 所示。绝缘类故障放电部位大多发生在盆式绝缘子、支撑绝缘子及断路器的绝缘拉杆上，放电图片如图 7－17 所示。

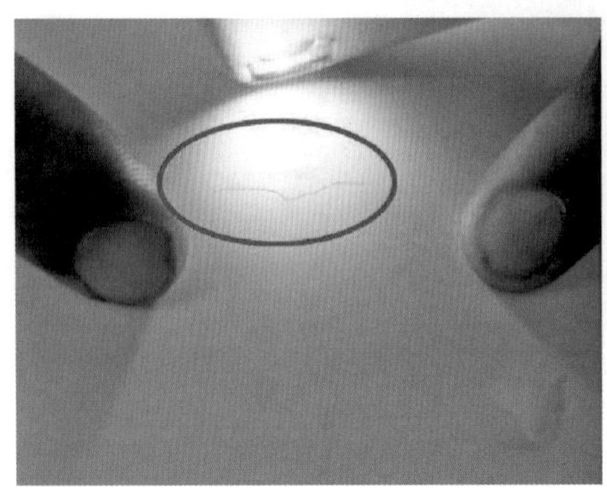

（a）盆式绝缘子上存在一条细微裂纹

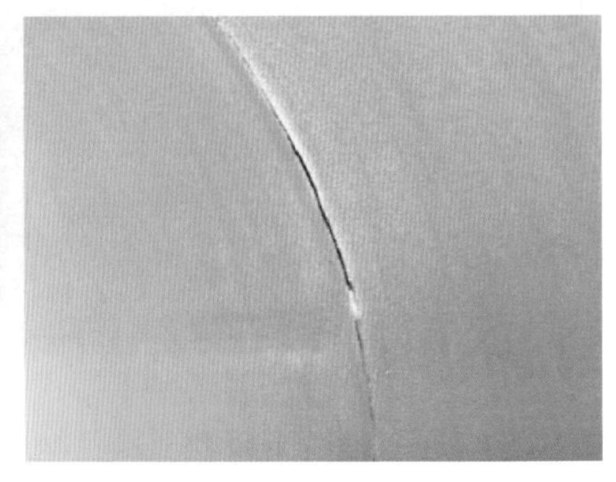

（b）母线筒内部出现漏焊裂纹

图 7－16　常见绝缘故障产生原因案例（一）

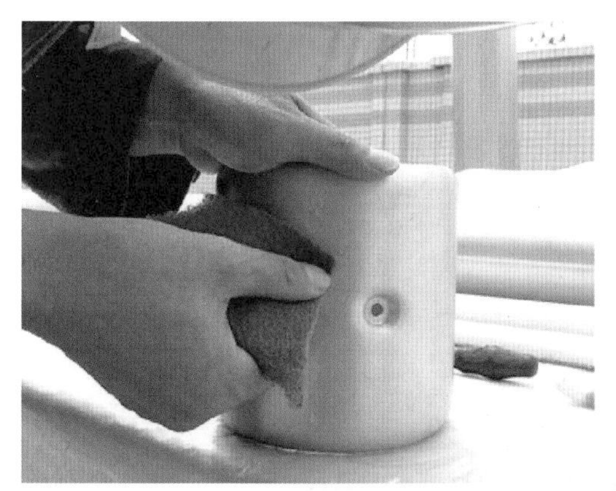

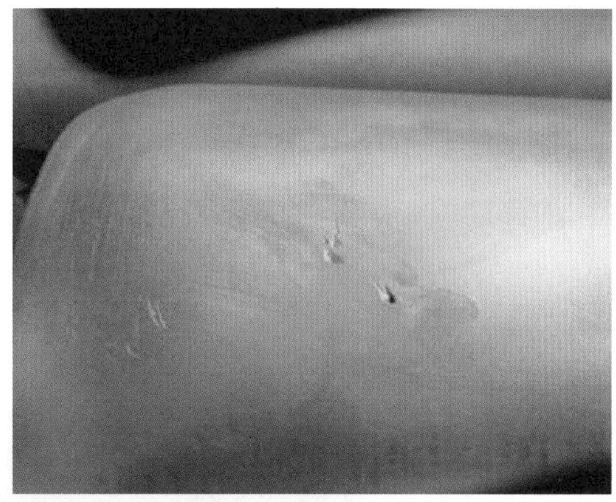

(c) 导体表面有毛刺、小孔

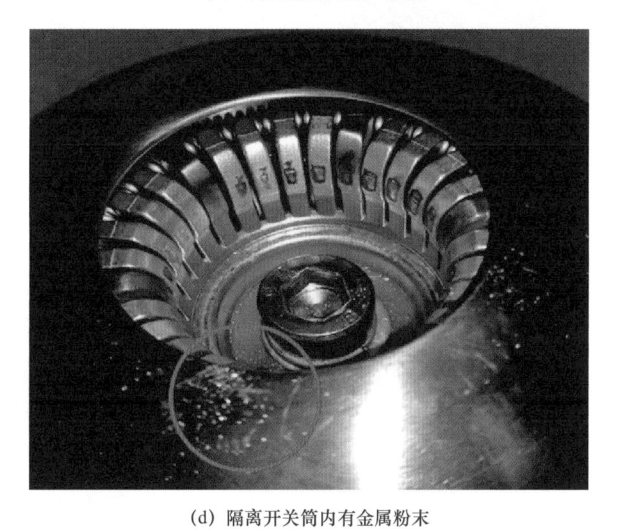

(d) 隔离开关筒内有金属粉末

图 7－16　常见绝缘故障产生原因案例（二）

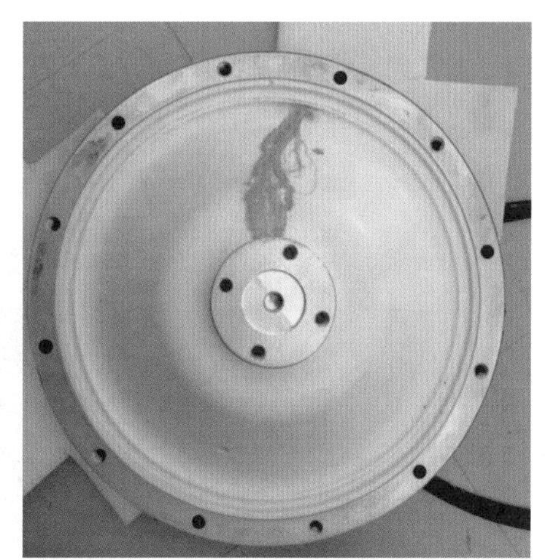

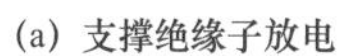

(a) 支撑绝缘子放电　　(b) 盆式绝缘子放电

图 7－17　常见绝缘故障放电部位（一）

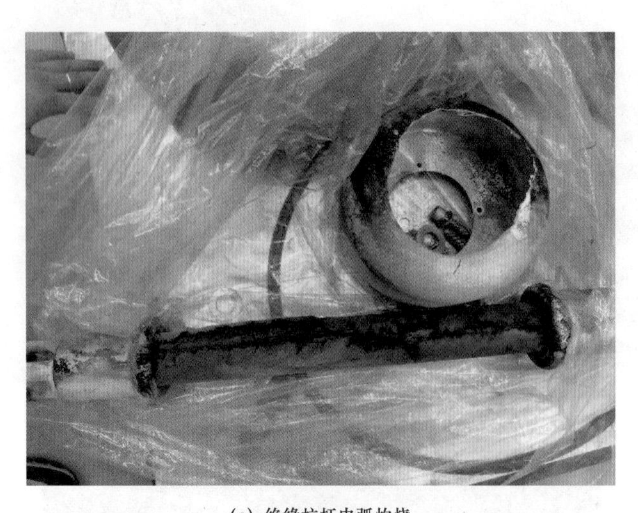

(c) 绝缘拉杆电弧灼烧

图 7-17 常见绝缘故障放电部位（二）

1. 异常分析及处理

某 500kV 变电站高压侧采用 HGIS 设备，500kV 第一串设备中 5011 断路器连接 2 号主变压器高压侧，5013 断路器连接 500kV 甲某线，故障前 2 号主变压器高压侧 5011 断路器因出线套管有缺陷未投产，中压侧 2202 断路器在热备用；故障发生时 2 号主变压器差动保护动作，跳开联络 5012 断路器，低压侧 302 断路器，500kV 甲某线主Ⅰ、主Ⅱ保护动作，跳开 5013 断路器 C 相，重合不成功后三相跳闸。

从继电保护动作、现场设备检查情况及 500kV 第一串 HGIS 设备各气室 SF_6 气体湿度、现场分解产物试验结果，因 5012 断路器 C 相气室 SF_6 压力超出正常范围，气体分解物 SO_2 达到 1762μL/L，严重超过相关规程注意值（3μL/L），判断 5012 断路器气室内部存在严重故障，接地短路，故障点位于 5012 断路器 C 相气室内部；5013 断路器 C 相 SO_2 为 7.7μL/L，判断为断路器正常开断故障电流导致。随后对故障 5012 断路器 C 相现场拆除及返厂解体。

图 7-18 绝缘拉杆贯穿性电弧灼烧痕迹

（1）支撑绝缘筒检查。解体发现 5012 断路器灭弧室内绝缘拉杆有贯穿性电弧灼烧爆裂痕迹，罐体铸件上有对应的电弧灼烧，支撑绝缘筒内壁四周电弧灼烧严重，绝缘拉杆高压侧的均压罩电弧灼烧留下的缺口，绝缘拉杆拆卸下来从高压侧到低压侧的贯穿性电弧灼烧爆裂的痕迹，如图 7-18～图 7-21 所示。

(a) 拐臂、壳体灼烧痕迹

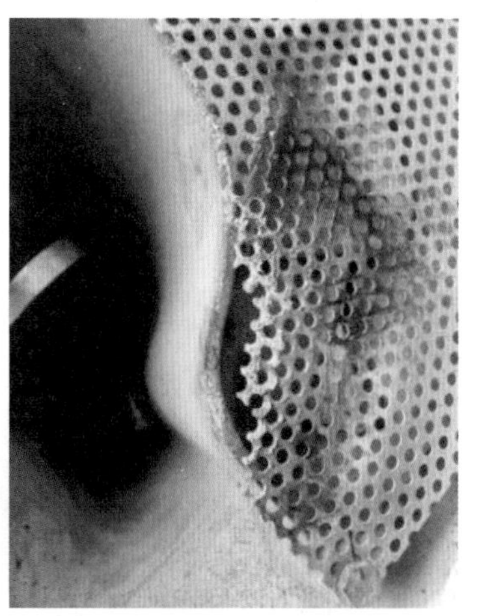

(b) 阻隔网灼烧痕迹

图 7－19　绝缘拉杆连接的低压侧拐臂、壳体及吸附剂阻隔网电弧灼烧痕迹

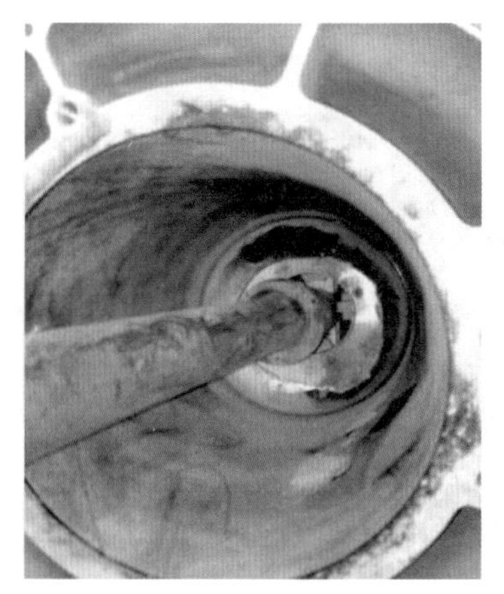

(a) 绝缘拉杆对筒壁放电

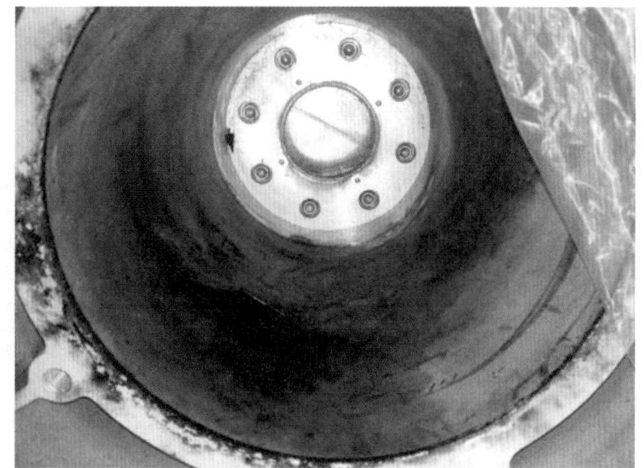

(b) 绝缘筒内壁灼烧痕迹

图 7－20　支撑绝缘筒内壁电弧灼烧痕迹

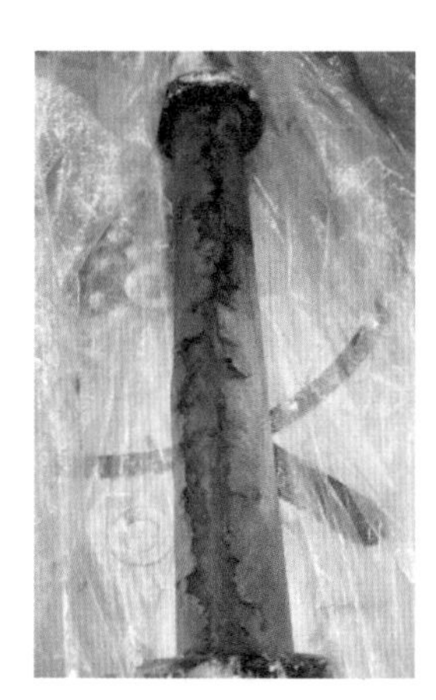

(a) 贯穿性电弧

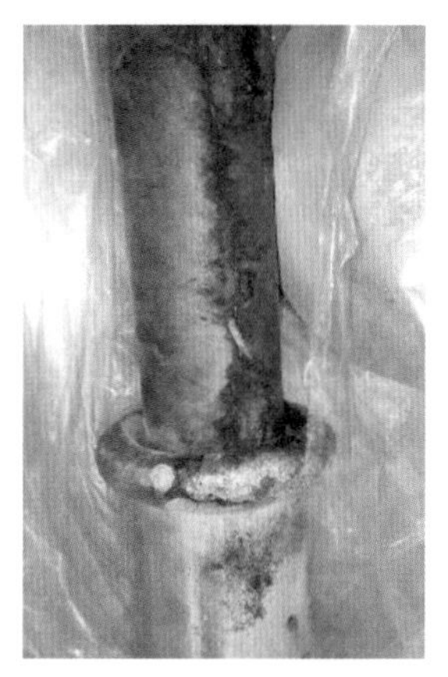

(b) 绝缘拉杆灼烧情况

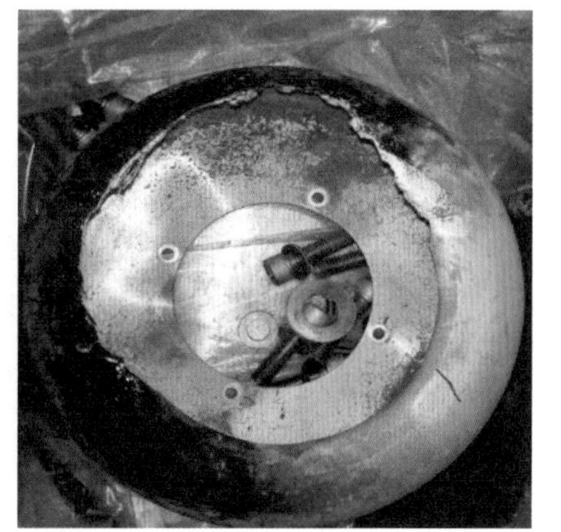

(c) 均压罩电弧灼烧缺口

图 7－21　绝缘拉杆贯穿性电弧灼烧爆裂痕迹和其高压侧均压罩电弧灼烧缺口

（2）断路器灭弧室检查。5012 故障断路器靠近甲某线 5013 断路器侧的断口绝缘筒外侧表面和两端均压罩电极存在电弧灼烧痕迹，靠近 2 号主变压器侧的灭弧室各元件表面布满粉尘，但无电弧灼伤痕迹。将靠近甲某线侧的灭弧室断口间解体检查，其弧触头、主触头和喷口均完好、无烧蚀情况，如图 7－22 和图 7－23 所示。

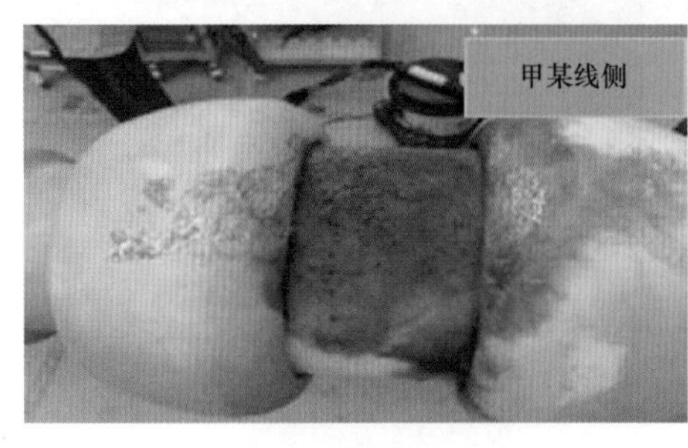

(a) 故障断路器靠甲某线侧

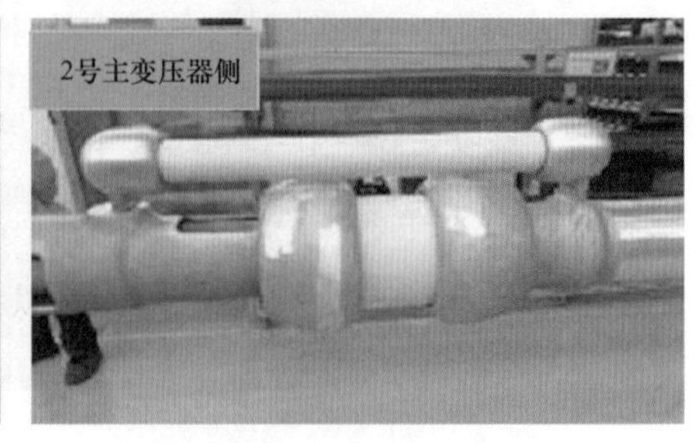

(b) 故障断路器靠2号主变压器侧

图 7－22　故障断路器两侧断口绝缘筒外侧情况

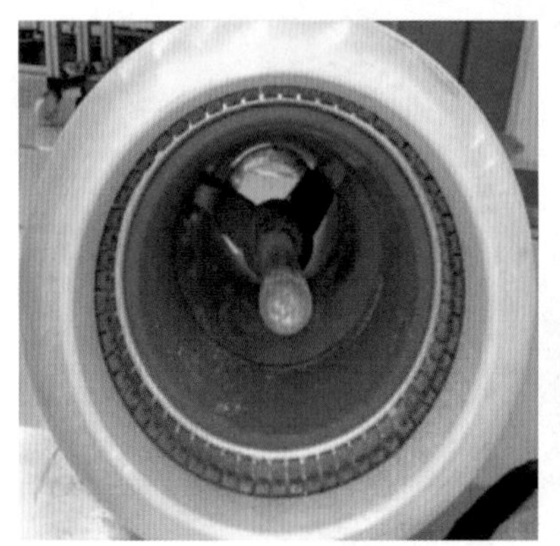

图 7－23　靠近甲某线侧的灭弧室断口解体情况

（3）故障原因分析。

1）5012 断路器 C 相灭弧室的绝缘拉杆在制造过程中存在绝缘缺陷，运行过程中，在运行电压的作用下绝缘缺陷不断地恶化，最终发展为对地短路击穿。

2）在首次短路故障后，由于短路电弧燃烧后产生大量的粉尘污染了整个灭弧室，靠近甲某线的灭弧室断口间的绝缘筒表面也布满了大量粉尘，断口间的绝缘性能急剧下降；甲某线线路断路器 5013 重合时，5012 断路器断口受粉尘污染后绝缘性能下降承受不了运行电压，就导致断口间击穿放电二次故障。

具体故障发生位置如图 7－24 所示。

后续对 5012 断路器 C 相进行修复更换，出场验收合格后返回现场安装、调试并通过交接试验，恢复相关设备送电。

2. 预防和建议

（1）加强厂家源头管理：对设备工艺问题引发的缺陷，及时反馈厂家要求其整改，确保各项性能满足要求，从源头遏制缺陷的产生。

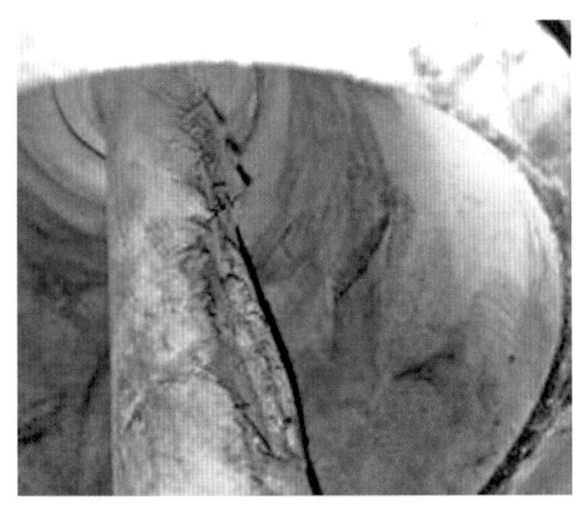

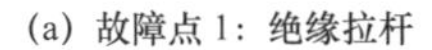
(a) 故障点 1：绝缘拉杆

(b) 故障点 2：绝缘筒

图 7-24　故障发生位置

（2）做好 GIS 设备出厂监造工作：除做好电气试验项目验收外，应按照设备技术协议相关条文，采取现场抽检、查阅检测报告等手段，严格开展金属材料、绝缘材料、机械性能等验收工作；重点检查关键的零部件如导电杆、触头、弹簧、绝缘子等，确保各项指标满足技术要求。

（3）现场装配时严格质量把关，对气室内部要经过多次吹、吸、擦拭，严格执行清洁程序，确保彻底清除粉尘污染。

（4）加强 GIS 设备带电检测工作：包括局部放电测试、红外测温、紫外光谱检测等，并适当缩短检测周期，密切关注设备运行状态。

（5）应用 X 光检测技术：定期对 GIS 设备进行 X 射线 DR 检测工作，判断 GIS 设备内部是否存在部件脱落、机构异常、存在异物等情况，为设备状态检修及辅助决策提供依据，将缺陷消除在萌芽阶段。

7.2.5　局放异常信号

1. 异常分析及处理

某 220kV 变电站 GIS 设备局放在线监测系统，发现 110kV GIS 设备 2 号主变压器中压侧 1102 断路器及相邻间隔存在疑似空穴/污秽放电信号，从在线监测系统数据分析，110kV Ⅱ母 2 号主变压器中压侧 1102 母线侧隔离开关附近存在局放源，且短期内幅值增长较快，如图 7-25、图 7-26 所示。

通过现场测量，分析局放源位置应为 110kV Ⅱ母侧 112 甲 00 接地开关右边伸缩节的黄色盆式绝缘子，见图 7-27 红色椭圆框处。

根据在线监测系统和现场定位情况分析，局放信号来自 110kV Ⅱ母侧 112 甲 00 接地开关右边伸缩节黄色标识的盆式绝缘子。对 GIS 设备局放信号异常的盆式绝缘进行开盖检修，结果发现在该盆式绝缘子上 C 相位置发现一处轻微裂痕，如图 7-28、图 7-29 所示。

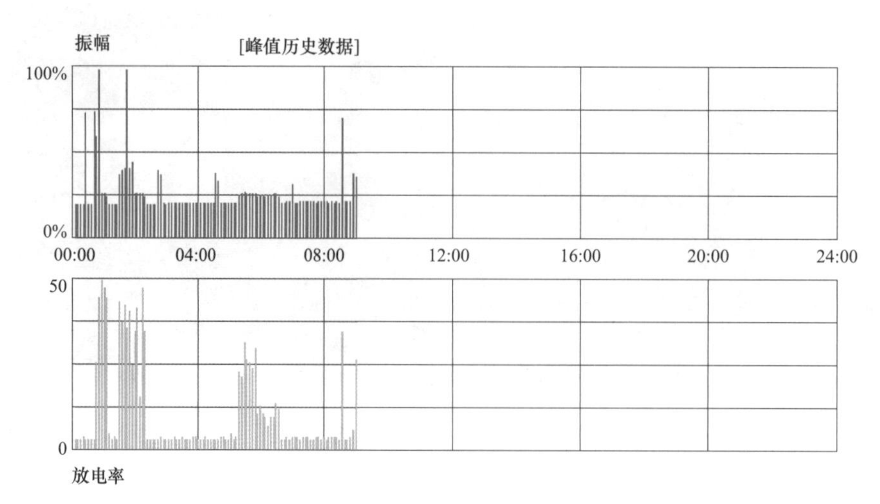

图 7-25 耦合器峰值、放电率图

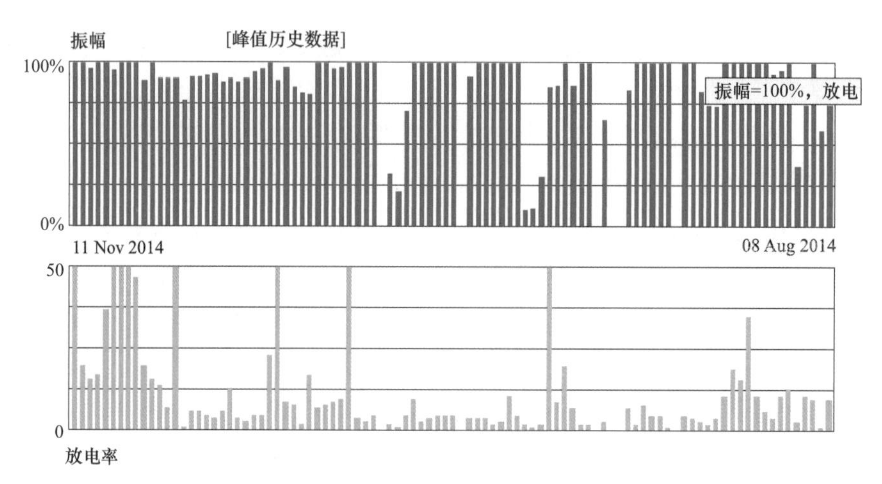

图 7-26 耦合器历史档案

图 7-27 GIS 设备局放测试定位结果

图7-28 拆出定位的盆式绝缘子

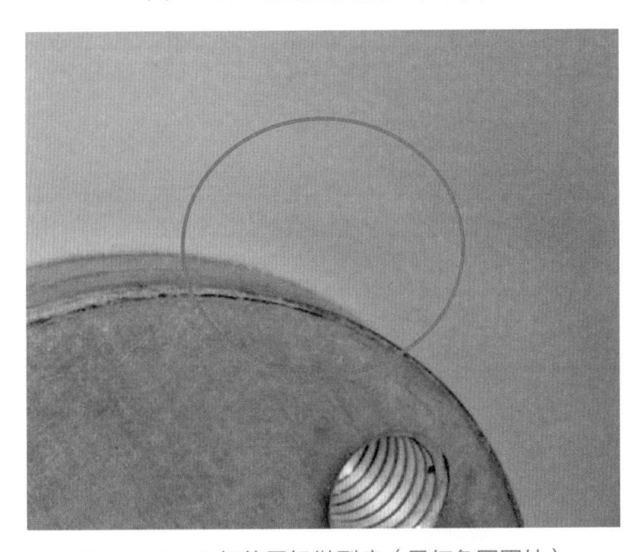

图7-29 C相位置轻微裂痕（见红色圆圈处）

更换完问题盆式绝缘子，并进行抽真空和充气处理后，经监视在线监测系统，安装在110kV Ⅱ母侧的传感器均未检测到局放信号，局放在线监测系统也未发现局放信号。

2. 预防和建议

（1）提高GIS局部放电装置在线监测覆盖率，提高设备状态可知范围。

（2）开展局部放电状态监测装置性能测试，提高检测精度和抗干扰能力。

（3）加强对局部放电在线系统的监视，对发现可疑放电信号应加强跟踪，及时上报监测结果，并进行诊断分析。

（4）严格按照现场运行规程，按时开展局部放电检测工作。

7.2.6 法兰面变形

1. 异常分析及处理

某500kV变电站220kV GIS设备在安装验收阶段，发现伸缩节法兰存在形变问题。

现场两个间隔6个伸缩节的12个法兰面均出现不同程度的变形，具体形变数值测量如表7-5所示，安装位置及法兰面形变情况见图7-30、图7-31。

表7-5　　伸缩节法兰面形变测量

部位	1	2	3	4	5	6
5母形变（mm）	4.32	6.58	3.38	5.00	3.26	3.90
6母形变（mm）	2.78	5.08	4.72	4.90	4.72	5.92

注　1、3、5位置是有盆式绝缘子一侧。

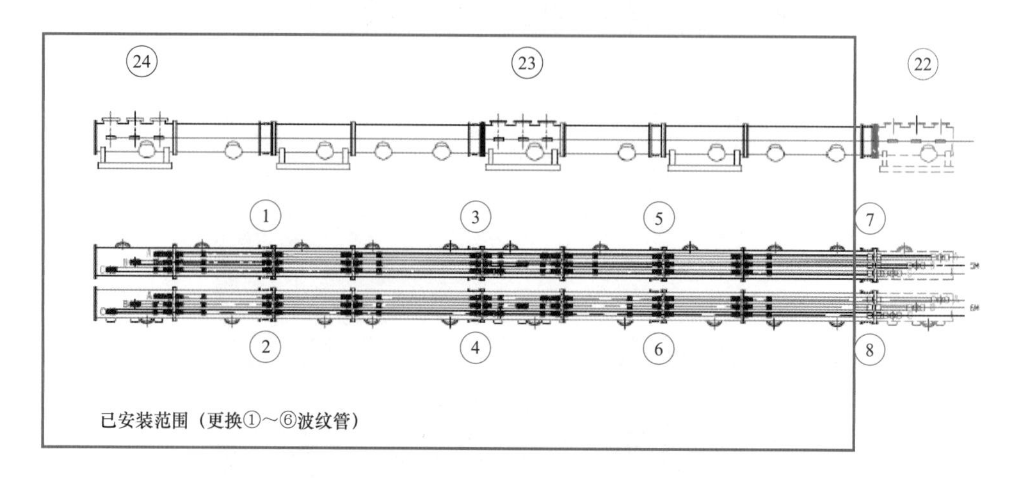

图7-30　GIS伸缩节法兰面安装位置

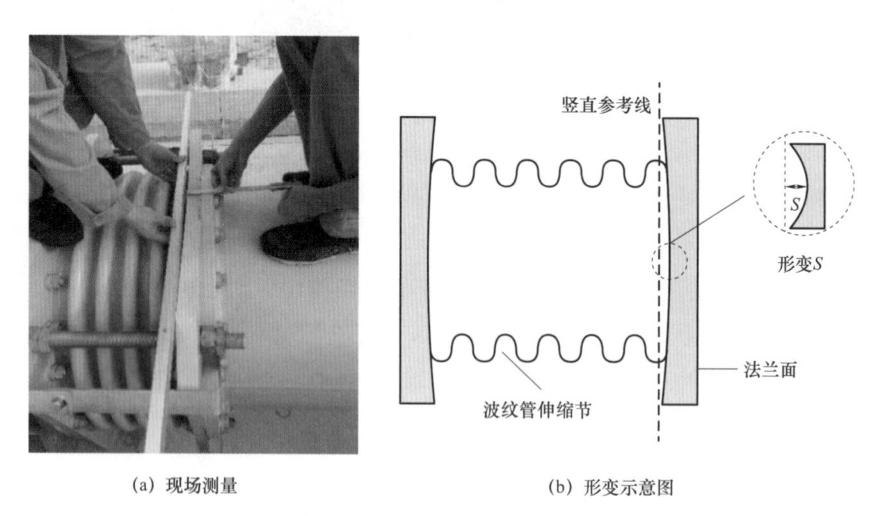

(a) 现场测量　　(b) 形变示意图

图7-31　法兰面形变情况

结合表7-5中数据，通过计算可知，法兰变形量均达到O形圈沟槽深度的40%，变形最大处已达到96%，且有盆式绝缘子的一侧的变形量均明显小于没有绝缘子的一侧。

（1）隐患分析。GIS 伸缩节法兰 O 形圈固定在法兰面矩形沟槽里面，现场测量矩形沟槽的深度为 6.8mm，O 形圈的外径为 10mm，理想情况下，O 形圈的压缩率为 32%。

正常情况下，O 形密封圈借助压紧变形后的橡胶弹力 F 使密封圈和管母密封面互相靠紧，若母线气室内的 SF_6 气压 P_0 在密封圈上的作用力为 F_0，F_0 分解后在密封圈上形成一个与密封面垂直的法向力 F_1，此力使密封面和密封圈分离，F 与 F_1 的合力称为密封力。由于温度变化，F 值常随温度下降而变小，由于密封面表面状况的非均匀性，或者密封圈压缩量设计得不合理，都可能导致在常温或低温时密封圈某点或某段出现密封力为零甚至小于零，而导致密封圈与密封面在微观上分离，出现 SF_6 泄漏。但是密封圈的压缩率不能太大，否则会造成压缩永久变形，使密封圈使用寿命下降。装配好的两法兰面间在微观上总存在一定的缝隙，在气压 P_0 的作用下，O 形圈可能被挤入该缝隙。

法兰面 O 形圈受力示意图如图 7－32 所示。伸缩节结构如图 7－33 所示。

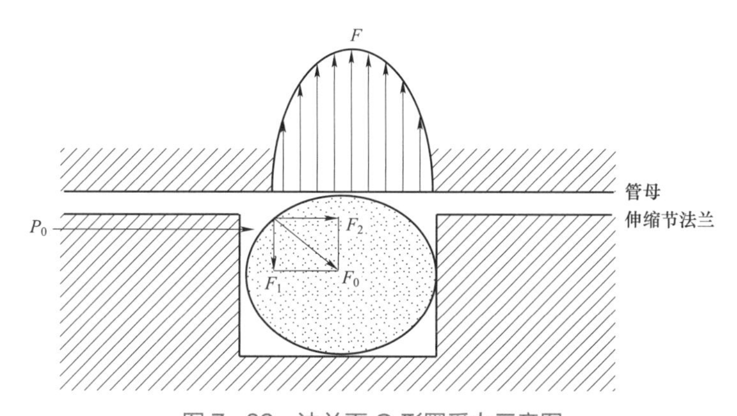

图 7－32 法兰面 O 形圈受力示意图

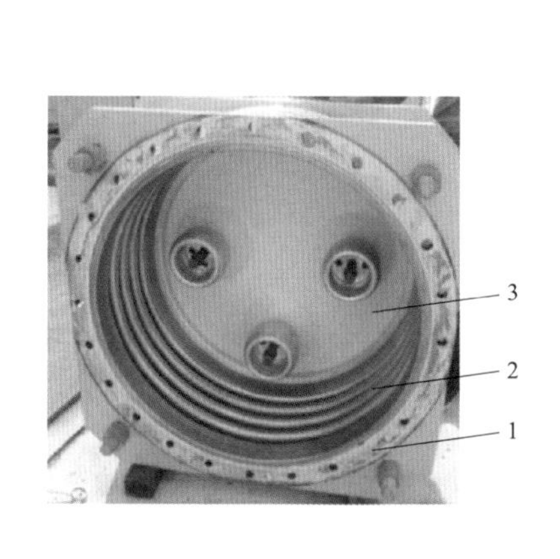

(a) 伸缩节结构图

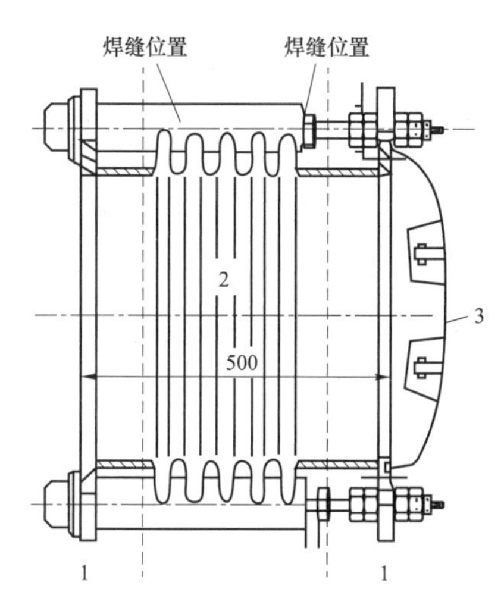

(b) 结构示意图

图 7－33 伸缩节结构

1—盆式绝缘子；2—不锈钢伸缩节；3—铸铁

1）气体泄漏风险：从表 7－5 中可以看出，法兰最大变形处已达到 6.58mm。由此造成有些部位 O 形圈压缩量较小，弹力 F 变小，出现微小缝隙，O 形密封圈受力不均匀，加大了产生局部泄漏点的概率，严重的会导致密封面开裂；密封圈受力过大容易破损，减少使用寿命；受力过小则起不到密封作用，导致 GIS 漏气，为后续 GIS 设备的投运埋下安全隐患。GIS 设备外壳密封性能的优劣对其使用性能具有非常重要的影响。根据历年的统计数据显示，气体泄漏造成的设备故障占到总故障量的 20%以上，合理的密封结构是 GIS 设备设计的核心之一。因此要重视法兰面变形问题。

2）盆式绝缘子破坏：从表 7－5 中数据可以看出，有盆式绝缘子的一侧的变形量均明显小于没有绝缘子的一侧。伸缩节中的铸铁在焊接成型过程中，焊接应力过大，导致一侧出现明显变形，另一侧由于和盆式绝缘子紧固在一起，应力得不到释放，盆式绝缘子一直受到应力压迫，设备正常运行下，加上母线气室内气体的压力，盆式绝缘子存在破裂的风险。该 GIS 工程安装过程中，已经发现一个盆式绝缘子破裂的现象。

盆式绝缘子是 GIS 中很重要的绝缘部件，要有足够的机械强度和绝缘水平；同时盆式绝缘子又起到密封作用，要有足够的气密性和承受压力的能力，一旦盆式绝缘子破裂，后果不堪设想。

（2）原因分析。

1）产品设计不合理。如图 7－34 所示，波纹管法兰变形最大的位置为法兰中间，该位置正好是法兰径向宽度最小的地方。与前期投运设备波纹管对比发现，新式波纹管在该部位的宽度减小约 11mm，致使该位置抗弯强度有所减弱，进而出现弯曲变形。

图 7－34 铸铁法兰结构图

2）焊接质量问题。① 伸缩节两端为铸铁材质，中间为不锈钢，通过焊接连在一起。两种被焊金属熔化温度不同，一种金属已处于熔化状态，而另一种金属还处在固态时，那么在焊接与冷却过程中必然会产生较复杂的残余应力。② 两种被焊金属的导热性能和比热不同，改变了焊接温度和结晶条件，而产生较大的组织应力。③ 两种被焊金属的线膨胀系数相差较大，在焊接过程中产生较大的热应力。如果这种残余的内应力过高，或者产生了局部焊接缺陷，如微观裂纹，那么即使经过消除应力退火处理缺陷，也会残存在焊件中。它是萌生各种裂纹的重要因素，也是造成脆化的主要根源。

3）铸铁材质刚性不足。现场检查发现，伸缩节两端的铸铁表面已出现生锈的现象，而且在焊缝处锈迹比较明显，如图 7－35 所示，由此可推断铸铁材质性能有缺陷，需进行检测各种金属含量是否达标。

图 7-35　伸缩节铸铁部位生锈

（3）现场处理。针对产品设计问题，厂家给出通过增加法兰边长的方案，即变形法兰四边长度为 950mm，增加为 1050mm，单侧加宽 50mm，法兰中间宽度由原来的 66mm，增加为 116mm。同时增加拉杆数量，由原来的 4 角分布的 4 根全纹螺栓，更改为均匀分布的 8 根全纹螺栓，有效提高波纹管的抗弯强度。在波纹管法兰四边各增加一块加强板，使得波纹管法兰中间部位抗弯强度增加，如图 7-36 和图 7-37 所示（红色虚线为增加的加强板）。后续经过协商，现场将变形法兰进行整体更换。

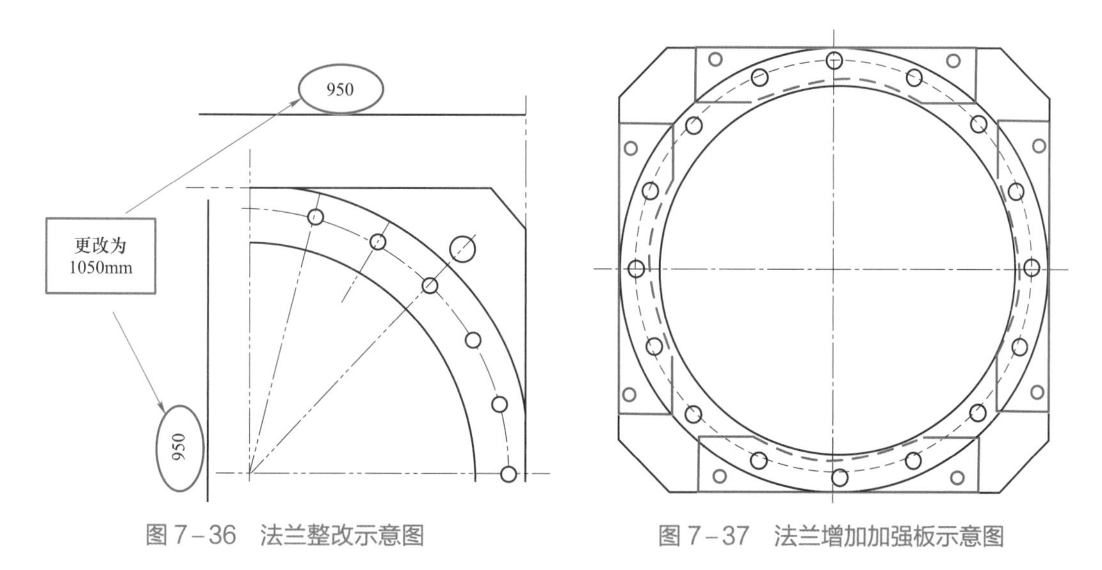

图 7-36　法兰整改示意图　　图 7-37　法兰增加加强板示意图

2. 预防和建议

（1）设备监造时检查伸缩节的生产厂家、型号、质量合格证书及入厂检验记录等是否齐全。

（2）对现场法兰面的材质有疑问时及时进行专业检测，检查相应金属含量是否符合标准。

（3）若法兰出现严重变形，要进行整体更换。

（4）严格进行设备零件的进场检验，将设备缺陷情况反馈给厂家进行整改。

（5）提高现场安装质量，完善安装工艺守则，对于安装调整伸缩节的使用做进一步规范，尽可能消除人为因素造成的现场运行设备问题。

7.2.7 红外测温异常

由于GIS设备密封在金属壳内，肉眼很难观察到内部设备的故障情况。GIS发热引起的设备停运故障时有发生，严重时甚至造成爆炸事故，因此，开展有效的红外测温检测，及时发现设备温度异常，具有重要意义。

红外检测的重点部位包括GIS外壳、机构箱、汇控箱、套管接头等，具体按DL/T 664《带电设备红外诊断应用规范》执行。通常外壳发热的温升可能仅有几度，一般检测难以发现，且外壳温度易受日照、风向等环境因素干扰，因此，必须采取精确测温，户外设备一般在晚上，无风条件下进行测温。

1. 异常分析及处理

（1）涡流损耗。GIS罐体附件局部发热，以接地线、金属构架、螺栓等附件为中心的发热特征明显，如图7－38和图7－39所示，通常发热原因是接触不良或涡流损耗。

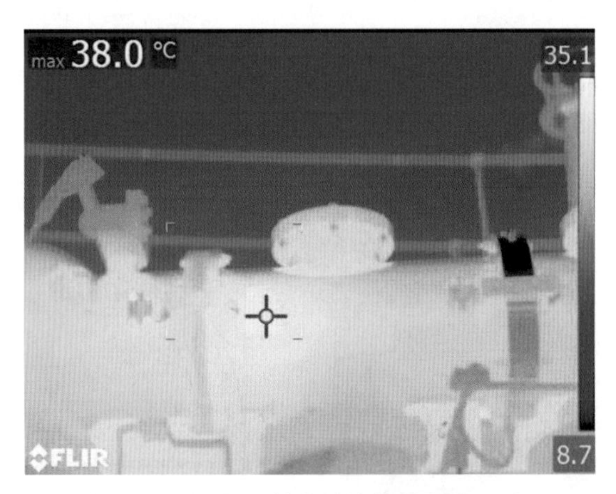

图7－38 等电位连接片测温

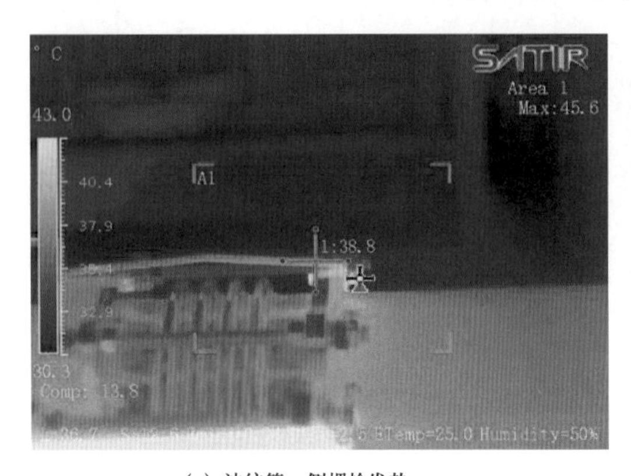

(a) 波纹管一侧螺栓发热

(b) 螺栓发热细节图

图7－39 波纹管一侧等电位连接片螺栓发热

某变电站测温发现220kV GIS电缆出线支架的螺栓严重发热，最高达200℃左右，如图7-40所示；经综合分析，发热是由于电缆罐未设短接铜牌导致环流经螺杆、支架、地网在ABC相间流动，螺杆处电阻较大导致发热。后经过在螺杆两端并联接地铜排，并将三相电缆筒末端短接后，消除了环流的影响，发热现象已经消失。

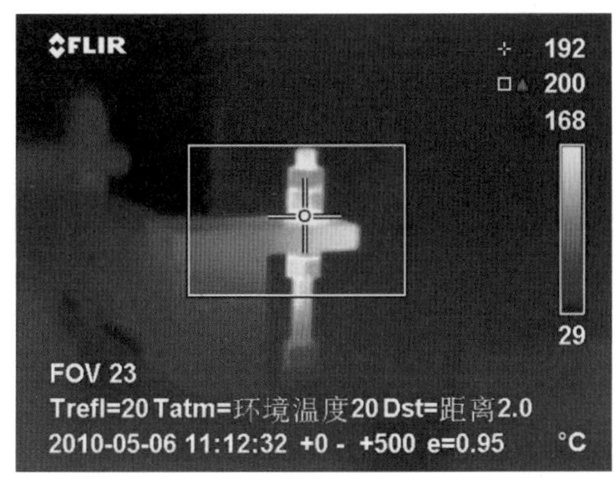

(a) 螺栓发热

(b) 增加接地铜排后发热消失

图7-40 220kV GIS电缆出线支架的螺栓发热及处理

（2）GIS出线套管红外检测异常：GIS出线套管由导电部分、外磁套组成，中间充满SF_6气体作为绝缘介质。GIS套管出线套管接点发热，以套管顶部柱头为中心的热像特征明显，如图7-41所示，主要是松动、锈蚀、氧化等原因导致的接触不良。

(a) 套管发热1

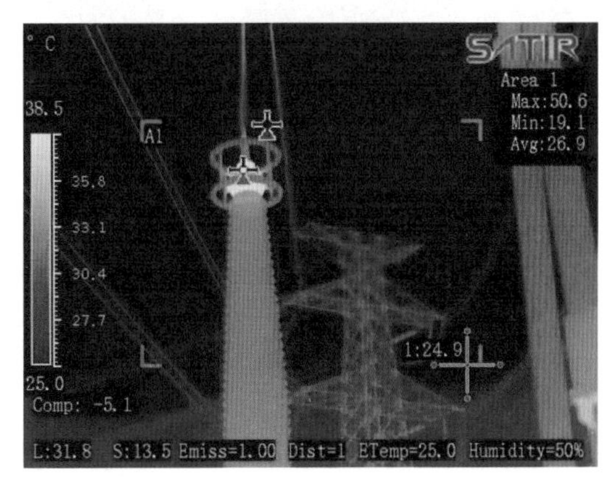

(b) 套管发热2

图7-41 套管出线测温

（3）GIS罐体红外检测异常。GIS罐体由金属导电回路、盆式绝缘子、SF_6气体、金属外壳组成，通过红外检测的手段能发现GIS内部导电回路发热等缺陷。GIS罐体气室温度异常，热像特征是罐体气室局部温度高，如图7-42和图7-43所示，通常是因为内部导电回路触点接触不良，热量通过辐射传递到罐体外壳，虽然罐体表面温差不大或温度不高，但内部往往发热已非常严重，应尽快处理。

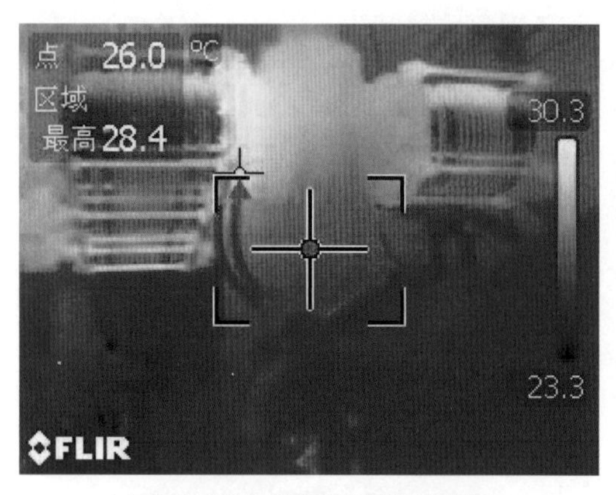

(a) 伸缩节隔离开关侧盆式绝缘子处发热

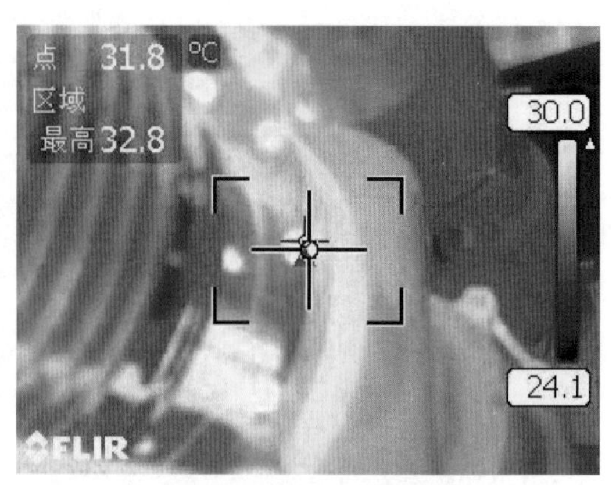

(b) 发热最高点集中在其中三颗螺钉位置（31.8℃）

图 7－42　罐体测温 1

(a) 发热点设备图

(b) 红外测温图

图 7－43　罐体测温 2（500kV 断路器母线侧 TA B 相）

2. 预防和建议

（1）GIS 内部发热不易反应在设备壳体部位，在设备监造和安装过程中就要对导体连接、螺栓力矩、触指弹簧夹紧力、断路器或隔离开关到位情况进行认真把关，在源头上最大程度地避免后期发热缺陷。

（2）编制本地 GIS 设备红外检测作业指导书，加强对现场运维人员的培训，提高对红外检测及故障判断的准确性。

（3）要注意结合其他检测方法（如 X 光检测技术等），将不同检测方法综合应用，对故障进行判断，便于设备缺陷分析。

7.2.8　回路电阻超标

1. 异常分析及处理

某 500kV 变电站 220kV GIS 设备为户外双母双分段布置结构，在 220kV 5、6 号同停期间，对母线及间隔回路电阻进行测量，发现某条线路母线侧 26105 隔离开关 B 相至 220kV 5 号母线 B 相之间导体直流电阻值为 1247μΩ，正常值约 100μΩ，严重偏大。通过相邻间隔联合测量、分段测量的方法最终确定故障点位置在 26105 隔离开关静触头至 220kV 5 号母线之间。

经现场开盖检查，发现 26105 隔离开关静触头侧盆式绝缘子与 220kV 5 号母线导体连接处存在局部烧蚀的现象。在连接处拆卸过程中发现标记处螺丝有松脱现象，同时对盆式绝缘子座固定螺钉检查发现三处均有螺钉咬合痕迹、表面光洁，红圈处螺钉未发现咬合痕迹，表面氧化严重（如图 7−44 所示）。松脱螺钉减少了导电接触面与接触压紧力，接触电阻增大，运行中产生发热现象，盆式绝缘子与连接处逐渐烧蚀氧化，形成恶性循环导致接触电阻不断增大。

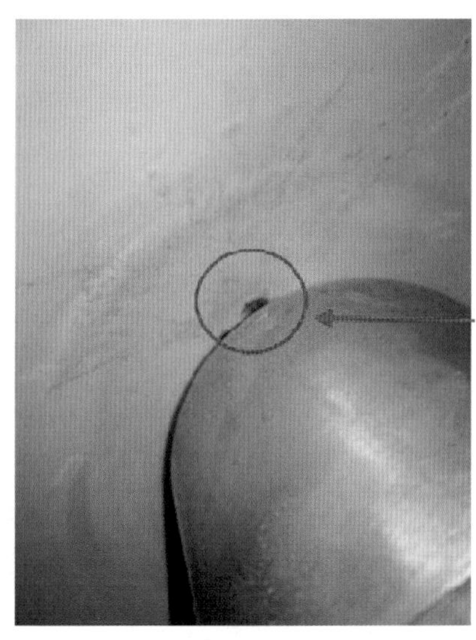

(a) 盆式绝缘子处烧蚀痕迹

(b) 盆式绝缘子固定螺钉

图 7−44　导体连接处开盖检查照片

因 26105 隔离开关静触头是通过热烘挤压工艺装配在盆式绝缘子上的，无法单独拆卸静触头更换，需要更换整个盆式绝缘子。更换完配件后，回装拆除的部件，测量电阻合格后再对各解体气室进行清理、更换吸附剂及密封圈、恢复装配、抽真空、充气等步骤，再次测量回路电阻，最后测得阻值为 158.2μΩ，合格。随后恢复剩余接线，进行检漏、测微水，耐压试验合格后恢复设备运行如图 7−45 所示。

(a) 吊开断路器

(b) 取出导体

(c) 更换配件

(d) 回装开关

图 7-45 缺陷处理过程

2. 预防和建议

（1）在设备监造阶段，对关键节点重点把关，要求厂家提供关键部件的检验合格报告。

（2）在现场安装过程中对工艺进行严格管控，严格控制质量工艺不留隐患。

（3）设备交接验收时，严格执行回路电阻试验等要求，合格后方可投运。

（4）加强 GIS 设备回路电阻测试工作，后续 GIS 设备停电检修时，应优先进行回路电阻测试等检测项目。

参 考 文 献

［1］ 崔景春. 六氟化硫高压开关设备在我国的发展和应用［J］. 华通技术，2001（04）：3－6.

［2］ 张连根. 长期耐压下 GIS 绝缘子表面金属异物局部放电特性和闪络机理研究［D］. 华北电力大学（北京），2020.

［3］ 程俊，张志超. GIS 设备气室漏气故障处理过程及工艺［J］. 农村电气化，2010，（003）：52－54.

［4］ 王亮. GIS 主母线法兰裂纹分析［J］. 科学中国人，2014（4）：26.